ギガヘルツ時代の電波解析教科書

マクスウェルの基本則から数式を用いて解き明かす

佐藤久明 [著]
Hisaaki Sato

CQ出版社

序　言

　現在，超高周波のRFデバイスは，各種通信機，テレビ放送機器をはじめとして，市民生活では携帯電話や電子レンジ，科学分野ではレーダーやロケット制御，核融合のためのプラズマ加熱装置，防衛分野では迎撃ミサイルや誘導兵器等，多岐にわたる機器の中でその用途を広げています．

　電磁波を有効に使うには，無線通信システムにおける電磁波のふるまいを理解する必要があります．そのひとつの方法は，マクスウェルの方程式からはじまる解析手法を学び，これを用いて目に見えない電磁波のふるまいを理解し，視覚化することです．最近は，電磁場解析ソフトを手軽に利用できるようになり，シミュレーションによる電磁場の可視化が可能になってきました．しかし，得られた結果が物理的に正しいか否かを判断するには，電磁場解析手法を理解した経験者の助けが必要です．新しいRFデバイスやアンテナ等を開発するには，電磁場解析手法を学び，電磁場の物理的ふるまいを理解することが重要です．

　電磁波に関する公刊本は，わが国においてもこれまでに数多く発行されてきました．しかし，電磁波の基本事項について本書ほど初歩から系統的，解析的にわかりやすく述べている書はほとんどありません．

　また，理解を深めるため，各解説には関連した練習問題を多数掲載しました．

　本書ではRFデバイスの電磁波解析方法に力点を置き，RFデバイスの現状については力点を置いていません．なぜなら，デバイスの現状は時間とともに変化しますが，その基本的解析方法は変化しないからです．ただし，近年になって特に開発が進んでいる集積回路についてはある程度のページを割いて解説しています．

　本書を精読することにより，各種RFデバイスの電磁波解析方法を学び，未開発分野の解明やより優れたデバイスを開発する場合の一助として役立てていただければ幸いです．

　最後に，本書の出版にあたってはCQ出版社の今　一義氏にご尽力いただきました．ここで厚くお礼申し上げます．

2019年5月　佐藤　久明

目次

序言 003

第1章 静電場 — 011

1.1 静電場の基本則 — 012
- 1.1.1 クーロンの法則 012
- 1.1.2 ガウスの法則 014
- 1.1.3 静電場内のエネルギー保存性 017
- 1.1.4 静電ポテンシャル 018
- 1.1.5 容量 020

1.2 微分形の静電場則 — 021
- 1.2.1 勾配 021
- 1.2.2 静電場の発散 023
- 1.2.3 ラプラスの方程式とポアソンの方程式 023
- 1.2.4 定常電流から生じる静電場 024
- 1.2.5 静電場の境界条件 025

1.3 静電場内のエネルギー — 027
- 1.3.1 静電系のエネルギー 027

第1章 問題 — 029

第2章 静磁場 — 039

2.1 静磁場の法則 — 039
- 2.1.1 アンペアの法則 039
- 2.1.2 外部インダクタンス 042

2.2 微分形の静磁場則 — 043
- 2.2.1 磁場の回転 043
- 2.2.2 静磁場則の微分形と積分形の関係 045
- 2.2.3 磁気ベクトル・ポテンシャル 046
- 2.2.4 磁気スカラ・ポテンシャル 048
- 2.2.5 静磁場の境界条件 049

2.3 静磁場内のエネルギー — 050

2.3.1　静磁場系のエネルギー　050
2.3.2　内部インダクタンス　051
第2章　問題 ──── 051

第3章　動的電磁場の方程式 ──── 067

3.1　マックスウェルの方程式 ──── 067
3.1.1　ファラデーの法則　067
3.1.2　変位電流　070
3.1.3　微分形のマックスウェルの方程式　072
3.1.4　積分形のマックスウェルの方程式　074
3.1.5　時間とともに周期的に変化する電磁場　075

3.2　マックスウェルの方程式の使用例 ──── 076
3.2.1　平面波への適用　076
3.2.2　3次元の波動方程式　081
3.2.3　ポインティングの定理　082
3.2.4　境界条件　085
3.2.5　電磁場の良導体内部への貫通　088
3.2.6　平面導体への適用　091

3.3　遅延ポテンシャル ──── 094
3.3.1　電磁場が時間とともに変化するときのポテンシャル　094
3.3.2　遅延ポテンシャルの求め方　096

第3章　問題 ──── 098

第4章　回路の電磁理論 ──── 105

4.1　キルヒホフの法則 ──── 105
4.1.1　キルヒホフの電圧の法則　105
4.1.2　キルヒホフの電流の法則　109

4.2　丸線内の表皮効果 ──── 110
4.2.1　丸線内の電流分布　110
4.2.2　丸線の内部インピーダンス　113

4.3　回路素子の計算 ──── 116
4.3.1　自己インダクタンスの計算　116
4.3.2　相互インダクタンスの計算　116
4.3.3　コイルのインダクタンス　119

4.4　波長と同等の大きさの回路 ──── 120

- 4.4.1 分布効果と遅延効果　120
- 4.4.2 遅延ポテンシャルを用いた回路方程式　122
- 4.4.3 回路からの電磁放射　127
- **第4章　問題** ─── 127

第5章　伝送線路 ─── 135

5.1 損失がない伝送線路 ─── 136
- 5.1.1 無損失伝送線路に沿う電圧と電流　136
- 5.1.2 伝送線路の電磁場解析と回路解析　138
- 5.1.3 抵抗負荷における反射と透過　139
- 5.1.4 反射係数と透過係数，インピーダンス変換とアドミッタンス変換　141
- 5.1.5 定在波比　144
- 5.1.6 スミス・チャート　146
- 5.1.7 スミス・チャートの使い方　147

5.2 損失がある伝送線路 ─── 150
- 5.2.1 損失がある線路　150
- 5.2.2 フィルタ型の分布回路　155

5.3 共振伝送線路 ─── 157
- 5.3.1 無損失線路上の定在波　157
- 5.3.2 共振伝送線路の入力抵抗とQ値　159

5.4 その他のテーマ ─── 161
- 5.4.1 群速度とエネルギー速度　161
- 5.4.2 後進波　164
- 5.4.3 一様でない伝送線路　164

第5章　問題 ─── 166

第6章　平面波 ─── 175

6.1 平面波の伝搬 ─── 175
- 6.1.1 無損失誘電体内の一様平面波　175
- 6.1.2 平面波の偏波　179

6.2 境界面に垂直入射する平面波 ─── 182
- 6.2.1 無損失導体に垂直入射する平面波　182
- 6.2.2 波動伝搬と伝送線路の類似性　184
- 6.2.3 誘電体境界に垂直入射する平面波　186
- 6.2.4 誘電体が複数個あるときの反射　187

第6章　問題 ── 188

第7章 境界値問題 ── 195

7.1 電場と磁場の方程式 ── 196
7.1.1 ヘルムホルツ，ラプラス，ポアソンの方程式　196

7-2 等角変換法 ── 198
7.2.1 複素関数論の基礎　198
7.2.2 複素変数の解析関数　199
7.2.3 等角写像の原理　201
7.2.4 シュワルツ変換　202
7.2.5 波動問題の等角写像　203

7.3 変数分離法 ── 205
7.3.1 直角座標を用いたラプラスの方程式の解　205
7.3.2 1つの直角高調波で表した静電場　208
7.3.3 フーリエ級数とフーリエ積分　209
7.3.4 直角高調波級数で表した静電場　212
7.3.5 静電場の円筒高調波　212
7.3.6 ベッセル関数　216
7.3.7 ベッセル関数による級数展開　221
7.3.8 円筒高調波で表したポテンシャル　222
7.3.9 直角座標を用いたヘルムホルツ方程式の解　224
7.3.10 円筒座標を用いたヘルムホルツ方程式の解　225

第7章　問題 ── 226

第8章 導波管 ── 243

8.1 導波管内の波動の一般式 ── 244
8.1.1 一様系の基礎方程式と波型　244

8.2 いろいろな断面の導波管 ── 247
8.2.1 平行平板導波系　247
8.2.2 平面状の伝送路　252
8.2.3 矩形導波管　258
8.2.4 円形導波管　266
8.2.5 導波管内の波の励振と受信　271

8.3 導波管内の波動の一般的性質 ── 272
8.3.1 2導体線路内のTEM波の一般的性質　272

8.3.2 導波管内のTM波の一般的性質　276
8.3.3 導波管内のTE波の一般的性質　281
8.3.4 遮断周波数以下および遮断周波数付近の波　283
第8章　問題　285

第9章　特殊導波系　289

9.1 誘電体導波系　290
9.2 径方向導波系　291
9.2.1 平行平板の径方向伝送線路　291
9.2.2 扇形ホーン　295
9.2.3 傾斜平板導波系　296
9.2.4 2円錐導波系　298
9.3 その他の特殊導波系　300
9.3.1 リッジ導波管　300
9.3.2 ヘリックス　302
9.3.3 表面導波系　304
9.3.4 周期構造　305
第9章　問題　310

第10章　空胴共振器　313

10.1 形状が簡単な共振器　314
10.1.1 直方体共振器　314
10.1.2 円筒共振器　319
10.1.3 球共振器　323
10.1.4 ストリップ共振器　329
10.2 狭間隙共振器とQの測定　333
10.2.1 狭間隙共振器　333
10.2.2 共振器への結合　334
10.2.3 共振器のQの測定　335
10.2.4 共振器の摂動　338
10.3 その他の共振器　338
10.3.1 誘電体共振器　338
第10章　問題　341

第11章 マイクロ波回路網 ── 349

11.1 マイクロ波回路網 ── 350
- 11.1.1 マイクロ波回路網の公式化 350
- 11.1.2 相互性 353

11.2 2端子回路網 ── 354
- 11.2.1 2端子回路網の等価回路 354
- 11.2.2 散乱係数と伝達係数 356
- 11.2.3 回路網係数の測定 359
- 11.2.4 縦続接続した2端子回路網 362
- 11.2.5 マイクロ波フィルタ 363

11.3 N端子回路網 ── 365
- 11.3.1 N端子回路網とそのSパラメータ表示 365
- 11.3.2 方向性結合器とマジック・ティ 368

11.4 導波系回路網の周波数特性 ── 372
- 11.4.1 1端子回路網のインピーダンスの性質 372
- 11.4.2 1端子回路網の周波数特性を表す等価回路 373
- 11.4.3 N端子回路網の周波数特性を表す等価回路 377

11.5 導波系回路網のパラメータの解析 ── 378
- 11.5.1 準静的方法による回路網の解析 378
- 11.5.2 数値解法による散乱係数の計算 382

第11章 問題 ── 383

第12章 アンテナ ── 391

12.1 アンテナの型 ── 392
12.2 アンテナ電流を用いた電磁場と放射電力の計算 ── 394
- 12.2.1 電気ダイポール・アンテナと磁気ダイポール・アンテナ 394
- 12.2.2 アンテナ電流を用いた電磁場と放射電力の計算 399
- 12.2.3 長い直線アンテナ(半波ダイポール・アンテナ) 402
- 12.2.4 放射分布とアンテナ利得 404
- 12.2.5 放射抵抗 406
- 12.2.6 アース上にあるアンテナ 407
- 12.2.7 進行波アンテナ 409
- 12.2.8 V形アンテナとひし形アンテナ 410
- 12.2.9 導線アンテナへの給電方法 413

12.3 開口内の電磁場からの電磁放射 ── 416

- 12.3.1 放射の源泉としての電磁場　416
- 12.3.2 平面状の波源　419
- 12.3.3 平面波で励振される放射開口の例　421
- 12.3.4 電磁ホーン　424
- 12.3.5 共振スロット・アンテナ　425

12.4 アレー・アンテナ ───── 427
- 12.4.1 素子方向が同じアレー・アンテナの放射強度　427
- 12.4.2 直線状のアレー・アンテナ　429
- 12.4.3 八木-宇田アレー・アンテナ　433
- 12.4.4 周波数に無関係なアレー・アンテナ　435
- 12.4.5 集積アンテナ　436

12.5 アンテナの電磁場解析 ───── 439
- 12.5.1 境界値問題としてのアンテナ　439

12.6 受信アンテナと相互性 ───── 442
- 12.6.1 送受信系　442
- 12.6.2 相互関係　445
- 12.6.3 受信アンテナの等価回路　447

第12章　問題 ───── 448

参考文献　450
著者略歴　451
索引　452

第1章

静電場

❖

　本章では，はじめに静電場の基本則であるクーロンの法則とガウスの法則について説明します．次に，静電場内ではエネルギー保存性が成立すること，エネルギーの考察からポテンシャルという便利な概念が得られ，これから電極間の容量が決まることを示します．また，ポテンシャルに関する方程式としてラプラスの方程式とポアソンの方程式を導きます．

❖

　電場は電荷(電子やイオン)から生じます．ほとんどの場合，実際の電場は時間と共に変化しますが，その時間的変化は少なく，時間的に一定，すなわち静的と見なすことができます．準静的と言う場合には，電場は時間とともに早く変化しますが，その空間的分布は静電場とほぼ同じです．静電場の概念は簡単であり，電磁場の記述に必要なベクトル計算に慣れるのに適しています．したがって，静電場と次章の静磁場から話を始めます．

　静電場について定量的に述べる前に，その応用例を簡単に紹介します．電子銃やイオン銃は静的問題の良い例であり，これらを設計する場合に電場分布が重要になります．この電子銃は，陰極線オシロスコープ，マイクロ波電子管，電子顕微鏡，電子ビーム・リソグラフィ等に応用されています．

　電子回路を構成する多くの部品の電場は，部品の大きさが波長に比べて小さい場合には静電場の式で表すことができます．したがって，容量器，インダクタ，抵抗器，それに半導体ダイオードやトランジスタ等はこのような準静的方法で解析できます．

　マイクロ波およびミリ波の集積回路で使用するストリップ線路を含めて，伝送線路は静電場則を用いて計算できます．すなわち，後章で述べるように，伝送線路に沿って構造的変化がない一様系の場合，横断面内の電場はほぼ正確に静電場則どおりになります．

1.1 静電場の基本則

1.1.1 クーロンの法則

フランスの物理学者,シャルル・ド・クーロンは,
① 同種の電荷は反発し,異種の電荷は吸引する
② 力は電荷の積に比例する
③ 力は電荷間の距離の2乗に反比例する
④ 力は電荷を結ぶ線に沿って働く
ということを見出しました.さらに,後になって
⑤ 力は電荷が置かれている媒質にも依存する
ことも明らかになりました.

これらのことから,力の強さを次のように書くことができます.

$$f = K \frac{q_1 q_2}{\varepsilon r^2} \quad \cdots\cdots (1)$$

ここで,q_1とq_2は電荷の大きさ,rは電荷間の距離,εは媒質の効果を表す定数,Kは単位系によって決まる定数です.力をベクトルで**f**と書き,ひとつの電荷から別の電荷へと離れる方向の単位ベクトル$\hat{\mathbf{r}}$を定義します.すなわち,

$$\mathbf{f} = K \frac{q_1 q_2}{\varepsilon r^2} \hat{\mathbf{r}} \quad \cdots\cdots (2)$$

本書で使用する単位系は国際単位(SI単位)です.これはMKS(m-kg-sec)単位であり,この単位系の利点は電気的諸量がクーロン,ボルト,アンペア等の実際に測定できる単位で表されるという点です.SI単位系では式(2)の力の単位はニュートン[kg-m/s²],qの単位はクーロン,rの単位はメートル,そしてεの単位は[ファラッド/メートル]です.定数Kを$1/4\pi$に選ぶと,実験から求められる真空のεの値は,

$$\varepsilon_0 = 8.854 \times 10^{-12} \approx \frac{1}{36\pi} \times 10^{-9} \quad [\text{F/m}] \quad \cdots\cdots (3)$$

です.媒質が真空以外の場合には,

$$\varepsilon = \varepsilon_r \varepsilon_0 \quad \cdots\cdots (4)$$

となります.ここで,ε_rは使用する材料の比誘電率であり,その値はハンドブックの中で数表化されています.本書では,εが力の強さと方向および位置に独立なスカラ量の材料を考えます.この場合,SI単位系ではクーロンの法則を次のように書くことができます.

$$\mathbf{f} = \frac{q_1 q_2}{4\pi\varepsilon r^2}\hat{\mathbf{r}} \quad\quad\quad\quad\quad\quad\quad\quad\quad\quad\quad\quad\quad\quad (5)$$

2つの電荷の例を一般化すると，ひとつの電荷系の近くにある電荷も力を受けることになります．この力は系内の個々の電荷からの力をベクトル的に加え合わせて求めることができます．ここで，電荷系によって影響を受ける領域内の各点において，単位電荷あたりの力として電場という概念を使います．電荷分布を乱さないほど小さな試験電荷Δqをその点に導入すると，この電場を定義することができるようになります．すなわち，電場$\mathbf{E}$は，

$$\mathbf{E} = \frac{\mathbf{f}}{\Delta q} \quad\quad\quad\quad\quad\quad\quad\quad\quad\quad\quad\quad\quad\quad (6)$$

であり，ここで，$\mathbf{f}$は無限に小さな試験電荷Δqに作用する力です．

この場合，均質的な誘電体の内部で点電荷qから発生する電場は，力の法則式(5)から次式で求めることができます．

$$\mathbf{E} = \frac{q}{4\pi\varepsilon r^2}\hat{\mathbf{r}} \quad\quad\quad\quad\quad\quad\quad\quad\quad\quad\quad\quad\quad\quad (7)$$

$\hat{\mathbf{r}}$はこの点から電荷と離れる方向に向いた単位ベクトルなので，図1.1の下側に見られるように，電場ベクトルは正電荷から負電荷に向かいます．SI単位系における電場強度の単位は式(7)で単位を代入するとわかるように[V/m]です．すなわち，

$$E = \frac{\mathrm{C\cdot m}}{\mathrm{F\cdot m^2}} = \frac{\mathrm{V}}{\mathrm{m}} \quad\quad\quad\quad\quad\quad\quad\quad\quad\quad\quad\quad\quad\quad (8)$$

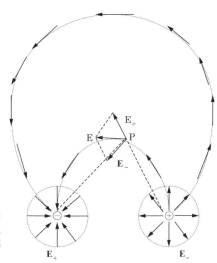

図1.1
2つの異種電荷による電場(図の下側は2つの電荷による個々の電場$\mathbf{E}_+$と$\mathbf{E}_-$を示し，上側は$\mathbf{E}_+$と$\mathbf{E}_-$のベクトル和を示す．$\mathbf{E}$の合成を点Pで示す)

1.1 静電場の基本則 | 013

電荷がqと$-q$の場合を図1.1の点Pのところで示すように，点電荷系の全電場は個々の電荷からの電場をベクトル的に加え合わせて求められることが式(7)からわかります．2つの電荷の近くの任意の点における電場ベクトルは，この方法で求めることができます．

電荷が連続的に分布して作り出す電場を重畳する場合，微小電荷素子からの寄与分を積分します．電荷が立体的に分布している場合は，電荷素片dqはρdVです．ここでρは単位体積あたりの電荷[C/m^3]，dVは体積素片です．電荷が面状に分布している場合には面積素片dSと表面密度ρ_sを用います．

1.1.2 ガウスの法則

電場を考える場合，電場$\mathbf{E}$よりもさらに電荷に直接関係する別のベクトルを導入するほうが便利です．次の量

$$\mathbf{D} = \varepsilon \mathbf{E} \quad \cdots\cdots (1)$$

を定義すると，点電荷のまわりの$\mathbf{D}$は径方向を向き，媒質に無関係であることが1.1式(7)からわかります．さらに，この径方向成分D_rに半径rの球の面積を乗じると次式が得られます．

$$4\pi r^2 D_r = q \quad \cdots\cdots (2)$$

このように電荷[C]にちょうど等しい量が得られ，この左辺は電荷から発生する電束と考えることができ，したがって，$\mathbf{D}$は電束密度[C/m]と考えられます．

図1.2に示すような任意の形の閉面に対して，点電荷を囲む面にわたって$\mathbf{D}$の垂直成分を積分した値もqになります．この結果は，点電荷系あるいは電荷の連続的分布系に拡張することができ，次の結論が得られます．

$$\text{ある閉じた面から流出する電束} = \text{その閉じた面内の電荷} \quad \cdots\cdots (3)$$

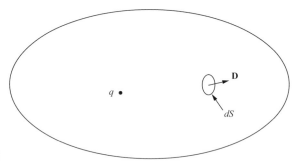

図1.2
電荷qとそれを囲む閉面

これをガウスの法則と言い，ここではこれを簡単な媒体に対してクーロンの法則から導きましたが，これはさらに一般的な媒体に対しても成立します．したがって，これはもっとも一般的で重要な法則です．この法則の有用性を示す前に，媒質についてさらに詳しく説明します．

電荷がなぜ媒質に影響を与えるかを示す図を，図1.3に示します．電荷が存在すると電子雲と原子核は反対方向の力を受けます．このため，原子は歪み，分極します．図1.2bに示すように，各原子の中で原子核に対して電子雲の位置がずれます．

誘電体で描いた上述の分極の図から，$\mathbf{D}$と$\mathbf{E}$を関係づける式(1)よりもさらに基本的な次の式が得られます．

$$\mathbf{D} = \varepsilon_0 \mathbf{E} + \mathbf{P} \quad \cdots \cdots (4)$$

この第1項は，電場が自由空間内にある場合からの寄与分で，第2項は図1.2bで示すように材料の分極効果を表しています（これを電気分極という）．

電場によって発生する分極の大きさは，材料の性質に依存します．この分極が位置に無関係であれば，この材料は均質的と言います．材料の分極が電場ベクトルのどの方向に対しても同じであれば，この材料は等方的と言います．分極$\mathbf{P}$と電場$\mathbf{E}$の比が振幅に無関係であれば，その材料は線形です．本書では媒質が均質的，等方的，線形の場合を考えていきます．

材料が等方的かつ線形の場合，分極は電場の強さに比例し，この比例関係を次のように書くことができます．

$$\mathbf{P} = \varepsilon_0 \chi_e \mathbf{E} \quad \cdots \cdots (5)$$

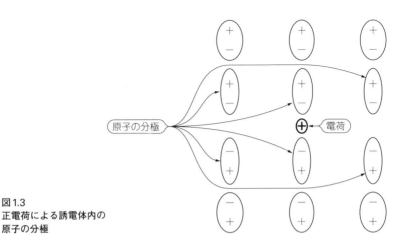

図1.3
正電荷による誘電体内の
原子の分極

ここで、定数 χ_e を電気感受率 (electric susceptibility) と言います。この場合、式(4)は式(1)と同じになります。すなわち、

$$\mathbf{D} = \varepsilon_0(1+\chi_e)\mathbf{E} = \varepsilon\mathbf{E} \quad \cdots\cdots (6)$$

となり、また、1.1式(4)で定義した比誘電率は $\varepsilon_r = \varepsilon/\varepsilon_0 = 1+\chi_e$ となります。

誘電体をおもに誘電率で表しますが、分極と感受率の概念はさらに基本的な関係にあります。

ベクトル形のガウスの法則

1.2式(3)の文章で表したガウスの法則は、次のように書くこともできます。

$$\oint_S D\cos\theta\, dS = q \quad \cdots\cdots (7)$$

記号 $\oint_S$ は、ある閉じた面にわたって積分することを意味し、これは一般に2重積分です。積分記号に付けた丸は、面が閉じていることを表します。

ベクトル記号を用いると、この面積積分をさらに簡単な形で書くことができます。面上の任意の点で、面に垂直な単位ベクトルを $\hat{\mathbf{n}}$ とします。この場合、$D\cos\theta$ は $\mathbf{D}\cdot\hat{\mathbf{n}}$ で置換できます。2つのベクトル $\mathbf{D}$ と $\hat{\mathbf{n}}$ の間にドットをつけて表す積は、ドット積あるいはスカラ積として知られています。この理由は、これが定義によって2つのベクトルの大きさと、その間の角度の cos の積に等しいスカラ量だからです。また、$\hat{\mathbf{n}}dS$ を $\mathbf{dS}$ と書いて、さらに簡略化します。したがって、$\mathbf{dS}$ は面積素片 dS の大きさとその点における面に垂直な外向きの方向をもちます。この場合、式(7)の面積積分は、これと等価な次のどの形によっても書き表すことができます。

$$\oint_S D\cos\theta\, dS = \oint_S \mathbf{D}\cdot\hat{\mathbf{n}}\, dS = \oint_S \mathbf{D}\cdot\mathbf{dS} \quad \cdots\cdots (8)$$

この式(8)は、ベクトル $\mathbf{D}$ の垂直成分を閉じた面にわたって積分するということを表しています。

ある領域内の電荷が、各点における単位体積あたりの電荷として [C/m³] で与えられていれば、この領域内の全電荷は密度を領域の体積にわたって積分することで求めることができます。これを一般的な積分で表すこともでき、これを表すのに3重積分の記号 $\int_V$ を使用します。

この記号を用いてガウスの法則を書くと次のようになります。

$$\oint_S \mathbf{D}\cdot\mathbf{dS} = \int_V \rho\, dV \quad \cdots\cdots (9)$$

この式の左辺は、ある領域から出て行く全電束で、右辺はこの領域内の電荷です。

1.1.3 静電場内のエネルギー保存性

ある電荷を別の電荷の近くに置くと,この電荷は力を受けることから,この電荷が動くとエネルギーは変化します.これを計算するためには,力の成分を通路にわたって積分(線積分)する必要があります.

q_1 が Q_1 にあり,q_2 が Q_2 にあり,q_3 が Q_3 にあるような正電荷系の中で,小さな正電荷 Δq が無限遠点から点 P まで動くとき,これに働く力を考えてみます(図1.4).この通路に沿う任意の点における力は粒子を加速し,もしこの粒子が束縛されていなければ,その場所から動かしてしまいます.この場合,Δq を無限遠点から元の場所までもってくるためには,周囲電荷からの力に負号をつけた力を加える必要があります.この系内の q_1 から Δq になした微小仕事量は,この通路の方向の力の成分に微小通路長を乗じたものに負号をつけたものとなります.すなわち,

$$dU_1 = -\mathbf{F}_1 \cdot \mathbf{dl}$$

あるいは,スカラ積の定義式を使用し,角度 θ は図1.3で定義するとおりとして,q_1 に関する全仕事の線積分を次のように書きます.

$$U_1 = -\int_{\infty}^{PQ_1} \mathbf{F}_1 \cdot \mathbf{dl} = -\int_{\infty}^{PQ_1} \frac{\Delta q q_1 \cos\theta d\ell}{4\pi\varepsilon r^2} \quad \cdots\cdots\cdots (1)$$

ここで,r は q_1 から微小通路素片 $\mathbf{dl}$ までの距離です.$d\ell\cos\theta$ は dr であるから,この積分は次のように簡単になります.

$$U_1 = -\int_{\infty}^{PQ_1} \frac{\Delta q q_1 dr}{4\pi\varepsilon r^2}$$

他の電荷からの寄与分もこれと同様なので,全仕事積分は次のようになります.

$$U_1 = -\int_{\infty}^{PQ_1} \frac{\Delta q q_1 dr}{4\pi\varepsilon r^2} - \int_{\infty}^{PQ_2} \frac{\Delta q q_2 dr}{4\pi\varepsilon r^2} - \int_{\infty}^{PQ_3} \frac{\Delta q q_3 dr}{4\pi\varepsilon r^2} - \cdots$$

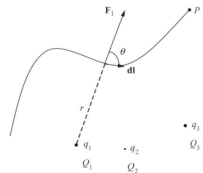

図1.4
試験電荷に働く力と積分通路

上の式の積分を行うと次式が得られます．

$$U = \frac{\Delta q q_1}{4\pi\varepsilon PQ_1} + \frac{\Delta q q_2}{4\pi\varepsilon PQ_2} + \frac{\Delta q q_3}{4\pi\varepsilon PQ_3} + \cdots \quad \cdots\cdots (2)$$

式(2)が表していることは，仕事量が電荷の最終位置だけの関数であり，その通路は無関係ということです．この結果から，「電荷を任意の閉路のまわりに動かしても，全仕事量は0である」ということが得られます．数学的には閉じた線積分として次のように書くことができます．

$$\oint \mathbf{E} \cdot \mathbf{dl} = 0 \quad \cdots\cdots (3)$$

磁場や動的電場の場合は，この線積分は0にならないことを後で示します．

1.1.4 静電ポテンシャル

前節のエネルギーの考察から，ポテンシャルという便利な概念が出てきます．静電ポテンシャルを単位電荷あたりでなされる仕事量と定義します．ここで一般的に，試験電荷がP_1からP_2まで動くときに，この試験電荷になされる仕事量として点1と点2の間のポテンシャル差を次のように定義します．

$$\Phi_{P_2} - \Phi_{P_1} = -\int_{P_1}^{P_2} \mathbf{E} \cdot \mathbf{dl} \quad \cdots\cdots (1)$$

ポテンシャルの差だけを定義しました．任意の点のポテンシャル値は任意に決めることができ，次に，すべての点と基準点の間のポテンシャル差から系内のすべての点のポテンシャル値を決めることができます．

例えば，ある場合には無限遠点のポテンシャル値を0と決め，次にこれに対して電場内のすべての点Pのポテンシャル値を決めるのが便利です．通常は，2つの導体の間の電場を求める場合には，この導体のうちの1つのポテンシャル値は0にします．

無限遠点でのポテンシャル値を0にする場合，その電荷系内の点Pでのポテンシャル値は1.3式(2)のUをΔqで除して求められるので，

$$\Phi = \frac{q_1}{4\pi\varepsilon PQ_1} + \frac{q_2}{4\pi\varepsilon PQ_2} + \frac{q_3}{4\pi\varepsilon PQ_3} + \cdots \quad \cdots\cdots (2)$$

となります．これをさらに一般的な形で次のように書くことができます．

$$\Phi(\mathbf{r}) = \sum_{i=1}^{n} \frac{q_i}{4\pi\varepsilon R_i} \quad \cdots\cdots (3)$$

ここで，図1.5に示すように，R_iは$\mathbf{r}$にある観測点Pから$\mathbf{r}_i'$にあるi番目の電荷まで

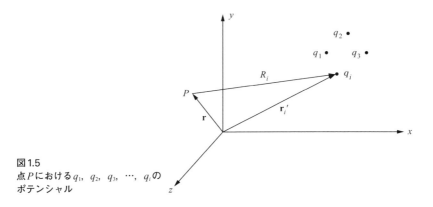

図1.5
点Pにおけるq_1, q_2, q_3, $\cdots$, q_iの
ポテンシャル

の距離です．すなわち，

$$R_i = |\mathbf{r} - \mathbf{r}_i'| = \left[(x - x_i')^2 + (y - y_i')^2 + (z - z_i')^2\right]^{1/2} \quad \cdots\cdots (4)$$

ここで，x, y, zは観測点の直角座標値，x_i', y_i', z_i'はi番目の電荷の直角座標値です．これを電荷密度が連続的に変化する場合に一般化すると，次のようになります．

$$\Phi(\mathbf{r}) = \int_V \frac{\rho(\mathbf{r}')dV'}{4\pi\varepsilon R} \quad \cdots\cdots (5)$$

ここで，$\rho(\mathbf{r}')$は点(x, y, z)における電荷密度であり，積分は総和を式(2)と同様に行ないますが，電荷が空間にわたって連続していることを表しています．もしポテンシャル0の基準点が無限遠点でなければ，希望する基準位置でポテンシャル0になるように，ある定数を加えます．すなわち，

$$\Phi(\mathbf{r}) = \int_V \frac{\rho(\mathbf{r}')dV'}{4\pi\varepsilon R} + C \quad \cdots\cdots (6)$$

式(2)～(6)は電荷が無限，均質，一様な媒体の中にあると仮定して導いたことに注意する必要があります．もし導体や誘電体に不連続部があるならば，ポテンシャルの微分方程式を各領域に対して適用する必要があります．

電場$\mathbf{E}$をどのようにして$\Phi(\mathbf{r})$から求めるかを1.6節で説明します．通常，式(3)や式(5)のスカラ計算によってポテンシャルを求め，それから電場$\mathbf{E}$を求めるほうが1.1節で述べたベクトル計算を行う方法より簡単です．こうした便利さがこのポテンシャルを導入する理由の1つです．

1.1.5 容量

回路の計算でよく用いる2つの電極間の容量とは，両電極間のポテンシャル差 $\Phi_a - \Phi_b$ あたりの各電極上の電荷 Q のことです．これは，

$$C = \frac{Q}{\Phi_a - \Phi_b} \quad \cdots\cdots\cdots\cdots\cdots\cdots\cdots\cdots\cdots\cdots\cdots\cdots\cdots\cdots\cdots\cdots (1)$$

で示すことができます．

最初に図1.5の平行平板で考えてみます．この間隔は電極の幅に比べて十分に短いものとします．このため，電荷はもっとも近接する面上におもに蓄積します．実際には，図1.6(a)のようになりますが，この構造を無限に広い平板の一部として考えて，図1.6(b)のように，1つの平板から他の平板に直接向わない端部電場は無視します．実際の電場をこのように理想化することはとても有益ですが，その有効限度を常に考えておく必要があります．電束密度 $\mathbf{D}$ はガウスの法則から求められ，各平板上の表面電荷密度 ρ_s に等しくなります．電場 $\mathbf{E} = \mathbf{D}/\varepsilon$ は一様と仮定しているので，ポテンシャル差 $\Phi_a - \Phi_b$ は，1.4式(1)から，

$$\Phi_a - \Phi_b = \frac{\rho_s d}{\varepsilon} \quad \cdots\cdots\cdots\cdots\cdots\cdots\cdots\cdots\cdots\cdots\cdots\cdots\cdots\cdots (2)$$

となります．面積 A の各平板上の全電荷は $\rho_s A$ なので，式(1)と式(2)から次のよく知られた式が得られます．

$$C = \frac{\varepsilon A}{d} \quad [\mathrm{F}] \quad \cdots\cdots\cdots\cdots\cdots\cdots\cdots\cdots\cdots\cdots\cdots\cdots\cdots\cdots (3)$$

実際には，式(3)は平板の間隔と面積の比が大きくなるにつれて端部電場による影響を強く受けるようになります．

次に，同軸円筒でできた容量器を考えてみます．この長さが有限であるにしても電場は径方向だけと仮定し，両端での端部効果は無視します．この理想化によって各導体上の電荷は一様に分布し，単位長あたりの全電荷量は q_ℓ で表すことができ

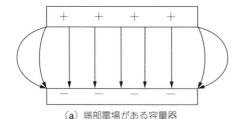
(a) 端部電場がある容量器

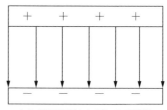
(b) 端部電場を無視した容量器

図1.6　平行平板容量器

ます．この電荷が作る電場から求められるポテンシャル差は1.4式(9)で求めることができます．この場合の単位長あたりの容量は，

$$C = \frac{2\pi\varepsilon}{\ln(b/a)} \quad [\text{F/m}] \quad \cdots\cdots\cdots\cdots\cdots\cdots\cdots\cdots\cdots\cdots\cdots\cdots\cdots\cdots\cdots\cdots\cdots (4)$$

となります．ここで，bとaはそれぞれ外導体と内導体の半径です．

最後に，半径aとbの2つの同芯球導体が誘電率εの誘電体で満たされている場合($b>a$)を考えてみます．対称性，ガウスの法則，$\mathbf{E}=\mathbf{D}/\varepsilon$の関係を用いると，径方向電場は，

$$E_r = \frac{Q}{4\pi\varepsilon r^2} \quad \cdots\cdots\cdots\cdots\cdots\cdots\cdots\cdots\cdots\cdots\cdots\cdots\cdots\cdots\cdots\cdots\cdots\cdots\cdots\cdots (5)$$

となります．ここで，Qは内導体上の電荷量(これは外導体上の電荷量と等量異符号)です．式(5)を両球の間で積分すると$\varPhi_a - \varPhi_b$が得られ，これを式(1)に代入すると次式が得られます．

$$C = \frac{4\pi\varepsilon}{(1/a)-(1/b)} = \frac{4\pi\varepsilon ab}{b-a} \quad [\text{F}] \quad \cdots\cdots\cdots\cdots\cdots\cdots\cdots\cdots\cdots\cdots (6)$$

1.2　微分形の静電場則

1.2.1　勾配

これまで巨視形の静電場則について述べてきましたが，微分形で表したこの等価式について理解しておくことも必要です．電場とポテンシャルの関係から話を進めていきます．距離**dl**だけ離れた2点にポテンシャル差の定義をあてはめると，

$$d\varPhi = -\mathbf{E}\cdot\mathbf{dl} \quad \cdots\cdots\cdots\cdots\cdots\cdots\cdots\cdots\cdots\cdots\cdots\cdots\cdots\cdots\cdots\cdots\cdots\cdots\cdots\cdots (1)$$

となり，ここで**dl**はその各成分と単位ベクトルを用いて次のように書くことができます．

$$\mathbf{dl} = \hat{\mathbf{x}}dx + \hat{\mathbf{y}}dy + \hat{\mathbf{z}}dz \quad \cdots\cdots\cdots\cdots\cdots\cdots\cdots\cdots\cdots\cdots\cdots\cdots\cdots (2)$$

ドット積を展開すると次式が得られます．

$$d\varPhi = -(E_x dx + E_y dy + E_z dz)$$

$\varPhi$はx, y, zの関数であるから，この全微分を次のようにも書くことができます．

$$d\varPhi = \frac{\partial \varPhi}{\partial x}dx + \frac{\partial \varPhi}{\partial y}dy + \frac{\partial \varPhi}{\partial z}dz$$

この2つの式を比較すると次式が得られます．

$$E_x = -\frac{\partial \Phi}{\partial x}, \quad E_y = -\frac{\partial \Phi}{\partial y}, \quad E_z = -\frac{\partial \Phi}{\partial z} \quad \cdots\cdots (3)$$

したがって，

$$\mathbf{E} = -\left(\hat{\mathbf{x}}\frac{\partial \Phi}{\partial x} + \hat{\mathbf{y}}\frac{\partial \Phi}{\partial y} + \hat{\mathbf{z}}\frac{\partial \Phi}{\partial z}\right) \quad \cdots\cdots (4)$$

あるいは，

$$\mathbf{E} = -\mathrm{grad}\,\Phi \quad \cdots\cdots (5)$$

となります．ここで，$\mathrm{grad}\,\Phi$ は Φ の勾配 (gradient) の略号であり，空間内の1点におけるスカラ関数 Φ の空間的変化の方向と大きさを表すベクトルです．

これを式(1)に代入すると次式が得られます．

$$d\Phi = (\mathrm{grad}\,\Phi) \cdot \mathbf{dl} \quad \cdots\cdots (6)$$

このように Φ の変化はその勾配とベクトル $\mathbf{dl}$ のスカラ積で表されます．したがって，与えられた線素 $\mathbf{dl}$ に対してこの線素が勾配ベクトルの方向と同じ方向に向くときに $d\Phi$ の最大値が得られます．等ポテンシャル線に沿う $\mathbf{dl}$ に対しては $d\Phi=0$ であるから，$\mathrm{grad}\,\Phi$ は等ポテンシャル線に垂直であることも式(6)から明らかです．

次のベクトル演算子 ∇（デルと読む）を定義すると，

$$\nabla = \hat{\mathbf{x}}\frac{\partial}{\partial x} + \hat{\mathbf{y}}\frac{\partial}{\partial y} + \hat{\mathbf{z}}\frac{\partial}{\partial z} \quad \cdots\cdots (7)$$

$\mathrm{grad}\,\Phi$ は $\nabla\Phi$ と書くことができます．ただし，この演算は次のように行います．

$$\nabla\Phi = \hat{\mathbf{x}}\frac{\partial \Phi}{\partial x} + \hat{\mathbf{y}}\frac{\partial \Phi}{\partial y} + \hat{\mathbf{z}}\frac{\partial \Phi}{\partial z} \quad \cdots\cdots (8)$$

また，

$$\mathbf{E} = -\mathrm{grad}\,\Phi = -\nabla\Phi \quad \cdots\cdots (9)$$

となります．円筒座標と球座標を用いる場合の勾配演算子は以下のようになります．

円筒座標 $\quad \nabla\Phi = \hat{\mathbf{r}}\dfrac{\partial \Phi}{\partial r} + \hat{\boldsymbol{\phi}}\dfrac{\partial \Phi}{\partial \phi} + \hat{\mathbf{z}}\dfrac{\partial \Phi}{\partial z} \quad \cdots\cdots (10)$

$$\nabla^2\Phi = \frac{1}{r}\frac{\partial}{\partial r}\left(r\frac{\partial \Phi}{\partial r}\right) + \frac{1}{r^2}\frac{\partial^2 \Phi}{\partial \phi^2} + \frac{\partial^2 \Phi}{\partial z^2} \quad \cdots\cdots (11)$$

球座標 $\quad \nabla\Phi = \hat{\mathbf{r}}\dfrac{\partial \Phi}{\partial r} + \hat{\boldsymbol{\theta}}\dfrac{1}{r}\dfrac{\partial \Phi}{\partial \theta} + \dfrac{\hat{\boldsymbol{\phi}}}{r\sin\theta}\dfrac{\partial \Phi}{\partial \phi} \quad \cdots\cdots (12)$

$$\nabla^2\Phi = \frac{1}{r^2}\frac{\partial}{\partial r}\left(r^2\frac{\partial \Phi}{\partial r}\right) + \frac{1}{r^2\sin\theta}\frac{\partial}{\partial \theta}\left(\sin\theta\frac{\partial \Phi}{\partial \theta}\right) + \frac{1}{r^2\sin^2\theta}\frac{\partial^2 \Phi}{\partial \phi^2} \quad \cdots (13)$$

1.2.2　静電場の発散

次にガウスの法則の微分形について考えてみます．1.2式(9)を体積素片ΔVで除し，その極限をとると次式が得られます．

$$\lim_{\Delta V \to 0} \frac{\oint_S \mathbf{D} \cdot d\mathbf{S}}{\Delta V} = \lim_{\Delta V \to 0} \frac{\int_V \rho dV}{\Delta V} \quad \cdots\cdots (1)$$

この式の右辺はρです．左辺は単位体積あたりの外向きの電束です．この左辺を**電束密度の発散**として定義し，$\mathrm{div}\,\mathbf{D}$と略記します．したがって，

$$\mathrm{div}\,\mathbf{D} = \rho \quad \cdots\cdots (2)$$

となります．

1.2.3　ラプラスの方程式とポアソンの方程式

前の二節の微分関係式から，ポテンシャルに関する微分方程式を導くことができます．考えている領域内で誘電率εが一定であれば，$\mathbf{D}=\varepsilon\mathbf{E}$として1.6式(5)からの$\mathbf{E}$を1.7式(2)に代入すると次式が得られます．

$$\mathrm{div}(\mathrm{grad}\,\Phi) = \nabla \cdot \nabla \Phi = -\frac{\rho}{\varepsilon}$$

ここで，直角座標では，

$$\nabla \cdot \nabla \Phi = \frac{\partial^2 \Phi}{\partial x^2} + \frac{\partial^2 \Phi}{\partial y^2} + \frac{\partial^2 \Phi}{\partial z^2} \quad \cdots\cdots (1)$$

となります．したがって，

$$\frac{\partial^2 \Phi}{\partial x^2} + \frac{\partial^2 \Phi}{\partial y^2} + \frac{\partial^2 \Phi}{\partial z^2} = -\frac{\rho}{\varepsilon} \quad \cdots\cdots (2)$$

となります．これは任意の点のポテンシャルの変化をその点の電荷密度と関係づける微分方程式であり，ポアソンの方程式として知られています．このポアソンの方程式は，よく次のように書かれています．

$$\nabla^2 \Phi = -\frac{\rho}{\varepsilon} \quad \cdots\cdots (3)$$

ここで，$\nabla^2 \Phi$（Φのデル2乗と読む）はΦのラプラシャンとして知られています．

$$\nabla^2 \Phi = \nabla \cdot \nabla \Phi = \mathrm{div}(\mathrm{grad}\,\Phi) \quad \cdots\cdots (4)$$

電荷がない領域では，ポアソンの方程式は次のように簡単になります．

$$\frac{\partial^2 \Phi}{\partial x^2} + \frac{\partial^2 \Phi}{\partial y^2} + \frac{\partial^2 \Phi}{\partial z^2} = 0$$

あるいは，

$$\nabla^2 \Phi = 0 \tag{5}$$

この式はラプラスの方程式として知られています．∇^2 を直角座標で示しましたが，これは前述のように円筒座標あるいは球座標で表すこともできます．

ラプラスの方程式やポアソンの方程式を解くには，いろいろな方法があります．そのうちの変数分離法は，この2つの方程式以外にいろいろな偏微分方程式に対して一般的な方法の1つです．また，複素変数の等角変換法によりラプラスの方程式に対して多くの有用な2次元解が得られます．これらの方法は第7章で解説します．

1.2.4 定常電流から生じる静電場

導体に印加した直流電圧によって生じる電流は，これを構成する電荷が動いているから厳密には静的とは言えませんが，その結果生じる電場は時間に無関係です．

抵抗がある導体の中で電流密度が次式のように導電率（単位はシーメンス/m）を通して電場 $\mathbf{E}$ に比例するとします．

$$\mathbf{J} = \sigma \mathbf{E} \tag{1}$$

この関係は，導体内の電子の衝突によって生じます．この電場は時間に無関係ですから，1.6節の場合と同様に電流密度を次のようにスカラ・ポテンシャルから導出できます．すなわち，

$$\mathbf{J} = -\sigma \nabla \Phi \tag{2}$$

となります．電流が定常的な場合，任意の閉領域の中で電荷の発生や消滅はないので，その領域からの全流出量は電流の連続性によって0です．つまり，

$$\oint_S \mathbf{J} \cdot d\mathbf{S} = 0 \tag{3}$$

あるいはこれを微分形で書くと，

$$\nabla \cdot \mathbf{J} = 0 \tag{4}$$

となります．式(2)を式(4)に代入し，σ を定数とすると次式が得られます．

$$\nabla \cdot \nabla \Phi = \nabla^2 \Phi = 0 \tag{5}$$

したがって，このポテンシャルは静電場の場合(1.8節)のようにラプラスの方程式を満足します．印加電圧に応じた境界条件のほかに，導体と絶縁体の間には束縛条件が存在します．なぜなら，このような境界を通して電流は流れることができないからです．式(2)を参照すると，この条件から，このような境界の場合には導体の側面で，

$$\frac{\partial \Phi}{\partial n} = 0 \tag{6}$$

である必要があります．ここで，nはこのような境界面への垂直方向の距離を表しています．異種導体間の連続の関係については次節で述べます．

1.2.5 静電場の境界条件

電場の問題の中には2種類以上の材料で構成される系があります．これまでの節で述べた微分方程式を応用してみます．

任意の境界を通る電束密度の垂直成分の関係をガウスの法則の積分形を用いて考えてみます．**図1.7**に示したのは，領域1と2の間の境界で二分された仮想ピルボックスです．このピルボックスの厚さは非常に薄く，側面から流出する電束量は上下面から流出する電束量に比べて無視できるほど小さいとします．この境界上に表面電荷密度ρ_sがあれば，このピルボックスから流出する全電束はガウスの法則によって$\rho_s \Delta S$に等しくなります．すなわち，

$$D_{n1}\Delta S - D_{n2}\Delta S = \rho_s \Delta S$$

したがって，

$$D_{n1} - D_{n2} = \rho_s \quad \cdots\cdots\cdots\cdots\cdots\cdots\cdots\cdots\cdots\cdots\cdots\cdots\cdots\cdots\cdots\cdots\cdots\cdots\cdots\cdots (1)$$

です．ここで，ΔSはD_nとρ_sが一様と考えられるほど十分に小さい値です．

図1.7に示すように，境界の片側に長さ$\Delta \ell$で反対側に戻る閉路のまわりに線積分をとって2番目の関係を求めることができます．この境界に垂直な辺は非常に小さく，そこからの積分への寄与分は，この面に平行な辺からの寄与分に比べて無視できます．1.3式(3)によって，任意の閉路に沿う静電場の線積分は0でなければなりません．すなわち，

$$\oint \mathbf{E} \cdot \mathbf{dl} = E_{t1}\Delta \ell - E_{t2}\Delta \ell = 0$$

したがって，

$$E_{t1} = E_{t2} \quad \cdots\cdots\cdots\cdots\cdots\cdots\cdots\cdots\cdots\cdots\cdots\cdots\cdots\cdots\cdots\cdots\cdots\cdots\cdots\cdots\cdots\cdots\cdots\cdots\cdots (2)$$

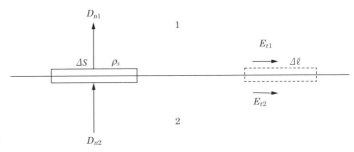

図1.7
2つの異なる媒質の境界

となります．添字 t はこの境界に水平な成分であることを示しています．このループの水平方向の辺の長さは非常に小さくて，E_t はこの長さにわたって一定であるとします．この境界にわたる $\mathbf{E}$ の線積分は無視できるほど小さいから，

$$\Phi_1 = \Phi_2 \quad \cdots\cdots\cdots\cdots\cdots\cdots\cdots\cdots\cdots\cdots\cdots\cdots\cdots\cdots\cdots\cdots\cdots\cdots\cdots\cdots\cdots\cdots\cdots\cdots\cdots\cdots\cdots\cdots\cdots\cdots\cdots\cdots\cdots\cdots\cdots\cdots\cdots\cdots\cdots \quad (3)$$

です．式(1)と式(2)，あるいは式(1)と式(3)は静電場問題に対する境界条件になります．

2つの誘電体の間の境界面を考え，その面上に電荷はないとします．式(1)と1.2式(1)から，

$$\varepsilon_1 E_{n1} = \varepsilon_2 E_{n2} \quad \cdots\cdots\cdots\cdots\cdots\cdots\cdots\cdots\cdots\cdots\cdots\cdots\cdots\cdots\cdots\cdots\cdots\cdots\cdots\cdots\cdots\cdots\cdots\cdots\cdots\cdots\cdots\cdots\cdots\cdots \quad (4)$$

です．この境界にわたって $\mathbf{E}$ の垂直成分は変化しますが，水平成分は式(2)により変化しません．したがって，E_n か E_t のどちらかが0の場合を除いて，合成 $\mathbf{E}$ の方向は，このような境界にわたって変化します．2つの誘電体の間の境界上の一点で領域1内の電場がこの境界への法線となす角度を θ_1 とします．この場合，図1.8に示すように，

$$\theta_1 = \tan^{-1} \frac{E_{t1}}{E_{n1}} \quad \cdots\cdots\cdots\cdots\cdots\cdots\cdots\cdots\cdots\cdots\cdots\cdots\cdots\cdots\cdots\cdots\cdots\cdots\cdots\cdots\cdots\cdots\cdots\cdots\cdots\cdots\cdots \quad (5)$$

および，

$$\theta_2 = \tan^{-1} \frac{E_{t2}}{E_{n2}} \quad \cdots\cdots\cdots\cdots\cdots\cdots\cdots\cdots\cdots\cdots\cdots\cdots\cdots\cdots\cdots\cdots\cdots\cdots\cdots\cdots\cdots\cdots\cdots\cdots\cdots\cdots\cdots \quad (6)$$

です．次に，式(2)と式(4)を用いると次式が成立することがわかります．

$$\theta_2 = \tan^{-1}\left(\frac{\varepsilon_2}{\varepsilon_1}\tan\theta_1\right) \quad \cdots\cdots\cdots\cdots\cdots\cdots\cdots\cdots\cdots\cdots\cdots\cdots\cdots\cdots\cdots\cdots\cdots\cdots\cdots\cdots \quad (7)$$

2つの隣接する導体の境界では電流密度の垂直成分が連続しています．なぜなら，さもなければそこで電荷が際限なく増大してしまうからです．したがって，電場の垂直成分は不連続であり，次式が成立します．

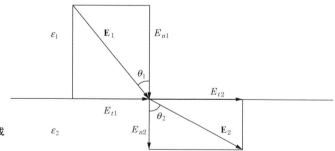

図1.8
誘電体境界上における電場成分のベクトル関係 ($\varepsilon_2 > \varepsilon_1$)

$$E_{n1} = \frac{\sigma_2}{\sigma_1} E_{n2} \quad \cdots\cdots\cdots\cdots\cdots\cdots\cdots\cdots\cdots\cdots\cdots\cdots\cdots\cdots\cdots\cdots\cdots\cdots\cdots\cdots\cdots\cdots\cdots\cdots\cdots\cdots\cdots\cdots\cdots\cdots \quad (8)$$

誘電体の電場の水平成分に関しては，導電率が不連続の場合にも適用でき，水平方向の電場はこの境界で連続します．

1.3 静電場内のエネルギー

1.3.1 静電系のエネルギー

ある電荷を電荷系の付近で動かすのに必要な仕事量については1.3節で述べました．この仕事量は系内に蓄積されるエネルギーとして考えなければならず，電荷系のポテンシャル・エネルギーはこの電荷の大きさと位置から計算することができます．この計算を行うため，この電荷群を無限遠点から電荷群の位置まで移動させるとします．第1の電荷を移動させるために力は必要ありません．なぜなら，電場はこの電荷に作用しないからです．第2の電荷を q_1 の位置から距離 R_{12} だけ離れた位置まで移動させるとき，1.3節で示したように次のエネルギー，

$$U_{12} = \frac{q_1 q_2}{4\pi\varepsilon R_{12}} \quad \cdots\cdots\cdots\cdots\cdots\cdots\cdots\cdots\cdots\cdots\cdots\cdots\cdots\cdots\cdots\cdots\cdots\cdots\cdots\cdots\cdots\cdots\cdots\cdots \quad (1)$$

を消費します．第3の電荷を無限遠点から移動させるとき，この電荷は q_1 と q_2 の電場の中を動き，次のエネルギー，

$$U_{13} + U_{23} = \frac{q_1 q_3}{4\pi\varepsilon R_{13}} + \frac{q_2 q_3}{4\pi\varepsilon R_{23}} \quad \cdots\cdots\cdots\cdots\cdots\cdots\cdots\cdots\cdots\cdots\cdots\cdots \quad (2)$$

を消費します．これらの3つの電荷を所定の位置に移動させるために消費する全仕事量は式(1)と式(2)の合計量になります．

この3つの電荷に関する仕事量を合計して，次のように書くことができます．

$$U = \frac{1}{2}\sum_{i=1}^{3} q_i \sum_{j=1}^{3} \frac{q_i}{4\pi\varepsilon R_{ij}} \quad i \neq j$$

因子1/2をつけると，これは式(1)と式(2)の合計値になります．この理由は，i と j はすべての粒子にわたって合計しますが，エネルギーへの各寄与分が2回入ってくるからです．$i \neq j$ の項を削除する理由は，点電荷の自己エネルギーが電場のエネルギーに影響しないからです．電荷が n 個ある場合には上式を拡張して次式が得られます．

$$U_E = \frac{1}{2}\sum_{i=1}^{n} q_i \sum_{j=1}^{n} \frac{q_j}{4\pi\varepsilon R_{ij}} \qquad i \neq j \quad \cdots\cdots\cdots\cdots\cdots\cdots\cdots\cdots\cdots\cdots\cdots\cdots \quad (3)$$

ここで，添字 E はエネルギーが電荷群と電場の中に蓄積されることを示します．ポテンシャルに関する1.4式(3)を用いると，これは次のようになります．

$$U_E = \frac{1}{2}\sum_{i=1}^{n} q_i \Phi_i \quad \cdots\cdots\cdots\cdots\cdots\cdots\cdots\cdots\cdots\cdots\cdots\cdots\cdots\cdots\cdots\cdots\cdots \quad (4)$$

単位体積あたりの電荷密度 ρ が連続的に変化する系にこの式を拡張すると，次式が得られます．

$$U_E = \frac{1}{2}\int_V \rho \Phi dV \quad \cdots\cdots\cdots\cdots\cdots\cdots\cdots\cdots\cdots\cdots\cdots\cdots\cdots\cdots\cdots\cdots \quad (5)$$

1.7式(2)によって，この電荷密度 ρ を $\mathbf{D}$ の発散で置きかえることができ，次式が得られます．

$$U_E = \frac{1}{2}\int_V (\nabla \cdot \mathbf{D})\Phi dV$$

ここでベクトル恒等式を用いると，

$$U_E = \frac{1}{2}\int_V \nabla \cdot (\Phi \mathbf{D}) dV - \frac{1}{2}\int_V \mathbf{D} \cdot (\nabla \Phi) dV$$

となります．発散の定理によって，最初の体積積分はこの領域を囲む閉表面にわたる $\Phi\mathbf{D}$ の面積積分で置きかえることができます．しかし，もしこの領域の中にすべての電場があれば，この表面を無限遠面にしなければなりません．Φ は無限遠点において少なくとも $1/r$ の割合で減少するから，D は少なくとも $1/r^2$ の割合で減少し，面積は r^2 の割合で増加します．したがって，この面積積分は表面が無限大に近づくにつれて0になります．すなわち，

$$\int_V \nabla \cdot (\Phi\mathbf{D}) dV = \oint_{S_\infty} \Phi \mathbf{D} \cdot d\mathbf{S} = 0$$

したがって，エネルギーは，

$$U_E = -\frac{1}{2}\int_V \mathbf{D} \cdot (\nabla \Phi) dV = \frac{1}{2}\int_V \mathbf{D} \cdot \mathbf{E}\, dV \quad \cdots\cdots\cdots\cdots\cdots\cdots\cdots\cdots \quad (6)$$

となります．この結果は，エネルギーが実際には電場の中にあり，各体積素片 dV の中に次のエネルギーがあると考えられます．

$$dU_E = \frac{1}{2}\mathbf{D} \cdot \mathbf{E}\, dV \quad \cdots\cdots\cdots\cdots\cdots\cdots\cdots\cdots\cdots\cdots\cdots\cdots\cdots\cdots\cdots \quad (7)$$

無境界，線形，均質的な領域の中の電荷系を元に式(6)を導出しました．この領域内の導体上に表面電荷があるとしても結果は同じです．体積電荷と表面電荷の両方があれば式(5)は次のようになります．

$$U_E = \frac{1}{2}\int_V \rho \Phi dV + \frac{1}{2}\int_S \rho_s \Phi dS \quad \cdots\cdots\cdots\cdots\cdots\cdots\cdots\cdots\cdots\cdots (8)$$

　式(3)の最終項をΦと同一視しているので，この式および式(5)の場合，Φはその基準点が無限遠点にあるとしていることに注意する必要があります．式(6)の利点は，ポテンシャルの基準点には関係がないという点です．

第1章　問題

問題1.1　図A.1に示すように，半径a，電荷ρ_ℓ[C/m]のリング状の正電荷が自由空間内にz軸と同芯かつ垂直にある．この場合，z軸上の各点にできる電場の式を求めよ．

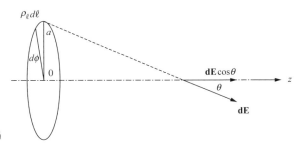

図A.1
リング状の電荷による電場

答　リングに沿う微分長内の電荷は$\rho_\ell d\ell$である．$\rho_\ell d\ell$によってできる電場は図A.1では**dE**と表されており，これは本文1.1式(7)において$r^2 = a^2 + z^2$として与えられる．これのz軸に沿う成分は$dE\cos\theta$であり，ここで$\cos\theta = z/(a^2+z^2)^{1/2}$である．この問題の対称性から，$z$軸に垂直な電場成分はリングの反対側の電荷素片からの垂直成分と相殺する．したがって，z軸上の点における全電場は軸方向であり，上の微小軸方向成分を積分したものである．$d\ell = ad\phi$とすると次式が得られる．

$$E = \int_0^{2\pi} \frac{\rho_\ell a z d\phi}{4\pi\varepsilon(a^2+z^2)^{3/2}} = \frac{\rho_\ell a z}{2\varepsilon(a^2+z^2)^{3/2}}$$

問題 1.2 金属が半導体と強く（原子的に）接触している1次元モデルで，通常は4価の原子（例えばシリコン）のいくつかが5価のドーパント原子（例えばリン）で置換されていると仮定する．各原子内の1つの余分の電子は原子結合に必要でなく，自由になって半導体の中を動く．これが金属に接触すると自由電子は接合面から距離dだけ離れるようになる．領域$0 \leq x \leq d$には自由電子がない（空乏層）．ドーパント原子は余分の電子を失う前には中性であったから，この領域が空乏化するとドーパント原子は正に帯電する．これを図A.2のようにモデル化する．この平面状半導体空乏層内の電場を求めよ．

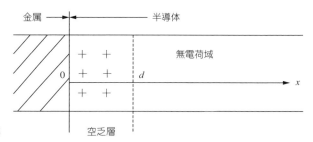

図A.2
金属と半導体の接合部

答 領域$x \geq d$ではドナーは自由電子で完全に補充されると仮定する．したがって，ここには電荷はない．この問題の対称性から電束は$-x$方向だけである．$x < d$と$x = d$の2つの無限平行平板にガウスの法則を適用する．接合面の横寸法はdよりはるかに大きいとする．電場が印加されていなければ，補充領域$x \geq d$では電子の平均的動きがないから$\mathbf{E}$は0である．したがって，この領域では$\mathbf{D}$も0であり，帯電ドーパント原子からの電束は金属接合面の負電荷上で終端しなければならない．したがって，ガウスの法則から単位面積に対して次式が成立する．

$$-D_x(x) = N_D e(d-x)$$

ここで，N_Dとeはそれぞれドナー・イオンの体積密度及びドナーあたりの電荷（電子の電荷の大きさ）である．したがって，電場のx成分は，

$$E_x = \frac{D_x}{\varepsilon} = \frac{N_D e(x-d)}{\varepsilon}$$

である．

問題 1.3 図A.3に示すように，線の半径が非常に小さく，無限に長い直線が単位長あたりの電荷量q_1で一様に満たされている．この線電荷が半径rのところで作

図A.3
無限に長い線電荷

り出す電場**E**を求めよ．

答 この問題の対称性から電場は径方向成分だけである．この電場は線電荷のまわりの角度とともに変化しないし，また線電荷に沿う距離とともにも変化しない．半径rで任意の長さℓの円筒面に対してガウスの法則を適用する．電場（したがって電束密度**D**）は径方向であるから，この円筒の両端部で電場の垂直成分はなく，したがってここを通して電束は流れない．しかし，**D**はこの表面の円筒部に対して垂直であり，角度や軸に沿う距離とともに変化しない．したがって，電束量は表面積$2\pi r\ell$に電束密度D_rを乗じたものである．この円筒で囲まれる電荷量は長さℓと単位長あたりの電荷量q_ℓを乗じたものである．ガウスの法則によって，流出する電束量はその内部の電荷量に等しい．すなわち，

$$2\pi r\ell D_r = \ell q_\ell$$

である．したがって，この線電荷を囲んでいる誘電体の誘電率がεであれば，

$$E_r = \frac{D_r}{\varepsilon} = \frac{q_\ell}{2\pi\varepsilon r}$$

となる．

問題 1.4 図A.4に示すように，半径がaとcの2つの導電性の球があり，誘電率ε_1の誘電体が$r=a$から$r=b$までを満たし，誘電率ε_2の誘電体が$r=b$から$r=c$までを満している．この同芯球電極間の電場を求めよ．

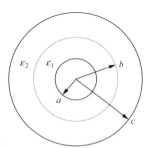

図A.4
2層の誘電体材料がある球状電極

答 この問題には球対称性があり，したがって電場は径方向である．内球上の電荷量がQ，外球上の電荷量が$-Q$であれば，この2つの導体の間の半径rの球面で囲まれた電荷量は内球上の電荷量Qだけである．そこを通過する電束量は表面積$4\pi r^2$に電束密度の径方向成分D_rを乗じたものである．したがって，ガウスの法則によって次式が成立する．

$$D_r = \frac{Q}{4\pi r^2}$$

電束は中心導体上の正電荷から外導体上の負電荷へと流れるから，どちらの誘電体でも電束密度の式は同じである．しかし，それぞれの誘電体内でDとEはそれぞれの誘電率を通して関係するから，この2つの領域で電場は異なる．すなわち，

$$E_r = \frac{Q}{4\pi\varepsilon_1 r^2} \qquad a < r < b$$

$$E_r = \frac{Q}{4\pi\varepsilon_2 r^2} \qquad b < r < c$$

である．

問題 1.5 図A.5に示すように，$r=0$から$r=a$までひろがる球状領域が一様電荷密度ρで満たされている．この球状領域内外の半径rにおける電場を求めよ．

図A.5
半径a，一様電荷密度ρの球

答 前の問題と同様にガウスの法則から，

$$D_r = \frac{Q}{4\pi r^2}$$

と書くことができるが，この場合には$r \leq a$に対して$Q = (4/3)\pi r^3 \rho$，$r \geq a$に対して$Q = (4/3)\pi a^3 \rho$である．したがってこの2つの領域の電束密度は次のようになる．

$$D_r = \frac{r}{3}\rho \qquad r \leq a$$

$$D_r = \frac{a^3}{3r^2}\rho \qquad r \geq a$$

また，電場は各電束密度を誘電率で除して次のようになる．

$$E_r = \frac{r}{3\varepsilon}\rho \qquad r \leq a$$

$$E_r = \frac{a^3}{3\varepsilon r^2}\rho \qquad r \geq a$$

問題 1.6 図A.6に示すように，一様電荷密度ρで長さ無限大の円柱がある．この場合，積分領域をこの円柱内のたてb，横aの角柱としてガウスの法則1.2式(9)が成立することを示せ．

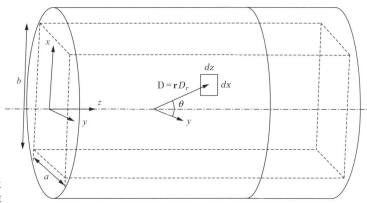

図A.6
円柱状ビームの中にある断面矩形の角柱

答 この場合，$\mathbf{D}$は径方向であり，本文1.2式(9)の右辺は次のようになる．

$$\int_V \rho dV = \int_0^\ell dz \int_{-b/2}^{b/2} dy \int_{-b/2}^{b/2} \rho dx = \ell b^2 \rho \qquad \cdots (1)$$

また，任意の半径rにおけるD_rは次式で与えられる．

$$D_r = \frac{(\pi r^2)\rho}{2\pi r} = \frac{r\rho}{2}$$

1.2式(9)の左辺の面積積分を行う場合，$\mathbf{D}\cdot d\mathbf{S} = D_r dx dz \cos\theta$ 及び $\cos\theta = b/2r$，それに正方形の4辺が積分に等しく寄与するから，

$$\oint_S \mathbf{D}\cdot d\mathbf{S} = 4\int_0^\ell dz \int_{-b/2}^{b/2} D_r \cos\theta dx = \ell b^2 \rho \qquad \cdots (2)$$

となる．式(1)と式(2)から本文1.2式(9)が成立する．

問題 1.7 図A.7に示す一様電荷密度ρの球の内部において任意の矩形通路のまわりの電場の線積分を行い，静電場のエネルギーが保存されていることを示せ．

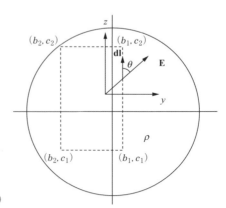

図A.7
一様電荷球の電場の積分路（破線）

答 簡単化のため，この通路は$x=0$の面内にあるように選ぶ．被積分項$\mathbf{E}\cdot\mathbf{dl}$の中には電場成分$E_y$と$E_z$の両方がある．径方向電場$E_r=\rho r/3\varepsilon_0$は問題1.5から求められる．電場の各成分は$E_y=E_r(y/r)$と$E_z=E_r(z/r)$であるから$E_y=\rho y/3\varepsilon_0$及び$E_z=\rho z/3\varepsilon_0$となる．したがって電場の線積分は次のようになる．

$$\oint \mathbf{E}\cdot\mathbf{dl} = \int_{c_1}^{c_2} E_z dz + \int_{b_1}^{b_2} E_y dy + \int_{c_2}^{c_1} E_z dz + \int_{b_2}^{b_1} E_y dy$$

$$= \frac{\rho}{3\varepsilon_0}\left\{\left.\frac{z^2}{2}\right|_{c_1}^{c_2} + \left.\frac{y^2}{2}\right|_{b_1}^{b_2} + \left.\frac{z^2}{2}\right|_{c_2}^{c_1} + \left.\frac{y^2}{2}\right|_{b_2}^{b_1}\right\} = 0$$

したがって，静電場のエネルギーは保存されている．

問題 1.8 密度q_ℓの線電荷の周りの半径rにおけるポテンシャルを表す式，及び内径a，外径b，線電荷密度q_ℓの同軸円筒の間のポテンシャル差を表す式を求めよ．

答 この場合の電場は問題1.3で与えられている．本文1.4式(1)によりこれを0ポテンシャルの基準点として選んだ半径r_0から半径rまで積分する．

$$\varPhi = -\int_{r_0}^{r} E_r dr = -\int_{r_0}^{r} \frac{q_\ell dr}{2\pi \varepsilon r} = -\frac{q_\ell}{2\pi \varepsilon} \ln\left(\frac{r}{r_0}\right)$$

あるいは，線電荷の周りのポテンシャルを次のように書くことができる．

$$\varPhi = -\frac{q_\ell}{2\pi \varepsilon} \ln r + C$$

同様に，内径 a，外径 b の同軸円筒の間のポテンシャル差は次式で与えられる．

$$\varPhi_a - \varPhi_b = -\int_{b}^{a} \frac{q_\ell dr}{2\pi \varepsilon r} = \frac{q_\ell}{2\pi \varepsilon} \ln\left(\frac{b}{a}\right)$$

この場合，0ポテンシャルの基準点は半径 a のところである．

問題 1.9　電荷 Q の球状電荷の外側のポテンシャルを表す式を求めよ．

答　球状電荷の外側の電束密度は $D_r = Q/4\pi r^2$ である．$\mathbf{E} = \mathbf{D}/\varepsilon_0$ を用い，また基準ポテンシャルは無限遠点で0として，この電荷の外側のポテンシャルは $\hat{\mathbf{r}} E_r \cdot \hat{\mathbf{r}} dr$ を無限遠点から半径 r まで積分したものに負号をつけたものである．すなわち，

$$\varPhi(r) = -\int_{\infty}^{r} \frac{Q dr_1}{4\pi \varepsilon_0 r_1^2} = \frac{Q}{4\pi \varepsilon_0 r}$$

問題 1.10　$r=0$ から $r=a$ までひろがる一様電荷密度 ρ の球体がある．この電荷領域内の半径 r におけるポテンシャルを表す式を求めよ．

答　$r=\infty$ で $\varPhi=0$ にとると，a より外側のポテンシャルは前問の式で $Q=(4/3)\pi \varepsilon a^3 \rho$ として与えられ，

$$\varPhi(r) = \frac{a^3 \rho}{3\varepsilon_0 r} \qquad r \geq a$$

となる．特に $r=a$ においては，

$$\varPhi(a) = \frac{a^2 \rho}{3\varepsilon_0}$$

である．したがって，$r \leq a$ の点におけるポテンシャルを求めるためには a から r までの電場の積分値を上式に加える必要がある．この電場は $E_r = \rho r/3\varepsilon_0$ で与えられ，また，積分値は次のようになる．

$$\varPhi(r) - \varPhi(a) = -\int_{a}^{r} \frac{\rho r_1}{3\varepsilon_0} dr_1 = \frac{\rho}{6\varepsilon_0}(a^2 - r^2)$$

したがって，この電荷領域内の半径rの点のポテンシャルは次式で与えられる．

$$\Phi(r) = \frac{\rho}{6\varepsilon_0}(3a^2 - r^2) \qquad r \leq a$$

問題 1.11 図A.8に示すように，半径がaとcの同軸円筒において，誘電率ε_1の誘電体が半径aとbの間を満たし，誘電率ε_2の誘電体が半径bとcの間を満たしている．内導体はポテンシャル0であり，外導体はポテンシャルV_0である．ラプラスの方程式を用いてこの円筒間のポテンシャル分布を求めよ．

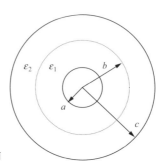

図A.8
2層の誘電体がある同軸円筒

答 この問題の形状からラプラシアン$\nabla^2 \Phi$を円筒座標で表すと，次のラプラスの方程式が得られる．

$$\nabla^2 \Phi = \frac{1}{r}\frac{\partial}{\partial r}\left(r\frac{\partial \Phi}{\partial r}\right) + \frac{1}{r^2}\frac{\partial^2 \Phi}{\partial \phi^2} + \frac{\partial^2 \Phi}{\partial z^2} = 0 \quad \cdots\cdots (1)$$

Φは軸(z)方向に変化しないと仮定し，円筒対称性があるからΦのϕ方向変化はないとする．この場合，式(1)は次のようになる．

$$\frac{1}{r}\frac{d}{dr}\left(r\frac{d\Phi}{dr}\right) = 0 \quad \cdots\cdots (2)$$

この場合，変数は1つしかないから，式(2)で偏微分を全微分で書いた．式(2)は直接積分することができ，次式が得られる．

$$r\frac{d\Phi}{dr} = C_1 \quad \cdots\cdots (3)$$

これを再び積分すると，第1の誘電体領域($a < r < b$)に適用されるポテンシャルΦ_1として次式が得られる．

$$\Phi_1 = C_1 \ln r + C_2 \quad \cdots\cdots (4)$$

これと同じ微分方程式が同じ対称性をもつ第2の誘電体領域にも適用でき，したがって，同じ形の解がそこにも適用できるが，任意定数は異なる．したがって，領域2($b<r<c$)内のポテンシャルとして次のように書く．

$$\Phi_2 = C_3 \ln r + C_4 \quad \cdots\cdots (5)$$

2つの導体での境界条件は次のとおりである．

(a) $r=a$ において　　$\Phi_1 = 0$

(b) $r=c$ において　　$\Phi_2 = V_0$

この他に誘電体の境界には連続条件が存在する．ポテンシャルと電束密度の垂直成分はこの境界で連続していなければならない(1.10節)．すなわち，

(c) $r=b$ において　　$\Phi_1 = \Phi_2$

(d) $r=b$ において　　$D_{r1} = D_{r2}$ あるいは $\varepsilon_1 (d\Phi_1/dr) = \varepsilon_2 (d\Phi_2/dr)$

式(4)に条件(a)を適用すると次式が得られる．

$$C_2 = -C_1 \ln a \quad \cdots\cdots (6)$$

式(5)に条件(b)を適用すると次式が得られる．

$$C_4 = V_0 - C_3 \ln c \quad \cdots\cdots (7)$$

式(4)と式(5)に条件(c)を適用すると次式が得られる．

$$C_1 \ln b + C_2 = C_3 \ln b + C_4 \quad \cdots\cdots (8)$$

また，式(4)と式(5)に条件(d)を適用すると次式が得られる．

$$\varepsilon_1 C_1 = \varepsilon_2 C_3 \quad \cdots\cdots (9)$$

式(6)から式(9)までの4つの方程式から，各定数がすべて求められる．例えば C_1 は次のようになる．

$$C_1 = \frac{V_0}{\ln(b/a) - (\varepsilon_1/\varepsilon_2)\ln(b/c)}$$

残る定数 C_2, C_3, C_4 はそれぞれ式(6), 式(9), 式(7)から求めることができる．これらの結果を式(4)と式(5)に代入すると，2つの誘電体内のポテンシャル分布が次のように求められる．

$$\Phi_1 = \frac{V_0 \ln(r/a)}{\ln(b/a) + (\varepsilon_1/\varepsilon_2)\ln(c/b)} \quad a < r < b$$

$$\Phi_2 = V_0 \left[1 - \frac{(\varepsilon_1/\varepsilon_2)\ln(c/r)}{\ln(b/a) + (\varepsilon_1/\varepsilon_2)\ln(c/b)} \right] \quad b < r < c$$

問題 1.12 容量 C, 電極間電圧 V の平行平板容量器がある. 電場内のエネルギー分布を電極間の体積にわたって積分し, この容量器の中に蓄積されるエネルギーは $(1/2)CV^2$ であることを示せ. ただし, 端部効果は無視してよい.

答 面積 A の電極が近接して置かれる場合, 誘電体内の電場強度は $E=V/d$ (d は電極間距離) であり, また $D=\varepsilon V/d$ である. したがって本文 1.13 式 (6) で与えられる蓄積エネルギー U_E は次のようになる.

$$U_E = \frac{1}{2}(\text{体積})(DE) = \frac{1}{2}(AD)\left(\frac{\varepsilon V}{d}\right)\left(\frac{V}{d}\right)$$

これは本文 1.5 式 (3) を使用すると次のように書くことができる.

$$U_E = \frac{1}{2}\left(\frac{\varepsilon A}{d}\right)V^2 = \frac{1}{2}CV^2$$

第2章 静磁場

　本章では，はじめに静電場の基本則であるアンペアの法則について説明します．次に，回路素子の交差磁束を用いて，その回路のインダクタンスを定義します．また，磁場を計算するときの中間ステップとして，磁気ベクトル・ポテンシャルを導入し，これが満足する微分方程式を導きます．最後に静磁場内のエネルギーについて考え，回路素子の内部インダクタンスについて説明します．

　電流と磁場の関係は，電荷と電場の関係より複雑です．このおもな理由は，磁場の源泉となる電流および磁場の測定に用いる電流素子が両方ともベクトル量であり，その方向を考慮に入れる必要があるからです．

　動く電荷は電流となり，これが真空内や半導体内を進行するときに磁場はこれに力を及ぼします．そのため，テレビジョンの撮像管や電子顕微鏡，マイクロ波電子管などは，電子ビームの偏向や集束に磁場を使用しています．

　コイルは高周波回路のインダクタンスを作るために使用され，その寸法が波長に比べて小さければ，磁場を電流から求めることができます．しかし，周波数が高い場合には容量が巻き線内で分布するため，電流分布は複雑になります．

2.1　静磁場の法則

2.1.1　アンペアの法則

(1) 磁場の概念

　前章の静電場の場合と同様に，測定可能な量である力を用いて磁場を定義します．電流から発生する磁力を表す方法が重要なので，まず2つの電流素子の間に働く力から考察します．

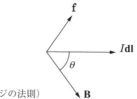

図2.1
磁場内の電流素子に働く力(右ネジの法則)

　電荷間の力の場合と同様に，2つの電流素子の相互作用から発生する力は電流の大きさ，電流間距離，それに媒質に依存します．しかし，電流には向きがあるので，2つの電流の間の力は電荷の場合より複雑です．したがって，はじめに磁場という量を定義し，次に電流がどのように磁場に影響するかを表すアンペアの法則について述べます．

　磁束密度として知られているベクトル量 **B** は，電流 I を流している微小電流素子 **dl** に発生する力 **df** を用いて次式により定義されます．

$$df = Id\ell B \sin\theta \quad \cdots\cdots\cdots\cdots\cdots\cdots\cdots\cdots\cdots\cdots\cdots\cdots\cdots\cdots\cdots (1)$$

ここで，θ は **dl** と **B** の間の角度です．これらのベクトルの方向関係は，ベクトル **df** が **dl** と **B** を含む面に垂直の方向であり，**dl** を **B** 側に回転させるときに右ネジが進む向きと定義します(図2.1)．この関係は，ベクトル積を用いてさらに簡単に表すことができます．2つのベクトルのベクトル積(クロス積とも言う)とは，2つのベクトルの大きさと両ベクトルの間の角度のsinの積に等しい大きさをもち，2つのベクトルを含む面に垂直な方向であって，第1のベクトルを第2のベクトル側に回転させるときに右ネジが進む方向を向くベクトルとして定義します．したがって，式(1)を次のように書くことができます．

$$\mathbf{df} = I\,\mathbf{dl} \times \mathbf{B} \quad \cdots\cdots\cdots\cdots\cdots\cdots\cdots\cdots\cdots\cdots\cdots\cdots\cdots\cdots\cdots (2)$$

　磁場を **H** で表すと，これは透磁率 μ と言う媒質定数を通して力の法則の式(2)で定義するベクトル **B** と次式の関係にあります．

$$\mathbf{B} = \mu \mathbf{H} \quad \cdots\cdots\cdots\cdots\cdots\cdots\cdots\cdots\cdots\cdots\cdots\cdots\cdots\cdots\cdots\cdots\cdots (3)$$

　鉄やフェライトのように重要な多くの材料は非線形かつ非等方的であり，この場合はスカラ定数ではありません．しかし，簡単化するため，ここでは媒質は均質的，等方的，線形と仮定します．

　SI単位では，力の単位は[N]，電流の単位は[A]，磁束密度Bの単位は[T]です．このテスラは[Wb/m^2]あるいは[Vsec/m^2]であり，cgs単位である[G]の10^4倍です．磁場 **H** の単位は[A/m]，μ の単位は[H/m]です．自由空間の μ の値は次のように

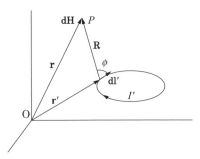

図2.2
電流素子からの磁場の計算

なります．

$$\mu_0 = 4\pi \times 10^{-7} \quad [\text{H/m}]$$

(2) アンペアの法則

アンペアの法則は実験的に得られたものであり，磁場ベクトルを直流電流から計算する方法を示しています．図2.2に示すように，均質的，等方的，線形媒質の中で，任意の原点からベクトル $\mathbf{r}'$ によって定義する空間内の1点にあって電流 I' を流す微小線素 $d\ell'$ を考えます．原点からベクトル $\mathbf{r}$ によって定義する空間内の別の点 P における磁場の大きさは，次式で与えられます．

$$dH(\mathbf{r}) = \frac{I'(\mathbf{r}')d\ell' \sin\phi}{4\pi R^2} \quad \cdots\cdots (4)$$

ここで，$R = |\mathbf{r} - \mathbf{r}'|$ は，この電流素子から観察点までの距離です．角度 ϕ は，$\mathbf{dl}'$ によって定義する電流の方向とこの電流素子から観察点までのベクトル $\mathbf{R} = \mathbf{r} - \mathbf{r}'$ の間の角度です．$\mathbf{dH}(\mathbf{r})$ の方向は $\mathbf{dl}$ と $\mathbf{R}$ を含む面に垂直であり，その向きは $\mathbf{dl}$ をベクトル $\mathbf{R}$ のほうに回転させるときに右ネジが進む向きです．したがって，電流の方向が図2.2に示す方向の場合，P 点における $\mathbf{dH}$ は紙面から外側に向かいます．クロス積を用いると，アンペアの法則をベクトル形で次のように書くことができます．

$$\mathbf{dH}(\mathbf{r}) = \frac{I'(\mathbf{r}')\mathbf{dl}' \times \mathbf{R}}{4\pi R^3} \quad \cdots\cdots (5)$$

電流通路に沿う多くの電流素子による全磁場を求めるには，式(5)をこの通路にわたって積分します．すなわち，

$$\mathbf{H}(\mathbf{r}) = \int \frac{I'(\mathbf{r}')\mathbf{dl}' \times \mathbf{R}}{4\pi R^3} \quad \cdots\cdots (6)$$

(3) 磁場の線積分

アンペアの法則は与えられた電流系から磁場を計算する方法を示していますが，ある種の問題に対してはこの法則の別の形がさらに便利です．そこで本節以降では，いくつかの別の形について述べます．

アンペアの法則から導かれる便利な形の1つは，任意の与えられた閉路のまわりの静磁場の線積分はその閉路で囲まれる電流に等しいというものです．これをベクトル記号で表すと次のようになります．

$$\oint \mathbf{H} \cdot \mathbf{dl} = \int_S \mathbf{J} \cdot \mathbf{dS} = I \quad \cdots\cdots (7)$$

式(7)をアンペアの周回則と言います．電流の方向が線積分の循環方向に回転する右ネジの進む向きのとき，式(1)の右辺の電流の符号は正と約束します．これは，電流と磁場の方向を関係づける右手則を述べたものです．

式(7)は重要な一般的関係を表しており，問題の構成が対称的であれば解を得るのに便利であるという点で，静電現象におけるガウスの法則に似ています．ある通路に沿って積$\mathbf{H}\cdot \mathbf{dl}$が一定であれば，$\mathbf{H}$は$I$を通路長で除して簡単に求めることができます．

2.1.2　外部インダクタンス

電子回路の磁気エネルギーの蓄積効果を表す回路素子はインダクタです．これは動的問題，すなわち時間的に変化する問題の主要な関心事ですが，静的概念から計算したインダクタンスは非常に高い周波数まで有効であることが多いのです．第1章1.1.5節で容量を定義したのと同様に，交差磁束を用いてインダクタンスを次式により定義します．

$$L = \frac{1}{I} \int_S \mathbf{B} \cdot \mathbf{dS} \quad \cdots\cdots (8)$$

ここで，表面Sを決めなければなりません．例えば，図2.3に示す導線ループを

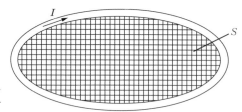

図2.3　導線ループ
ハッチの部分は，外部インダクタンスの計算に用いる面を示す

考えます．このループで囲まれたハッチの領域Sの中に，電流Iによって磁束が形成されます．また，この電流によって形成される磁束の一部は，導線自身の内部にあります．これらの2つの磁束成分に関係するインダクタンスを分離して，それぞれ外部インダクタンスおよび内部インダクタンスと言います．簡単な構造の外部インダクタンスの計算例を，問題2.8と問題2.9に示します．また，内部インダクタンスの計算方法を2.3.2節で述べます．

2.2 微分形の静磁場則

2.2.1 磁場の回転

(1) ベクトル場の回転

磁場の線積分に関する法則の微分形の方程式を導くためには，回転と言うベクトル演算を行う必要があります．この回転は，無限に小さな通路のまわりに取った線積分をその通路で囲む面積で除したものとして定義します．これは，無限に小さな面積のまわりに取った面積分をその面積で囲む体積で除したものとして定義した発散とある種の類似性があります．しかし，回転は発散と違って積分を行う面積素片の向きを定義しなければならないので，回転の演算結果はベクトルになります．

あるベクトル場の回転は，その点における一つの方向の成分が単位面積あたりの線積分の極限として与えられるベクトル関数であると定義します．すなわち，

$$[\mathrm{curl}\,\mathbf{F}]_i = \lim_{\Delta S_i \to 0} \frac{\oint \mathbf{F} \cdot \mathbf{dl}}{\Delta S_i} \quad \cdots\cdots\cdots\cdots\cdots (9)$$

となります．ここで，iは特定の方向を表し，ΔS_iはその方向に垂直であり，線積分は正のi方向に対して右ネジの方向に行います．例えば，直角座標の場合，回転のz成分を計算するためにはz方向に垂直となるように$x-y$面内に無限小の面積を選びます（図2.4）．正のz方向に対して積分の右ネジ方向を図の矢印で示します．この場合，この線積分は次のようになります．

$$\oint \mathbf{F} \cdot \mathbf{dl} = \Delta y F_y \big|_{x+dx} - \Delta x F_x \big|_{y+dy} - \Delta y F_y \big|_x + \Delta x F_x \big|_y \quad \cdots\cdots\cdots (10)$$

$y+\Delta y$におけるF_xと$x+\Delta x$におけるF_yは，次のテーラー級数展開から求めます．

$$F_x \big|_{y+\Delta y} \cong F_x \big|_y + \Delta y \frac{\partial F_x}{\partial y}\bigg|_y \qquad F_y \big|_{x+\Delta x} \cong F_y \big|_x + \Delta x \frac{\partial F_y}{\partial x}\bigg|_x \quad \cdots\cdots\cdots (11)$$

したがって，次式が得られます．

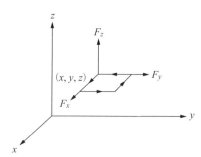

図2.4
回転を定義するときの線積分の通路

$$\oint \mathbf{F} \cdot \mathbf{dl} \cong \left(\frac{\partial F_y}{\partial x} - \frac{\partial F_x}{\partial y} \right) \Delta x \Delta y \quad \cdots\cdots (12)$$

この場合,式(9)の定義を用いると,回転のz成分は次のようになります.

$$[\mathrm{curl}\,\mathbf{F}]_z = \frac{\partial F_y}{\partial x} - \frac{\partial F_x}{\partial y} \quad \cdots\cdots (13)$$

なぜなら,式(11)の展開式はその極限において正確になるからです.同様に,$y-z$面と$x-z$面にそれぞれ面積素片を選ぶと,次式が成立します.

$$[\mathrm{curl}\,\mathbf{F}]_x = \frac{\partial F_z}{\partial y} - \frac{\partial F_y}{\partial z} \quad \cdots\cdots (14)$$

$$[\mathrm{curl}\,\mathbf{F}]_y = \frac{\partial F_x}{\partial z} - \frac{\partial F_z}{\partial x} \quad \cdots\cdots (15)$$

これらの成分に対応する単位ベクトルを乗じて相加えると,回転を表すベクトルが次式のように得られます.

$$\mathrm{curl}\,\mathbf{F} = \hat{\mathbf{x}}\left[\frac{\partial F_z}{\partial y} - \frac{\partial F_y}{\partial z}\right] + \hat{\mathbf{y}}\left[\frac{\partial F_x}{\partial z} - \frac{\partial F_z}{\partial x}\right] + \hat{\mathbf{z}}\left[\frac{\partial F_y}{\partial x} - \frac{\partial F_x}{\partial y}\right] \quad \cdots\cdots (16)$$

この形をクロス積の形およびベクトル演算子∇の定義式である第1章の式(44)と比較すると,上式を次のように書くことができます.

$$\mathrm{curl}\,\mathbf{F} \equiv \nabla \times \mathbf{F} = \begin{vmatrix} \hat{\mathbf{x}} & \hat{\mathbf{y}} & \hat{\mathbf{z}} \\ \dfrac{\partial}{\partial x} & \dfrac{\partial}{\partial y} & \dfrac{\partial}{\partial z} \\ F_x & F_y & F_z \end{vmatrix} \quad \cdots\cdots (17)$$

円筒座標,球座標の場合,回転の式は次のようになります.

円筒座標：
$$\nabla \times \mathbf{H} = \hat{\mathbf{r}}\left[\frac{1}{r}\frac{\partial H_z}{\partial \phi} - \frac{\partial H_\phi}{\partial z}\right] + \hat{\boldsymbol{\phi}}\left[\frac{\partial H_r}{\partial z} - \frac{\partial H_z}{\partial r}\right] + \hat{\mathbf{z}}\left[\frac{1}{r}\frac{\partial (rH_\phi)}{\partial r} - \frac{1}{r}\frac{\partial H_r}{\partial \phi}\right] \quad \cdots\cdots (18)$$

球座標：
$$\nabla \times \mathbf{H} = \frac{\hat{\mathbf{r}}}{r\sin\theta}\left[\frac{\partial}{\partial \theta}(H_\phi \sin\theta) - \frac{\partial H_\theta}{\partial \phi}\right] + \frac{\hat{\boldsymbol{\theta}}}{r}\left[\frac{1}{\sin\theta}\frac{\partial H_r}{\partial \phi} - \frac{\partial}{\partial r}(rH_\phi)\right]$$
$$+ \frac{\hat{\boldsymbol{\phi}}}{r}\left[\frac{\partial}{\partial r}(rH_\theta) - \frac{\partial H_r}{\partial \theta}\right] \quad \cdots\cdots\cdots\cdots\cdots\cdots\cdots\cdots\cdots\cdots (19)$$

(2) 磁場の回転

前項の結果を用いて，磁場の新しい関係式を導きます．面積ΔS_iのまわりの**H**の線積分を，回転の定義式である式(9)に代入すると次式が得られます．

$$[\operatorname{curl}\mathbf{H}]_i = \lim_{\Delta S_i \to 0}\frac{\oint \mathbf{H}\cdot\mathbf{dl}}{\Delta S_i} \quad \cdots\cdots\cdots\cdots\cdots\cdots\cdots\cdots\cdots\cdots (20)$$

ここで，$\oint \mathbf{H}\cdot\mathbf{dl}$は式(7)によってこの面積$\Delta S_i$を通る電流になるので，

$$[\operatorname{curl}\mathbf{H}]_i = \lim_{\Delta S_i \to 0}\frac{\int_{\Delta S_i}\mathbf{J}\cdot\mathbf{dS}}{\Delta S_i} = J_i \quad \cdots\cdots\cdots\cdots\cdots\cdots (21)$$

となります．この関係は，直交する3成分のすべてに対して成立します．これらに対応する単位ベクトルを乗じて加え合わせると，次のベクトル関係式が得られます．

$$\operatorname{curl}\mathbf{H} = \nabla\times\mathbf{H} = \mathbf{J} \quad \cdots\cdots\cdots\cdots\cdots\cdots\cdots\cdots\cdots\cdots (22)$$

これは，アンペアの周回則である式(7)の微分形の等価式です．

2.2.2　静磁場則の微分形と積分形の関係

磁場を電流密度と関係づける方程式の微分形を，その積分形から導出しました．あるベクトル関数**F**に対して次式，

$$\oint \mathbf{F}\cdot\mathbf{dl} = \int_S (\operatorname{curl}\mathbf{F})\cdot\mathbf{dS} \equiv \int_S (\nabla\times\mathbf{F})\cdot\mathbf{dS} \quad \cdots\cdots\cdots\cdots (23)$$

が成立することを表しているストークスの定理を使用すると，このことを逆に行うことができます．図2.5に示すように，考えている面を面積素片に分割すると，この定理を理解しやすくなります．各微分面積に対して，$(\nabla\times\mathbf{F})\cdot\mathbf{dS}$の面積積分は回転の定義により，その面積のまわりの線積分になります．無限に小さい面積から

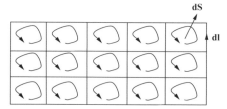

図2.5
面積の分割

の各寄与分をこの面積にわたって合計すると，この線積分はすべての内側面積で0になります．なぜなら，磁場はある境界を最初に一方向に通過し，次にとなりの面積からの寄与分を求めるときに反対方向に通過するからです．これらの寄与分が消滅しない唯一の場所は外側境界に沿った所であり，したがって，総和の結果は式(23)で表されるように，このベクトルの境界のまわりの線積分になります．

この手順は，第1章1.2.2節の発散の定理を用いてガウスの法則の微分形から積分形へ変換する手順に似ています．この場合，磁場に対してストークスの定理を書くと次のようになります．

$$\oint \mathbf{H} \cdot d\mathbf{l} = \int_S (\nabla \times \mathbf{H}) \cdot d\mathbf{S} \quad \cdots\cdots(24)$$

しかし，式(22)によって磁場の回転は電流密度で置き換えることができます．すなわち，

$$\oint \mathbf{H} \cdot d\mathbf{l} = \int_S \mathbf{J} \cdot d\mathbf{S} \quad \cdots\cdots(25)$$

となります．この右辺は，左辺の線積分の通路が境界であるような面を通過する電流を表しています．したがって，式(25)は式(7)と等価です．

2.2.3 磁気ベクトル・ポテンシャル

(1) 磁気ベクトル・ポテンシャル

ここで，磁場を計算できる量としてよく用いられる別のポテンシャルを導入します．媒質が均質的な場合，磁束密度は式(6)にμを乗じて次の積分式から求めることができます．

$$\mathbf{B}(\mathbf{r}) = \int \frac{\mu I'(\mathbf{r}') d\mathbf{l} \times \mathbf{R}}{4\pi R^3} \quad \cdots\cdots(26)$$

この計算は，次の2つのステップに分けることができます．すなわち，

$$\mathbf{B}(\mathbf{r}) = \nabla \times \mathbf{A}(\mathbf{r}) \quad \cdots\cdots(27)$$

および

$$\mathbf{A}(\mathbf{r}) = \int \frac{\mu I'(\mathbf{r}')\mathbf{dl}'}{4\pi R} \quad \cdots\cdots (28)$$

です．電流は体積V'を流れる単位面積あたりの電流として，ベクトル密度$\mathbf{J}$として表すことができます．dSは$\mathbf{J}$に垂直な微分面積素片，$\mathbf{dl}$は$\mathbf{J}$の方向に向いているとして$I=JdS$ですから，$dSd\ell$は体積素片dVになり，式(28)の等価式は次のようになります．

$$\mathbf{A}(\mathbf{r}) = \int_V \frac{\mu \mathbf{J}(\mathbf{r}')dV'}{4\pi R} \quad \cdots\cdots (29)$$

式(28)と式(29)において，Rは電流素片から$\mathbf{A}$を計算する点までの距離です．中間ステップとして導入した関数$\mathbf{A}$は与えられた電流の積分として式(28)あるいは式(29)から計算され，次にこれを式(27)のように微分すると磁場が求められます．関数$\mathbf{A}$を磁気ベクトル・ポテンシャルと言います．

$\mathbf{A}$の各素片は，それを形成する電流素片の方向を向いています．これは静電現象のポテンシャルに類似しており，そこではこのポテンシャルを電荷の積分から求め，次にこれをある方法で微分して電場を求めました．しかし，磁気ポテンシャル$\mathbf{A}$は静電ポテンシャルとは異なっています．なぜなら，これはベクトルであり，静電ポテンシャルのように電荷が電場内を動くときになされる仕事という物理的意味をもつものではないからです．

(2) 磁束密度の発散

式(27)で示したように，磁束密度$\mathbf{B}$の源泉が電流である場合，$\mathbf{B}$を他のベクトル$\mathbf{A}$の回転として表すことができます．任意のベクトルの回転の発散が0であることは，問題2.15で示します．したがって，次式が成立します．

$$\nabla \cdot \mathbf{B} = 0 \quad \cdots\cdots (30)$$

電場と磁場の大きな違いがここで明らかです．磁場は，どこでも発散が0です．すなわち，磁場が電流によって形成される場合，電束の源泉としての電荷に対応する磁束の源泉は存在しません．

(3) 磁気ベクトル・ポテンシャルの微分方程式

電流密度で表した磁場の微分方程式

$$\nabla \times \mathbf{H} = \mathbf{J} \quad \cdots\cdots (31)$$

については，2.2.1節で述べました．この式に，$\mathbf{B}$がベクトル・ポテンシャル$\mathbf{A}$の回

転という関係式を代入すると次式が得られます．

$$\nabla \times \nabla \times \mathbf{A} = \mu \mathbf{J} \quad \cdots\cdots\cdots\cdots\cdots\cdots\cdots\cdots\cdots\cdots\cdots\cdots\cdots\cdots\cdots (32)$$

この式は，$\mathbf{A}$ を電流密度に関係づける微分方程式です．直角座標の3つのスカラ成分のベクトル和として定義したあるベクトル関数のラプラシャン

$$\nabla^2 \mathbf{A} = \hat{\mathbf{x}} \nabla^2 A_x + \hat{\mathbf{y}} \nabla^2 A_y + \hat{\mathbf{z}} \nabla^2 A_z \quad \cdots\cdots\cdots\cdots\cdots\cdots\cdots\cdots\cdots\cdots (33)$$

を用いて，これを微分形で書くのがより普通です．直角座標の場合には，次式が成立することを証明できます．

$$\nabla \times \nabla \times \mathbf{A} = -\nabla^2 \mathbf{A} + \nabla(\nabla \cdot \mathbf{A}) \quad \cdots\cdots\cdots\cdots\cdots\cdots\cdots\cdots\cdots (34)$$

$\nabla \cdot \mathbf{A} = 0$ の場合，式(28)と式(26)から次式が得られます．

$$\nabla^2 \mathbf{A} = -\mu \mathbf{J} \quad \cdots\cdots\cdots\cdots\cdots\cdots\cdots\cdots\cdots\cdots\cdots\cdots\cdots\cdots\cdots\cdots (35)$$

これは，第1章1.2.3節で述べたポアソンの方程式のベクトル等価式です．この中には，それぞれがポアソン形である3つの成分のスカラ方程式が含まれています．

2.2.4　磁気スカラ・ポテンシャル

磁場を求める多くの問題において，領域の中の少なくとも一部には電流が存在しません．この場合，このような無電流領域において磁場ベクトル $\mathbf{H}$ の回転は，式(22)から0です．回転が0のベクトルは，あるスカラ量の勾配で表すことができます（問題2.12を参照）．したがって，このような点に対して磁場を次のように表すことができます．

$$\mathbf{H} = -\nabla \Phi_m \quad \cdots\cdots\cdots\cdots\cdots\cdots\cdots\cdots\cdots\cdots\cdots\cdots\cdots\cdots\cdots\cdots\cdots (36)$$

ここで，Φ_m を磁気スカラ・ポテンシャルと言います．負号は，静電場との類似性を表すために便宜的につけています．磁気ベクトル・ポテンシャルは，有電流領域にも無電流領域にも適用できますが，通常，これはスカラ・ポテンシャルを使用する後者の場合により便利です．

磁束密度 $\mathbf{B}$ の発散はすべての場所で0なので，次式が成立します．

$$\nabla \cdot \mu \nabla \Phi_m = 0 \quad \cdots\cdots\cdots\cdots\cdots\cdots\cdots\cdots\cdots\cdots\cdots\cdots\cdots\cdots\cdots (37)$$

したがって，媒質が等方的な場合，Φ_m は次のラプラスの方程式を満足します．

$$\nabla^2 \Phi_m = 0 \quad \cdots\cdots\cdots\cdots\cdots\cdots\cdots\cdots\cdots\cdots\cdots\cdots\cdots\cdots\cdots\cdots\cdots (38)$$

式(36)から，次式が成立することがわかります．

$$\Phi_{m2} - \Phi_{m1} = -\int_1^2 \mathbf{H} \cdot \mathbf{dl} \quad \cdots\cdots\cdots\cdots\cdots\cdots\cdots\cdots\cdots\cdots\cdots\cdots (39)$$

したがって，もしこの積分通路が電流を囲むならば，Φ_m はただ1つの値にはなりません．スカラ磁気ポテンシャルの値をただ1つにするためには，電流を囲わな

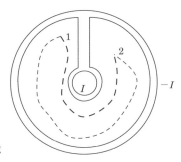

図2.6
同軸円筒間の単純連結領域

いところに領域を限定しなければなりません．この領域内の1対の点を結ぶ任意の2つの通路は，どのような外部点も囲わないループを形成するので，このような領域を「単純連結領域」と言います．同軸導体の間の単純連結領域の一例を**図2.6**に示します．

無電流領域における磁気スカラ・ポテンシャルは，これがラプラスの方程式を満足し，この方程式に対して多くの解法が存在するという点で重要です．

2.2.5 静磁場の境界条件

第1章1.2.5節の静電場で行った方法と同じ方法で，透磁率が異なる2つの領域の境界面における境界条件を求めることができます．**図2.7**に示すように，2つの媒質の境界を囲むピルボックス形の立体を考えます．この立体の表面ΔSは非常に小さく，垂直方向の磁束密度B_nはこの表面にわたって変化しないとします．また，このピルボックスの厚さは非常に薄く，したがって，側面を流れる磁束は無視できるほど少ないとします．このピルボックスから流出する外向きの全磁束は，

$$B_{n1}\Delta S = B_{n2}\Delta S \quad \text{すなわち}$$
$$B_{n1} = B_{n2} \quad \cdots\cdots\cdots\cdots\cdots\cdots\cdots\cdots\cdots\cdots\cdots\cdots\cdots (40)$$

です．ここで，B_nの向きは図に示すとおりです．

図2.7に示すように，接合面を囲む線に沿って磁場$\mathbf{H}$を積分すると，水平方向磁場の関係を次のように求めることができます．

$$\oint \mathbf{H} \cdot \mathbf{dl} = H_{t1}\Delta \ell - H_{t2}\Delta \ell = J_s \Delta \ell \quad \cdots\cdots\cdots\cdots\cdots (41)$$

ここで，J_sは図示の方向に流れる単位幅あたりの電流[A/m]で表した表面電流です．側辺の長さ$\Delta \ell$は非常に小さいのでH_tは一様と考えることができます．積分通路の他の辺は，実効的に0まで短くします．式(41)から，

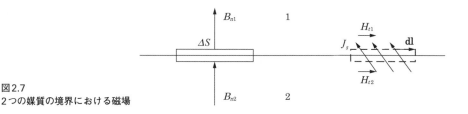

図2.7
2つの媒質の境界における磁場

$$H_{t1} - H_{t2} = J_s \quad \cdots\cdots\cdots(42)$$

となります．2つの領域の境界において，水平方向磁場は境界上に存在する表面電流分だけ不連続です．図中に入れた方向を用いると，$\hat{\mathbf{n}}$を表面に垂直な単位ベクトルとして，この関係を次のように書くことができます．

$$\hat{\mathbf{n}} \times (\mathbf{H}_1 - \mathbf{H}_2) = \mathbf{J}_s \quad \cdots\cdots\cdots(43)$$

表面電流の概念は理想化したものですが，これは後述する表皮効果のように導体内への電流の貫通深さが小さいときに役に立ちます．

2.3 静磁場内のエネルギー

2.3.1 静磁場系のエネルギー

磁場のエネルギーを考える場合，第1章1.3.1節との類似性から，ひと組の電流素子をまとめて無限遠点からその点まで運ぶときになされる仕事量を考える必要があります．この考え方は基本的に正しいのですが，電流はベクトル量ですから，この計算は電荷に対して行うよりも難しいだけでなく，時間的に変化する効果を考慮に入れる必要があります．したがって，現時点ではこの結果だけを書き，第3章で一般的なエネルギーの関係式を導出するまでこれ以上の議論をしないことにします．

電場の場合である第1章の式(86)に対応して，磁場の場合の一般的関係は，次式で与えられます．

$$dU_H = \int_V \mathbf{H} \cdot d\mathbf{B}\, dV \quad \cdots\cdots\cdots(44)$$

ここで，dU_Hは$\mathbf{B}$が微分量だけ変化するときに，この系に加わるエネルギーです．材料が線形の場合には，$\mathbf{H}$は$\mathbf{B}$に比例します．したがって，式(44)を$\mathbf{B}$にわたって積分でき，次式が得られます．

$$U_H = \frac{1}{2}\int_V \mathbf{B}\cdot\mathbf{H}\,dV = \int_V \frac{\mu}{2}H^2 dV \quad\cdots\cdots\cdots\cdots\cdots\cdots\cdots\cdots\cdots\cdots\cdots\cdots\cdots\cdots(45)$$

この式が第1章の式(85)と似ていることは明らかであり，ここでも系のエネルギーはこれらの源泉によって形成される場の中に蓄えられると解釈します．式(45)の結果は，回路の計算をする場合の誘導性回路のエネルギー$(1/2)LI^2$と一致します．

2.3.2 内部インダクタンス

磁場が存在する体積にわたって，$(1/2)\mu H^2$のエネルギー密度を積分して磁気エネルギーを求めることができることを前節で示しました．回路の計算から，これは$(1/2)LI^2$であることがわかっています．ここで，Iはこのインダクタンスを流れる電流です．この2つの形を等置すると次式が得られます．

$$\frac{1}{2}LI^2 = \int_V \frac{\mu}{2}H^2 dV \quad\cdots\cdots\cdots\cdots\cdots\cdots\cdots\cdots\cdots\cdots\cdots\cdots\cdots\cdots\cdots\cdots(46)$$

式(46)の形は2.1.2節で述べたインダクタンス計算法である交差磁束法に代わるものとして役に立ちます．この方法は，交差磁束法でインダクタンスを計算する場合，部分的な交差量を考慮する必要がある問題に対して特に便利です．

第2章 問題

問題 2.1 アンペアの法則と図A.1を用い，直流電流Iを流している半径aの円形導線ループによってできる軸上磁場を表す式を求めよ．

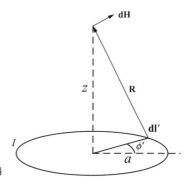

図A.1
円形電流ループの素片によって形成される磁場

［答］ 素子 $\mathbf{dl}'$ は長さが $ad\phi'$ であり，$\mathbf{R}$ に対して常に垂直です．したがって，この素子からの磁場への寄与分 dH は次のようになります．

$$dH = \frac{Iad\phi'}{4\pi(a^2+z^2)} \quad \cdots\cdots (A.1)$$

これをループに沿って積分する場合，$\mathbf{R}$ の方向が変化するため $\mathbf{dH}$ の方向も変化し，ϕ が 2π ラジアン変化すると一つの円錐面ができます．

各寄与分からの径方向成分は打ち消し合い，軸方向成分は相加わります．式(A.1)を用いると，

$$dH_z = dH\sin\theta = \frac{adH}{(a^2+z^2)^{1/2}} \quad \cdots\cdots (A.2)$$

となり，ϕ についての積分は 2π になります．したがって，

$$H_z = \frac{Ia^2}{2(a^2+z^2)^{3/2}} \quad \cdots\cdots (A.3)$$

となります．このループの中心点 $z=0$ では次式が得られます．

$$H_z\big|_{z=0} = \frac{I}{2a} \quad \cdots\cdots (A.4)$$

問題 2.2 図A.2に示すように，長さ $2a$ の直線状電流 I の中心から垂直距離 r のところにある点 P の磁場を表す式を求めよ．

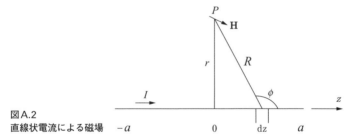

図A.2
直線状電流による磁場

［答］ この場合，H_ϕ 成分だけが存在することは右手則から明らかです．この大きさは，本文式(5)を線の長さ $2a$ にわたって積分して次のように求められます．

$$H_\phi = \int_{-a}^{a} \frac{I\sin\phi \, dz}{4\pi R^2} \quad \cdots\cdots (A.5)$$

図A.2から，$\sin\phi = r/R$ および $R = (r^2+z^2)^{1/2}$ となります．したがって，

$$H_\phi = \frac{Ir}{4\pi}\int_{-a}^{a}\frac{dz}{(r^2+z^2)^{3/2}} = \frac{I}{2\pi r}\frac{1}{[(r/a)^2+1]^{1/2}} \quad \cdots\cdots (A.6)$$

となります．これは，$|a|\to\infty$ につれて $I/2\pi r$ となります．

問題 2.3 図A.3に示すように，半径 a，単位長あたり n 回巻きの無限長ソレノイドに電流 I が流れている．このソレノイドをこれと等価な電流シートでモデル化し，ソレノイドの内部磁場を表す式を求めよ．

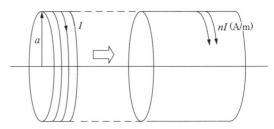

図A.3
密巻きソレノイドとその電流シートによる
モデル化

答 この導線はソレノイド断面と小さな角度を持ちますが，これを周方向電流でモデル化します．単位長あたりのソレノイドの周りを流れる電流は nI です．このシート・モデルの微分長内の電流は $nIdz$ です．簡単にするため，ここでは軸上磁場を計算します．いまの計算に対しては，I を $nIdz$ として問題2.1の式を適用します．この場合，無限に長いソレノイドの軸上磁場は，次式で与えられます．

$$H_z = \int_{-\infty}^{\infty}\frac{nIa^2 dz}{2(a^2+z^2)^{3/2}} \quad \cdots\cdots (A.7)$$

この積分を計算するには，問題2.2の場合のようにはじめに対称的な有限範囲をとり，次にその範囲を無限大にします．この計算を行うと，

$$H_z = nI \quad \cdots\cdots (A.8)$$

となります．

問題 2.4 図A.4に示すように，電流 I を流す長い直線状の丸導線がある．アンペアの周回則を用いて，この線のまわりの半径 r における磁場の式を求めよ．

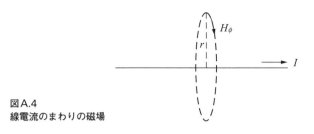

図A.4
線電流のまわりの磁場

答 この導線の軸を中心とする半径rの円形通路のまわりに磁場の線積分を行います．この問題の対称性から磁場は周方向であり，角度とともに変化しないので，この線積分の値は周長とH_ϕの積に等しくなります．アンペアの周回則により，この値は通路で囲まれる電流に等しくなります．すなわち，

$$\oint \mathbf{H} \cdot \mathbf{dl} = 2\pi r H_\phi = I \quad \cdots\cdots (A.9)$$

したがって

$$H_\phi = \frac{I}{2\pi r} \quad [\text{A/m}] \quad \cdots\cdots (A.10)$$

となります．

問題 2.5 図A.5に示すように，内導体に電流Iを流し，外導体に$-I$(戻り電流)を流す内径a，外径bの同軸線路がある．この同軸円筒内外の半径rにおける磁場の式を求めよ．

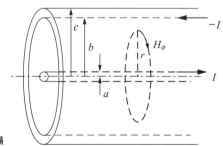

図A.5
同軸円筒間の磁場

答 この同軸線路には単一線と同じ型の対称性があり，2つの導体間の円形通路は電流Iを囲みます．したがって，本文式(7)を適用でき，次式が得られます．

$$H_\phi = \frac{I}{2\pi r} \quad a < r < b \quad \cdots\cdots (A.11)$$

外導体の外側では，円形通路は行きと戻りの両方の電流を囲み，この全電流は0になります．したがって，外導体の外側では磁場も0になります．

問題 2.6 図A.5に示す半径aの断面円形の内導体に電流Iが流れている．この電流分布は一様と仮定し，内導体内の磁場を表す式を求めよ．

答 問題2.4で得られた式で，Iを半径rの円で囲まれる電流$I(r)$で置き換えます．内導体内の全電流は$I(a) = I$であり，この電流密度は$I/\pi r^2$となるので，電流$I(r)$は次のようになります．

$$I(r) = \left(\frac{r}{a}\right)^2 I \quad \cdots\cdots (A.12)$$

問題2.4で得られた式を用いると，次式が得られます．

$$H_\phi(r) = \frac{I(r)}{2\pi r} = \frac{Ir}{2\pi a^2} \quad \cdots\cdots (A.13)$$

問題 2.7 図A.6に示すように，電流Iを流す単位長あたりn回巻きの無限長ソレノイドがある．積分関係式の式(7)を用いて，このソレノイドの外部磁場は0であり，内部磁場はnIであることを示せ．

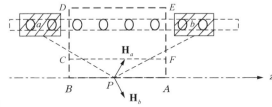

図A.6
無限長ソレノイドの断面
2つの対称的素子から軸
上の**H**への寄与分を示す

答 簡単にするため，破線で示される積分通路はz方向に1mの長さとします．一つの電流素片が形成する**H**の径方向成分は，これと対称的に位置する素片が形成する**H**の径方向成分によって相殺されます．このことは，図A.6でP点から等距離にある素子aとbからの磁場$\mathbf{H}_a$と$\mathbf{H}_b$によって示されています．したがって，$\mathbf{H} \cdot d\mathbf{l}$

は辺BDとAEに沿って0になります．

この線積分を通路ABDEAのまわりにとり，これを通路によって囲まれる電流に等置すると，軸上のHはnIなので次式が得られます．

$$\oint \mathbf{H} \cdot \mathbf{dl} = nI + \int_D^E \mathbf{H} \cdot \mathbf{dl} = nI \qquad \cdots\cdots(\text{A.14})$$

この式から，DからEまでの積分値は0です．外側通路DEの位置は任意ですから外部のHは0でなければなりません．

通路ABCFAのまわりの線積分は電流を囲んでいないので，任意に設定した通路CFに沿う積分はABに沿う積分と大きさが等しく，符号が反対でなければなりません．したがって，ソレノイド内の磁場はどこでもz方向であり，次の値になります．

$$H_z = nI \qquad \cdots\cdots(\text{A.15})$$

問題 2.8 図A.7，図A.8に示すように，幅wが導体間隔dに比べて十分大きく，導体間の磁場**H**は無限平行平板の磁場とほぼ等しいような平行平板線路がある．この線路の単位長あたりの外部インダクタンスを表す式を求めよ．

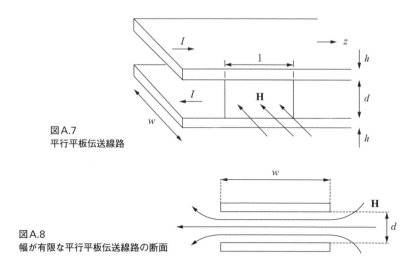

図A.7 平行平板伝送線路

図A.8 幅が有限な平行平板伝送線路の断面

答 （磁場線によって囲まれる）磁束管は，導体の端部の外側で大きく広がります．したがって，そこでの磁束密度**B**および**H**は大きく低下します．一方の導体のまわりの**H**の線積分は，両導体の間の磁場H_0からおもな寄与を受けます．したがって，

$$I = \oint \mathbf{H} \cdot \mathbf{dl} \cong H_0 w \quad \cdots\cdots\cdots(A.16)$$

となります．ここで，I は一つの導体内の電流，w は導体の幅です．この結果は，両導体の間にあってこれに平行な断面内の任意の通路に適用でき（図A.8），したがって，H_0 はほぼ一様と考えられます．

単位長あたりの外部インダクタンスは，図A.7の長方形状の導体間の面に本文式(8)を適用して求めます．I は z に独立であり，H_0 は導体間の空間でほぼ一定，かつ長方形状の面に垂直ですから，式(8)は次のようになります．

$$L = \frac{1}{I}\mu_0\left(\frac{I}{w}\right)d = \mu_0\frac{d}{w} \quad [\text{H/m}] \quad \cdots\cdots\cdots(A.17)$$

この関係は端部磁場を無視して導いたので，d/w が小さい場合に正確です．

問題 2.9 図A.9に示すように，軸方向電流 I が内導体を流れ，その戻り電流が外導体を流れる内径 a，外径 b の同軸線路がある．この同軸線路の単位長あたりの外部インダクタンスを求めよ．

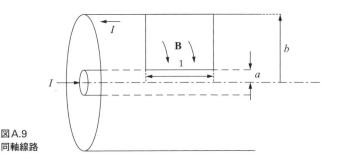

図A.9
同軸線路

答 この場合の磁場は周方向であり，$a < r < b$ に対して次式で与えられます（問題2.5参照）．

$$H_\phi = \frac{I}{2\pi r} \quad \cdots\cdots\cdots(A.18)$$

内径 a と外径 b の間の単位長あたりの磁束は，図A.9の長方形状の面積にわたって磁束密度の面積積分を行い，次のように求められます．

$$\int_S \mathbf{B} \cdot \mathbf{dS} = \int_a^b \mu\left(\frac{I}{2\pi r}\right)dr = \frac{\mu I}{2\pi}\ln\frac{b}{a} \quad \cdots\cdots\cdots(A.19)$$

したがって，単位長あたりの外部インダクタンスは，式(8)から次のようになります．

$$L = \frac{\mu}{2\pi} \ln \frac{b}{a} \quad [\text{H/m}] \quad \cdots\cdots (A.20)$$

（周波数が高い場合は，電磁場は導体の中をあまり貫通しないので，これがインダクタンスへのおもな寄与分になる．）

問題 2.10 電流Iを流す長い直線状丸棒から生じる磁場$\mathbf{H}$は，$\nabla \times \mathbf{H} = 0$を満たすことを示せ．

答 長い直線状丸線の内部磁場は，問題2.4で求めたように$H_\phi = I/2\pi r$となります．$\sin\phi = y/r$，$\cos\phi = x/r$，および$r^2 = x^2 + y^2$の関係を用いて，この磁場を直角座標で書けば，図A.10から次式が得られます．

$$H_x = -H_\phi \sin\phi = -\frac{I}{2\pi} \frac{y}{x^2 + y^2} \quad \cdots\cdots (A.21)$$

$$H_y = H_\phi \cos\phi = \frac{I}{2\pi} \frac{x}{x^2 + y^2} \quad \cdots\cdots (A.22)$$

$$H_z = 0 \quad \cdots\cdots (A.23)$$

磁場にはz成分がなく，zに関する変化がないので，磁場の回転のx成分とy成分は0であることが本文式(16)からわかります．$\mathbf{F}=\mathbf{H}$とした式(16)に式(A.21)と式(A.22)を代入すると次式が得られます．

$$\text{curl}\,\mathbf{H} = \hat{\mathbf{z}} \left(\frac{\partial H_y}{\partial x} - \frac{\partial H_x}{\partial y} \right) = 0 \quad \cdots\cdots (A.24)$$

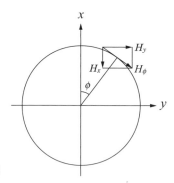

図A.10
線電流によるH_ϕの直角座標成分への分解

別解 円筒座標を用いた回転の式である式(18)を用いると，答がもっと簡単に求められます．

$$\nabla \times \mathbf{H} = \hat{\mathbf{r}}\left[\frac{1}{r}\frac{\partial H_z}{\partial \phi} - \frac{\partial H_\phi}{\partial z}\right] + \hat{\boldsymbol{\varphi}}\left[\frac{\partial H_r}{\partial z} - \frac{\partial H_z}{\partial r}\right] + \hat{\mathbf{z}}\left[\frac{1}{r}\frac{\partial (rH_\phi)}{\partial r} - \frac{1}{r}\frac{\partial H_r}{\partial \phi}\right] \quad \cdots\cdots(18)$$

この問題では H_ϕ 成分だけが存在し，z に対する変化がないので，最初の2つの成分は0です．r 成分と ϕ 成分は x 成分と y 成分に対応する横方向成分です．H_r は存在せず，rH_ϕ は r に依存しないので，$\nabla \times \mathbf{H} = 0$ です．

問題 2.11 円対称性がある一様電流の内部の磁場は $\nabla \times \mathbf{H} = 0$ とはならないことを示せ．

答 円対称性がある一様電流の内部の磁場は，$H_\phi(r) = Ir/2\pi a^2$ で表されます（問題2.6参照）．前の問題のように円対称性があるということは，本文式(18)の回転の z 成分だけが存在することを示しています．また，この z 成分の中の第2項も0です．したがって，次式が得られます．

$$\nabla \times \mathbf{H} = \hat{\mathbf{z}}\frac{1}{r}\frac{\partial (rH_\phi)}{\partial r} = \hat{\mathbf{z}}\frac{I}{\pi a^2} \quad \cdots\cdots\cdots\cdots\cdots\cdots\cdots\cdots\cdots\cdots\cdots\cdots(A.25)$$

このように $\nabla \times \mathbf{H} = 0$ とはなりません．

問題 2.12 スカラ量の勾配の回転は0であることを直角座標を用いて示せ．

答 スカラ量 ξ の勾配は，次式で表されます．

$$\mathbf{F} = \nabla \xi = \hat{\mathbf{x}}\frac{\partial \xi}{\partial x} + \hat{\mathbf{y}}\frac{\partial \xi}{\partial y} + \hat{\mathbf{z}}\frac{\partial \xi}{\partial z} \quad \cdots\cdots\cdots\cdots\cdots\cdots\cdots\cdots\cdots\cdots\cdots\cdots(A.26)$$

これを本文式(16)に代入すると次式が得られます．

$$\nabla \times \mathbf{F} = \hat{\mathbf{x}}\left(\frac{\partial^2 \xi}{\partial y \partial z} - \frac{\partial^2 \xi}{\partial z \partial y}\right) + \hat{\mathbf{y}}\left(\frac{\partial^2 \xi}{\partial z \partial x} - \frac{\partial^2 \xi}{\partial x \partial z}\right) + \hat{\mathbf{z}}\left(\frac{\partial^2 \xi}{\partial x \partial y} - \frac{\partial^2 \xi}{\partial y \partial x}\right) \quad \cdots\cdots\cdots(A.27)$$

ここで，偏微分の演算順序は変更できるので，$\nabla \times \mathbf{F} = 0$ となります．

問題 2.13 図A.11に示すように，超伝導体のシートがこれと平行な磁場 $\mathbf{H} = \hat{\mathbf{z}}Hz$ の中にある．この場合，$\mathbf{H}$ はこの超伝導体の内部をほとんど貫通しないことを示せ．

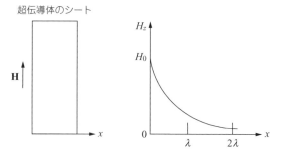

図A.11
超伝導シートへの磁場の貫通

答 この場合，H_z の距離に対する変化は次式で与えられます．
$$H_z = H_0 e^{-x/\lambda_s} \quad\cdots\cdots(A.28)$$
ここで，H_0 はこの超伝導体の表面における磁場であり，λ_s（貫通深さ）は材料の性質を表します．超伝導体シートの場合，λ_s が小さいため H_z は急激に減衰します．本文式(22)と式(16)を用いて，この場合の電流密度を求めると
$$J_y = [\operatorname{curl} \mathbf{H}]_y = -\frac{\partial H_z}{\partial x} = \frac{H_0}{\lambda_s} e^{-x/\lambda_s} \quad\cdots\cdots(A.29)$$
となります．したがって，電流も超伝導体内部をほとんど貫通しません．

問題2.14 ある種の伝送線路内の電磁波の一部を構成する磁場は，ある特定の瞬間に，次式で与えられる．
$$\mathbf{H} = \hat{\mathbf{y}} A \cos\frac{\pi x}{a} \quad\cdots\cdots(A.30)$$
この磁場に対してストークスの定理が成立することを示せ．

答 式(A.30)の磁場分布を表している**図A.12**に示す長方形状の面積に，本文式(24)を適用します．破線の通路に沿う式(A.30)の線積分は，次のようになります．
$$\oint \mathbf{H}\cdot\mathbf{dl} = \int_0^a H_x dx + \int_0^1 H_y dy + \int_a^0 H_x dx + \int_1^0 H_y dy$$
$$= 0 + A\cos\pi + 0 - A\cos\pi = -2A \quad\cdots\cdots(A.31)$$
ここで，$H_x = 0$ および $H_y = A\cos\pi x/a$ を用いています．
直角座標における $\mathbf{H}$ の回転は，次式で与えられます．
$$\nabla \times \mathbf{H} = \hat{\mathbf{z}} \frac{\partial H_y}{\partial x} = -\hat{\mathbf{z}} A \frac{\pi}{a} \sin\frac{\pi x}{a} \quad\cdots\cdots(A.32)$$

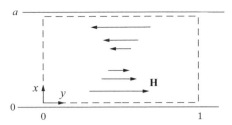

図A.12
磁場**H**とその積分範囲

図A.12の破線で囲んだ表面にわたる上式の積分は，次のようになります．

$$\int_S (\nabla \times \mathbf{H}) \cdot d\mathbf{S} = \int_0^a -A\frac{\pi}{a}\sin\frac{\pi x}{a}dx = A\cos\frac{\pi x}{a}\bigg|_0^a = -2A \quad \cdots\cdots (A.33)$$

式(A.31)と式(A.33)は同じ値になり，ストークスの定理が成立していることがわかります．

問題 2.15 ストークスの定理を用いて，$\nabla \cdot \nabla \times \mathbf{F} = 0$ であることを証明せよ．

答 ストークスの定理は任意の面に適用できるので，図A.13に示す面を用い，その境界線を0まで縮小して表面が閉じた面になるようにします．この場合，本文式(24)の左辺の線積分は0になり，次式が得られます．

$$\oint_S (\nabla \times \mathbf{F}) \cdot d\mathbf{S} = 0 \quad \cdots\cdots (A.34)$$

次に，発散の定理(第1章1.2.2節)をベクトル$\nabla \times \mathbf{F}$に適用して次式が得られます．

$$\oint_S (\nabla \times \mathbf{F}) \cdot d\mathbf{S} = \int_V \nabla \cdot \nabla \times \mathbf{F} dV \quad \cdots\cdots (A.35)$$

この式の左辺は，表面をどのように選んでも0であることが式(A.34)でわかっていますから，右辺の被積分関数は0でなければなりません．したがって，

$$\nabla \cdot \nabla \times \mathbf{F} = 0 \quad \cdots\cdots (A.36)$$

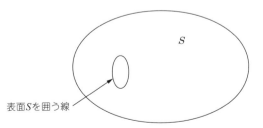

図A.13
問題2.15で使用する面

となります．

問題 2.16 無限に長い平行2線伝送線路がある．線間距離は$2a$であり，一方の導体に電流Iが，他方の導体にその戻り電流が流れている．この座標系を図A.14に示す．この線路の磁気ベクトル・ポテンシャルと磁場を求めよ．

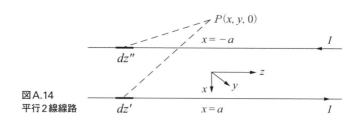

図A.14
平行2線線路

答 電磁場はzとともに変化しないので，これを$z=0$のところで計算します．積分の中の不確定さを避けるため，導体は$z=-L$から$z=L$まであるとします．電流はz方向にだけ流れるので，本文式(28)によって磁気ベクトル・ポテンシャル$\mathbf{A}$もz方向だけになります．両方の線からのA_zへの寄与分は，次のようになります．

$$A_z = \int_{-L}^{L} \frac{\mu I dz'}{4\pi\sqrt{(x-a)^2+y^2+z'^2}} - \int_{-L}^{L} \frac{\mu I dz''}{4\pi\sqrt{(x+a)^2+y^2+z''^2}}$$

$$= \frac{2\mu}{4\pi}\left[\int_0^L \frac{I dz'}{\sqrt{(x-a)^2+y^2+z'^2}} - \int_0^L \frac{I dz''}{\sqrt{(x+a)^2+y^2+z''^2}}\right] \quad \cdots\cdots (A.37)$$

この積分は実行可能であり，結果は次のようになります．

$$A_z = \frac{I\mu}{2\pi}\left\{\ln\left[z'+\sqrt{(x-a)^2+y^2+z'^2}\right] - \ln\left[z''+\sqrt{(x+a)^2+y^2+z''^2}\right]\right\}_0^L \quad \cdots (A.38)$$

ここで，Lを無限大に近づけると，上の2項の上限値は相殺され，次式が得られます．

$$A_z = \frac{I\mu}{4\pi}\ln\left[\frac{(x+a)^2+y^2}{(x-a)^2+y^2}\right] \quad \cdots\cdots (A.39)$$

次に，本文式(27)を適用し，直角座標の回転の式を用いると次の磁場が得られます．

$$H_x = \frac{1}{\mu}\frac{\partial A_z}{\partial y} = \frac{I}{2\pi}\left[\frac{y}{(x+a)^2+y^2} - \frac{y}{(x-a)^2+y^2}\right]$$

$$H_y = -\frac{1}{\mu}\frac{\partial A_z}{\partial x} = \frac{I}{2\pi}\left[\frac{(x-a)}{(x-a)^2+y^2} - \frac{(x+a)}{(x+a)^2+y^2}\right]$$

$\quad\quad\quad\quad\quad\quad\quad\quad\quad\quad\quad\quad\quad\quad\quad\quad\quad\quad\quad\quad\quad$ ………………………… (A.40)

問題 2.17　図A.15に示すように，半径aの導線ループに電流Iが流れている．このループから離れた任意の点(r, θ, ϕ)における磁気ベクトル・ポテンシャル**A**と磁束密度**B**を求めよ．

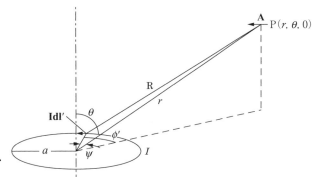

図A.15
電流ループによる磁気ベクトル・ポテンシャル

答　任意の点$P(r, \theta, \phi)$において，ループ上のいくつかの電流素子$\mathbf{I d l'}$が，**A**の成分をϕ方向以外の方向に向けます．しかし，このループの対称性により，これらの成分は大きさが等しく向きが反対になります．このため，**A**はϕ方向を向き，点Pのϕの値に無関係になります．したがって，便宜的に**A**を点$(r, \theta, 0)$で計算します．微分電流素片が**A**のϕ方向成分に寄与する分は，次式で与えられます．

$$dA_\phi = \frac{\mu I d\ell' \cos\phi'}{4\pi R} \quad\quad\quad\quad\quad\quad\quad\quad\quad\quad\quad\quad\quad\quad\quad\quad\quad\quad\quad\text{(A.41)}$$

ここで，Rは素子$d\ell'$から位置$(r, \theta, 0)$までの距離です．この総量は，ループにわたる積分として次のように求められます．

$$A_\phi = \frac{\mu I}{4\pi}\oint \frac{d\ell'\cos\phi'}{R} = \frac{\mu I a}{4\pi}\int_0^{2\pi}\frac{\cos\phi' d\phi'}{R} \quad\quad\quad\quad\quad\quad\quad\text{(A.42)}$$

ここで，距離Rは原点から点$P(r, \theta, 0)$までの半径rを用いて次のように表すことができます．

$$R^2 = r^2 + a^2 - 2ra\cos\psi \quad \cdots\cdots (A.43)$$

ここで，
$$ra\cos\psi = ra\sin\theta\cos\phi' \quad \cdots\cdots (A.44)$$

であるので，式(A.44)を式(A.43)に代入すると，$r \gg a$ の場合は次式が得られます．

$$R \approx r\left(1 - 2\frac{a}{r}\sin\theta\cos\phi'\right)^{1/2} \quad \cdots\cdots (A.45)$$

あるいは，
$$R^{-1} \approx r^{-1}\left(1 + \frac{a}{r}\sin\theta\cos\phi'\right) \quad \cdots\cdots (A.46)$$

となります．この式を式(A.42)に代入すると，A_ϕ は次のようになります．

$$A_\phi = \frac{\mu I a}{4\pi r}\int_0^{2\pi}\left(\cos\phi' + \frac{a}{r}\sin\theta\cos^2\phi'\right)d\phi'$$

$$= \frac{\mu I a}{4\pi r}\frac{a\pi\sin\theta}{r} = \frac{\mu(I\pi a^2)\sin\theta}{4\pi r^2} \quad \cdots\cdots (A.47)$$

前述したように，この結果は任意の ϕ の値に対して適用できます．磁束密度 **B** の各成分は式(A.47)を本文式(27)に代入して次のように求められます．

$$\left.\begin{array}{l} B_r = \dfrac{\mu I\pi a^2}{2\pi r^3}\cos\theta \\[6pt] B_\theta = \dfrac{\mu I\pi a^2}{4\pi r^3}\sin\theta \\[6pt] B_\phi = 0 \end{array}\right\} \quad \cdots\cdots (A.48)$$

問題 2.18 電流1000Aを流す直径27m，長さ20mの超伝導ソレノイドがある．これを用いて，6時間で約50MW，すなわち約10^6MJの蓄積エネルギーを作りたい．このために必要なコイルの1mあたりの巻き数 n を求めよ．

答 問題2.3により，コイル内の磁場は $H_z = nI$ ですから，体積 V の場合の蓄積エネルギーは本文式(45)から，

$$U_H = \frac{1}{2}\mu(nI)^2 V \quad \cdots\cdots (A.49)$$

となります．題意の数値をこの式に代入すると，

$$10^{12} = \frac{1}{2} \times 4\pi \times 10^{-7}(n \times 10^3)^2 \times \left(\frac{27}{2}\right)^2 \pi \times 20 \quad \cdots\cdots (A.50)$$

となるので，巻き数 n は 1.2×10^4 回/m となります．

問題 2.19 電流は導体内に一様に分布すると仮定して，同軸線路の2つの導体の内部インダクタンスを求めよ．

答 問題2.6で求めたように，内導体の内部磁場は，

$$H_\phi = \frac{Ir}{2\pi a^2} \qquad r < a \qquad \cdots\cdots (A.51)$$

で与えられます．単位長に対して本文式(46)を用いると，次式が得られます．

$$\frac{1}{2}LI^2 = \int_0^a \frac{\mu}{2}\left(\frac{Ir}{2\pi a^2}\right)^2 2\pi r\, dr = \frac{\mu I^2}{4\pi a^4}\frac{a^4}{4} \qquad \cdots\cdots (A.52)$$

したがって，

$$L = \frac{\mu_0}{8\pi} \quad [\mathrm{H/m}] \qquad \cdots\cdots (A.53)$$

となり，外導体の内部磁場は，

$$H(r) = \frac{I}{2\pi(c^2-b^2)}\left(\frac{c^2}{r} - r\right) \qquad \cdots\cdots (A.54)$$

で与えられます．式(A.54)を本文式(46)に代入すると次式が得られます．

$$L = \frac{\mu}{2\pi}\left[\frac{c^4 \ln c/b}{(c^2-b^2)^2} + \frac{b^2 - 3c^2}{4(c^2-b^2)}\right] \quad [\mathrm{H/m}] \qquad \cdots\cdots (A.55)$$

周波数が低く，導体内の電流分布が一様の場合，同軸線路の単位長あたりの内部インダクタンスは式(A.53)と式(A.55)を合計したものになります[注1]．

注1：全インダクタンスは，問題2.9で求めた外部インダクタンスをこれに加えたものです．

第3章

動的電磁場の方程式

本章では，はじめに電磁場が時間とともに変化する場合の基本則であるマックスウェルの方程式について述べます．これは微分形と積分形があります．次に，この方程式の使用例として，平面波への適用，波動方程式やポインティングの定理の導入，電磁波の良導体内への貫通について調べます．最後に，電磁場が時間とともに変化する場合に重要になる遅延ポテンシャルについて述べます．

これまで静電場と静磁場に関するいろいろな法則について述べてきましたが，時間的に変化する電磁場ではこれらの静的な関係式によって書き表すことができない重要な動的効果が存在します．したがって，この時間的に変化する電磁場の問題を解くためには，さらに完全な公式化が必要になります．

磁場が時間とともに変化すると，ファラデーの法則によって電場が時間的および空間的に変化します．続いて起こる電場の変化は，変位電流を通して磁場を変化させ，以下同様に続きます．エネルギーで言えば，エネルギーは波が進むにつれて電気エネルギーと磁気エネルギーに形を変えます．

時間的に変化する電磁現象についての法則はマックスウェルの方程式として知られており，こうした現象を表すときに中心的な役割を果たします．

3.1 マックスウェルの方程式

3.1.1 ファラデーの法則
(1) 磁場が時間とともに変化するときに誘起される電圧

ファラデーは，回路に交差する磁場が時間と共に変化すると，ある電圧がその回路に誘起されることを実験的に見出しました．この電圧は，回路に交差する磁束の

時間的変化レートに比例します．コイルを n 回巻いた回路の場合，この誘起電圧は次のように書くことができます．

$$V = n\frac{d\psi_m}{dt} \quad\quad\quad\quad\quad\quad\quad\quad\quad\quad\quad\quad\quad\quad\quad\quad (1)$$

ここで ψ_m は，コイルの各巻き線と交差する磁束です．発電機やモータのような電気機械の場合，空間的に変化する磁場の内部にあるコイルの動きから，式(1)で用いる交差磁束の変化量を求めることができます．ファラデーの実験には固定系と可動系がありますが，可動系の問題はいくつかの方法で解くことができ，これについては次節で述べます．

ファラデーの法則をさらに正確に記述する前に，いくつかのことを明確にしておく必要があります．ある特定の通路に沿った2点間の電圧は，その通路に沿った2点間の電場の線積分に負号を付けたものです．静電場の場合はこの線積分は通路に無関係であり，2点間のポテンシャル差に等しいということを前に述べましたが，ファラデーの法則からの寄与分がある場合にはこれは正しくありません．変動磁場からの寄与分がある場合には，ある閉路に沿った電場の線積分をその通路の起電力と言うことが多いので，

$$\text{閉路に沿う起電力} \equiv -\oint \mathbf{E} \cdot \mathbf{dl} \quad\quad\quad\quad\quad\quad\quad\quad\quad (2)$$

となります．これはファラデーの法則によってこの通路を通る磁束の時間的変化レートに等しくなります．すなわち，回路が固定系の場合には次式が成立します．

$$\oint \mathbf{E} \cdot \mathbf{dl} = -\frac{\partial \psi_m}{\partial t} = -\frac{\partial}{\partial t} \int \mathbf{B} \cdot \mathbf{dS} \quad\quad\quad\quad\quad\quad (3)$$

ここで，式(3)の最後に示すように，磁束 ψ_m は磁束密度 $\mathbf{B}$ の垂直成分を面積分して求めることができます．巻き線が複数ターンあれば，式(3)の積分をそのすべてに対して行います．また，各巻き線と交差する磁束が同じであれば，この電圧は式(1)の形になります．

式(3)を微分形の方程式に変換するには，式(3)の左辺にストークスの定理(第2章2.2.2節)を適用し，時間微分を積分の中に移します．すなわち，

$$\int_S (\nabla \times \mathbf{E}) \cdot \mathbf{dS} = -\int_S \frac{\partial \mathbf{B}}{\partial t} \cdot \mathbf{dS} \quad\quad\quad\quad\quad\quad (4)$$

となり，この式が任意の面に対して成立するためには両方の被積分関数が等しくなければならないので，次式が得られます．

$$\nabla \times \mathbf{E} = -\frac{\partial \mathbf{B}}{\partial t} \quad \cdots\cdots\cdots\cdots\cdots\cdots\cdots\cdots\cdots\cdots\cdots\cdots\cdots\cdots\cdots\cdots\cdots\cdots \quad (5)$$

$\mathbf{B}$の時間微分が0の場合，式(4)のファラデーの法則は静的な場合になり，第1章1.1.3節で述べたように，ある閉路に沿う電場の線積分は0になります．磁場が時間的に変化する場合は，これは一般に0ではありません．このことは，このような磁場の中で電荷をある閉路に沿って動かすときに仕事がなされることを示しています．この仕事は，磁場の蓄積エネルギーが変化するために生じます．

(2) 可動系に対するファラデーの法則

可動系に対して式(1)を使用するためには，ある回路が磁場の中を動くときにこの回路を通る磁束の変化を求めなければなりません．一つの例は，図3.1に示す交流発電機です．この図で，2つの磁極の間の磁場の中を一定の角速度Ωで回転する矩形ループが示されています．このループ面が水平軸に対して角度ϕの場合，このループを通る磁束は，

$$\psi_m = 2B_0 a\ell \sin\phi \quad \cdots\cdots\cdots\cdots\cdots\cdots\cdots\cdots\cdots\cdots\cdots\cdots\cdots\cdots\cdots \quad (6)$$

となります．ここで，角度ϕは時間とともに変化し，これをΩtと書くことができます．すなわち，

$$\psi_m = 2B_0 a\ell \sin\Omega t \quad \cdots\cdots\cdots\cdots\cdots\cdots\cdots\cdots\cdots\cdots\cdots\cdots\cdots \quad (7)$$

となります．もし電圧が，この磁束の変化率で与えられるとすれば（符号を無視して），

$$V = \frac{\partial \psi_m}{dt} = 2\Omega B_0 a\ell \cos\Omega t \quad \cdots\cdots\cdots\cdots\cdots\cdots\cdots\cdots\cdots \quad (8)$$

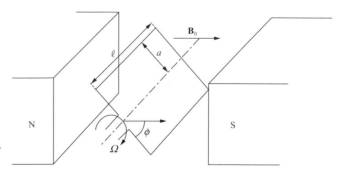

図3.1
磁極の間に回転ループがある発電機

となります．したがって，この発電機は正弦的な交流電圧が発生させることがわかります．

3.1.2 変位電流

仮に，静電場や静磁場で述べた法則が，時間的に変化する電磁場にも成立するものとします．そこで，すべての電磁場とその源泉は空間と時間の関数として，電場の発散と磁場の発散を静的な場合と同じ形に書いてみます．電場の回転に対してはファラデーの法則である式(5)を使用し，磁場の回転に対しては静磁場の第2章の式(22)を使用します．すなわち，

$$\nabla \cdot \mathbf{D} = \rho \tag{9}$$

$$\nabla \cdot \mathbf{B} = 0 \tag{10}$$

$$\nabla \times \mathbf{E} = -\frac{\partial \mathbf{B}}{\partial t} \tag{11}$$

$$\nabla \times \mathbf{H} = \mathbf{J} \tag{12}$$

これらの方程式から文字を消去していくと，電荷と電流を関係づける方程式が得られます．ρが時間や空間とともに変化するにしても，この式は全電荷が保存されることを示すものと考えられます．もし電流が任意の体積から流出すれば，その内部の電荷は減少しなければならず，もし電流が流入するならば電荷は増加しなければなりません．徐々に小さい体積を考えていくと，その極限において単位時間あたりおよび単位体積あたり流出する電流(これは電流密度の発散と考えられる)は，その点における単位体積あたりの電荷の時間的変化レートに負号をつけたものに等しくなければなりません．すなわち，

$$\nabla \cdot \mathbf{J} = -\frac{\partial \rho}{\partial t} \tag{13}$$

となります．しかし，式(12)から$\mathbf{J}$の発散をとると，

$$\nabla \cdot \mathbf{J} = \nabla \cdot (\nabla \times \mathbf{H}) \equiv 0 \tag{14}$$

となり，これは電流の連続性を表す式(13)と矛盾します．マックスウェルは，これと同様の理由から静磁場で成立した式(12)は，電場が時間的に変化する場合には成立しないと考え，次のように$\mathbf{J}$に$\partial \mathbf{D}/\partial t$を追加しました．

$$\nabla \times \mathbf{H} = \mathbf{J} + \frac{\partial \mathbf{D}}{\partial t} \tag{15}$$

この場合，式(15)の発散をとって式(9)を代入すると，次式のように連続条件が満足されます．

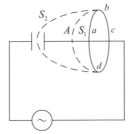
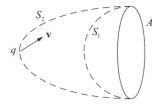

図3.2
変位電流による回路の完全化　　（a）容量器がある回路　　（b）移動中の電荷

$$\nabla \cdot \mathbf{J} = -\frac{\partial}{\partial t}(\nabla \cdot \mathbf{D}) = -\frac{\partial \rho}{\partial t} \quad \cdots\cdots\cdots\cdots\cdots\cdots\cdots\cdots\cdots\cdots\cdots\cdots\cdots (16)$$

　式(15)で追加した項は，実際の伝導電流密度（導体内の電荷の動き）あるいは対流電流密度（空間内の電荷の動き）と同様に，磁場の回転に寄与します．これは変位ベクトル**D**から生じるので，これを変位電流と言います．誘電体の中には，実際に時間的に変化する束縛電荷の変位がありますが，変位電流は真空中でも0でないことがあります．

　周波数が低いとき，変位電流は無視できます．また，これは良導体内では伝導電流に比べて無視できます．しかし，周波数が高くなるにつれて変位電流は次第に無視できなくなります．変位電流は，電場に対するファラデーの法則と共に，すべての電磁現象を理解するために不可欠なものです．

　変位電流は，もし磁場の法則の中に伝導電流あるいは対流電流しか含まれていなければ，矛盾するいくつかのことを説明することができます．例えば，図3.2（a）に示すように，交流電源と容量器がある回路を考えます．ループa-b-c-d-aのまわりの磁場の線積分を計算してみます．静磁場則によれば，この計算結果はこれに囲まれる電流，すなわちこのループを境界とする任意の面を通る電流と等しくなければなりません．もし，電流を計算する面としてS_1のような導線Aを横断する面をとれば，この線積分に対して明らかにある有限な値が得られます．しかし，選択する面がS_2のように導線Aを横断せずに容量器の平板の間を通る面とします．もし，磁場則の中に伝導電流だけが含まれていれば，電流はこの面を通して流れずに，この計算結果は0になります．この積分を計算する通路は，それぞれの場合で同じですから，その計算結果が異なる値になるのは非常に問題です．この点，容量器の平板の間の電流の連続性を保って，どちらの場合にも同じ答になるようにするのが変位電流です．

この連続性がどのように保たれるのかを示すため，平行平板容量器を考え，容量 C，平板間隔 d，各平板の面積 A，それに印加電圧 $V_0 \sin\omega t$ とします．回路理論から電流は，

$$I_c = C\frac{dV}{dt} = \omega C V_0 \cos\omega t \quad \cdots\cdots (17)$$

となります．この容量器内の電場は $E = V/d$ ですから，変位電流密度は，

$$J_d = \varepsilon\frac{\partial E}{\partial t} = \omega\varepsilon\frac{V_0}{d}\cos\omega t \quad \cdots\cdots (18)$$

となります．両板間を流れる全変位電流は，この変位電流密度に平板面積を乗じたものです．すなわち，

$$I_d = AJ_d = \omega\left(\frac{\varepsilon A}{d}\right)V_0 \cos\omega t \quad \cdots\cdots (19)$$

となります．ここでカッコ内の項は平行平板容量器の静電容量ですから，式(17)と式(19)は同じものです．この場合，容量器の平板の間を流れる全変位電流は，上に述べた通常の回路の方法で計算したリード線内を流れる電流と同じですから，変位電流は回路を完全化するように働き，必要に応じて図3.2(a)の S_1 あるいは S_2 のどちらを用いても同じ結果が得られます．

電荷 q が速度 **v** で移動する別の例〔図3.2(b)〕を考えるときにも，変位電流を入れる必要があります．ある与えられた瞬間に磁場の線積分をループ A のまわりで計算するとき，これは A を境界とする任意の面を通るその瞬間の電流に等しくなければなりません．もし，変位電流を無視すれば，無限にある面の1つとして通過する電荷がない S_1 のような面を使用すると，この結果は0になります．しかし，電荷が通過する S_2 のような面を選ぶと，対流電流からの寄与分があってこの結果は0になりません．移動中の電荷から生じる電場は時間とともに変化しなければならず，したがって，これが面 S_1 と S_2 の両方を通して実際に変位電流を発生させると考えると，この明らかな不一致は解消します．この2つの面に対する変位電流と対流電流の合計量は，どの瞬間でも同じになります．

3.1.3 微分形のマックスウェルの方程式

3.1.2節のひと組の方程式に変位電流を加えて書き直すと，次式が得られます．

$$\nabla\cdot\mathbf{D} = \rho \quad \cdots\cdots (20)$$

$$\nabla\cdot\mathbf{B} = 0 \quad \cdots\cdots (21)$$

$$\nabla \times \mathbf{E} = -\frac{\partial \mathbf{B}}{\partial t} \quad \cdots\cdots\cdots\cdots\cdots\cdots\cdots\cdots\cdots\cdots\cdots\cdots\cdots\cdots\cdots\cdots\cdots (22)$$

$$\nabla \times \mathbf{H} = \mathbf{J} + \frac{\partial \mathbf{D}}{\partial t} \quad \cdots\cdots\cdots\cdots\cdots\cdots\cdots\cdots\cdots\cdots\cdots\cdots\cdots\cdots (23)$$

この一組の微分方程式はマックスウェルの方程式として知られており,周波数が0から無線波(および光周波)に至るまでのすべての電磁現象を支配する基本方程式です.

マックスウェルの方程式は,空間と時間内の任意の1点における電磁場量の時間変化レートおよび空間変化レートを関係づけるものです.これと等価な積分形の方程式については次節で述べます.この方程式の使用例は,本章および後章で詳しく説明します.

この方程式に加える必要があるおもな定義式と補助関係式は,次のとおりです.

(1) 力の法則

これは電場と磁場の定義式です.電荷qが電場$\mathbf{E}$と磁束密度$\mathbf{B}$の中を速度vで動く場合,これに働く力は次式で与えられます.

$$\mathbf{f} = q[\mathbf{E} + \mathbf{v} \times \mathbf{B}] \quad [\text{N}] \quad \cdots\cdots\cdots\cdots\cdots\cdots\cdots\cdots\cdots\cdots\cdots\cdots (24)$$

(2) オームの法則

導体では次式が成立します.

$$\mathbf{J} = \sigma \mathbf{E} \quad [\text{A/m}^2] \quad \cdots\cdots\cdots\cdots\cdots\cdots\cdots\cdots\cdots\cdots\cdots\cdots\cdots\cdots (25)$$

ここで,σは[S/m]単位の導電率です.

(3) 対流電流

電荷密度ρが速度$\mathbf{v}_\rho$で動く場合,その対流電流密度は次式で与えられます.

$$\mathbf{J} = \rho \mathbf{v}_\rho \quad [\text{A/m}^2] \quad \cdots\cdots\cdots\cdots\cdots\cdots\cdots\cdots\cdots\cdots\cdots\cdots\cdots\cdots (26)$$

(4) 電束密度と電場の関係

電束密度$\mathbf{D}$は,電場$\mathbf{E}$と次式の関係があります.

$$\mathbf{D} = \varepsilon \mathbf{E} = \varepsilon_r \varepsilon_0 \mathbf{E} \quad \cdots\cdots\cdots\cdots\cdots\cdots\cdots\cdots\cdots\cdots\cdots\cdots\cdots\cdots (27)$$

ここで,ε_0は真空の誘電率=8.854×10^{-12}[F/m],ε_rは比誘電率です.

(5) 磁束密度と磁場の関係

磁束密度$\mathbf{B}$は,磁場$\mathbf{H}$と次式の関係があります.

$$\mathbf{B} = \mu\mathbf{H} = \mu_r\mu_0\mathbf{H} \quad \cdots\cdots (28)$$

ここで，μ_0 は真空の透磁率 $= 4\pi \times 10^{-7}$ [H/m]，μ_r は比透磁率です．

本書では，等方的，均質，線形の媒質を考えます．この場合，ε と μ はスカラ定数です．

3.1.4 積分形のマックスウェルの方程式

空間の全領域および有限寸法の通路に適用できる積分形のマックスウェルの方程式について知っておく必要があります．式(20)～(23)の積分形の等価式は，次のようになります．

$$\oint_S \mathbf{D} \cdot d\mathbf{S} = \int_V \rho dV \quad \cdots\cdots (29)$$

$$\oint_S \mathbf{B} \cdot d\mathbf{S} = 0 \quad \cdots\cdots (30)$$

$$\oint \mathbf{E} \cdot d\mathbf{l} = -\frac{\partial}{\partial t}\int_S \mathbf{B} \cdot d\mathbf{S} \quad \cdots\cdots (31)$$

$$\oint \mathbf{H} \cdot d\mathbf{l} = \int_S \mathbf{J} \cdot d\mathbf{S} + \frac{\partial}{\partial t}\int_S \mathbf{D} \cdot d\mathbf{S} \quad \cdots\cdots (32)$$

式(29)と式(30)は，それぞれ式(20)と式(21)をある体積にわたって積分し，発散の定理を適用すると求められます．また，式(31)と式(32)は，それぞれ式(22)と式(23)をある面積にわたって積分し，ストークスの定理を適用すると求められます．例えば，式(20)を積分すると，

$$\int_V \nabla \cdot \mathbf{D} dV = \int_V \rho dV \quad \cdots\cdots (33)$$

となり，この左辺に発散の定理を適用すると式(29)になります．式(29)は，第1章で述べたガウスの法則です．ここでは時間の関数である電磁場を考えているので，この式はある与えられた瞬間に，任意の閉面から流出する電束がその閉面で囲まれる電荷に等しいことを表しているものと解釈できます．

式(30)は磁場の面積積分，すなわちある閉面から流出する全磁束がすべての時間において0であることを表しており，磁気的な電荷が自然界に存在しないことを示しています．

式(31)はファラデーの誘導則であり，ある閉路に沿う電場の線積分(起電力)は，その通路を貫通する磁場の時間的変化レートに負号をつけたものに等しいことを表しています．

式(32)は変位電流を含む一般化したアンペアの法則であり，ある閉路に沿う磁場

の線積分(起磁力)は，その通路を貫通する全電流(伝導電流，対流電流，および変位電流)に等しいことを表しています．

3.1.5 時間とともに周期的に変化する電磁場

電磁場が時間と共に変化するもっとも重要な場合といえば，正弦的に変化する場合です．多くの応用の中で，時間と共に正弦的に変化する電磁場が使用されています．ディジタル系で使用されるパルス波は，周波数が異なる正弦波が重畳したものと考えることができます．フーリエ解析は，この重畳に対して数学的基礎となるものです．実数の正弦関数を直接使用するより，複素指数関数$e^{j\omega t}$を導入するほうが便利です．この利点は，$e^{j\omega t}$の微分と積分が$e^{j\omega t}$に比例し，したがって，この関数を方程式から消去できることにあります．このことは，回路の問題のようなスカラ問題よりもベクトル問題に対してさらに効果があります．

形式的には，ひと組の方程式の式(20)〜(23)は，$\partial/\partial t$を$j\omega$で置き換えて簡単に複素形に変更できます．すなわち，

$$\nabla \cdot \mathbf{D} = \rho \quad \cdots\cdots\cdots\cdots\cdots\cdots\cdots\cdots\cdots\cdots (34)$$

$$\nabla \cdot \mathbf{B} = 0 \quad \cdots\cdots\cdots\cdots\cdots\cdots\cdots\cdots\cdots\cdots (35)$$

$$\nabla \times \mathbf{E} = -j\omega \mathbf{B} \quad \cdots\cdots\cdots\cdots\cdots\cdots\cdots\cdots\cdots\cdots (36)$$

$$\nabla \times \mathbf{H} = \mathbf{J} + j\omega \mathbf{D} \quad \cdots\cdots\cdots\cdots\cdots\cdots\cdots\cdots\cdots\cdots (37)$$

となります．補助関係式の式(25)〜(28)はそのまま成立します．

$$\mathbf{J} = \sigma \mathbf{E} \quad (導体に対して) \quad \cdots\cdots\cdots\cdots\cdots\cdots\cdots\cdots (38)$$

$$\mathbf{D} = \varepsilon \mathbf{E} = \varepsilon_r \varepsilon_0 \mathbf{E} \quad \cdots\cdots\cdots\cdots\cdots\cdots\cdots\cdots\cdots\cdots (39)$$

$$\mathbf{B} = \mu \mathbf{H} = \mu_r \mu_0 \mathbf{H} \quad \cdots\cdots\cdots\cdots\cdots\cdots\cdots\cdots\cdots\cdots (40)$$

式(24)と式(26)は，式の中に非線形項があるので瞬時値で使用しなければなりません．式中のパラメータμとεは一般に周波数の関数であり，周波数依存性が大きい材料を分散性材料と言います．

本節の方程式の中の記号には，3.1.3節で用いた同じ記号とは別の意味があることに注意する必要があります．3.1.3節では，各記号は指定のベクトル量およびスカラ量の瞬時値を表していました．本節では，各記号は$e^{j\omega t}$に対する複素乗数を表し，選択した基準に関する同相部と非同相部が得られます．通常，この複素スカラ量をフェーザーと言い，$e^{j\omega t}$の複素ベクトル乗数をベクトル・フェーザーと言います．

ある与えられた量の複素値から瞬時値を得るには，この複素乗数に$e^{j\omega t}$を乗じてその実数部をとります．例えば，スカラ量ρに対してρの複素値が次式であるとします．

$$\rho = \rho_r + j\rho_i \quad \cdots\cdots(41)$$

ここで，ρ_r と ρ_i は実数のスカラ量です．この場合，ρ の瞬時値は，

$$\rho(t) = \text{Re}\left[(\rho_r + j\rho_i)e^{j\omega t}\right] = \rho_r \cos\omega t - \rho_i \sin\omega t \quad \cdots\cdots(42)$$

となります．あるいは，もし ρ の大きさと位相が次のように与えられていれば，

$$\rho = |\rho|e^{j\theta_\rho} \quad \cdots\cdots(43)$$

ここで，

$$|\rho| = \sqrt{\rho_r^2 + \rho_i^2}$$

$$\theta_\rho = \tan^{-1}\frac{\rho_i}{\rho_r}$$

この場合，実際の時間変化形は次のようになります．

$$\rho(t) = \text{Re}\left[|\rho|e^{j(\omega t + \theta_\rho)}\right] = |\rho|\cos(\omega t + \theta_\rho) \quad \cdots\cdots(44)$$

$\mathbf{E}$ のようなベクトル量の場合，その複素値を次のように書くことができます．

$$\mathbf{E} = \mathbf{E}_r + j\mathbf{E}_i \quad \cdots\cdots(45)$$

ここで，$\mathbf{E}_r$ と $\mathbf{E}_i$ は実数のベクトル量です．この場合，

$$\mathbf{E}(t) = \text{Re}\left[(\mathbf{E}_r + j\mathbf{E}_i)e^{j\omega t}\right] = \mathbf{E}_r \cos\omega t - \mathbf{E}_i \sin\omega t \quad \cdots\cdots(46)$$

となります．

3.2 マックスウェルの方程式の使用例

3.2.1 平面波への適用

(1) マックスウェルの方程式と平面波

マックスウェルの方程式が，どのように平面波の伝搬を規定するかを以下に示します．電磁場が時間とともに変化する3.1.3節の形から話を進めます．媒質の誘電率と透磁率は一定とし，自由電荷や電流はないとします（$\rho = 0$，$\mathbf{J} = 0$）．この場合，マックスウェルの方程式は次のようになります．

$$\nabla \cdot \mathbf{D} = 0 \quad \cdots\cdots(47)$$

$$\nabla \cdot \mathbf{B} = 0 \quad \cdots\cdots(48)$$

$$\nabla \times \mathbf{E} = -\frac{\partial \mathbf{B}}{\partial t} = -\mu\frac{\partial \mathbf{H}}{\partial t} \quad \cdots\cdots(49)$$

$$\nabla \times \mathbf{H} = \frac{\partial \mathbf{D}}{\partial t} = \varepsilon \frac{\partial \mathbf{E}}{\partial t} \quad \cdots\cdots\cdots\cdots\cdots\cdots\cdots\cdots\cdots\cdots\cdots\cdots\cdots\cdots\cdots\cdots\cdots\cdots\cdots\cdots (50)$$

平面波の場合，電磁場は一方向だけに変化すると仮定します．この方向を直角座標系のz方向にとります．したがって，$\partial/\partial x = 0$および$\partial/\partial y = 0$です．直角座標における2つの回転の式である式(49)と式(50)は次のようになります．

$$-\frac{\partial E_y}{\partial z} = -\mu \frac{\partial H_x}{\partial t} \quad \cdots\cdots\cdots\cdots\cdots\cdots\cdots\cdots\cdots\cdots\cdots\cdots\cdots\cdots\cdots\cdots\cdots\cdots (51)$$

$$\frac{\partial E_x}{\partial z} = -\mu \frac{\partial H_y}{\partial t} \quad \cdots\cdots\cdots\cdots\cdots\cdots\cdots\cdots\cdots\cdots\cdots\cdots\cdots\cdots\cdots\cdots\cdots\cdots\cdots (52)$$

$$0 = -\mu \frac{\partial H_z}{\partial t} \quad \cdots\cdots\cdots\cdots\cdots\cdots\cdots\cdots\cdots\cdots\cdots\cdots\cdots\cdots\cdots\cdots\cdots\cdots\cdots\cdots\cdots (53)$$

$$-\frac{\partial H_y}{\partial z} = \varepsilon \frac{\partial E_x}{\partial t} \quad \cdots\cdots\cdots\cdots\cdots\cdots\cdots\cdots\cdots\cdots\cdots\cdots\cdots\cdots\cdots\cdots\cdots\cdots\cdots (54)$$

$$\frac{\partial H_x}{\partial z} = \varepsilon \frac{\partial E_y}{\partial t} \quad \cdots\cdots\cdots\cdots\cdots\cdots\cdots\cdots\cdots\cdots\cdots\cdots\cdots\cdots\cdots\cdots\cdots\cdots\cdots\cdots (55)$$

$$0 = \varepsilon \frac{\partial E_z}{\partial t} \quad \cdots\cdots\cdots\cdots\cdots\cdots\cdots\cdots\cdots\cdots\cdots\cdots\cdots\cdots\cdots\cdots\cdots\cdots\cdots\cdots\cdots\cdots (56)$$

式(53)と式(56)は，H_zとE_zが時間と共に変化しないことを示しています．したがって，この波の電磁場は伝搬方向に対して横断面内にあります．残りの方程式は，2つの独立な組にわかれ，式(51)と式(55)はE_yとH_xを関係づけ，式(52)と式(54)はE_xとH_yを関係づけます．

この波の伝搬特性は，どちらの組からでも説明できます．E_xとH_yの組を用い，式(52)をzについて偏微分し，式(54)をtについて偏微分すると次式が得られます．

$$\frac{\partial^2 E_x}{\partial z^2} = -\mu \frac{\partial^2 H_y}{\partial z \partial t} \quad -\frac{\partial^2 H_y}{\partial t \partial z} = \varepsilon \frac{\partial^2 E_x}{\partial t^2} \quad \cdots\cdots\cdots\cdots\cdots\cdots\cdots\cdots (57)$$

この2番目の式を最初の式に代入すると，次式が得られます．

$$\frac{\partial^2 E_x}{\partial z^2} = \mu \varepsilon \frac{\partial^2 E_x}{\partial t^2} \quad \cdots\cdots\cdots\cdots\cdots\cdots\cdots\cdots\cdots\cdots\cdots\cdots\cdots\cdots\cdots\cdots\cdots\cdots (58)$$

この偏微分方程式は1次元の波動方程式として知られており，この解はこの波がz方向に次の速度で伝搬することを示しています．

$$v = \frac{1}{\sqrt{\mu \varepsilon}} \quad \cdots\cdots\cdots\cdots\cdots\cdots\cdots\cdots\cdots\cdots\cdots\cdots\cdots\cdots\cdots\cdots\cdots\cdots\cdots\cdots\cdots\cdots\cdots\cdots (59)$$

このことを示すため，次の形の解を調べてみます．

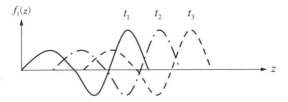

図3.3
3つの時刻における
進行波対距離

$$E_x(z,t) = f_1\left(t - \frac{z}{v}\right) + f_2\left(t + \frac{z}{v}\right) \quad \cdots\cdots\cdots (60)$$

これを微分すると次式が得られます．

$$\frac{\partial E_x}{\partial t} = f_1' + f_2' \qquad \frac{\partial E_x}{\partial z} = -\frac{1}{v}f_1' + \frac{1}{v}f_2' \quad \cdots\cdots\cdots (61)$$

$$\frac{\partial^2 E_x}{\partial t^2} = f_1'' + f_2'' \qquad \frac{\partial^2 E_x}{\partial z^2} = \frac{1}{v^2}f_1'' + \frac{1}{v^2}f_2'' \quad \cdots\cdots\cdots (62)$$

ここで，ダッシュはこの関数を変数全体で微分することを意味し，2重ダッシュはこれと同様の2次微分を意味しています．2つの2次微分を比較すると，vが式(59)で与えられる場合に式(58)はこの解によって満足されることがわかります．式(60)の第1項は，z方向に速度vで動く関数f_1を表しています．このことを示すため，**図3.3**に示すようにいろいろな時刻における関数$f_1(z)$を考えます．この波のある値に留まるためには，変数$t - z/v$を一定値に保たなければなりません．これは，速度$dz/dt = v$であることを意味しています．同様に，式(60)の第2項がある値に留まるためには$t + z/v$を一定値に保たなければならず，これは速度$dz/dt = -v$であることを意味しています．したがって，式(60)の第2項はzの負方向に速度vで進行する関数f_2を表しています．これらの動く関数は波を表すものと考えることができるので，式(58)を波動方程式と言います．

式(59)で定義するvは，その媒質における光速です．特に，自由空間の場合は，

$$v = c = \frac{1}{\sqrt{\mu_0 \varepsilon_0}} = \left(4\pi \times 10^{-7} \times 8.85419 \times 10^{-12}\right)^{-1/2}$$
$$= 2.9979 \times 10^8 \quad [\text{m/s}] \quad \cdots\cdots\cdots (63)$$

となります（有効数字が3桁の場合，これは記憶しやすい値3×10^8 [m/s]であり，これに対応するε_0は$1/36\pi \times 10^{-9}$ [F/m]である）．このように，光速と電磁波の速度が同じ値であることから，マックスウェルは光を電磁現象と考えたわけです．媒質が比誘電率ε_rで比透磁率μ_rの場合，平面波の速度は次のようになります．

$$v = \frac{c}{\sqrt{\mu_r \varepsilon_r}} \quad \cdots\cdots\cdots (64)$$

(2) 正弦関数で表される平面波

　時間と共に正弦的に変化する波に対して，複素フェーザー解が便利であることを以下に示します．式(52)と式(54)を複素フェーザー等価式へ置き換えるには，時間微分を$j\omega$に置き換えます．すなわち，

$$\frac{dE_x}{dz} = -j\omega\mu H_y \quad \cdots\cdots\cdots (65)$$

$$-\frac{dH_y}{dz} = j\omega\varepsilon E_x \quad \cdots\cdots\cdots (66)$$

となります．この場合，zが唯一の変数なのでzについての全微分を使用しました．式(65)をzについて微分し，式(66)を代入すると次式が得られます．

$$\frac{d^2 E_x}{dz^2} = -\omega^2 \mu\varepsilon E_x \quad \cdots\cdots\cdots (67)$$

　これは波動方程式である式(58)の等価式ですが，ここではフェーザー形で書いています．これを1次元のヘルムホルツ方程式と言います．これは式(58)で$\partial^2/\partial t^2$を$-\omega^2$に置き換えて得ることもできます．この解は，式(67)に代入するとわかるように，次の指数関数を用いて表されます．

$$E_x = c_1 e^{-jkz} + c_2 e^{jkz} \quad \cdots\cdots\cdots (68)$$

ここで定数kは，

$$k = \omega\sqrt{\mu\varepsilon} \quad \cdots\cdots\cdots (69)$$

となります．波動の問題では，この定数kがよく用いられます．これは特定の角周波数ωにおける媒質の定数であり，これを波数と言います．これは式(59)で定義した速度vを用いて次のように書くこともできます．

$$k = \frac{\omega}{v} \quad \cdots\cdots\cdots (70)$$

　式(68)の第1項は，その位相がzと共に直線的に変化し，正のz方向に動くにつれて位相が次第に負になります（あるいは遅れる）．この動きは，この正弦波が正のz方向に速度vで進行し，その結果として位相定数k[rad/m]が得られるものと解釈されます．

　式(68)の第2項は，zの負方向に動くにつれて位相が遅れ（さらに負になり），したがって，同じ位相定数で負方向に進行する波を表します．

この解が前項の解と一致することを示すため，3.1.5節で示した方法によりフェーザー形を時間と共に変化する形に変換します．このフェーザー解に指数関数$e^{j\omega t}$を乗じてその積の実数部をとります．すなわち，

$$E_x(z,t) = \text{Re}\left[E_x e^{j\omega t}\right] = \text{Re}\left[c_1 e^{-jkz} e^{j\omega t} + c_2 e^{jkz} e^{j\omega t}\right] \quad \cdots (71)$$

ここで，c_1とc_2は実数とします．この場合，

$$E_x(z,t) = c_1 \cos(\omega t - kz) + c_2 \cos(\omega t + kz) \quad \cdots (72)$$

$$= c_1 \cos\omega\left(t - \frac{z}{v}\right) + c_2 \cos\omega\left(t + \frac{z}{v}\right) \quad \cdots (73)$$

となります．前項の解釈に従えば，2つの実数の正弦波があり，その一方は正のz方向に速度vで進行し，他方は負のz方向に同じ速度で進行します．したがって，この結果は前項の結果と同じになります．

ある特定の瞬間(例えば，$t = 0$)にE_xがzと共に正弦的に変化するようすを図3.4に示します．この波が正方向進行波であれば速度vで右側に動き，負方向進行波であれば左側に動きます．E_xの大きさと向きが同じ2つの位置の間の距離を波長λと言い，これは位相が2πだけ変化する間の距離から求められます．すなわち，

$$\lambda = \frac{2\pi}{k} = \frac{2\pi v}{\omega} = \frac{v}{f} \quad \cdots (74)$$

ここで，fは周波数です．正弦波の電場ベクトルを図3.5に示します．

磁場については，複素形に戻り，微分方程式(65)で解(68)を使用すると次式が得られます．

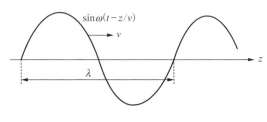

図3.4
z方向に速度vで進む正弦波

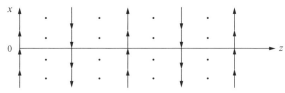

図3.5
ある瞬間に半空間$0 \leq z$にある平面波の電場ベクトル
正方向進行波の場合，この波は速度$1/\sqrt{\mu\varepsilon}$で右側に動く

$$H_y = -\frac{1}{j\omega\mu}\frac{dE_x}{dz} = \frac{k}{\omega\mu}\left[c_1 e^{-jkz} - c_2 e^{jkz}\right] \quad \cdots\cdots (75)$$

k の定義式(69)を用いると，これは，

$$H_y = \sqrt{\frac{\varepsilon}{\mu}}\left[c_1 e^{-jkz} - c_2 e^{jkz}\right] \quad \cdots\cdots (76)$$

となります．これの瞬時等価式は，

$$H_y(z,t) = \mathrm{Re}\left[H_y e^{j\omega t}\right] = \sqrt{\frac{\varepsilon}{\mu}}\left[c_1 \cos(\omega t - kz) - c_2 \cos(\omega t + kz)\right] \quad \cdots\cdots (77)$$

です．したがって，E_x/H_y は正方向進行波の場合には $\sqrt{\mu/\varepsilon}$ になり，負方向進行波の場合には $-\sqrt{\mu/\varepsilon}$ になります．

3.2.2　3次元の波動方程式

　前節で述べた1次元の式が重要な理由は，これが波の動作を簡潔に表しているからであり，また，これが多くの実用的な問題に対して有用な式だからです．しかしながら，2次元あるいは3次元の波の動作にも注意を払う必要があります．このような現象にあてはまる方程式を導くため，媒質の ε と μ がスカラ定数という場合を考え，考えている領域の中に自由電荷や対流電流はないと仮定します．この場合，式(47)～(50)で示したマックスウェルの方程式の形に戻ることができます．式(49)の回転をとり，時間と空間の偏微分を逆にすると次式が得られます．

$$\nabla \times \nabla \times \mathbf{E} = -\mu\frac{\partial}{\partial t}(\nabla \times \mathbf{H}) \quad \cdots\cdots (78)$$

　この左辺は，ベクトル恒等式を用いて展開できます．右辺の磁場の回転には，式(50)を使用します．すなわち，

$$-\nabla^2 \mathbf{E} + \nabla(\nabla \cdot \mathbf{E}) = -\mu\frac{\partial}{\partial t}\left(\varepsilon\frac{\partial \mathbf{E}}{\partial t}\right) = -\mu\varepsilon\frac{\partial^2 \mathbf{E}}{\partial t^2} \quad \cdots\cdots (79)$$

となりますが，電荷がない誘電体の場合には $\nabla \cdot \mathbf{D} = 0$ ですから，$\nabla \cdot \mathbf{E} = 0$ となります．この場合，

$$\nabla^2 \mathbf{E} = \mu\varepsilon\frac{\partial^2 \mathbf{E}}{\partial t^2} \quad \cdots\cdots (80)$$

となり，これが求める3次元の波動方程式です．この式は，導波管の伝搬モードや空胴共振器の共振モードの解析，アンテナからの放射波の解析といった後章で解説するいろいろな問題で使用されます．このベクトル方程式は3つのスカラ方程式にわかれ，直角座標の場合には次の同じ形の3つのスカラ波動方程式になります．

$$\nabla^2 E_x = \mu\varepsilon \frac{\partial^2 E_x}{\partial t^2} \quad \cdots\cdots\cdots\cdots\cdots\cdots\cdots\cdots\cdots\cdots\cdots\cdots\cdots\cdots\cdots\cdots\cdots\cdots(81)$$

E_yとE_zについても同じ式が成立します．もし$\partial/\partial x = 0$および$\partial/\partial y = 0$であれば，∇^2は単に$\partial^2/\partial z^2$となり，式(81)は3.2.2節で述べた次の1次元の波動方程式になります．

$$\frac{\partial^2 E_x}{\partial z^2} = \mu\varepsilon \frac{\partial^2 E_x}{\partial t^2} \quad \cdots\cdots\cdots\cdots\cdots\cdots\cdots\cdots\cdots\cdots\cdots\cdots\cdots\cdots\cdots\cdots(82)$$

式(50)の回転をとって式(49)を代入するとわかるように，ここで考えている媒質の場合には，この波動方程式を磁場にも適用できます．すなわち，

$$\nabla^2 \mathbf{H} = \mu\varepsilon \frac{\partial^2 \mathbf{H}}{\partial t^2} \quad \cdots\cdots\cdots\cdots\cdots\cdots\cdots\cdots\cdots\cdots\cdots\cdots\cdots\cdots\cdots\cdots\cdots(83)$$

複素記号あるいはフェーザー記号を用いる場合には，これらは式(80)と式(83)で$\partial^2/\partial t^2$を$-\omega^2$に置き換えて，次の3次元のヘルムホルツ方程式になります．

$$\nabla^2 \mathbf{E} = -k^2 \mathbf{E} \quad \cdots\cdots\cdots\cdots\cdots\cdots\cdots\cdots\cdots\cdots\cdots\cdots\cdots\cdots\cdots\cdots\cdots\cdots\cdots(84)$$

$$\nabla^2 \mathbf{H} = -k^2 \mathbf{H} \quad \cdots\cdots\cdots\cdots\cdots\cdots\cdots\cdots\cdots\cdots\cdots\cdots\cdots\cdots\cdots\cdots\cdots\cdots(85)$$

$$k^2 = \omega^2 \mu\varepsilon \quad \cdots\cdots\cdots\cdots\cdots\cdots\cdots\cdots\cdots\cdots\cdots\cdots\cdots\cdots\cdots\cdots\cdots\cdots\cdots\cdots\cdots(86)$$

3.2.3　ポインティングの定理
(1) 一般的なポインティングの定理

電磁波はエネルギーを運びます．遠いアンテナからの無線波は微弱な電力を運び，受信機を動作させます．集中電気回路の場合には，電力を電圧と電流で表します．さらに電磁波の場合には，電力を電磁場の諸量で表す一般的な関係式を求めることができます．この結果としてのポインティングの定理は，電磁現象の基本的な関係式の一つです．

時間とともに変化する形(3.1.3節)から話を始め，マックスウェルの2つの回転の式を次のように書きます．

$$\nabla \times \mathbf{E} = -\frac{\partial \mathbf{B}}{\partial t} \quad \cdots\cdots\cdots\cdots\cdots\cdots\cdots\cdots\cdots\cdots\cdots\cdots\cdots\cdots\cdots\cdots\cdots(87)$$

$$\nabla \times \mathbf{H} = \mathbf{J} + \frac{\partial \mathbf{D}}{\partial t} \quad \cdots\cdots\cdots\cdots\cdots\cdots\cdots\cdots\cdots\cdots\cdots\cdots\cdots\cdots\cdots\cdots(88)$$

ここで，次のベクトル恒等式を使用します．

$$\mathbf{H} \cdot (\nabla \times \mathbf{E}) - \mathbf{E} \cdot (\nabla \times \mathbf{H}) = \nabla \cdot (\mathbf{E} \times \mathbf{H}) \quad \cdots\cdots\cdots\cdots\cdots\cdots(89)$$

この式に式(87)と式(88)を代入すると，

$$-\mathbf{H}\cdot\frac{\partial \mathbf{B}}{\partial t} - \mathbf{E}\cdot\frac{\partial \mathbf{D}}{\partial t} - \mathbf{E}\cdot\mathbf{J} = \nabla\cdot(\mathbf{E}\times\mathbf{H}) \quad \cdots\cdots(90)$$

となり，これをある体積 V にわたって積分すると，

$$\int_V \left(\mathbf{H}\cdot\frac{\partial \mathbf{B}}{\partial t} + \mathbf{E}\cdot\frac{\partial \mathbf{D}}{\partial t} + \mathbf{E}\cdot\mathbf{J}\right) dV = -\int_V \nabla\cdot(\mathbf{E}\times\mathbf{H}) dV \quad \cdots\cdots(91)$$

となります．発散の定理により，div$(\mathbf{E}\times\mathbf{H})$ の体積積分はその境界にわたる $\mathbf{E}\times\mathbf{H}$ の面積積分に等しくなります．すなわち，

$$\int_V \left(\mathbf{H}\cdot\frac{\partial \mathbf{B}}{\partial t} + \mathbf{E}\cdot\frac{\partial \mathbf{D}}{\partial t} + \mathbf{E}\cdot\mathbf{J}\right) dV = -\oint_S (\mathbf{E}\times\mathbf{H})\cdot d\mathbf{S} \quad \cdots\cdots(92)$$

となります．この式はポインティングの定理を表しており，すべての媒質に対して成立します．媒質が線形で時間とともに変化しない場合，式(92)を次の形に書き換えることができます．

$$\int_V \left[\frac{\partial}{\partial t}\left(\frac{\mathbf{B}\cdot\mathbf{H}}{2}\right) + \frac{\partial}{\partial t}\left(\frac{\mathbf{D}\cdot\mathbf{E}}{2}\right) + \mathbf{E}\cdot\mathbf{J}\right] dV = -\oint_S (\mathbf{E}\times\mathbf{H})\cdot d\mathbf{S} \quad \cdots\cdots(93)$$

$\varepsilon E^2/2$ は，静電場の単位体積あたりの蓄積エネルギーです（第1章1.3.1節）．この解釈をいま考えている電場に拡張すれば，式(93)の第2項はこの領域の電場の中に蓄積するエネルギーが増加する時間レートを表します．同様に，$\mu H^2/2$ を磁場の蓄積エネルギー密度として定義すれば，式(93)の第1項はこの領域の磁場の中に蓄積するエネルギーが増加する時間レートを表します．式(93)の第3項は，$\mathbf{J}$ が伝導電流密度であればオーム電力損，$\mathbf{J}$ が移動する電荷から生じる対流電流であれば電子の加速に必要な電力のどちらかを表します．また，もしエネルギー源があるならば，そのエネルギー源に対して $\mathbf{E}\cdot\mathbf{J}$ は負であり，その領域からエネルギーが流出することを表します．これらのエネルギーの変化量は，すべて外部から供給されなければなりません．したがって，式(93)の右辺は単位時間あたりにこの体積に入ってくるエネルギー流を表します．符合を変えて，この閉じた面積を通して流出していくエネルギー流の時間レートは，次式で与えられます．

$$W = \oint_S \mathbf{P}\cdot d\mathbf{S} \quad \cdots\cdots(94)$$

ここで，

$$\mathbf{P} = \mathbf{E}\times\mathbf{H} \quad \cdots\cdots(95)$$

であり，これをポインティング・ベクトルと言います．

ある領域から単位時間あたりに流出する全エネルギー流が式(93)の面積積分で与えられるということだけがこの式からわかっていますが，式(95)のベクトル $\mathbf{P}$ は空

間内の任意の点におけるエネルギー流密度の方向と大きさを与えるものと考えるほうが便利です．

電磁場の中に，電力流がない場合があることに注意する必要があります．ポインティング・ベクトルについて前述の解釈をすると，$\mathbf{E}$か$\mathbf{H}$のどちらかが0の場合，あるいはこの2つのベクトルが互いに平行な場合には，ポインティング・ベクトルは0です．したがって，例えば電場は存在するが磁場は存在しない静電荷系では電力流はありません．他の重要な場合は導電体であり，これはその表面で電場の水平成分が0でなければなりません．この場合，$\mathbf{P}$には導体に垂直な成分がなく，完全導体の中への電力流は存在しません．

(2) フェーザー形のポインティングの定理

電磁場が時間と共に正弦的に変化する場合にはフェーザーが重要になるので，フェーザー形のポインティングの定理も必要です．$\partial/\partial t$を$j\omega$に置き換えて，これを電磁場が時間とともに変化するときの式(92)に代入することができると思うかもしれませんが，この式には電場と磁場の積の形があって非線形なのでそうはできません．複素形のマックスウェルの方程式から出発し，時間と共に変化する電磁場でこの定理を導出するときに用いた方法で，複素ポインティングの定理を導出します．複素フェーザー形で書いた2つの回転の式は，

$$\nabla \times \mathbf{E} = -j\omega\mathbf{B} \quad \cdots\cdots\cdots\cdots\cdots\cdots\cdots\cdots\cdots\cdots\cdots (96)$$

$$\nabla \times \mathbf{H} = \mathbf{J} + j\omega\mathbf{D} \quad \cdots\cdots\cdots\cdots\cdots\cdots\cdots\cdots\cdots\cdots\cdots (97)$$

となります(3.1.5節)．ここで，次のベクトル恒等式を使用します．

$$\nabla \cdot (\mathbf{E} \times \mathbf{H}^*) = \mathbf{H}^* \cdot (\nabla \times \mathbf{E}) - \mathbf{E} \cdot (\nabla \times \mathbf{H}^*) \quad \cdots\cdots\cdots\cdots\cdots\cdots (98)$$

*は複素共役数を意味します．式(96)と式(97)をこの恒等式に代入すると，

$$\nabla \cdot (\mathbf{E} \times \mathbf{H}^*) = \mathbf{H}^* \cdot (-j\omega\mathbf{B}) - \mathbf{E}(\mathbf{J}^* - j\omega\mathbf{D}^*) \quad \cdots\cdots\cdots\cdots\cdots\cdots (99)$$

となります．この式を体積Vにわたって積分し，発散の定理を用いると，

$$\int_V \nabla \cdot (\mathbf{E} \times \mathbf{H}^*) dV = \oint_S (\mathbf{E} \times \mathbf{H}^*) \cdot d\mathbf{S} = -\int_V [\mathbf{E} \cdot \mathbf{J}^* + j\omega(\mathbf{H}^* \cdot \mathbf{B} - \mathbf{E} \cdot \mathbf{D}^*)]dV$$

$$\cdots\cdots\cdots\cdots\cdots\cdots\cdots\cdots (100)$$

となります．式(100)は複素フェーザーに対して適用されるので，一般的なポインティングの定理です．この式を解釈するため，すべての損失が伝導電流$\mathbf{J}=\sigma\mathbf{E}$をとおして発生し，$\sigma$，$\mu$および$\varepsilon$が実数のスカラ量である等方的な媒質を考えます．この場合，式(100)は次のようになります．

$$\oint_S (\mathbf{E} \times \mathbf{H}^*) \cdot d\mathbf{S} = -\int_V \sigma \mathbf{E} \cdot \mathbf{E}^* dV - j\omega \int_V [\mu \mathbf{H} \cdot \mathbf{H}^* - \varepsilon \mathbf{E} \cdot \mathbf{E}^*] dV \qquad \cdots\cdots (101)$$

この右辺の最初の体積積分は伝導電流による電力損を表し，平均電力損のちょうど2倍になります．したがって，左辺の複素ポインティング流の実数部をこの電力損に等置することができます．あるいは，前項の場合と同様にポインティング・ベクトルを電力流密度と解釈して次式が成立します．

$$\mathbf{P}_{av} = \frac{1}{2} \mathrm{Re}(\mathbf{E} \times \mathbf{H}^*) \quad [\mathrm{W/m^2}] \qquad \cdots\cdots\cdots\cdots\cdots\cdots (102)$$

式(101)の右辺の2番目の体積積分は，この体積の中に蓄積する平均磁気エネルギーと平均電気エネルギーの差に比例します．このエネルギーの式における因子1/2と正弦波の2乗を平均化するときに出てくる別の因子1/2を考慮すると，式(101)の虚数部を次のように解釈することができます．

$$\mathrm{Im} \oint_S (\mathbf{E} \times \mathbf{H}^*) \cdot d\mathbf{S} = 4\omega (U_{E_{av}} - U_{H_{av}}) \qquad \cdots\cdots\cdots\cdots\cdots\cdots (103)$$

ここで，$U_{E_{av}}$は電場内の平均蓄積エネルギー，$U_{H_{av}}$は磁場内の平均蓄積エネルギーです．このように，この面を通るポインティング流の虚数部は，この体積内の全蓄積エネルギーの瞬時的変化量，すなわち無効電力を表すと考えられます．

3.2.4 境界条件

(1) 境界条件と連続条件

微分形のマックスウェルの方程式を解く場合，これに対応する境界条件と連続条件が必要になります．

最初に積分形のファラデーの法則である式(3)を用い，これを2つの材料の境界の片側で距離$\Delta \ell$だけ進み，第2媒質の中に無限小の距離だけ入って境界の他の側に戻る通路に適用します(図3.6)．この場合，電場の線積分は次のようになります．

$$\oint \mathbf{E} \cdot d\mathbf{l} = (E_{t1} - E_{t2}) \Delta \ell \qquad \cdots\cdots\cdots\cdots\cdots\cdots\cdots\cdots (104)$$

この通路は境界の両側で距離が無限小ですから，通路が囲む面積は0です．した

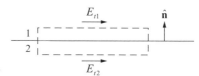

図3.6
誘電体境界における電場の水平成分

がって，磁束密度の時間的変化レートが有限であれば，変動磁束からの寄与分は0です．したがって，次式が得られます．

$$(E_{t1} - E_{t2})\Delta\ell = 0 \quad \text{すなわち} \quad E_{t1} = E_{t2} \quad \cdots\cdots(105)$$

同様に，積分形の一般化したアンペアの法則式(32)を，境界の両面を2辺とする同様の通路に適用します．この通路によって囲まれる面積は0であり，電流密度と電束密度の時間的変化レートが有限であればこの積分値は0です．したがって，次式が成立します．

$$H_{t1} = H_{t2} \quad \cdots\cdots(106)$$

あるいはこれらをベクトル形で書けば，図3.6に示すように境界に垂直な単位ベクトル$\hat{\mathbf{n}}$を用いて，式(105)と式(106)を次のように書くことができます．

$$\hat{\mathbf{n}} \times (\mathbf{E}_1 - \mathbf{E}_2) = 0 \quad \cdots\cdots(107)$$

$$\hat{\mathbf{n}} \times (\mathbf{H}_1 - \mathbf{H}_2) = 0 \quad \cdots\cdots(108)$$

このように，電場と磁場の水平成分は境界の両側で等しくなければなりません．電流密度が無限大になる無損失導体のような理想的状態の場合には，条件式(106)をさらに変形することができます．この場合については次項で説明します．

ガウスの法則の積分形は式(29)です．2つの非常に小さな面積素片ΔSを考え(図3.7)，その一つが2つの材料の境界のどちらかの側にあり，その境界上に表面電荷密度ρ_sがあるとすれば，この体積素片にガウスの法則を適用して次式が得られます．

$$\Delta S(D_{n1} - D_{n2}) = \rho_s \Delta S \quad \cdots\cdots(109)$$

すなわち，

$$D_{n1} - D_{n2} = \rho_s \quad \cdots\cdots(110)$$

となります．境界に電荷がない場合には，

$$D_{n1} = D_{n2} \quad \text{あるいは} \quad \varepsilon_1 E_{n1} = \varepsilon_2 E_{n2} \quad \cdots\cdots(111)$$

となります．すなわち，境界に電荷がない場合には電束密度の垂直成分は等しく，境界に電荷がある場合には，これらは表面電荷密度の量だけ差があります．

また，式(30)の右辺には磁荷項がないので，上に対応する式を書くと磁束密度は

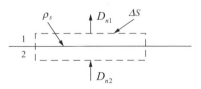

図3.7
媒質の境界における電束密度の
垂直成分と表面電荷密度

境界の両側で常に等しくなります．すなわち，次式が成立します．

$$B_{n1} = B_{n2} \quad \text{あるいは} \quad \mu_1 H_{n1} = \mu_2 H_{n2} \tag{112}$$

電磁場が時間と共に変化する場合には，垂直成分の間の条件は水平成分に課せられる条件と無関係ではありません．この理由は，前者が発散の式から導出されており，これは電磁場が時間的に変化する場合には2つの回転の式から得られるからです．水平成分の境界条件を，回転の式の積分形等価式から導きました．したがって，交流問題の場合には，2つの媒質の境界における電場と磁場の水平成分の連続条件を適用することだけが必要です．

(2) 無損失導体における交流場の境界条件

良導体の外側の電磁場を求める場合，その導電率を無限大とするのが良い近似になります．導電率が大きいけれども有限である場合，これが導体内部の電磁場に及ぼす効果については3.2.5節で述べます．これを解析すると，電磁場が時間とともに変化する場合にはすべての電磁場と電流は表面付近の表皮部に集中し，導電率が無限大に近づくにつれてこの領域の厚さは0に近づくことがわかります．すなわち，無損失導体(導電率が無限大)の場合には，その内部のすべての電磁場は0になり，電流は表面上にしか流れません．無損失導体の内部で電場は0ですから，境界において水平方向電場が等しいことから，この境界のすぐ外側でも表面の水平方向電場は0です．すなわち，

$$E_t = 0 \tag{113}$$

であり，また，式(110)から垂直方向の電束密度は次のようになります．

$$D_n = \rho_s \tag{114}$$

さらに，導体内部では磁場も0であるから，磁束線の連続条件である式(112)から導体表面では次式が成立します．

$$B_n = 0 \tag{115}$$

しかし，前節で述べたように，電磁場が時間と共に変化する場合には，**B**の垂直方向の連続条件は**E**の水平方向の条件と無関係ではありません．

磁場の水平方向成分は無損失導体の内部で同様に0ですが，そのすぐ外側では一般に0ではありません．この不連続性は式(106)の条件に反するように見えますが，これを証明する条件が電流密度は有限の範囲にあることに注意する必要があります．無損失導体の場合には，単位幅あたりで有限の電流**J**がその表面上を厚さ0の電流シートとして流れると仮定するので，電流密度は無限大です．水平方向磁場の不連続量は，図3.6と類似の図によって求められます．この通路で囲まれる電流は，

図3.8
導電性境界とこれに垂直な
単位ベクトル

表面における水平方向磁場の方向と垂直に，導体表面上を流れる単位幅あたりの電流**J**です．この場合，

$$\oint \mathbf{H} \cdot \mathbf{dl} = H_t d\ell = J_s d\ell \quad \cdots\cdots (116)$$

であり，すなわち，

$$J_s = H_t \quad [\mathrm{A/m}] \quad \cdots\cdots (117)$$

となります．ここで，J_sは単位幅あたりの電流であり，これを表面電流密度と言います．

式(113)〜(117)の関係をベクトル記号で書くためには，与えられた点で導体に垂直であって導体から電磁場が存在する領域に向かう単位ベクトル$\hat{\mathbf{n}}$を定義します（図3.8）．このとき，条件式(113)〜(117)は次のように表されます．

$$\hat{\mathbf{n}} \times \mathbf{E} = 0 \quad \cdots\cdots (118)$$
$$\hat{\mathbf{n}} \cdot \mathbf{B} = 0 \quad \cdots\cdots (119)$$
$$\rho_s = \hat{\mathbf{n}} \cdot \mathbf{D} \quad \cdots\cdots (120)$$
$$\mathbf{J}_s = \hat{\mathbf{n}} \times \mathbf{H} \quad \cdots\cdots (121)$$

交流の場合には，式(118)が無損失導体の境界における唯一の必要条件となります．

式(119)は，確認用あるいは式(118)の代替条件として使用します．式(120)と式(121)は，電磁場の存在により，導体上に誘起される電荷と電流を求めるときに使用します．

3.2.5 電磁場の良導体内への貫通

ここまで誘電体内における電磁場の動きを示し，マックスウェルの方程式を説明してきました．多くの電磁問題で出てくる2番目に重要な材料は，良導体です．そこで本節では，良導体内での電磁場の動きについて調べます．なお，本節以降はフェーザー記号を用いる正弦波に関するものであり，さらに一般的な時間変化形は正弦波の級数に分解することができます．導体は，次のオームの法則を満足します．

$$\mathbf{J} = \sigma \mathbf{E} \quad \cdots\cdots (122)$$

ここで定数σは，導体の導電率です．式(122)をマックスウェルの方程式である

式(37)に代入すると，次式が得られます．
$$\nabla \times \mathbf{H} = (\sigma + j\omega\varepsilon)\mathbf{E} \quad \cdots\cdots\cdots\cdots\cdots\cdots\cdots\cdots\cdots\cdots\cdots\cdots\cdots (123)$$
オームの法則を満足するということは，電荷密度が0であることを意味しています．これを示すことは簡単です．任意のベクトルの回転の発散は0ですから，
$$\nabla \cdot \nabla \times \mathbf{H} = (\sigma + j\omega\varepsilon)\nabla \cdot \mathbf{E} = 0 \quad \cdots\cdots\cdots\cdots\cdots\cdots\cdots\cdots\cdots (124)$$
となります．したがって，
$$\nabla \cdot \mathbf{D} = \rho = 0 \quad \cdots\cdots\cdots\cdots\cdots\cdots\cdots\cdots\cdots\cdots\cdots\cdots\cdots\cdots\cdots (125)$$
となります．導体内のこの状態を図にすると，移動電子が正イオンの格子を通してドリフトし，衝突を頻繁に繰り返すというようになります．原子的な寸法に比べると大きいですが，考察している系内の寸法に比べると小さい体積にわたってこれを平均すると，いくつかの電荷がこの素子の中を動いて電流を形成しますが，その全電流は0になります．このような場合，電子の全体的な動き，すなわちドリフトは電場に比例することがわかっています．

良導体の場合，周波数がマイクロ波帯およびミリ波帯であれば，変位電流は伝導電流に比べて無視できるほど小さくなります．すなわち，式(123)の$\omega\varepsilon$はσに比べて無視できるほど小さくなります．

以上をまとめると，マックスウェルの方程式を良導体に適用する場合には，次の特殊化が適当であり，これを良導体の定義とすることができます．
(1) 伝導電流はオームの法則で与えられ，$\mathbf{J} = \sigma \mathbf{E}$である．
(2) 変位電流は伝導電流に比べて無視できるほど小さく，$\omega\varepsilon \ll \sigma$である．
(3) 式(125)により，全電荷密度は0である．

電磁場の導体内への貫通を表す微分方程式を導くため，最初に電場の回転式(36)の回転をとり，ベクトル恒等式と透磁率の定義式を用いると次式が得られます．
$$\nabla \times \nabla \times \mathbf{E} = \nabla(\nabla \cdot \mathbf{E}) - \nabla^2 \mathbf{E} = -j\omega\mu \nabla \times \mathbf{H} \quad \cdots\cdots\cdots\cdots (126)$$
ここで，式(125)を用い，変位電流を無視して式(123)を式(126)に代入すると次式が得られます．
$$\nabla^2 \mathbf{E} = j\omega\mu\sigma \mathbf{E} \quad \cdots\cdots\cdots\cdots\cdots\cdots\cdots\cdots\cdots\cdots\cdots\cdots\cdots (127)$$
同様に，磁場と電流密度についても式(127)と同じ形の次の方程式が得られます．
$$\nabla^2 \mathbf{H} = j\omega\mu\sigma \mathbf{H} \quad \cdots\cdots\cdots\cdots\cdots\cdots\cdots\cdots\cdots\cdots\cdots\cdots\cdots (128)$$
$$\nabla^2 \mathbf{J} = j\omega\mu\sigma \mathbf{J} \quad \cdots\cdots\cdots\cdots\cdots\cdots\cdots\cdots\cdots\cdots\cdots\cdots\cdots\cdots (129)$$
最初に，厚さが無限大の平板導体において，電磁場が幅と長さに沿って変化しないという簡単な例に対して微分方程式(127)～(129)を考えます．この場合，$y-z$面が導体面と一致する直角座標系において導体が半空間$x>0$を満たす例がよく用

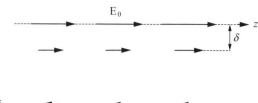

図3.9
導体内での電場の減衰

いられ，これを半無限導体と言います．深さは無限大としていますが，この解析は深さが有限で表面が湾曲した多くの導体に対して有効です．なぜなら，周波数が高い場合には電磁場が貫通する深さは非常に小さいからです．この場合，曲率半径や導体の深さは貫通深さに比べて無限大とすることができます．

図3.9に示すように，電場方向がz方向である一様電磁場の場合，電磁場がyおよびzとともに変化しないと仮定すると，式(127)は次のようになります．

$$\frac{d^2 E_z}{dx^2} = j\omega\mu\sigma E_z = \tau^2 E_z \quad \cdots\cdots (130)$$

ここで，

$$\tau^2 = j\omega\mu\sigma \quad \cdots\cdots (131)$$

です．$\sqrt{j} = (1+j)/\sqrt{2}$ですから，

$$\tau = (1+j)\sqrt{\pi f \mu \sigma} = \frac{1+j}{\delta} \quad \cdots\cdots (132)$$

となります．ここでδは次式で与えられます．

$$\delta = \frac{1}{\sqrt{\pi f \mu \sigma}} \quad [\mathrm{m}] \quad \cdots\cdots (133)$$

式(130)の完全解は，指数関数を用いて次式で表されます．

$$E_z = C_1 e^{-\tau x} + C_2 e^{\tau x} \quad \cdots\cdots (134)$$

もしC_2が0でなければ，この電場は$x=\infty$で無限大となりあり得ない値に増大してしまいます．したがって，$C_2=0$です．$x=0$において$E_z=E_0$とすれば，係数C_1は表面電場E_0に等しくなります．したがって，

$$E_z = E_0 e^{-\tau x} \quad \cdots\cdots (135)$$

となります．あるいは，これを式(132)と式(133)で定義したδを用いて書くと次のようになります．

$$E_z = E_0 e^{-x/\delta} e^{-jx/\delta} \quad \cdots\cdots (136)$$

磁場と電流密度は電場と同じ微分方程式を満足するので，これらに対しても式

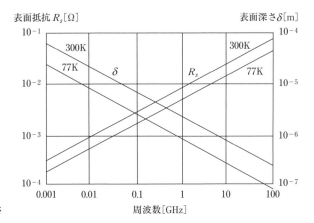

図3.10
銅の表皮抵抗と表面深さ

(136)と同じ形を適用できます．すなわち，

$$H_y = H_0 e^{-x/\delta} e^{-jx/\delta} \quad \cdots\cdots\cdots\cdots\cdots\cdots\cdots\cdots\cdots\cdots\cdots\cdots\cdots (137)$$

$$J_z = J_0 e^{-x/\delta} e^{-jx/\delta} \quad \cdots\cdots\cdots\cdots\cdots\cdots\cdots\cdots\cdots\cdots\cdots\cdots\cdots (138)$$

となります．ここで，H_0とJ_0は表面における磁場と電流密度の大きさです．

電磁場と電流は導体内に貫通すると指数関数的に減少し，図3.9に示すように，δはこれらが表面値の$1/e$（約37%）になる深さであることが式(136)～(138)からわかります．したがって，この量δを貫通深さまたは表皮深さと言います．電流および電磁場の位相は，導体内の深さxにおいてその表面値からx/δラジアンだけ遅れます．室温(300K)および77Kにおける銅の表皮抵抗と表面深さを，図3.10に示します．

3.2.6　平面導体への適用
(1)平面導体の内部インピーダンス

良導体内の電磁場の減衰は，平面波が導体内に進入するときの波の減衰として見ることができます．($\sigma\mathbf{E}$の結果として生じる)電流はこの表面付近に集中し，表面における電場と電流の比は，回路で使用する内部インピーダンスになります．「内部」という言葉は，導体内を貫通する電磁場からのインピーダンスへの寄与分を意味します．一般に，これから抵抗と内部インダクタンスが得られ，この後者が導体外部の電磁場から発生する外部インダクタンスに加わって全インダクタンスになります．

平面導体の表面上で単位幅を通して流れる電流は，電流密度を示す式(138)を表

面から無限の深さまで積分して求めることができます．すなわち，

$$J_{sz} = \int_0^\infty J_z dx = \int_0^\infty J_0 e^{-(1+j)(x/\delta)} dx = \frac{J_0 \delta}{(1+j)} \quad \cdots\cdots (139)$$

となります．表面での電場は，表面での電流密度と次式で関係しています．

$$E_{z0} = \frac{J_0}{\sigma} \quad \cdots\cdots (140)$$

単位長さおよび単位幅の平面導体の内部インピーダンスは，次式で定義されます．

$$Z_s = \frac{E_{z0}}{J_{sz}} = \frac{1+j}{\sigma \delta} \quad \cdots\cdots (141)$$

さらに，次式を定義します．

$$Z_s = R_s + j\omega L_i \quad \cdots\cdots (142)$$

したがって，次式が得られます．

$$R_s = \frac{1}{\sigma \delta} = \sqrt{\frac{\pi f \mu}{\sigma}} \quad \cdots\cdots (143)$$

$$\omega L_i = \frac{1}{\sigma \delta} = R_s \quad \cdots\cdots (144)$$

σ が実数の場合，平面導体の抵抗と内部リアクタンスはどの周波数でも同じ値です．したがって，この内部インピーダンスの位相角は45度です．式(143)から，貫通深さ δ が前とは別に解釈されます．というのは，この式は半無限平面導体の表皮効果抵抗が，深さ δ の平面導体の直流抵抗と同じ値であることを示しているからです．つまり，電流密度が指数関数的に減少するこの導体の抵抗は，電流が深さ δ にわたって一様に分布する場合の抵抗と同じ値です．

平面導体の単位長および単位幅あたりの抵抗 R_s を，表面抵抗と言います．導体の面積が有限の場合，各幅素片は本質的に平行ですから，この抵抗は R_s に長さを乗じ，幅で除して求めることができます．したがって，R_s の次元はオーム（あるいは単位面積あたりのオーム）です．貫通深さ δ と同様に，式(143)で定義する R_s は形

表3.1 代表的金属の表皮効果特性

	導電率 σ[S/m]	表面深さ δ[m]	表面抵抗 R_s[Ω]
銀(300K)	6.17×10^7	$0.0642 f^{-1/2}$	$2.52\times10^{-7} f^{1/2}$
アルミニウム(300K)	3.72×10^7	$0.0826 f^{-1/2}$	$3.26\times10^{-7} f^{1/2}$
真鍮(300)	1.57×10^7	$0.127 f^{-1/2}$	$5.01\times10^{-7} f^{1/2}$
銅(300)	5.80×10^7	$0.066 f^{-1/2}$	$2.61\times10^{-7} f^{1/2}$
銅(77K)	18×10^7	$0.037 f^{-1/2}$	$1.5\times10^{-7} f^{1/2}$

状が平面以外の導体を解析する場合にも便利なパラメータであり，周波数 f における材料定数と見ることができます．

いくつかの金属の表皮深さと表面抵抗の値を**表3.1**に示し，銅のこの数値を周波数の関数として**図3.10**に示します．

(2) 平面導体の電力損失

平面導体の単位面積あたりの平均電力損失を求めるため，3.2.3節のポインティングの定理を使用します．電磁場成分 E_z と H_y によって，導体内部（x 方向）への電力流ができます．表面におけるこれらの電磁場量を用いると，電磁場から導体へ流れる全電力になります．複素フェーザー形では，式(102)を用いると次式が得られます．

$$\mathbf{P}_L = \frac{1}{2}\mathrm{Re}[\mathbf{E}_0 \times \mathbf{H}_0^*] = -\hat{\mathbf{x}}\frac{1}{2}\mathrm{Re}(E_{z0}H_{y0}^*) \quad \cdots\cdots (145)$$

図3.11 の通路 $ABCD$（C と D は無限遠点）に沿って磁場の線積分をとると，磁場の表面値を表面電流と関係づけることができます．この場合には，磁場は $-y$ 方向ですから，辺 BC および DA に沿う $\mathbf{H}\cdot\mathbf{dl}$ への寄与はありません．電磁場は無限遠点で0ですから，辺 CD に沿う $\mathbf{H}\cdot\mathbf{dl}$ への寄与もありません．したがって，幅 w に対して，

$$\oint_{ABCD} \mathbf{H}\cdot\mathbf{dl} = \int_A^B \mathbf{H}\cdot\mathbf{dl} = -wH_{y0} \quad \cdots\cdots (146)$$

となります．この磁場の線積分は，通路が囲む伝導電流に等しくなります．なぜなら，変位電流は，導体内で無視できるほど小さいからです．この電流は，単位幅あ

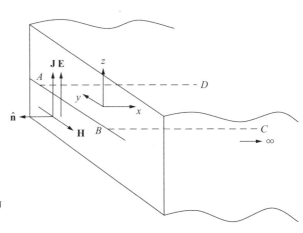

図3.11
表面磁場 **H** と単位幅あたりの電流 **J** の関係

たりの電流J_zに幅wを乗じたものです．したがって，

$$-wH_{y0} = wJ_{sz} \quad \text{すなわち} \quad J_{sz} = -H_{y0} \quad \cdots\cdots\cdots\cdots\cdots\cdots (147)$$

となります．式(147)の大きさと向きの情報および$\mathbf{J}$と$\mathbf{H}$は互いに垂直という事実を用いると，この式はベクトル形で次のように書くことができます．

$$\mathbf{J}_s = \hat{\mathbf{n}} \times \mathbf{H} \quad \cdots\cdots\cdots\cdots\cdots\cdots\cdots\cdots\cdots\cdots\cdots\cdots\cdots\cdots\cdots (148)$$

ここで，$\hat{\mathbf{n}}$は導体表面に垂直な単位ベクトルであり，$\mathbf{H}$は表面における磁場です．式(148)は，無損失導体の場合の式(121)と同じ形です．この場合，式(145)，式(147)，および式(141)を用いて，電力損失$W_L = |\mathbf{P}_L|$を次のように求めることができます．

$$W_L = \frac{1}{2}\mathrm{Re}[Z_s J_s J_s^*] = \frac{1}{2}R_s |J_s|^2 \quad [\mathrm{W/m^2}] \quad \cdots\cdots\cdots (149)$$

これに代わる電力損失の求め方は，導電率と電流密度からこの導体の各点における電力損失を求め，それを積分することです．

導波管，空胴共振器，その他の電磁構造体の壁の中で発生する電力損失を計算する場合，式(149)は非常に重要な式になります．これらの構造体の壁は，厚さが無限大の平面ではありませんが，導体の厚さや曲率半径が貫通深さδより非常に大きい場合には，いつでも本節の結果を使用することができます．

3.3 遅延ポテンシャル

3.3.1 電磁場が時間とともに変化するときのポテンシャル

これまで述べてきたように，時間と共に変化する電場と磁場はマックスウェルの方程式によって相互に関係し，波源となる電荷や電流と関係しています．ここで，ポテンシャル関数として知られている中間的な関数を導入すると便利です．この関数は，波源となる電荷や電流と直接関係し，この関数から電場や磁場を求めることができます．そこで本節以降において，電磁場が時間と共に変化するときのポテンシャル関数を求めます．ここでは，遅延ポテンシャルとして知られているひと組(後述するΦと$\mathbf{A}$)を選択しますが，これは時間的変化が0になる極限において静電ポテンシャルになります．

はじめに，すべての量が時間の関数である場合にも，静的な場合に求めた$\mathbf{E} = -\nabla\Phi$や$\mathbf{B} = \nabla \times \mathbf{A}$が使用できるとしてみます．この場合には，次の問題が生じます．すなわち，電場が時間と共に変化する場合には，電場をスカラ・ポテンシャルの勾配だけから求めることはできません．なぜなら，このためには電場の回転が0である

必要がありますが，電場は$-\partial \mathbf{B}/\partial t$という0でない回転値をもつからです．電場が時間と共に変化する場合には，電場をあるベクトル・ポテンシャルの回転だけから求めることはできません．なぜなら，このためには電場の発散が0である必要がありますが，これはρ/εという有限の発散値をもつからです．

時間的変化が一般的な場合，磁場の発散は静的な場合と同様に0ですから，$\mathbf{B}$は依然として，あるベクトル・ポテンシャル$\mathbf{A}$の回転として表すことができると考えられます．すなわち，

$$\mathbf{B} = \nabla \times \mathbf{A} \quad\quad\quad\quad\quad\quad\quad\quad\quad\quad\quad\quad\quad\quad\quad\quad\quad (150)$$

となります．そこで，この関係式をマックスウェルの方程式の式(22)に代入すると，

$$\nabla \times \left(\mathbf{E} + \frac{\partial \mathbf{A}}{\partial t} \right) = 0 \quad\quad\quad\quad\quad\quad\quad\quad\quad\quad\quad\quad (151)$$

となります．この式は，あるベクトル量の回転が0であることを表しています．しかしこれは，そのベクトルをあるスカラ量（例えばΦ）の勾配として導出できることを示しています．すなわち，

$$\mathbf{E} + \frac{\partial \mathbf{A}}{\partial t} = -\nabla \Phi \quad\quad\quad\quad\quad\quad\quad\quad\quad\quad\quad\quad\quad (152)$$

あるいは

$$\mathbf{E} = -\nabla \Phi - \frac{\partial \mathbf{A}}{\partial t} \quad\quad\quad\quad\quad\quad\quad\quad\quad\quad\quad\quad (153)$$

と書くことができます．この場合，式(150)と式(153)は，電磁場とポテンシャル関数$\mathbf{A}$およびΦの間で成立する関係を表します．ここまで媒質に関して何の制限もしませんでしたが，媒質が線形，等方的，均質的の場合，ポテンシャル関数は便利なものになります．したがって，本書ではμとεをスカラ定数と考えます．この場合，式(153)をガウスの法則の式(34)に代入すると次式が得られます．

$$-\nabla^2 \Phi - \frac{\partial}{\partial t}(\nabla \cdot \mathbf{A}) = \frac{\rho}{\varepsilon} \quad\quad\quad\quad\quad\quad\quad\quad\quad\quad (154)$$

次に，$\mathbf{B} = \nabla \times \mathbf{A}$と式(153)を式(23)に代入すると，次式が得られます．

$$\nabla \times \nabla \times \mathbf{A} = \mu \mathbf{J} + \mu\varepsilon \left[-\nabla\left(\frac{\partial \Phi}{\partial t}\right) - \frac{\partial^2 \mathbf{A}}{\partial t^2} \right] \quad\quad\quad\quad (155)$$

そこで，次のベクトル恒等式を使用すると，

$$\nabla \times \nabla \times \mathbf{A} \equiv \nabla(\nabla \cdot \mathbf{A}) - \nabla^2 \mathbf{A} \quad\quad\quad\quad\quad\quad\quad\quad (156)$$

式(155)は次のようになります．

$$\nabla(\nabla \cdot \mathbf{A}) - \nabla^2 \mathbf{A} = \mu \mathbf{J} - \mu\varepsilon \nabla\left(\frac{\partial \Phi}{\partial t}\right) - \mu\varepsilon \frac{\partial^2 \mathbf{A}}{\partial t^2} \quad \cdots\cdots (157)$$

ここで$\mathbf{A}$をさらに規定すると，式(154)と式(157)を簡単化することができます．すなわち，回転値が同じベクトル関数は無数にあります．利便性を考え，$\mathbf{A}$の発散を同時に規定することができます．もし$\mathbf{A}$の発散を次式のように規定すれば，

$$\nabla \cdot \mathbf{A} = -\mu\varepsilon \frac{\partial \Phi}{\partial t} \quad \cdots\cdots (158)$$

式(154)と式(157)は次のように簡単になります．

$$\nabla^2 \Phi - \mu\varepsilon \frac{\partial^2 \Phi}{\partial t^2} = -\frac{\rho}{\varepsilon} \quad \cdots\cdots (159)$$

$$\nabla^2 \mathbf{A} - \mu\varepsilon \frac{\partial^2 \mathbf{A}}{\partial t^2} = -\mu \mathbf{J} \quad \cdots\cdots (160)$$

したがって，ポテンシャル$\mathbf{A}$とΦを電磁場の源泉$\mathbf{J}$とρを用いて微分方程式(159)と式(160)で定義すると，このポテンシャルを用いて電場と磁場を式(150)と式(153)から求めることができます．これらが，対応する静的形表式に合致することを簡単に示すことができます．すなわち，もし時間微分が0になれば，ひと組の式(150)，式(153)，式(159)，式(160)は次のようになります．

$$\nabla^2 \Phi = -\frac{\rho}{\varepsilon} \qquad \mathbf{E} = -\nabla \Phi \quad \cdots\cdots (161)$$

$$\nabla^2 \mathbf{A} = -\mu \mathbf{J} \qquad \mathbf{B} = \nabla \times \mathbf{A} \quad \cdots\cdots (162)$$

これらは，第1章および第2章で述べた式と同じになります．

3.3.2 遅延ポテンシャルの求め方
(1)電荷と電流の積分として表した遅延ポテンシャル

電磁場が時間と共に変化する場合，ポテンシャル関数$\mathbf{A}$とΦを微分方程式(159)と式(160)によって電流と電荷で定義します．静的な場合と同様に，この方程式の一般解からポテンシャルが電荷と電流の積分として求められます．媒質が線形，等方的，均質的であって領域が無限に広がる場合，以下に導出する式が成立します．

第1章と第2章から，静的ポテンシャルの積分解は式(161)と式(162)の解と考えることができ，これらは，

$$\Phi = \int_V \frac{\rho dV}{4\pi\varepsilon r} \quad \cdots\cdots (163)$$

$$\mathbf{A} = \mu \int_V \frac{\mathbf{J} dV}{4\pi r} \quad \cdots\cdots\cdots\cdots\cdots\cdots\cdots\cdots\cdots\cdots\cdots\cdots\cdots\cdots (164)$$

となります．これに対応する波動方程式の式(159)と式(160)の積分解は，フーリエ変換を用いると，

$$\Phi(x,y,z,t) = \int_V \frac{\rho(x',y',z',t - R/v) dV'}{4\pi\varepsilon R} \quad \cdots\cdots\cdots\cdots\cdots\cdots (165)$$

$$\mathbf{A}(x,y,z,t) = \mu \int_V \frac{\mathbf{J}(x',y',z',t - R/v) dV'}{4\pi R} \quad \cdots\cdots\cdots\cdots\cdots\cdots (166)$$

となります．ここで，

$$v = (\mu\varepsilon)^{-1/2} \quad \cdots\cdots\cdots\cdots\cdots\cdots\cdots\cdots\cdots\cdots\cdots\cdots\cdots\cdots (167)$$

であり，自由空間の場合には $v = c = 2.9987 \times 10^8$ m/s です．R は源泉点 (x', y', z') と電磁場計算点 (x, y, z) の間の距離であり，次式で与えられます．

$$R = \left[(x - x')^2 + (y - y')^2 + (z - z')^2\right]^{1/2} \quad \cdots\cdots\cdots\cdots (168)$$

上式で $t - R/v$ が示していることは，時刻 t における Φ を計算する場合に時刻 $t - R/v$ における電荷密度 ρ の値を使用するということです．つまり，この式が示していることは，電荷の各素片 ρdV のポテンシャルへの寄与分は静的の場合と同じ形ですが，違う点はこの電荷素片から距離 R だけ離れたポテンシャル計算点 P まで，その効果が伝わる時間を計算に入れなければならないということです．

この効果はすでに述べてきた速度 $v = 1/\sqrt{\mu\varepsilon}$ で進行し，この速度は波動方程式で規定されるこの媒質内の平面波の速度と同じです．したがって，ある与えられた瞬間 t に点 P におけるポテンシャル Φ への寄与分を計算する場合，それより前の時刻 $t - R/v$ に距離 R だけ離れた点からの電荷密度の値を使用しなければなりません．なぜなら，与えられた素片に対して時刻 t に点 P に達するのは，この効果であるからです．式(166)の電流密度から $\mathbf{A}$ を計算する場合にもこれと同様に解釈します．この遅延効果があるため，ポテンシャル Φ と $\mathbf{A}$ を遅延ポテンシャルと言います．

(2) 電磁場が時間と共に正弦的に変化する場合の遅延ポテンシャル

電磁場が時間と共に正弦的に変化していれば，ひと組の方程式(150)，(153)，(165)，(166)，および(158)は，$e^{j\omega t}$ を省略した複素記号で次のようになります．

$$\mathbf{B} = \nabla \times \mathbf{A} \quad \cdots\cdots\cdots\cdots\cdots\cdots\cdots\cdots\cdots\cdots\cdots\cdots\cdots\cdots (169)$$

$$\mathbf{E} = -\nabla \Phi - j\omega \mathbf{A} \quad \cdots\cdots\cdots\cdots\cdots\cdots\cdots\cdots\cdots\cdots\cdots (170)$$

$$\Phi(x,y,z) = \int_V \frac{\rho(x',y',z')e^{-jkR}}{4\pi\varepsilon R} dV' \quad \cdots\cdots\cdots\cdots\cdots\cdots\cdots\cdots\cdots\cdots\cdots\cdots (171)$$

$$\mathbf{A}(x,y,z) = \mu\int_V \frac{\mathbf{J}(x',y',z')e^{-jkR}}{4\pi\varepsilon R} dV' \quad \cdots\cdots\cdots\cdots\cdots\cdots\cdots\cdots\cdots\cdots (172)$$

$$\nabla \cdot \mathbf{A} = -j\omega\mu\varepsilon\Phi \quad \cdots\cdots\cdots\cdots\cdots\cdots\cdots\cdots\cdots\cdots\cdots\cdots\cdots\cdots\cdots\cdots (173)$$

ここで，$k=\omega/v=\omega\sqrt{\mu\varepsilon}$ であり，R は源泉点と電磁場計算点の距離です．この場合の遅延は e^{-jkR} によって表され，これはポテンシャルに対して寄与素子からポテンシャル計算点までの距離 R に応じた位相ずれを表しています．

電磁場が時間と共に正弦的に変化する場合，一度 $\mathbf{A}$ が決まれば，式(173)の $\mathbf{A}$ と Φ の関係から Φ が決まります．したがって，スカラ・ポテンシャルを別個に計算する必要はありません．$\mathbf{E}$ と $\mathbf{B}$ の両方が $\mathbf{A}$ だけを用いて次のように表されます．

$$\mathbf{B} = \nabla \times \mathbf{A} \quad \cdots\cdots\cdots\cdots\cdots\cdots\cdots\cdots\cdots\cdots\cdots\cdots\cdots\cdots\cdots\cdots\cdots (174)$$

$$\mathbf{E} = -\frac{j\omega}{k^2}\nabla(\nabla \cdot \mathbf{A}) - j\omega\mathbf{A} \quad \cdots\cdots\cdots\cdots\cdots\cdots\cdots\cdots\cdots\cdots (175)$$

$$\mathbf{A} = \mu\int_V \frac{\mathbf{J}e^{-jkR}}{4\pi R} dV' \quad \cdots\cdots\cdots\cdots\cdots\cdots\cdots\cdots\cdots\cdots\cdots\cdots\cdots (176)$$

したがって，この系内の電流分布だけを規定すればよく，ベクトル・ポテンシャルは式(176)から計算され，次に電場と磁場は式(174)と式(175)から求められます．この系の電荷の効果を無視しているように見えるかもしれませんが，もちろん，電荷と電流は連続の式，

$$\nabla \cdot \mathbf{J} = -j\omega\rho \quad \cdots\cdots\cdots\cdots\cdots\cdots\cdots\cdots\cdots\cdots\cdots\cdots\cdots\cdots\cdots\cdots (177)$$

によって関係づけられており，事実，電磁場が時間と共に正弦的に変化する場合には，$\mathbf{J}$ の分布が決まれば ρ はただ1つに決まります．

第3章　問題

問題 3.1 フェーザー形のマックスウェルの方程式の解の一例として，次の電磁場が平面波の方程式を満足することを示せ．

$$B_z = -jD_0\sin(\omega\sqrt{\mu_0\varepsilon_0}\,x) \quad \cdots\cdots\cdots\cdots\cdots\cdots\cdots\cdots\cdots\cdots (A.1)$$

$$E_y = \frac{D_0}{\sqrt{\mu_0\varepsilon_0}}\cos(\omega\sqrt{\mu_0\varepsilon_0}\,x) \quad \cdots\cdots\cdots\cdots\cdots\cdots\cdots\cdots\cdots (A.2)$$

答 本文式(36)と式(37)において，$J=0$ として平面波の直角座標成分は，

$$\frac{\partial E_y}{\partial x} = -j\omega B_z \quad\cdots\cdots\cdots\cdots\cdots\cdots (A.3)$$

$$\frac{\partial H_z}{\partial x} = \frac{1}{\mu_0}\frac{\partial B_z}{\partial x} = -j\omega\varepsilon_0 E_y \quad\cdots\cdots\cdots\cdots\cdots\cdots (A.4)$$

となります．この式に，式(A.1)と式(A.2)を代入すると次式が得られます．

$$-\frac{\omega\sqrt{\mu_0\varepsilon_0}}{\sqrt{\mu_0\varepsilon_0}}D_0\sin\left(\omega\sqrt{\mu_0\varepsilon_0}\,x\right) = (-j)^2\omega D_0\sin\left(\omega\sqrt{\mu_0\varepsilon_0}\,x\right) \quad\cdots\cdots\cdots (A.5)$$

$$-\frac{jD_0\omega\sqrt{\mu_0\varepsilon_0}}{\mu_0}\cos\left(\omega\sqrt{\mu_0\varepsilon_0}\,x\right) = -\frac{j\omega\varepsilon_0 D_0}{\sqrt{\mu_0\varepsilon_0}}\cos\left(\omega\sqrt{\mu_0\varepsilon_0}\,x\right) \quad\cdots\cdots\cdots (A.6)$$

これらの式が成立することは明らかです．また，式(A.1)と式(A.2)の発散も0です．すなわち，

$$\frac{\partial B_z}{\partial z} \equiv 0 \quad \text{および} \quad \frac{\partial E_y}{\partial y} \equiv 0 \quad\cdots\cdots\cdots\cdots\cdots\cdots (A.7)$$

となります．したがって，式(A.1)と式(A.2)はこの無源泉領域におけるマックスウェルの方程式のフェーザー解であることがわかります．

これを時間と共に変化する形にするには，フェーザー解に$e^{j\omega t}$を乗じてその実数部をとります．すなわち，次のようになります．

$$B_z(x,t) = \text{Re}\left[B_z e^{j\omega t}\right] = D_0\sin\left(\omega\sqrt{\mu_0\varepsilon_0}\,x\right)\sin\omega t \quad\cdots\cdots\cdots\cdots\cdots\cdots (A.8)$$

$$E_y(x,t) = \text{Re}\left[E_y e^{j\omega t}\right] = \frac{D_0}{\sqrt{\mu_0\varepsilon_0}}\cos\left(\omega\sqrt{\mu_0\varepsilon_0}\,x\right)\cos\omega t \quad\cdots\cdots\cdots\cdots\cdots\cdots (A.9)$$

問題 3.2 本文式(60)の特別の場合として，次の関数を考える．

$$E_x(z,t) = A\sin\omega\left(t - \frac{z}{v}\right) \quad\cdots\cdots\cdots\cdots\cdots\cdots (A.10)$$

これが1次元の波動方程式である本文式(58)を満足することを示せ．また，この波頭は時間とともにz方向に速度vで動くことを示せ．

答 この関数を微分すると，

$$\frac{\partial^2 E_x}{\partial z^2} = -\frac{\omega^2}{v^2}A\sin\omega\left(t - \frac{z}{v}\right) \quad\cdots\cdots\cdots\cdots\cdots\cdots (A.11)$$

$$\mu\varepsilon\frac{\partial^2 E_x}{\partial t^2} = -\mu\varepsilon\omega^2 A\sin\omega\left(t-\frac{z}{v}\right) \quad \cdots\cdots\cdots\cdots\cdots\cdots\cdots\cdots\cdots\cdots\cdots\cdots (A.12)$$

となります．ここで，$v^2 = (\mu\varepsilon)^{-1}$ですから，この関数は式(58)を満足します．次に，

$$\omega\left(t-\frac{z}{v}\right) = (4n+1)\frac{\pi}{2} \quad n=0,1,2,\cdots \quad \cdots\cdots\cdots\cdots\cdots\cdots (A.13)$$

を変形して，

$$z = vt - \frac{(4n+1)\pi v}{2\omega} \quad \cdots\cdots\cdots\cdots\cdots\cdots\cdots\cdots\cdots\cdots\cdots\cdots\cdots\cdots (A.14)$$

とすれば，この関数の最大点すなわち波頭に留まることができ，この波頭は時間とともにz方向に速度vで動くことがわかります．

問題 3.3 図A.1に示すように，丸導線が直流電流I_zを流している．この丸線の単位長あたりの抵抗がRであるとき，この丸線内の電力流を求めよ．

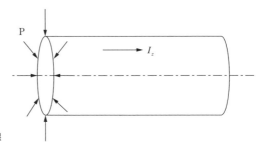

図A.1
直流電流I_zを流す丸導線

答 この丸線内の電場は，オームの法則から次式で与えられます．

$$E_z = I_z R \quad \cdots\cdots\cdots\cdots\cdots\cdots\cdots\cdots\cdots\cdots\cdots\cdots\cdots\cdots\cdots\cdots\cdots\cdots (A.15)$$

丸線の表面および外側の任意の半径rにおける磁場は，

$$H_\phi = \frac{I_z}{2\pi r} \quad \cdots\cdots\cdots\cdots\cdots\cdots\cdots\cdots\cdots\cdots\cdots\cdots\cdots\cdots\cdots\cdots (A.16)$$

で与えられます．したがって，ポインティング・ベクトル$\mathbf{P} = \mathbf{E} \times \mathbf{H}$は径方向であり，中心軸のほうを向いています．すなわち，

$$P_r = -E_z H_\phi = -\frac{RI_z^2}{2\pi r} \quad \cdots\cdots\cdots\cdots\cdots\cdots\cdots\cdots\cdots\cdots\cdots (A.17)$$

となります．ここで，長さが単位長，半径が丸線半径に等しい円筒面にわたって積分を行うと（$\mathbf{P}$には円筒の両端に垂直な成分がないので，この両端を通して電力流

は存在しない），すべての電力流はこの円筒面を通して流れ，次の内向きの電力流になります．

$$W = 2\pi r(-P_r) = I_z^2 R \quad \cdots\cdots (A.18)$$

問題 3.4　時間と共に正弦的に変化する平面波が z の正方向に進行する場合，その電場と磁場は次式で与えられる．

$$E_x = E_0 \cos(\omega t - kz) \quad \cdots\cdots (A.19)$$

$$H_y = \sqrt{\frac{\varepsilon}{\mu}} E_0 \cos(\omega t - kz) \quad \cdots\cdots (A.20)$$

この場合のポインティング・ベクトルの式を導き，その結果について説明せよ．

答　この場合，ポインティング・ベクトルは z 方向を向き，次式の電力がこの方向に流れます．

$$P_z = E_x H_y = \sqrt{\frac{\varepsilon}{\mu}} E_0^2 \cos^2(\omega t - kz) \quad \cdots\cdots (A.21)$$

三角恒等式を用いると，これは次のように書くこともできます．

$$P_z = \sqrt{\frac{\varepsilon}{\mu}} E_0^2 \left[\frac{1}{2} + \frac{1}{2}\cos 2(\omega t - kz)\right] \quad \cdots\cdots (A.22)$$

この式の定数項は，この波が平均電力を運ぶことを示し，時間的に変化する項は空間内の蓄積エネルギーが電場と磁場に配分されるようすを表しています．

問題 3.5　平面波の電磁場の式を複素形で書くと，以下のようになる．

$$E_x = c_1 e^{-jkz} + c_2 e^{jkz} \quad \cdots\cdots (A.23)$$

$$H_y = \sqrt{\frac{\varepsilon}{\mu}}\left[c_1 e^{-jkz} - c_2 e^{jkz}\right] \quad \cdots\cdots (A.24)$$

この場合の平均電力密度の式を導き，その結果について説明せよ．

答　この場合，複素ポインティング・ベクトルは，

$$\mathbf{E} \times \mathbf{H^*} = \sqrt{\frac{\varepsilon}{\mu}} \left[c_1 e^{-jkz} + c_2 e^{jkz} \right] \left[c_1{}^* e^{jkz} - c_2{}^* e^{-jkz} \right] \hat{\mathbf{z}} \quad \cdots\cdots (A.25)$$

となり，本文式(102)によって平均電力密度はz方向を向き，次の値になります．

$$P_{av} = \frac{1}{2} \sqrt{\frac{\varepsilon}{\mu}} \left[c_1 c_1{}^* - c_2 c_2{}^* \right] \quad [\mathrm{W/m^2}] \quad \cdots\cdots (A.26)$$

この式は，平均電力が正方向進行波の平均電力から負方向進行波の平均電力を減じたものであることを示しています．式(A.25)のクロス積項は，無効電力に寄与するだけです．

問題 3.6 周波数が最高15kHzまで動作する音響用周波数変換器があり，この内部に$\sigma = 0.5 \times 10^7$および$\mu = 1000 \mu_o$の鉄製コアが設置されている．この場合，もっとも高い周波数におけるコアの表皮深さを求めよ．

答 表皮深さは，本文式(133)から次のようになります．

$$\delta = \frac{1}{\sqrt{\pi f \mu \sigma}} \quad [\mathrm{m}] \quad \cdots\cdots (A.27)$$

この式に題意の数値をあてはめると，

$$\delta = \left(\pi \times 15 \times 10^3 \times 10^3 \times 4\pi \times 10^{-7} \times 0.5 \times 10^7 \right)^{-1/2}$$
$$= \left(30\pi^2 \times 10^6 \right)^{-1/2} = 0.058 \times 10^{-3} \, \mathrm{m} = 0.058 \, \mathrm{mm} \quad \cdots\cdots (A.28)$$

となります．

問題 3.7 図A.2に示すように，内径a，外径bの同軸線路がある．aとbが表皮深さδに比べて大きく，外導体の厚さがδに比べて大きければ，両方の導体を3.2.5節および3.2.6節の平板解析で扱うことができる．この線路の内部インピーダンスを表す近似式を求めよ．

答 電流は，内導体および外導体の表面に集中します．この場合，内導体は幅が周長$2\pi a$に等しい平板として扱うことができます．したがって，本文式(141)を用いて内導体の単位長あたりの内部インピーダンスは，

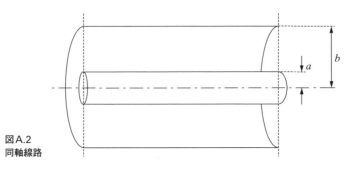

図A.2
同軸線路

$$Z_{i1} = \frac{Z_{s1}}{2\pi a} \quad [\Omega/\text{m}] \quad \cdots\cdots\cdots\cdots\cdots\cdots\cdots\cdots\cdots\cdots\cdots\cdots\cdots (\text{A}.29)$$

となります．また，外導体も幅が内側周長 $2\pi b$ に等しい平板として扱うことができ，外導体の単位長あたりの内部インピーダンスは，

$$Z_{i2} = \frac{Z_{s2}}{2\pi b} \quad [\Omega/\text{m}] \quad \cdots\cdots\cdots\cdots\cdots\cdots\cdots\cdots\cdots\cdots\cdots\cdots\cdots (\text{A}.30)$$

となります．この2つの合計が，この線路の内部インピーダンスを表す近似式になります．

問題 3.8 図A.3に示すように，非常に短い長さ h の直線状の導線が交流電流 $I_z = I_0\cos\omega t$ を流している．この導線から距離 r の点 P における遅延ポテンシャルを求めよ．

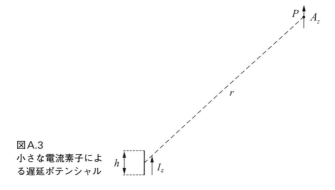

図A.3
小さな電流素子による遅延ポテンシャル

答 短い直線状の導線内に電流が流れる場合，P 点からこの導線内の各点までの距離の差は無視できるので，本文式(166)の中の体積積分の2つの積分は電流密度

を断面積にわたって積分して求められ，導線内の全電流になります．したがって，遅延ポテンシャルは，

$$\mathbf{A} = \mu \int \frac{I(t - r/v)\mathbf{dl}}{4\pi r} \quad \cdots\cdots\cdots\cdots\cdots\cdots\cdots\cdots\cdots\cdots\cdots\cdots\cdots (\mathrm{A}.31)$$

となります．図A.3の場合，電流はz方向だけです．したがって，上式により$\mathbf{A}$もz方向だけです．ここで，hはrや波長に比べて非常に小さいので，式(A.31)の残りの積分は電流にhを乗じて求めることができます．すなわち，

$$A_z = \frac{\mu h}{4\pi r} I_z\left(t - \frac{r}{v}\right) \quad \cdots\cdots\cdots\cdots\cdots\cdots\cdots\cdots\cdots\cdots\cdots (\mathrm{A}.32)$$

となります．この小さな素子の中の電流は，

$$I_z = I_0 \cos\omega t \quad \cdots\cdots\cdots\cdots\cdots\cdots\cdots\cdots\cdots\cdots\cdots\cdots\cdots\cdots (\mathrm{A}.33)$$

ですから，これを式(A.32)に代入すると，遅延ポテンシャルA_zは次のようになります．

$$A_z = \frac{\mu h I_0}{4\pi r} \cos\omega\left(t - \frac{r}{v}\right) \quad \cdots\cdots\cdots\cdots\cdots\cdots\cdots\cdots\cdots (\mathrm{A}.34)$$

第4章

回路の電磁理論

本章では，はじめに集中定数回路に関するキルヒホフの電圧と電流の法則と電磁場理論との関係について説明します．次に，丸線内の表皮効果について調べ，回路素子の自己インダクタンスや相互インダクタンスの計算方法について述べます．最後に，回路の大きさが波長と同等の場合に生じる分布効果や遅延効果，回路からの電磁放射について調べます．

電気回路のほとんどの素子は電磁場の波長に比べると小さいので，電磁場は準静的であり，静的分布に近くなります．実際の多くの回路では分布効果が重要になりますが，ほとんどの場合，適当に選んだいくつかの集中素子を用いて表すことができます．しかし，伝送線路のような回路では，この分布効果が主要な効果になるので，これを最初から考慮に入れる必要があります．

前章までの静電場や静磁場についての解説では，インダクタンスや容量という集中定数の概念を導入しました．そして，周波数が高くなると，導体内の表皮効果のために抵抗やインダクタンスがどのように変化するかを述べました．本章では，回路と回路素子を電磁理論の観点から述べます．特に，遅延の概念を導入すると，回路の寸法が波長と同程度の場合には回路からエネルギーが放射され，簡単な形状に対しては放射電力量を計算することができます．

4.1 キルヒホフの法則

4.1.1 キルヒホフの電圧の法則

集中定数回路理論について復習するため，キルヒホフの電圧の法則から話を始めます．この法則は，回路の任意の閉ループを構成する個々の部分の電圧の代数和が

0であることを表しています．すなわち，

$$\sum_i V_i = 0 \qquad (1)$$

と表せます．この法則は閉路に対するファラデーの法則を基礎としており，これは次のように書くことができます．

$$-\oint \mathbf{E} \cdot d\mathbf{l} = \frac{\partial}{\partial t} \int_S \mathbf{B} \cdot d\mathbf{S} \qquad (2)$$

もう一つの関係は，ループの2つの基準点の間の電圧の定義です．すなわち，

$$V_{ba} = -\int_a^b \mathbf{E} \cdot d\mathbf{l} \qquad (3)$$

となります．回路の式(1)と電磁場の式(2)および式(3)の関係を示すため，はじめに抵抗，インダクタ，容量器を直列に接続し，これに電圧$V_0(t)$を印加する回路を考えます(図4.1)．この回路を回路理論によって表すと，式(1)は次式で表されます．

$$V_0(t) - RI(t) - L\frac{dI(t)}{dt} - \frac{1}{C}\int I(t)dt = 0 \qquad (4)$$

この式と比較するため，式(2)の閉路に沿う線積分を個々の素子にわたる積分に分割します．すなわち，

$$-\int_a^b \mathbf{E} \cdot d\mathbf{l} - \int_b^c \mathbf{E} \cdot d\mathbf{l} - \int_c^d \mathbf{E} \cdot d\mathbf{l} - \int_d^a \mathbf{E} \cdot d\mathbf{l} = \frac{\partial}{\partial t} \int_S \mathbf{B} \cdot d\mathbf{S} \qquad (5)$$

あるいは

$$V_0(t) + V_{cb} + V_{dc} + V_{ad} = \frac{\partial}{\partial t} \int_S \mathbf{B} \cdot d\mathbf{S} \qquad (6)$$

となり，式(6)の右辺は式(4)の右辺のように0ではありませんが，これはこの回路を構成する通路内の磁束の変化レートから生じる起電力への寄与分と考えられま

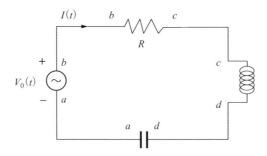

図4.1
抵抗，インダクタ，
容量器の直列回路

す．これは無視できるほど小さいか，あるいはLの中に含まれています．したがって，式(6)の右辺は0と考えます．以下，受動素子R，LおよびCに関する3つの電圧項を個別に調べます．

(1) 抵抗にかかる電圧

抵抗性材料に適用できる電磁場の式は，微分形のオームの法則，

$$\mathbf{J} = \sigma\mathbf{E} \tag{7}$$

であり，これから電圧V_{cb}は次のようになります．

$$V_{cb} = -\int_b^c \mathbf{E}\cdot d\mathbf{l} = -\int_b^c \frac{\mathbf{J}}{\sigma}\cdot d\mathbf{l} \tag{8}$$

ここで，積分通路はこの材料の電流通路に沿ってとります．導電率σは，この通路に沿って変化することもあります．直流あるいは低周波数では，電流Iは導体の断面積Aにわたって一様に分布し，この断面積は位置とともに変化することもあります．したがって，

$$V_{cb} = -\int_b^c \frac{I d\ell}{\sigma A} = -IR \tag{9}$$

となります．ここで，

$$R = \int_b^c \frac{d\ell}{\sigma A} \tag{10}$$

です．この最後の式は，直流あるいは低周波において抵抗を表す通常の式です．周波数がさらに高くなると，時間的に変化する磁場が導体内の電流に及ぼす効果があるため，事態はさらに複雑になります．この場合，電流分布は断面積にわたって一様ではなく，導体に沿う特定の通路を決めなければなりません．

(2) インダクタにかかる電圧

インダクタにかかる電圧は，インダクタ内の磁束の時間的変化レートから生じます．コイルの抵抗は無視できるほど小さいと仮定して，コイルに沿って電場の閉じた線積分をとります．導体に沿う通路部分からの電圧への寄与分は0ですから，すべての電圧は端子間に現れます．すなわち，

$$-\oint \mathbf{E}\cdot d\mathbf{l} = -\int_{c(\text{cond.})}^d \mathbf{E}\cdot d\mathbf{l} - \int_{d(\text{term.})}^c \mathbf{E}\cdot d\mathbf{l} = -\int_{d(\text{term.})}^c \mathbf{E}\cdot d\mathbf{l} \tag{11}$$

となります．ファラデーの法則によって，これはこの通路で囲まれる磁束の時間的変化レートに等しくなります．すなわち，

$$-\int_{d(\text{term.})}^{c} \mathbf{E} \cdot \mathbf{dl} = -V_{dc} = \frac{\partial}{\partial t}\int_{S} \mathbf{B} \cdot \mathbf{dS} \quad \cdots\cdots(12)$$

となります．インダクタンスLを単位電流あたりのコイルと交差する磁束として，次式により定義します（第2章2.2.2節）．

$$L = \left[\int \mathbf{B} \cdot \mathbf{dS}\right] \Big/ I \quad \cdots\cdots(13)$$

したがって，Lが時間に独立とすると，この項による電圧は次のようになります．

$$V_{cd} = \frac{\partial}{\partial t}(LI) = L\frac{dI}{dt} \quad \cdots\cdots(14)$$

この通路によって囲まれる磁束を計算する場合，磁束のまわりに別の巻き線があるたびにその寄与分を加えます．したがって，コイルがN回巻きの場合，各巻き線で交差磁束が同じであれば，誘起電圧への寄与分はN倍になります．

(3) 容量器にかかる電圧

理想容量器は，電気的エネルギーだけを蓄えるものです．この中では磁場はほぼ0なので，変動磁場からの電圧への寄与分はなく，容量器の平板上の電荷からの寄与分があるだけになります．この場合，この問題は準静的であり，電圧は容量器の両板の間のポテンシャル差と同義です．また，静電場の理論（第1章1.1.5節）から，容量は片側の平板の電荷を両板間のポテンシャル差で除したものとして，次式により定義します．

$$C = \frac{Q}{V} \quad \cdots\cdots(15)$$

したがって，電流の連続性から，

$$I = \frac{dQ}{dt} = \frac{d}{dt}(CV_{da}) = C\frac{dV_{da}}{dt} \quad \cdots\cdots(16)$$

となります．式(16)を時間で積分すると次式が得られます．

$$V_{da} = \frac{1}{C}\int I\,dt \quad \cdots\cdots(17)$$

(4) 回路の他の部分から誘起される電圧

回路の一部から生じる磁場が回路の他の部分と交差すると，この磁場が時間と共に変化するときファラデーの法則によって電圧が誘起されます．図4.2に示すように，この結合を相互インダクタMとして表します．Mの値は，通路1に交差する磁

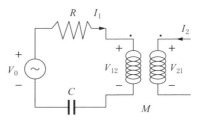

図4.2
相互インダクタがある回路

束ψ_{12}を電流I_2で除したものとして次式で定義します.

$$M = M_{12} = \frac{\psi_{12}}{I_2} \quad \cdots \cdots (18)$$

この場合,第1の通路の中で誘起する電圧は,

$$V_{12} = \frac{d\psi_{12}}{dt} = M\frac{dI_2}{dt} \quad \cdots \cdots (19)$$

であり,式(4)の回路方程式を次のように修正します.

$$V_0 - RI_1 - L\frac{dI_1}{dt} - M\frac{dI_2}{dt} - \frac{1}{C}\int I_1 dt = 0 \quad \cdots \cdots (20)$$

ある種の材料を除いて一定の相互関係があり,回路1の中で電流が時間と共に変化する場合,回路2の中に誘起する電圧に対してMの値は同じです.すなわち,

$$V_{21} = \frac{d\psi_{21}}{dt} = M\frac{dI_1}{dt} \quad \cdots \cdots (21)$$

となります.

以上をまとめると,インダクタや容量器の中の損失を無視すれば,回路解析のときに使用する受動素子に対して,式(4)の3つの誘起電圧が電磁場解析から良い近似で定義できます.さらに,その定義式(10),(13),(15)は,これらの素子で通常使用しているものです.もし損失があれば,Lに直列抵抗を加え,Cに並列コンダクタンスを加えます.磁束による回路間の結合がある場合には,相互インダクタンス素子を追加します.

4.1.2 キルヒホフの電流の法則

キルヒホフの電流の法則は,ある連結点から流出する電流の代数和が0であることを表しています.すなわち,**図4.3**において,

$$\sum_{n=1}^{N} I_n(t) = 0 \quad \cdots \cdots (22)$$

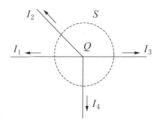

図4.3
連結点から流出する電流

となります．この法則の背後には電流の連続性があります．したがって，マックスウェルの方程式で暗黙のうちに示されている連続の式である第3章の式(13)，あるいはその積分形等価式，

$$\oint_S \mathbf{J} \cdot d\mathbf{S} = -\frac{\partial}{\partial t}\int_V \rho dV \quad \cdots\cdots\cdots\cdots\cdots\cdots\cdots\cdots\cdots\cdots\cdots (23)$$

を引用します．この式を連結点を囲む面Sに適用すれば，この面から流出する伝導電流は導線内の電流だけですから，式(23)の左辺は式(22)の場合と同様に，この導線から流出する電流の代数和に等しくなります．連結点に蓄積する電荷があるとすれば，式(23)の右辺はこの時間的変化レートに負号をつけたものです．したがって，式(23)は次のように書くことができます．

$$\sum_{n=1}^{N} I_n(t) = -\frac{dQ(t)}{dt} \quad \cdots\cdots\cdots\cdots\cdots\cdots\cdots\cdots\cdots\cdots\cdots (24)$$

式(22)と式(24)を比べると明らかに違いがありますが，これは単に解釈の問題にすぎません．もしQが0でなければ，周知のように，回路理論では一つあるいはそれ以上の容量性支線を追加し，その連結点で容量性電流dQ/dtが流れるようにします．つまり，式(24)を解釈する場合，左辺の電流項は対流電流あるいは伝導電流のみを取り上げていますが，式(22)では変位電流あるいは容量性電流も含まれています．このように考えると，式(22)と式(24)は等価になります．

4.2　丸線内の表皮効果

4.2.1　丸線内の電流分布

電流分布が一様でないほど高い周波数における丸線のインピーダンスを調べるには，はじめに丸線内の電流分布を知る必要があります．導体が平板の場合には，これを第3章3.2.6節で行いました．本節では，丸線導体の場合に対してこれを行いま

す．良導体は，変位電流が伝導電流に比べて無視できるほど小さい導体であると定義しました．したがって，

$$\nabla \times \mathbf{H} = \mathbf{J} = \sigma \mathbf{E} \quad \cdots\cdots\cdots\cdots\cdots\cdots\cdots\cdots\cdots\cdots\cdots\cdots\cdots\cdots (25)$$

となります．フェーザー形でのファラデーの法則は，

$$\nabla \times \mathbf{E} = -j\omega\mu\mathbf{H} \quad \cdots\cdots\cdots\cdots\cdots\cdots\cdots\cdots\cdots\cdots\cdots\cdots (26)$$

となります．この2つの式から，電流密度に関する微分方程式である第3章の式(129)が導かれます．

$$\nabla^2 \mathbf{J} = j\omega\mu\sigma\mathbf{J} \quad \cdots\cdots\cdots\cdots\cdots\cdots\cdots\cdots\cdots\cdots\cdots\cdots\cdots (27)$$

いま，電流をz方向にとり，これはzあるいは角度ϕとともに変化しないとします．この場合，式(27)を円筒座標で表すと次のようになります．

$$\frac{d^2 J_z}{dr^2} + \frac{1}{r}\frac{dJ_z}{dr} + T^2 J_z = 0 \quad \cdots\cdots\cdots\cdots\cdots\cdots\cdots\cdots (28)$$

ここでT^2は，次式で定義されます．

$$T^2 = -j\omega\mu\sigma \quad \cdots\cdots\cdots\cdots\cdots\cdots\cdots\cdots\cdots\cdots\cdots\cdots\cdots (29)$$

すなわち

$$T = j^{-1/2}\sqrt{\omega\mu\sigma} = j^{-1/2}\frac{\sqrt{2}}{\delta} \quad \cdots\cdots\cdots\cdots\cdots\cdots\cdots (30)$$

であり，δは表皮深さです．式(28)の微分方程式は，ベッセル方程式です．この方程式については第7章で詳しく述べますが，現時点ではこの2つの独立解を用いて完全解を次のように書きます．

$$J_z = A J_0(Tr) + B H_0^{(1)}(Tr) \quad \cdots\cdots\cdots\cdots\cdots\cdots\cdots (31)$$

中実線の場合には，$r=0$が解の領域の中に入っているので，$B=0$でなければなりません．この理由は，$H_0^{(1)}(Tr)$が$r=0$で無限大になるからです．したがって，

$$J_z = A J_0(Tr) \quad \cdots\cdots\cdots\cdots\cdots\cdots\cdots\cdots\cdots\cdots\cdots\cdots (32)$$

となります．任意定数Aは，表面での電流密度，すなわちσE_0を用いて求めることができます．ここで，E_0は表面での電場です．すなわち，

$$r = r_0 \quad \text{で} \quad J_z = \sigma E_0 \quad \cdots\cdots\cdots\cdots\cdots\cdots\cdots\cdots\cdots (33)$$

となり，この場合，式(32)は次のようになります．

$$J_z = \frac{\sigma E_0}{J_0(Tr_0)} J_0(Tr) \quad \cdots\cdots\cdots\cdots\cdots\cdots\cdots\cdots\cdots\cdots (34)$$

複素変数のベッセル関数を級数に展開した式を見ると，J_0は複素数であることがわかります．次の定義式を用いて，この複素ベッセル関数を実数部と虚数部に分けると便利です．

$$J_0\left(j^{-1/2}v\right) \equiv \mathrm{Ber}(v) + j\,\mathrm{Bei}(v) \quad \cdots\cdots\cdots (35)$$

$\mathrm{Ber}(v) = J_0\left(j^{-1/2}v\right)$ の実数部

$\mathrm{Bei}(v) = J_0\left(j^{-1/2}v\right)$ の虚数部

この$\mathrm{Ber}(v)$関数と$\mathrm{Bei}(v)$関数は，多くの文献で数表化されています．これらの定義式と式(30)を用いて，式(34)を次のように書くことができます．

$$J_z = \sigma E_0 \frac{\mathrm{Ber}\left(\sqrt{2}r/\delta\right) + j\,\mathrm{Bei}\left(\sqrt{2}r/\delta\right)}{\mathrm{Ber}\left(\sqrt{2}r_0/\delta\right) + j\,\mathrm{Bei}\left(\sqrt{2}r_0/\delta\right)} \quad \cdots\cdots\cdots (36)$$

図4.4に，この導線内の電流密度と導線外径における電流密度の比を，導線内部の半径と導線外径部の半径の比の関数としてパラメータ(r_0/δ)の異なる値に対して示します．また，物理的なイメージとして理解するため，これらをカッコ内の数値で示すいろいろな周波数における直径1mmの銅線の電流分布として示します．

周波数が高くてδが半径に比べて小さい場合，平面解析を湾曲導体に対して適用できるかどうかを調べる例として，この丸線の場合を取り上げます．もし，この曲率を無視して平面解析を適用すれば，表面から下方への距離である座標xは丸線の場合には$(r_0 - r)$です．したがって，第3章の式(138)から次式が得られます．

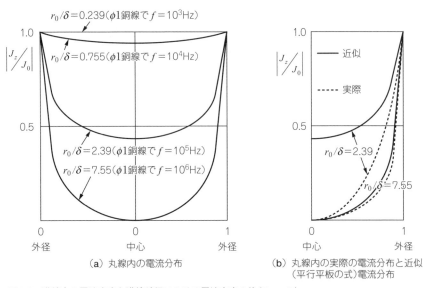

(a) 丸線内の電流分布

(b) 丸線内の実際の電流分布と近似（平行平板の式）電流分布

図4.4　導線内の電流密度と導線外径における電流密度の比 $(J_0 = \sigma E_0)$

$$\left|\frac{J_z}{\sigma E_0}\right| \approx e^{-(r_0-r)/\delta} \quad \cdots\cdots\cdots (37)$$

この式を用いた $|J_z/\sigma E_0|$ の曲線を図4.4(b)に示し，これを正確な式(36)から得られる曲線と比較します．これを $r_0/\delta = 2.39$ および $r_0/\delta = 7.55$ の2つの場合について示します．後者の場合には近似分布は実際の分布とよく一致しますが，前者の場合にはそうでもありません．したがって，導線半径と δ の比が大きければ，平面導体で得た結果を丸線に適用しても誤差はほとんどありません．

4.2.2　丸線の内部インピーダンス

丸線の内部インピーダンス(抵抗，および丸線内部の磁束からのリアクタンスへの寄与分)は，丸線内の全電流と丸線表面における電場強度から4.1.1節の考え方により求めることができます．全電流は，第3章3.2.6節の平面導体の場合と同様に，電流密度を積分して求めることができます．しかし，これは導体表面における磁場からも求めることができます．なぜなら，丸線の外側のまわりの磁場の線積分は，その丸線内の全電流に等しいからです．すなわち，

$$\oint \mathbf{H} \cdot \mathbf{dl} = I \quad \cdots\cdots\cdots (38)$$

あるいは，

$$2\pi r_0 H_\phi \big|_{r=r_0} = I \quad \cdots\cdots\cdots (39)$$

となります．また，磁場はマックスウェルの方程式，

$$\nabla \times \mathbf{E} = -j\omega\mu \mathbf{H} \quad \cdots\cdots\cdots (40)$$

によって電場から求めることができます．電磁場が z 方向あるいは ϕ 方向に変化しない丸線の場合，電磁場成分は E_z と H_ϕ だけであり，r の導関数だけが残ります．したがって，式(40)は次のように簡単になります．

$$H_\phi = \frac{1}{j\omega\mu}\frac{dE_z}{dr} \quad \cdots\cdots\cdots (41)$$

電流密度の式は，すでに式(34)で求めました．電場は，電流密度と導電率 σ を通して関係しています．すなわち，

$$E_z = \frac{J_z}{\sigma} = E_0 \frac{J_0(Tr)}{J_0(Tr_0)} \quad \cdots\cdots\cdots (42)$$

であり，これを式(41)に代入し，$T^2 = -j\omega\mu\sigma$ の関係を用いると，

$$H_\phi = \frac{E_0 T}{j\omega\mu}\frac{J_0'(Tr)}{J_0(Tr_0)} = -\frac{\sigma E_0}{T}\frac{J_0'(Tr)}{J_0(Tr_0)} \quad \cdots\cdots\cdots (43)$$

となります．ここで，$J_0'(Tr)$は$[d/d(Tr)]J_0(Tr)$を意味します．式(39)から，

$$I = -\frac{2\pi r_0 \sigma E_0}{T}\frac{J_0'(Tr_0)}{J_0(Tr_0)} \quad \cdots\cdots\cdots\cdots\cdots\cdots\cdots\cdots\cdots\cdots\cdots\cdots\cdots (44)$$

となります．単位長あたりの内部インピーダンスを$Z_i = E_z(r_0)/I$と定義すると，

$$Z_i = -\frac{TJ_0(Tr_0)}{2\pi r_0 \sigma J_0'(Tr_0)} \quad \cdots\cdots\cdots\cdots\cdots\cdots\cdots\cdots\cdots\cdots\cdots (45)$$

となります．以下，周波数別に内部インピーダンスを考えてみます．

(1) 周波数が低い場合の内部インピーダンス

周波数が低い場合はTr_0は小さな値であり，ベッセル関数を級数展開すると式(45)は次のように表されます．

$$Z_i \approx \frac{1}{\pi r_0^2 \sigma}\left[1 + \frac{1}{48}\left(\frac{r_0}{\delta}\right)^2\right] + j\frac{\omega\mu}{8\pi} \quad \cdots\cdots\cdots\cdots\cdots (46)$$

この実数部，すなわち抵抗は，

$$R_{\mathrm{lf}} \approx \frac{1}{\pi r_0^2 \sigma}\left[1 + \frac{1}{48}\left(\frac{r_0}{\delta}\right)^2\right] \quad \cdots\cdots\cdots\cdots\cdots\cdots\cdots (47)$$

です．この式の第1項は直流抵抗であり，第2項は導線半径が表皮深さδにほぼ等しい場合に必要な修正項です．式(46)の虚数項は，周波数が低い場合の内部インダクタンス，

$$(L_i)_{\mathrm{lf}} \approx \frac{\mu}{8\pi} \quad [\mathrm{H/m}] \quad \cdots\cdots\cdots\cdots\cdots\cdots\cdots\cdots\cdots\cdots\cdots (48)$$

になります．この低周波における内部インピーダンスは，第2章の問題2.19でエネルギー法によって求めた内部インダクタンスと同じ値です．

(2) 周波数が高い場合の内部インピーダンス

周波数が高い場合は，複素変数は大きい値です．この場合，$J_0(Tr_0)/J_0'(Tr_0)$は$-j$に漸近し，式(45)の高周波近似式は次のようになります．

$$(Z_i)_{\mathrm{hf}} = \frac{j(j)^{-1/2}}{\sqrt{2}\pi r_0 \sigma \delta} = \frac{(1+j)R_s}{2\pi r_0} \quad [\Omega/\mathrm{m}] \quad \cdots\cdots (49)$$

すなわち，

$$(R)_{\mathrm{hf}} = (\omega L_i)_{\mathrm{hf}} = \frac{R_s}{2\pi r_0} \quad [\Omega/\mathrm{m}] \quad \cdots\cdots\cdots\cdots\cdots (50)$$

となります．このように，周波数が高い場合には抵抗と内部リアクタンスは同じ値

であり，この両者は第3章3.2.6節で物理的に求めたように，幅$2\pi r_0$の平面導体の値と同じになります．ここで，$R_s = (\sigma\delta)^{-1}$です．

(3) 任意の周波数における内部インピーダンス

任意の周波数に対して式(45)を調べるため，式(35)で定義したBer関数とBei関数およびその導関数を用いて，これを実数部と虚数部に分けます．すなわち，

$$J_0(j^{-1/2}v) = \text{Ber}\,v + j\,\text{Bei}\,v \quad \cdots\cdots (51)$$

とし，さらに次のように置きます．

$$\text{Ber}'v + j\,\text{Bei}'v = \frac{d}{dv}(\text{Ber}\,v + j\,\text{Bei}\,v) = j^{-1/2}J_0'(j^{-1/2}v) \quad \cdots\cdots (52)$$

この場合，式(45)は次のようになります．

$$Z_i = R + j\omega L_i = \frac{jR_s}{\sqrt{2}\pi r_0}\left[\frac{\text{Ber}\,q + j\,\text{Bei}\,q}{\text{Ber}'q + j\,\text{Bei}'q}\right] \quad \cdots\cdots (53)$$

ここで，

$$R_s = \frac{1}{\sigma\delta} = \sqrt{\frac{\pi f \mu}{\sigma}} \qquad q = \frac{\sqrt{2}r_0}{\delta} \quad \cdots\cdots (54)$$

とします．すなわち，

$$R = \frac{R_s}{\sqrt{2}\pi r_0}\left[\frac{\text{Ber}\,q\,\text{Bei}'q - \text{Bei}\,q\,\text{Ber}'q}{(\text{Ber}'q)^2 + (\text{Bei}'q)^2}\right] \quad [\Omega/\text{m}] \quad \cdots\cdots (55)$$

$$\omega L_i = \frac{R_s}{\sqrt{2}\pi r_0}\left[\frac{\text{Ber}\,q\,\text{Ber}'q + \text{Bei}\,q\,\text{Bei}'q}{(\text{Ber}'q)^2 + (\text{Bei}'q)^2}\right] \quad [\Omega/\text{m}] \quad \cdots\cdots (56)$$

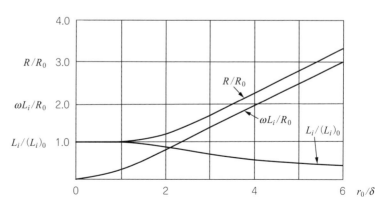

図4.5 直流値と比較した丸線の表皮効果値

4.2 丸線内の表皮効果

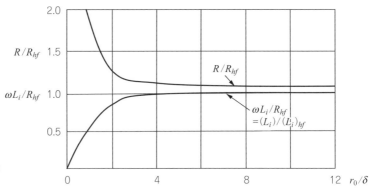

図4.6
高周波値と比較した
丸線の表皮効果値

となります．

これらは，任意の周波数における丸線の抵抗と内部リアクタンスをパラメータqを用いて表した式です．これらの量の直流値および高周波値に対する比を，r_0/δの関数として図4.5と図4.6に示します．この図から，抵抗およびリアクタンスの近似式を使用できるr_0/δの範囲が明らかになります．

4.3　回路素子の計算

4.3.1　自己インダクタンスの計算

第2章で定義した自己インダクタンスを，4.1.1節において電磁場の概念と関係づけました．そして，交差磁束法（第2章2.2.2節）およびエネルギーの観点（第2章2.3.1節）から，簡単な形状のインダクタンスの計算例を示しました．そこで，インダクタンスを計算する別の方法を問題として本章の最後に追加します．

4.3.2　相互インダクタンスの計算

相互インダクタンスは，一つの回路に流れる電流により他の回路に誘起する電圧から生じるインダクタンスであると4.1.1節で定義しました．本節では，これを計算するいくつかの方法について述べます．

(1) 交差磁束法

もっとも直接的な方法は，ファラデーの法則を用いるものです．式(19)の場合の

ように，1つの回路内の電流により生じる他の回路と交差する磁束を求める方法です．この場合，2つの回路1と回路2に対して，次のように定義します．

$$M_{12} = \frac{\int_{S_1} \mathbf{B_2} \cdot \mathbf{dS_1}}{I_2} \quad \cdots\cdots\cdots\cdots\cdots\cdots\cdots\cdots\cdots\cdots\cdots\cdots (57)$$

ここで，B_2 は電流 I_2 から発生する磁束であり，積分は回路1の面にわたって行います．（磁性材料が等方的な場合には）相互性によって $M_{21} = M_{12}$ ですから，この計算をどちらの回路の誘導電流によっても行うことができます．例えば，図4.7(a)に示す2つの平行な同軸の導電性ループを考えます．第2章の問題2.1で，一つのループ内の電流から生じる磁場は，そのループの軸上の点で次式で表されることがわかりました．

$$B_z(0,d) = \frac{\mu I_2 a^2}{2(a^2+d^2)^{3/2}} \quad \cdots\cdots\cdots\cdots\cdots\cdots\cdots\cdots\cdots\cdots\cdots\cdots (58)$$

もし，ループ2が間隔 d に比べて十分小さければ，この磁束値は2番目のループにわたって比較的一定であり，式(57)から次式が得られます．

$$M = \frac{\pi b^2 B_z(0,d)}{I_2} = \frac{\mu \pi a^2 b^2}{2(a^2+d^2)^{3/2}} \quad \cdots\cdots\cdots\cdots\cdots\cdots\cdots\cdots\cdots\cdots\cdots\cdots (59)$$

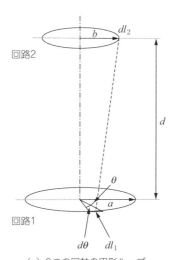

(a) 2つの同軸の円形ループ

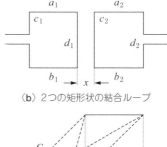

(b) 2つの矩形状の結合ループ

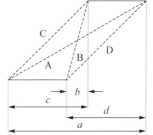

(c) 2つの変位した平行な電流素子

図4.7　2つの電流素子

(2) 磁気ベクトル・ポテンシャル法

$\mathbf{B} = \nabla \times \mathbf{A}$ ですから，式(57)にストークスの定理を適用すると，磁気ベクトル・ポテンシャルを用いた次の等価式が得られます．

$$M = \frac{\int_{S_1} (\nabla \times \mathbf{A}_2) \cdot \mathbf{dS}_1}{I_2} = \frac{\oint \mathbf{A}_2 \cdot \mathbf{dl}_1}{I_2} \quad \cdots\cdots\cdots\cdots\cdots\cdots\cdots\cdots (60)$$

この形は，ベクトル・ポテンシャルを磁場から直接求めることができる問題に対して便利です．図4.7(b)に示した矩形状ループのように，回路の中に直線の一部があるか，あるいは回路が直線で近似できる問題に対して，これは特に便利です．ベクトル・ポテンシャル$\mathbf{A}$は，これに寄与する電流素片と同じ方向ですから，水平方向の辺a_1とb_1からの$\mathbf{A}$への寄与分は水平方向のみです．したがって，これらの辺は，回路2の水平方向の部分a_2とb_2にわたる式(60)の積分を通してのみ，相互インダクタンスに寄与します．同様に，辺c_1とd_1の垂直方向の電流は2つの平行な(垂直方向の)辺c_2とd_2にわたる積分を通してのみ，相互インダクタンスに寄与します．したがって，このような形における結合は基本的に図4.7(c)に示すような2つの平行かつ変位した電流素片間の結合に等しくなります．このような素子からの相互インダクタンスへの寄与分は，次式で与えられます．

$$M = \frac{\mu}{4\pi} \left\{ c \ln \left[\frac{a+A}{c+C} \right] + d \ln \left[\frac{a+A}{d+D} \right] + b \ln \left[\frac{b+B}{a+A} \right] + (C+D) - (A+B) \right\} \quad \cdots (61)$$

(3) ノイマン形

2つの線状回路の相互結合を計算する別の標準形は，式(60)から導かれます．電流は線状フィラメントの中央を流れると仮定し，遅延を無視して，回路2の電流から生じるベクトル・ポテンシャル$\mathbf{A}$を次式のように書きます．

$$\mathbf{A}_2 = \oint \frac{\mu I_2 \mathbf{dl}_2}{4\pi R} \quad \cdots\cdots\cdots\cdots\cdots\cdots\cdots\cdots\cdots\cdots\cdots\cdots (62)$$

ここで，Rは電流素片$\mathbf{dl}_2$と電磁場計算点の間の距離です．これを式(60)に代入すると次式が得られます．

$$M = \frac{1}{I_2} \oiint \frac{\mu I_2 \mathbf{dl}_2 \cdot \mathbf{dl}_1}{4\pi R} = \frac{\mu}{4\pi} \oiint \frac{\mathbf{dl}_1 \cdot \mathbf{dl}_2}{R} \quad \cdots\cdots\cdots\cdots\cdots\cdots (63)$$

この標準形はノイマンが示したもので，ノイマン形と言います．回路1と回路2についての積分は，どの順番で行っても同じですから，この式は相互関係$M_{12} = M_{21}$が成立することを示しています．

4.3.3 コイルのインダクタンス

いくつかの特別な場合には，これまでに述べてきた方法をそのまま適用して低周波におけるコイルのインダクタンスを計算することができます．例えば，N回巻きの丸線コイルを円形に成形する場合（図4.8(a)），丸線半径がコイル半径に比べて小さければ，問題4.5で示す1回巻きの円形ループの自己インダクタンスを求める式(A.26)を以下のように修正して使用することができます．なお磁場は，電流NIを用いて計算しなければなりません．さらに，コイルに誘起される電圧を計算するには，ループについてN回の積分をしなければなりません．したがって，問題4.5で示すインダクタンスの式をN^2倍すると，このコイルの外部インダクタンスは，

$$L_0 = N^2 R \mu \left[\ln\left(\frac{8R}{a}\right) - 2 \right] \quad \cdots\cdots (64)$$

となります．

他の特別な場合として，非常に長いソレノイドのインダクタンスも計算できます〔図4.8(b)〕．このソレノイドが十分に長ければ，ソレノイド内の磁場は本質的に一定であり，無限長ソレノイドの場合と同様に次式で与えられます．

$$H_z = \frac{NI}{\ell} \quad \cdots\cdots (65)$$

ここで，Nは全巻き数，ℓはソレノイドの長さです．この場合，N回巻きコイルの交差磁束は$N\pi R^2 \mu H_z$であり，このインダクタンスは次のようになります．

$$L_0 = \frac{\pi \mu R^2 N^2}{\ell} \quad \cdots\cdots (66)$$

コイルの長さと半径の比が中間的な値の場合は，経験的な式を使用しなければな

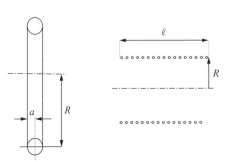
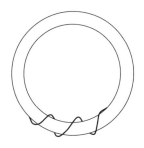

　(a) 半径と長さの比が大きいコイル　　(b) ソレノイド状のコイル　　(c) 高透磁率のコアに巻いたソレノイド状のコイル

図4.8 N回巻きの円形丸線コイル

りません．有名な長岡の式では，長いソレノイドに対して式(66)に修正因子Fを使用します．R/ℓが2あるいは3以下の場合，これに近いインダクタンスの近似形は次式で表されます．

$$L_0 = \frac{\pi\mu R^2 N^2}{\ell + 0.9R} \quad\quad\quad\quad\quad\quad\quad\quad\quad\quad\quad\quad\quad\quad\quad\quad\quad\quad\quad\quad\quad (67)$$

もし，図4.8(c)に示すように，コイルが高透磁率の円環状コアに巻かれていれば，磁束は本質的にコアの中に閉じ込められ，巻き線の長さには無関係になります．磁場強度は式(65)で与えられ，インダクタンスは$\ell = 2\pi r_0$とした式(66)で与えられます．ここで，r_0は円環の平均半径です．

周波数がさらに高くなると，低周波のときに立てた仮定は適用できず，分布容量も重要になるので，問題はより複雑になります(次節参照)．

4.4　波長と同等の大きさの回路

4.4.1　分布効果と遅延効果

ここで，効果が集中せずに分布する場合，また回路の大きさが波長と同程度になって，回路の一部から他の部分まで伝わるときの遅延が重要になるときの，電磁理論と回路理論の関係について考えます．

はじめに分布効果を考えます．回路素子に寄与する電磁場が空間内に分布しており，その領域が波長に比べて小さい場合，およびその領域に対して一つの型の蓄積エネルギー(電気的エネルギーあるいは磁気的エネルギー)だけが重要な場合，集中定数による表示法が有効と考えられます．もし，誘導素子の中の電気的蓄積エネルギー，あるいは容量素子の中の磁気的蓄積エネルギーが重要であれば，回路理論ではこれらをそのようなエネルギーをもつ素子に分割する方法を取ります．

例えば，図4.9(a)に示すインダクタの巻き線の間に電場の(容量性の)結合があるとします．最初の近似は，図4.9(b)に示すように，Lの両端に容量性素子を追加して，この素子のすべての電気的蓄積エネルギーを表す方法を取ります．さらに良い近似は，図4.9(c)に示すように，それぞれのとなり合う巻き線ごとに容量性素子を追加する方法です．しかし，となり合わない巻き線間の結合もあり，図4.9(d)に示すように，さらに別の容量が入ってきます．周波数が高い場合のこれらの効果は，電流がいくつかの巻き線をバイパスすることです．このため，すべての巻き線に同じ電流が流れないことになります．この最後の効果は，図4.9(b)の簡単な回

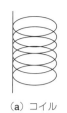

(a) コイル

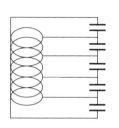

(c) 隣との巻き線間に
容量性結合がある回路

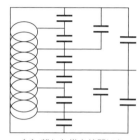

(b) 巻き線間の電場結合を
表す容量が1つの回路

(d) 離れた巻き線間にも
結合がある回路

図4.9
コイルと容量性結合がある回路

路ではまったく表されていません．最後に，極端な例としてこのコイルの微分素片を考え，すべての他の微分素片に対する結合量を求め，電流分布についての微分方程式を書き，これを解く試みをします．この方法は，形状が簡単な場合にだけ実行でき，コイルの巻き数が多くなると，図4.9(c)や(d)の場合のように複数の集中素子を用いる方法においても複雑になります．

次に，電磁効果が回路を伝搬する時間が有限であるために生じる遅延効果について考えます．話を簡単にするため，波長を定義でき，位相関係を議論できる正弦波状の励振だけを考えます．もちろん，さらに複雑な励振はフーリエ解析によって正弦波の級数に分解することができます．

例えば，図4.10に示す簡単な単一ループ・アンテナを考えます．周波数が低い場合には直径dは波長に比べて小さく，このループの一部から他の部分への効果伝搬時間は無視できます．したがって，A点における電流素片によって生じる磁場は，他のB点まで1周期内の無視できる時間内に進みます．このため，位相遅延は無視できるほど小さくなります．この場合，磁場の時間変化レートから誘導される電場はBにおける電流と位相が90度ずれ，低周波数におけるループで想定される誘導効果に寄与します．周波数が高くなってdが波長と同程度になると，回路を伝搬する時間が有限になることを考慮に入れなければなりません．

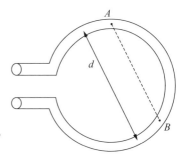

図4.10
簡単なループ・アンテナ
dが波長と同程度の場合，Aにおける波源とBにおける誘導電磁場の間に位相遅延があることをを示す

　この場合，Bにおける電流はAにおける電流と同相ではなく，Aの素片から発生するBの磁場はこのどちらとも同相ではありません．したがって，磁場の時間的変化レートにより，位相がI_Bと正確に90度ずれない電場が誘導されます．もし同相成分があれば，これはエネルギーが変換されることを示しており，これはこのアンテナの放射エネルギーになります．もし電流分布がわかっていれば，この回路からの電磁場を計算でき，この回路内における放射電力への寄与分をいわゆる放射抵抗によって表すことができます．しかし，実際の電流分布を求めるためには，この導電性ループによって表される境界値問題を解く必要があります．アンテナや回路の寸法が波長と同程度の場合，電流分布を仮定して，この方法で回路理論を拡張することができますが，これについては遅延ポテンシャルの式を用いて次節で述べます．

　分布効果と伝搬効果の両方が存在する重要な回路の1つは，伝送線路です．第8章で詳しく述べますが，伝送線路が無損失の場合には回路理論を用いた解は電磁場理論を用いた解と正確に一致し，線路に損失がある場合にもこれらの解は非常によく一致します．したがって，第5章で述べる伝送線路の回路理論は特に重要になります．

4.4.2　遅延ポテンシャルを用いた回路方程式

　第3章3.3.2節の遅延ポテンシャルのところで示した原因と効果の関係により，特に回路が波長に比べて大きい場合，回路の方程式を導くことができます．通常の回路は，その通路の全部あるいは一部が導体でできています．したがって，次式で示すこの通路に沿ったある点における電磁場形のオームの法則から話を始めます．

$$\mathbf{E} = \frac{\mathbf{J}}{\sigma} \quad\quad\quad (68)$$

ここで，σは考察している場所の導電率です．

次に，電場を印加電場 $\mathbf{E}_0$ と誘導電場 $\mathbf{E}'$ に分けます．この後者は，回路自身の電荷と電流から生じます．また，$\mathbf{E}'$ を第3章3.3.2節の遅延ポテンシャルで書くことにします．すなわち，

$$\mathbf{E}_0 + \mathbf{E}' = \mathbf{E}_0 - \nabla\Phi - \frac{\partial \mathbf{A}}{\partial t} = \frac{\mathbf{J}}{\sigma} \qquad (69)$$

となります．ここで，$\mathbf{A}$ と Φ は第3章の式(165)と式(166)で定義したように，この回路の電荷と電流の積分として与えられます．

通路の導電性部分にわたって式(69)を積分すると，一般的な回路方程式と考えられる次の原因と効果の関係が得られます．

$$\int \mathbf{E}_0 \cdot d\mathbf{l} - \int \frac{\mathbf{J}}{\sigma} \cdot d\mathbf{l} - \int \frac{\partial \mathbf{A}}{\partial t} \cdot d\mathbf{l} - \int \nabla\Phi \cdot d\mathbf{l} = 0 \qquad (70)$$

この第1項は印加電圧，第2項は抵抗項，第3項は誘導項，第4項は容量項です．これらの各項について以下に説明します．

(1) 印加電圧

式(70)の第1項は，回路理論の印加電圧と同一とみなすことができ，印加電場をその回路にわたって積分したものです．図4.11(a)に示す受信アンテナのような回路では，この印加電場は到来する電磁波を通して回路にわたって分布しており，$\mathbf{E}_0$ の積分をその通路全体にわたって行います．すなわち，

$$V_0 = \oint \mathbf{E} \cdot d\mathbf{l} \qquad (71)$$

となります．

局在化した電源の場合には，電場はあるスカラ・ポテンシャルの勾配と考えるこ

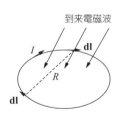
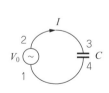
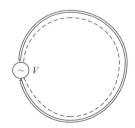

(a) 到来電磁波によって励振される線状閉ループ　(b) 局在化した電源（点電源）によって励振される容量器付き回路　(c) 通路が内側境界に沿う丸線の円形ループ

図4.11 印加電圧，抵抗項，誘導項，容量項の考察

とができ，勾配量の閉じた線積分は0ですから，図4.11(b)の回路のまわりの2から1への$\mathbf{E}_0$の線積分は，電源の1から2への$\mathbf{E}_0$の積分に負号をつけたものです．局在化した電源は，容量器のギャップに電場をほとんど発生させないので，このステップではこのギャップを無視することができます．したがって，電源電圧は次のようになります．

$$V_0 = \int_{2(\text{circuit})}^{1} \mathbf{E}_0 \cdot \mathbf{dl} = -\int_{1(\text{source})}^{2} \mathbf{E} \cdot \mathbf{dl} \quad \cdots\cdots\cdots\cdots\cdots\cdots\cdots\cdots\cdots\cdots\cdots (72)$$

この場合には，V_0は回路の通路に無関係です．一方，受信アンテナの場合にはV_0は回路の形状や電場に対する回路の向きに大きく依存します．

(2) 内部インピーダンス項

式(70)の第2項は，4.1.1節の回路例における抵抗のオーム項と同じ形です．ここで，σは回路の通路にわたって変化し，これを積分すると回路の全抵抗になります．交流回路の場合には，4.2.2節で丸線に対して示したように，本項は導線内部のインダクタンスからの寄与分をも含みます．したがって，電流と電圧をフェーザー表示する正弦波の場合，本項は抵抗に加えて内部リアクタンスから生じる複雑な影響を与えます．すなわち，単位長当たりの内部インピーダンスを表面電場と導体内の全電流の比として次のように定義すれば，

$$Z_i' = \frac{E_s}{I} \quad \cdots\cdots\cdots\cdots\cdots\cdots\cdots\cdots\cdots\cdots\cdots\cdots\cdots\cdots\cdots\cdots\cdots\cdots\cdots\cdots\cdots (73)$$

この項は全内部インピーダンスに電流Iを乗じたものになります．すなわち，

$$\int \frac{\mathbf{J}}{\sigma} \cdot \mathbf{dl} = \int \mathbf{E}_s \cdot \mathbf{dl} = I \int Z_i' d\ell = IZ_i \quad \cdots\cdots\cdots\cdots\cdots\cdots\cdots (74)$$

ここで積分は，図4.11(b)の2から3までと，4から1までの導電性の回路部分にわたって行います．

(3) 外部インダクタンス項

式(70)の第3項は誘導項であり，回路の通路を適当に選べば，導体外部の磁束からの寄与分を表します．例えば，図4.11(c)に示す導線ループを考え，回路の通路をこの導体の内側表面に沿って取ります．この回路の導電性部分にわたって取った式(70)の第3項の積分は，この回路内にある電源および任意の容量器における小さなギャップを含む積分とほとんど違わないと仮定します．これにより，この項を閉じた積分として計算することができます．この通路が静止しているとすれば，次式

が成立します．

$$\oint \frac{\partial \mathbf{A}}{\partial t} \cdot \mathbf{dl} = \frac{d}{dt} \oint \mathbf{A} \cdot \mathbf{dl} \quad \cdots\cdots\cdots\cdots\cdots\cdots\cdots\cdots\cdots\cdots\cdots\cdots\cdots (75)$$

ストークスの定理から

$$\oint \mathbf{A} \cdot \mathbf{dl} = \int_S (\nabla \times \mathbf{A}) \cdot \mathbf{dS} \quad \cdots\cdots\cdots\cdots\cdots\cdots\cdots\cdots\cdots\cdots\cdots (76)$$

となります．ここで，

$$\nabla \times \mathbf{A} = \mathbf{B} \quad \cdots\cdots\cdots\cdots\cdots\cdots\cdots\cdots\cdots\cdots\cdots\cdots\cdots\cdots\cdots\cdots\cdots (77)$$

なので，

$$\oint \frac{\partial \mathbf{A}}{\partial t} \cdot \mathbf{dl} = \frac{d}{dt} \int_S \mathbf{B} \cdot \mathbf{dS} \quad \cdots\cdots\cdots\cdots\cdots\cdots\cdots\cdots\cdots\cdots\cdots (78)$$

となります．

式(78)の面積積分は選択した回路と交差する磁束であり，これは第3章3.1.1節のファラデーの法則による解法と同じ結果となります．したがって，この項は選択した回路の通路と交差する磁束からの寄与分（すなわち，外部インダクタンス）であり，この項を前と同様にインダクタンス項として定義することができます．すなわち，

$$\oint \frac{\partial \mathbf{A}}{\partial t} \cdot \mathbf{dl} = L \frac{dI}{dt} \quad \cdots\cdots\cdots\cdots\cdots\cdots\cdots\cdots\cdots\cdots\cdots\cdots\cdots (79)$$

となります．したがって，この式からインダクタンスを計算する別の方法が得られます．すなわち，

$$L = \frac{1}{I} \oint \mathbf{A} \cdot \mathbf{dl} \quad \cdots\cdots\cdots\cdots\cdots\cdots\cdots\cdots\cdots\cdots\cdots\cdots\cdots\cdots (80)$$

となります．上の議論では，回路が波長に比べて小さいと仮定しています．したがって，遅延を無視しています．この仮定が成立しない場合については，後で述べます．

(4) 容量項

式(70)中の他の項と同様に，回路の導電性部分，すなわち図4.11(b)の2から3までおよび4から1までにわたって$\nabla \Phi$を積分します．ここで，容量器の電荷から生じる電場は電源のところで無視できると仮定します．したがって，積分の範囲は電源をとおり4から3までを使用します．この場合，あるスカラ量の勾配の閉路（ここでは容量器のギャップを含む）のまわりの積分は0ですから，次のように書くことができます．

$$\int_{4(\text{circuit})}^{3} \nabla \Phi \cdot \mathbf{dl} = -\int_{3(\text{gap})}^{4} \nabla \Phi \cdot \mathbf{dl} = \Phi_3 - \Phi_4 \quad \cdots\cdots\cdots\cdots\cdots\cdots\cdots\cdots (81)$$

容量器では，このポテンシャル差は容量 C，電荷 Q と次式で関係しています．

$$\Phi_3 - \Phi_4 = \frac{Q}{C} \quad \cdots\cdots\cdots\cdots\cdots\cdots\cdots\cdots\cdots\cdots\cdots\cdots (82)$$

したがって，本項は回路理論の容量項であり，次式が得られます．

$$\int_{4(\text{circuit})}^{3} \nabla \Phi \cdot \mathbf{dl} = \frac{Q}{C} = \frac{1}{C}\int I dt \quad \cdots\cdots\cdots\cdots\cdots\cdots\cdots\cdots (83)$$

(5) 波長と同等の大きさの回路

遅延ポテンシャルを用いた式は，通常の低周波回路の概念になることを示してきました．遅延効果が重要な場合，この式はアンテナのような大きな寸法の回路に拡張できます．これについて説明するため，図4.11(a)の回路を考え，電流は細い導線の中に集中していると仮定します．また，オーム抵抗は無視でき，容量器はないと仮定します．この場合，印加電圧とポテンシャル $\mathbf{A}$ から生じる項だけが残ります．また，ここでは正弦波を考え，フェーザー記号を用います．この場合，式(70)は次のようになります．

$$\oint \mathbf{E}_0 \cdot \mathbf{dl} - j\omega \oint \mathbf{A} \cdot \mathbf{dl} = 0 \quad \cdots\cdots\cdots\cdots\cdots\cdots\cdots\cdots\cdots (84)$$

また，電流が線状の場合，$\mathbf{A}$ は第3章の式(172)によって，

$$\mathbf{A} = \oint \frac{e^{-jkR}}{4\pi R} \mathbf{dl}' \quad \cdots\cdots\cdots\cdots\cdots\cdots\cdots\cdots\cdots\cdots\cdots\cdots (85)$$

で与えられます．式(85)を式(84)に代入し，指数関数をその三角関数成分に分解すると次式が得られます．

$$\oint \mathbf{E}_0 \cdot \mathbf{dl} - j\omega \oiint \frac{\mu I(\cos kR - j\sin kR)}{4\pi R} \mathbf{dl} \cdot \mathbf{dl}' = 0 \quad \cdots\cdots\cdots\cdots (86)$$

電流 I がこの回路内で完全に同位相であると仮定する場合でさえ，kR の値が有限であるために，本項からの寄与分に実数部と虚数部の両方が生じます．この虚数部は，前に述べたように誘導性リアクタンスになりますが，この場合には遅延項の積分になる点が異なっています．しかし，I と同相の新しい項が存在し，これはこの回路から放射されるエネルギーに対応し，電流と放射抵抗の積として表すことができます．

回路寸法が大きい場合の一般的な修正は，この方法で表すことができますが，回

路内の電流分布が実際にはわからないのでこれ以上のことを行うのは困難であり，この問題の電磁場解がなければこれを求めることはできません．ある種のアンテナでは，この電流を合理的に推定して計算を進めることができますが，この推定した分布を実験あるいは電磁場解析によって確認する必要があります．

また，式(70)の第2項の不確定性を避けるため，積分を導電性表面にわたってのみ行っています．多くのアンテナではギャップ部が導体部より大きく，この開いた領域で電磁場は準静的ではありませんから，このことはこの方法を適用する可能性をさらに制限します．

4.4.3 回路からの電磁放射

前節で述べたように，回路の大きさが波長と同程度の場合には，その回路のある部分から他の部分に誘起する電磁場に遅延が生じます．この結果として生じる位相変化のために電流と同相の誘導電場成分が発生し，このために平均電力流が生じます．この電力は，回路からの放射電力になります．この位相ずれにより，回路のリアクタンス性インピーダンスも同時に変化しますが，通常，これは高次効果です．我々が関心のある項は，誘導効果の積分，すなわち式(86)の第2項になります．

$$V_{\text{induced}} = j\omega \oiint \frac{\mu I(\cos kR - j\sin kR)}{4\pi R} \mathbf{dl} \cdot \mathbf{dl'} \quad \cdots\cdots(87)$$

これに関する問題を問題4.6，問題4.7に示します．

第4章　問題

問題 4.1　中心軸が $2d$ 離れた半径 R の2本の平行導線を図A.1に示す．電流 I が左側の導線に z 方向に流れ，右側の導線に戻る．この導線が十分離れている場合，この線路の外部インダクタンスを表す近似式を求めよ．

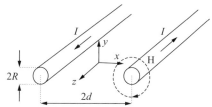

図A.1
平行2線伝送線路

答 任意の点(x, y)における磁場は，この2つの導線からの磁場を重畳したものです．この導線が十分離れていれば，どちらの導線の電流分布も他方の導線によって影響を受けません．したがって，各導線からの磁場は軸のまわりに周方向を向き，その大きさは電流を2πと軸からの半径の積で除した値に等しくなります．2つの導線の軸を通る$y=0$面に対し，両導線からの磁場への寄与分は垂直方向です．したがって，これは上述の近似の範囲内で，

$$H_y(x,0) \approx \frac{I}{2\pi(d+x)} + \frac{I}{2\pi(d-x)} \quad \cdots\cdots\cdots\cdots\cdots\cdots\cdots (A.1)$$

となります．この場合，この2つの導線の間の磁束は，この中心面にわたって磁束密度を面積積分して求めることができます．すなわち，z方向の単位長に対して，

$$\psi_m \approx \frac{\mu I}{2\pi} \int_{-(d-R)}^{(d-R)} \left[\frac{1}{d+x} + \frac{1}{d-x}\right] dx$$

$$= \frac{\mu I}{2\pi} \left[\ln(d+x) - \ln(d-x)\right]_{-(d-R)}^{(d-R)} \quad \cdots\cdots\cdots\cdots\cdots\cdots\cdots (A.2)$$

となります．したがって，単位長あたりの外部インダクタンスの近似式は，次のようになります．

$$L = \frac{\psi_m}{I} \approx \frac{\mu}{2\pi}\left[\ln\left(\frac{2d-R}{R}\right) - \ln\left(\frac{R}{2d-R}\right)\right] = \frac{\mu}{\pi}\ln\left(\frac{2d}{R}-1\right) \quad \cdots\cdots\cdots (A.3)$$

問題 4.2 問題4.1において，導線間の距離$2d$が半径Rと同程度である場合，この線路の外部インダクタンスを表す正確な式を求めよ．

答 導線間の距離が半径と同程度の場合，導線内の電流分布が変化します．この場合，第7章で述べる等角変換法によれば，磁束ψ_mの正確な式は，

$$\psi_m = -\frac{\mu I}{4\pi} \ln\left[\frac{(x-a)^2 + y^2}{(x+a)^2 + y^2}\right] \quad \cdots\cdots\cdots\cdots\cdots\cdots\cdots (A.4)$$

となります．ここで，

$$a = \sqrt{d^2 - R^2} \quad \cdots\cdots\cdots\cdots\cdots\cdots\cdots (A.5)$$

とします．$x = d-R$と$x = -d+R$における磁束の差（両方とも$y=0$において）を取ると，

$$\Delta\psi_m = \psi_m(d-R, 0) - \psi_m(-d+R, 0)$$

$$= -\frac{\mu I}{4\pi}\left\{\ln\left[\frac{d-R-a}{d-R+a}\right]^2 - \ln\left[\frac{-d+R-a}{-d+R+a}\right]^2\right\}$$

$$= -\frac{\mu I}{\pi}\ln\left|\frac{d-R-a}{d-R+a}\right| = -\frac{\mu I}{\pi}\ln\left|\frac{d-R-\sqrt{d^2-R^2}}{d-R+\sqrt{d^2-R^2}}\right| \quad \cdots\cdots\cdots (A.6)$$

となり，この式の分母と分子に $(d-R)-\sqrt{(d^2-R^2)}$ を乗じると，

$$\Delta\psi_m = -\frac{\mu I}{\pi}\ln\left\{\frac{d}{R} - \sqrt{\left(\frac{d}{R}\right)^2 - 1}\right\} = \frac{\mu I}{\pi}\cosh^{-1}\left(\frac{d}{R}\right) \quad \cdots\cdots\cdots (A.7)$$

となります．したがって，外部インダクタンスは次のようになります．

$$L = \frac{\Delta\psi_m}{I} = \frac{\mu}{\pi}\cosh^{-1}\left(\frac{d}{R}\right) \quad \cdots\cdots\cdots\cdots\cdots\cdots\cdots\cdots\cdots\cdots\cdots\cdots (A.8)$$

問題 4.3 電流が時間と共に正弦的に変化する場合，幅 w，長さ ℓ，表皮深さ δ の平面導体の内部インダクタンスと内部リアクタンスを表す式をエネルギー法によって求めよ．

答 はじめに，蓄積エネルギーの回路形を電磁場形に等値します．すなわち，

$$\frac{1}{2}LI^2 = \int_V \frac{\mu}{2}H^2 dV \quad \cdots\cdots\cdots\cdots\cdots\cdots\cdots\cdots\cdots\cdots\cdots\cdots\cdots\cdots (A.9)$$

とします．電流が時間と共に正弦的に変化する場合，半無限導体内の磁場分布は次式で表されます〔第3章の式(137)〕．ここでは，第3章の**図3.9**の座標系を使用しています．

$$H_y = -\frac{\sigma\delta E_0}{(1+j)}e^{-(1+j)x/\delta} \quad \cdots\cdots\cdots\cdots\cdots\cdots\cdots\cdots\cdots\cdots\cdots (A.10)$$

単位幅あたりの電流 J_{sz} は，表面における H_y の値に等しくなります．すなわち，次式が成立します．

$$J_{sz} = -H_y(0) = \frac{\sigma\delta E_0}{(1+j)} \quad \cdots\cdots\cdots\cdots\cdots\cdots\cdots\cdots\cdots\cdots\cdots (A.11)$$

ここで，L の計算に式(A.9)を使用します．ただし，式(A.9)は瞬時的な I と H に対するものなので，フェーザーで使用するには式(A.9)の等価式を書く必要があります．すなわち，次式が成立します．

$$\frac{1}{4}L|I|^2 = \int_V \frac{\mu}{4}|H^2|dV \quad \cdots\cdots (A.12)$$

ここで，各辺の1/4の因子は，正弦波の2乗を時間平均することによって出てきます．幅wをとると，電流はwJ_{sz}になります．長さをℓとして，式(A.10)と式(A.11)を式(A.12)に代入すると次式が得られます．

$$\frac{L}{4}\frac{\sigma^2\delta^2 E_0^2}{2}w^2 = w\ell\int_0^\infty \frac{\mu}{4}\frac{\sigma^2\delta^2 E_0^2}{2}e^{-2x/\delta}dx \quad \cdots\cdots (A.13)$$

すなわち，内部インダクタンスは，

$$L = \frac{\mu\ell}{w}\int_0^\infty e^{-2x/\delta}dx = \frac{\mu\ell\delta}{2w}\left[-e^{-2x/\delta}\right]_0^\infty = \frac{\mu\ell\delta}{2w} \quad \cdots\cdots (A.14)$$

となります．ここで，第3章の3.2.5節と3.2.6節から表皮深さと表面抵抗の式を代入すると，内部リアクタンスは次のようになります．

$$\omega L = \frac{\ell}{w}\frac{\omega\mu\sigma}{2\sigma}\sqrt{\frac{2}{\omega\mu\sigma}} = \frac{\ell}{w\sigma\delta} = \frac{R_s\ell}{w} \quad \cdots\cdots (A.15)$$

問題 4.4 本文の図4.7(a)に示す同軸ループの相互インダクタンスを表す式をノイマン形を用いて求めよ．

答 図4.7(a)に示す同軸ループにおいて，$\mathbf{dl}_1$を回路1の素片，$\mathbf{dl}_2$を回路2の素片とします．この場合，

$$\mathbf{dl}_1 \cdot \mathbf{dl}_2 = d\ell_2 a d\theta \cos\theta \quad \cdots\cdots (A.16)$$

$$R = \sqrt{d^2 + (a\sin\theta)^2 + (a\cos\theta - b)^2} \quad \cdots\cdots (A.17)$$

となります．$\theta = \pi - 2\phi$と

$$k^2 = \frac{4ab}{d^2 + (a+b)^2} \quad \cdots\cdots (A.18)$$

を代入すると，本文式(63)の積分は次のようになります．

$$M = \mu\sqrt{ab}\,k\int_0^{\pi/2}\frac{(2\sin^2\phi - 1)d\phi}{\sqrt{1 - k^2\sin^2\phi}} \quad \cdots\cdots (A.19)$$

これは次のように書くことができます．

$$M = \mu\sqrt{ab}\left[\left(\frac{2}{k} - k\right)K(k) - \frac{2}{k}E(k)\right] \quad \cdots\cdots (A.20)$$

ここで，

$$E(k) = \int_0^{\pi/2} \sqrt{1 - k^2 \sin^2 \phi}\, d\phi \quad \cdots\cdots\cdots\cdots\cdots\cdots\cdots\cdots\cdots\cdots\cdots\cdots\cdots\cdots (\text{A.21})^{(注1)}$$

$$K(k) = \int_0^{\pi/2} \frac{d\phi}{\sqrt{1 - k^2 \sin^2 \phi}} \quad \cdots\cdots\cdots\cdots\cdots\cdots\cdots\cdots\cdots\cdots\cdots\cdots (\text{A.22})$$

注1：定積分(A.21)と(A.22)は，それぞれ第1種および第2種の完全楕円積分であり，これらはkの関数として数表化されています．

問題 4.5 図A.2(a)に示すように，導線が丸いループを形成している．導線半径aがループ半径rに比べて非常に小さい場合，この円形ループの自己インダクタンスを相互インダクタンスの考え方を用いて計算せよ．

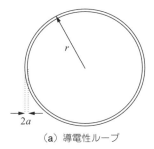
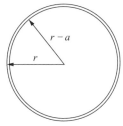

（a）導電性ループ

（b）2本の線状ループ
（一方は導線の中心を通り，もう一方は内周に沿う）

図A.2
丸いループの導線

答 導線半径aがループ半径rに比べて小さければ，この磁場は電流が導線の中心に集中して流れるときの磁場と同じになります．したがって，このループの外部インダクタンスは図A.2(b)の2本の線の間の相互インダクタンスで近似できます．この場合，半径rと$(r-a)$の2つの同芯円の間の相互インダクタンスとして，前問の式(A.20)を用いると次式が得られます．

$$L_0 = \mu(2r-a)\left[\left(1 - \frac{k^2}{2}\right)K(k) - E(k)\right]$$

$$k^2 = \frac{4r(r-a)}{(2r-a)^2} \quad \cdots\cdots\cdots\cdots\cdots\cdots\cdots\cdots\cdots\cdots\cdots\cdots\cdots\cdots\cdots\cdots (\text{A.23})$$

ここで，$E(k)$と$K(k)$は前問で定義した式(A.21)と式(A.22)です．a/rが非常に小さい値であれば，kはほぼ1であり，KとEは次のように近似できます．

$$K(k) \cong \ln\left(\frac{4}{\sqrt{1-k^2}}\right) \quad \cdots\cdots (A.24)$$

$$E(k) \cong 1 \quad \cdots\cdots (A.25)$$

したがって,

$$L_0 \cong r\mu\left[\ln\left(\frac{8r}{a}\right) - 2\right] \quad \cdots\cdots (A.26)$$

となります[注2].

注2:全体の L を求めるには,4.2.2節で求めた内部インダクタンスを式(A.26)に加える必要があります.

問題 4.6 図A.3に示す半径 a の円形ループ・アンテナがある.この寸法は内部を流れる電流 I がループ内で一定と考えることができるほど小さいとする.このループ・アンテナの放射抵抗とインダクタンスを表す式を求めよ.

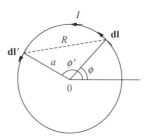

図A.3
電流 I が一定の円形ループ

答 電流 I がループ内で一定であれば,これを本文式(87)の積分の外に出すことができ,式(87)の誘導項を次のように書くことができます.

$$V_{\text{induced}} = (R_r + j\omega L)I \quad \cdots\cdots (A.27)$$

ここで R_r と L は,

$$R_r = \oiint \frac{\omega\mu \sin kR}{4\pi R} \mathbf{dl} \cdot \mathbf{dl'} \quad \cdots\cdots (A.28)$$

$$L = \oiint \frac{\mu \cos kR}{4\pi R} \mathbf{dl} \cdot \mathbf{dl'} \quad \cdots\cdots (A.29)$$

であり,$\mathbf{dl} = \hat{\boldsymbol{\varphi}} a d\phi$,$\mathbf{dl'} = \hat{\boldsymbol{\varphi}}' a d\phi'$ です.$\mathbf{dl}$ と $\mathbf{dl'}$ の間の角度は $(\phi-\phi')$ であり,この距離 R は $2a\sin[(\phi-\phi')/2]$ です.この回路が波長に比べて小さく,$kR \ll 1$ であれば,

式(A.28)の中のsin項をテーラー級数の最初の2項で置き換えることができます．すなわち，

$$R_r \approx \int_0^{2\pi} \int_0^{2\pi} \frac{\omega\mu}{4\pi R}\left\{kR - \left[\frac{k^3 R^3}{6}\right]\right\}a^2\cos(\phi - \phi')d\phi d\phi' \quad \cdots\cdots\cdots (\text{A.30})$$

となります．この式の第1項は積分すると0になり，第2項から次式が得られます．

$$R_r \approx \int_0^{2\pi} \int_0^{2\pi} \frac{-4\omega\mu k^3 a^4}{24\pi}\sin^2\left(\frac{\phi - \phi'}{2}\right)\cos(\phi - \phi')d\phi d\phi' \quad \cdots\cdots\cdots (\text{A.31})$$

この積分は実行することができ，次式が得られます．

$$R_r = \frac{-\omega\mu k^3 a^4}{6\pi}(-\pi^2) = \frac{\pi}{6}\left(\frac{\mu}{\varepsilon}\right)^{1/2}(ka)^4 \quad \cdots\cdots\cdots (\text{A.32})$$

したがって，放射抵抗は半径と波長の比の4乗で増加します．特に $a = 0.05\lambda$ の場合，この値は，

$$R_r = \frac{120\pi^2}{6}(2\pi \times 0.05)^4 = 1.537 \quad [\Omega] \quad \cdots\cdots\cdots (\text{A.33})$$

となります．L の中の $\cos kR$ を同様に級数に展開すると，

$$L \approx \int_0^{2\pi} \int_0^{2\pi} \frac{\mu}{4\pi R}\left[1 - \frac{k^2 R^2}{2} + \frac{k^4 R^4}{24} - \cdots\right]a^2\cos(\phi - \phi')d\phi d\phi' \quad \cdots\cdots\cdots (\text{A.34})$$

となります．この第1項は，このループのインダクタンスのノイマン形です(4.3.2節)．残りの項は，このインダクタンスの遅延による修正項を表しています．

問題 4.7 図A.4に示すように，電流分布が，

$$I(z) = I_m f(z) \quad \cdots\cdots\cdots (\text{A.35})$$

の直線ダイポール・アンテナがある．ここで，$f(z)$ は実数である．このアンテナの放射抵抗を求めよ．また，このアンテナが半波ダイポール・アンテナの場合の放射抵抗値を求めよ．

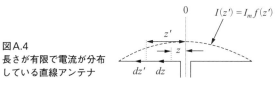

図A.4
長さが有限で電流が分布している直線アンテナ

答 この場合には導体は閉路を形成しないため，本文式(70)の積分は通路の導電性部分にわたってのみしか行うことができません．したがって，はじめにz成分だけをもつ遅延ポテンシャルを次式により求めます．

$$A_z = \int_{-\ell}^{\ell} \frac{\mu I_z e^{-jkR}}{4\pi R} dz' = \mu I_m \int_{-\ell}^{\ell} \frac{f(z') e^{-jk|z-z'|}}{4\pi |z-z'|} dz' \quad \cdots\cdots (A.36)$$

第3章の式(175)により，電場は$\mathbf{A}$を用いて次のように求めることができます．

$$\mathbf{E} = -j\omega\left[\mathbf{A} + \frac{1}{k^2}\nabla(\nabla\cdot\mathbf{A})\right] = -j\omega\hat{\mathbf{z}}\left[A_z + \frac{1}{k^2}\frac{\partial^2 A_z}{\partial z^2}\right] \quad \cdots\cdots (A.37)$$

この場合，電流と同相の$\mathbf{E}$の部分が放射電力の原因になり，これはA_zの虚数部から生じます．$I(z)E_{\text{in-phase}}$をアンテナにわたって積分すると，放射する全電力になり，これは放射抵抗を用いて次式で表すことができます．

$$W = \int_{-\ell}^{\ell} I(z)(E_z)_{\text{in-phase}} dz = \frac{I_m^2 R_r}{2} \quad \cdots\cdots (A.38)$$

したがって，これに式(A.36)と式(A.37)を代入すると，次式が得られます．

$$R_r = \frac{2\omega\mu}{4\pi}\int_{-\ell}^{\ell} dz f(z)\int_{-\ell}^{\ell} f(z')\left\{\left[\frac{\sin k|z-z'|}{|z-z'|}\right] + \frac{\partial^2}{\partial z^2}\left[\frac{\sin k|z-z'|}{|z-z'|}\right]\right\}dz' \quad \cdots (A.39)$$

この積分を行う場合，$\sin k|z-z'|$を級数展開します．半波ダイポール〔すなわち$\ell = \lambda/4$および$f(z) = \cos kz$〕の場合に対してこの積分を行うと，R_rは約73.1Ωとなります．この値は，第12章で述べるポインティング積分から得られる値と同じになります[注3]．

注3：アンテナの放射抵抗を求めるこの方法を誘起emf法と言います．

第5章

伝送線路

　本章では，はじめに無損失伝送線路の解析方法を示し，いろいろな負荷状態における反射と透過，インピーダンス変換やアドミッタンス変換，定在波比の概念について説明します．また，伝送線路の図的解法であるスミス・チャートとそのいろいろな使用方法を述べます．最後に，線路が損失性の場合，共振する場合，一様でない場合について考えます．

　時間と共に変化する磁場によってファラデーの法則による電場ができ，時間と共に変化する電場によって一般化したアンペアの法則による磁場ができます．この相互関係は，導体境界あるいは誘電体境界に沿っても起こり，このような境界によって導かれる波が伝搬します．この波は，電磁エネルギーを波源から負荷まで導く場合に非常に重要です．また，誘電体導波系や筒状導体の導波系，表面導波系も重要ですが，理解することが簡単で，それ自身が重要な系は2導体伝送線路です．

　2導体伝送線路は分布回路と考えることができます．したがって，回路理論と電磁場理論の関係を示すために便利です．この伝送線路の解析結果から，エネルギーの伝搬，不連続部における反射，進行波と定在波および定在波の共振，位相速度および群速度といった概念や，損失が波の性質に及ぼす効果をより一般的な導波系に拡張することができます．

　本章で述べる平行2線は伝送線路の代表的な例です．平行2線は，どの横断面でも電場は一方の導体から他方の導体に向い，これによってその面における導体間の電圧が決まります．磁場は導体を囲み，一方の導体の電流と他方の導体の等量反対方向の電流に関係します．電圧と電流の両方が，（もちろん，これらの元になる電場と磁場も）線路に沿う距離の関数です．本章では，以降の2つの節で分布回路理論から伝送線路方程式を導き，さらに回路理論と電磁場理論の関係について述べます．

5.1 損失がない伝送線路

5.1.1 無損失伝送線路に沿う電圧と電流

　伝送線路を分布回路と考えて話を始めます．電流が2つの平行導体の中を反対方向に流れる場合，この電流が形成する磁束に関して，単位長あたりのインダクタンスを第2章の2.2.2節で求めました．この電流が時間と共に変化すれば，線路に沿って電圧が変化します．同様に，電圧が時間と共に変化して導体に沿って流れる電流を変化させると，分布容量によって変位電流が導体間に流れます．この相互関係により，無損失伝送線路に沿う電圧と電流の波動方程式が出てきます．

　代表的な2導体無損失線路とその微分長の回路モデルを，図5.1に示します．ここで，単位長あたりの分布インダクタンスLと単位長あたりの分布容量Cをもつ線路の微分長dzを考えます．この場合，この線路の長さdzにおけるインダクタンスはLdzであり，容量はCdzです．

　この長さでの電圧の変化分は，このインダクタンスと電流の時間的変化レートの積に等しくなります．このような微分長に対して，これに沿う電圧変化は任意の瞬間において，その長さと電圧の長さに対する変化レートの積として書くことができます．すなわち，

$$電圧変化 = \frac{\partial V}{\partial z}dz = -(Ldz)\frac{\partial I}{\partial t} \quad\quad (1)$$

となります．基準点は空間的あるいは時間的に独立に変化できるので，時間導関数

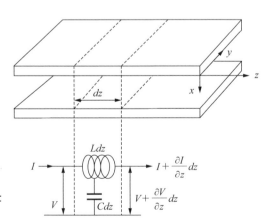

図5.1
代表的な無損失伝送線路と
その微分長の等価回路

と空間導関数を偏微分として書いています.

同様に,任意の瞬間において,線路に沿う電流の変化分は分布容量を分流する電流に等しくなります.電流の距離に対する減少レートは,この容量と電圧の時間的変化レートの積で与えられます.すなわち,

$$電流変化 = \frac{\partial I}{\partial z}dz = -(Cdz)\frac{\partial V}{\partial t} \quad \cdots\cdots\cdots (2)$$

となります.式(1)と式(2)において長さdzを消去すると,次式が得られます.

$$\frac{\partial V}{\partial z} = -L\frac{\partial I}{\partial t} \quad \cdots\cdots\cdots (3)$$

$$\frac{\partial I}{\partial z} = -C\frac{\partial V}{\partial t} \quad \cdots\cdots\cdots (4)$$

この式(3)と式(4)は,無損失伝送線路を解析するための基本的な微分方程式です.これらは,平面電磁波の場合にマックスウェルの方程式から求めた第3章の式(82)と式(86)の組,あるいは式(83)と式(85)の組と形式的に同じです.その解説で行ったように,式(3)と式(4)を結合して,どちらの変数に対しても波動方程式を導くことができます.例えば,式(3)を距離で偏微分し,式(4)を時間で偏微分すると,次式が得られます.

$$\frac{\partial^2 V}{\partial z^2} = -L\frac{\partial^2 I}{\partial z \partial t} \quad \cdots\cdots\cdots (5)$$

$$\frac{\partial^2 I}{\partial t \partial z} = -C\frac{\partial^2 V}{\partial t^2} \quad \cdots\cdots\cdots (6)$$

VとIが連続関数であれば,偏微分はどの順番で行っても同じ結果になるので,式(6)を式(5)に代入することができ,次式が得られます.

$$\frac{\partial^2 V}{\partial z^2} = LC\frac{\partial^2 V}{\partial t^2} = \frac{1}{v^2}\frac{\partial^2 V}{\partial t^2} \quad \cdots\cdots\cdots (7)$$

ここで,

$$v = (LC)^{-1/2} \quad \cdots\cdots\cdots (8)$$

です.式(3)と式(4)は伝送線路方程式として知られ,式(7)は1次元の波動方程式です.式(4)をzで微分し,式(3)をtで微分して,その結果を結合すると,電流についても次の同じ方程式が得られます.

$$\frac{\partial^2 I}{\partial z^2} = \frac{1}{v^2}\frac{\partial^2 I}{\partial t^2} \quad \cdots\cdots\cdots (9)$$

式(7)の形の方程式の解は,次の形であることを第3章3.2.2節で述べました.

$$V(z,t) = F_1\left(t - \frac{z}{v}\right) + F_2\left(t + \frac{z}{v}\right) \quad \cdots\cdots (10)$$

ここで，F_1 と F_2 は任意の関数です．$+z$ 方向に速度 v で移動する観察者は，$F_1(t-z/v)$ の一定値を見るので，$F_1(t-z/v)$ は $+z$ 方向に速度 v で進行する波を表します．同様に，$F_1(t+z/v)$ は $-z$ 方向に速度 v で動く波を表します．

線路上の電流を関数 F_1 と F_2 で表すには，式(10)で与えられる電圧の式を伝送線路方程式(3)に代入します．すなわち，

$$-L\frac{\partial I}{\partial t} = -\frac{1}{v}F_1'\left(t - \frac{z}{v}\right) + \frac{1}{v}F_2'\left(t + \frac{z}{v}\right) \quad \cdots\cdots (11)$$

となります．この式は t について積分することができ，次式が得られます．

$$I = \frac{1}{Lv}\left[F_1\left(t - \frac{z}{v}\right) - F_2\left(t + \frac{z}{v}\right)\right] + f(z) \quad \cdots\cdots (12)$$

この結果を別の伝送線路方程式である式(4)に代入すると，関数 $f(z)$ は定数でなければならないことがわかります．これは波動解を求めているときに関心のない直流解ですから，この定数は無視します．この場合，式(12)は次のようになります．

$$I = \frac{1}{Z_0}\left[F_1\left(t - \frac{z}{v}\right) - F_2\left(t + \frac{z}{v}\right)\right] \quad \cdots\cdots (13)$$

ここで，

$$Z_0 = Lv = \sqrt{\frac{L}{C}} \quad [\Omega] \quad \cdots\cdots (14)$$

です．

式(14)で定義する定数 Z_0 をこの線路の特性インピーダンスと言い，これは任意の点および任意の瞬間における一方の進行波の電圧と電流の比であることが式(10)と式(13)からわかります．波は左側に伝搬し，電流は右側に流れるときに正とするので，負方向進行波に負号が付くのは当然です．

5.1.2 伝送線路の電磁場解析と回路解析

本章では，伝送線路を解析するために分布回路モデルを用いますが，5.1.1節で求めた式を第3章の電磁場の概念に関係づけることにします．はじめに，**図5.1**に示す平行平板伝送線路の場合を取り上げます．この導電性平板の幅はy方向に十分広く，したがって，端部効果は無視できるとします．また，この平板が無損失導体とすれば，第3章で述べたように，E_x と H_y 成分だけを持つ一様平面波を平板間に考えることができ，これが電場の境界条件を満足することは明らかです．このような

波に対するマックスウェルの方程式は，第3章の式(52)と式(54)から，

$$\frac{\partial E_x(z,t)}{\partial z} = -\mu \frac{\partial H_y(z,t)}{\partial t} \quad \cdots\cdots\cdots\cdots\cdots\cdots\cdots\cdots\cdots\cdots (15)$$

$$\frac{\partial H_y(z,t)}{\partial z} = -\varepsilon \frac{\partial E_x(z,t)}{\partial t} \quad \cdots\cdots\cdots\cdots\cdots\cdots\cdots\cdots\cdots\cdots (16)$$

となります．ある点zにおける電圧を両板間の$-\mathbf{E}$の線積分として定義すれば，

$$V(z,t) = -\int_1^2 \mathbf{E} \cdot \mathbf{dl} = -\int_0^a E_x dx = -aE_x(z,t) \quad \cdots\cdots\cdots (17)$$

となります．上板の電流方向を正方向と定義すると，幅bに対する電流は水平方向の磁場と次式の関係があります．

$$I(z,t) = -bH_y(z,t) \quad \cdots\cdots\cdots\cdots\cdots\cdots\cdots\cdots\cdots\cdots\cdots\cdots (18)$$

これらを式(3)と式(4)に代入すると，

$$C = \frac{\varepsilon b}{a} \; [\mathrm{F/m}] \quad L = \frac{\mu a}{b} \; [\mathrm{H/m}] \quad \cdots\cdots\cdots\cdots\cdots\cdots (19)$$

であれば，式(15)と式(16)から式(1)および式(2)と同じ結果が得られます．これらはそれぞれ，このような平行平板導体の単位長あたりの容量とインダクタンスを静的概念から求めたものです．したがって，この場合には電磁場の概念と回路の概念は同じになります．

また，電磁場解析と分布回路解析を無損失同軸線路あるいは他の形状の無損失2導体系に適用すれば，これらの解析結果は同じになることがわかります．この理由は，このような系は電場と磁場の両方が横方向成分しか存在しないTEM波を伝搬させるからです．軸方向磁場がないということは横方向電場が誘起されないということであり，積分通路が横断面内にある限り，これに対応する2導体間の線積分$\int \mathbf{E} \cdot \mathbf{dl}$への寄与分がないことになります．したがって，両導体間の電圧をこの面内においてただ1つに定義されるものとして用いることができます．同様に，軸方向磁場がないということは，ある与えられた横断面内の通路に対して変位電流の$\oint \mathbf{H} \cdot \mathbf{dl}$への寄与分がないということであり，もしこのような閉路が一方の導体を囲めば，この積分値はこの瞬間にこの面における導体を流れる導電電流に等しくなります．

導体の抵抗値が有限の場合，回路解析と電磁場解析は同じ結果にはなりませんが，実用的な伝送線路の場合には，ほぼ同じになります．

5.1.3 抵抗負荷における反射と透過

たいていの伝送線路の問題は，ある与えられた線路と特性インピーダンスが異な

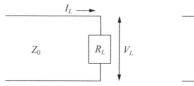 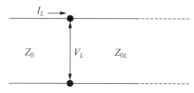

図5.2
もっとも簡単な不連続の伝送線路

(a) 抵抗負荷に接続した無損失伝送線路

(b) 長さが無限に長く特性インピーダンスZ_{0L}の無損失線路に接続した特性インピーダンスZ_0の伝送線路

る他の線路，負荷抵抗，あるいは不連続性が生じる何か別の素子との接続に関するものです．キルヒホフの法則により，全電圧と全電流は不連続部で連続していなければなりません．線路内の全電圧は，不連続部においてV_+に等しい正方向進行波の電圧とV_-に等しい反射波，あるいは負方向進行波の電圧の合計として表すことができます．V_+とV_-の合計量は，接続部において電圧V_Lに等しくなければなりません．すなわち，

$$V_+ + V_- = V_L \quad \cdots\cdots\cdots (20)$$

であり，同様に，線路の正方向進行波の電流と負方向進行波の電流の合計量は，不連続部において負荷に流れ込む電流に等しくなければなりません．すなわち，

$$I_+ + I_- = I_L \quad \cdots\cdots\cdots (21)$$

となります．

もっとも簡単な不連続の形は，**図5.2**(a)に示すように，抵抗負荷R_Lが伝送線路に接続された形になります．これと等価な他の場合は**図5.2**(b)に示すものであり，ここでは第1の無損失線路が第2の無損失線路に接続され，第2の線路は長さが無限に長くて特性インピーダンスがZ_{0L}（ここで，$R_L = Z_{0L}$）になります．この場合，$V_L = R_L I_L$です．

5.1.1節で求めた2つの進行波の電圧と電流の関係を用いると，式(21)は次のようになります．

$$\frac{V_+}{Z_0} - \frac{V_-}{Z_0} = \frac{V_L}{R_L} \quad \cdots\cdots\cdots (22)$$

式(20)と式(22)から，反射波電圧と入射波電圧の比（反射係数）および負荷電圧と入射波電圧の比（透過係数）は次のように求められます．

$$\rho = \frac{V_-}{V_+} = \frac{R_L - Z_0}{R_L + Z_0} \quad \cdots\cdots\cdots (23)$$

$$\tau = \frac{V_L}{V_+} = \frac{2R_L}{R_L + Z_0} \quad \cdots\cdots\cdots\cdots\cdots\cdots\cdots\cdots\cdots\cdots\cdots\cdots\cdots\cdots\cdots\cdots (24)$$

これらの関係から得られる明白な結論は，終端抵抗値が線路の特性インピーダンスに等しければ反射はないということです．この場合，入射波のエネルギーはすべて負荷に伝達され，式(24)のτは1になります．

信号が正弦波で，負荷が純抵抗以外の場合の反射係数と透過係数の定義式を5.1.4節で示します．

負荷における瞬時入射電力は，$W_T^+ = I_+V_+ = V_+^2/Z_0$です．したがって，反射電力比は次の一定値になります．

$$\frac{W_T^-}{W_T^+} = \rho^2 \quad \cdots\cdots\cdots\cdots\cdots\cdots\cdots\cdots\cdots\cdots\cdots\cdots\cdots\cdots\cdots\cdots\cdots (25)$$

残りの電力は負荷側に向うので，次式が成立します．

$$\frac{W_{TL}}{W_T^+} = 1 - \rho^2 \quad \cdots\cdots\cdots\cdots\cdots\cdots\cdots\cdots\cdots\cdots\cdots\cdots\cdots\cdots\cdots (26)$$

5.1.4 反射係数と透過係数，インピーダンス変換とアドミッタンス変換

前節では，伝送線路に加える電圧の時間変化形にはほとんど制限がありませんでした．多くの実際の問題では，電圧は時間とともに正弦的に変化します．この正弦波電圧は，$z = 0$で次のように表すことができます．

$$V(0,t) = V\cos\omega t \quad \cdots\cdots\cdots\cdots\cdots\cdots\cdots\cdots\cdots\cdots\cdots\cdots\cdots\cdots (27)$$

これに対応する正のz方向に向う進行波は，

$$V_+(z,t) = |V_+|\cos\omega\left(t - \frac{z}{v_p}\right) \quad \cdots\cdots\cdots\cdots\cdots\cdots\cdots\cdots\cdots (28)$$

であり，負のz方向に向う進行波は，

$$V_-(z,t) = |V_-|\cos\left[\omega\left(t + \frac{z}{v_p}\right) + \theta_\rho\right] \quad \cdots\cdots\cdots\cdots\cdots\cdots (29)$$

となります．全電圧は，この2つの進行波の合計量です．すなわち，

$$V(z,t) = |V_+|\cos\omega\left(t - \frac{z}{v_p}\right) + |V_-|\cos\left[\omega\left(t + \frac{z}{v_p}\right) + \theta_\rho\right] \quad \cdots\cdots (30)$$

であり，これに対応する電流は式(13)から次のようになります．

$$I(z,t) = \frac{|V_+|}{Z_0}\cos\omega\left(t - \frac{z}{v_p}\right) - \frac{|V_-|}{Z_0}\cos\left[\omega\left(t + \frac{z}{v_p}\right) + \theta_p\right] \quad \cdots\cdots (31)$$

速度 v で正の z 方向に移動する観察者は，$F(t-z/v)$ で表した波の上の1つの定点を見ることを5.1.1節で述べました．正弦波の変数部を位相と言い，位相が一定の点の速度を位相速度 v_p と言います．

時間に対する変化が正弦波の場合，式(30)と式(31)をフェーザー形で次のように書き換えると便利です．

$$V = V_+ e^{-j\beta z} + V_- e^{j\beta z} \quad \cdots\cdots (32)$$

$$I = \frac{1}{Z_0}\left[V_+ e^{-j\beta z} - V_- e^{j\beta z}\right] \quad \cdots\cdots (33)$$

ここで，

$$\beta = \frac{\omega}{v_p} = \omega\sqrt{LC} \quad \cdots\cdots (34)$$

です．V_+ を位相0の基準に取ることができ，この場合は実数になります．ここで，V_- は一般に複素数で，$|V_-|e^{j\theta_p}$ に等しくなります．このとき，瞬時形の式(30)の場合と同様に，θ_p は $z=0$ における反射波と入射波の間の位相角になります．

β をこの線路の位相定数と言います．この理由は，βz が $z=0$ を基準とする点 z における瞬時位相を表すからです．この線路に沿って，βz が 2π の整数倍だけ離れた2点において電圧(あるいは電流)は同じ値になります．この整数値が1の点の距離を，波長 λ と言います．すなわち，

$$\beta\lambda = 2\pi \quad \cdots\cdots (35)$$

したがって，

$$\beta = \frac{2\pi}{\lambda} = \omega\sqrt{LC} \quad \cdots\cdots (36)$$

となります．

電圧が正弦波の場合，式(23)と式(24)の反射係数と透過係数を別な形で書くことができます．3つの代表的な不連続部を図5.3に示しますが，解析している不連続部のところに z 座標の原点を選びます．前の解析は，右側の2つの線路において $z=0$ で $+z$ 方向を見たインピーダンスを与えるものと考えます．任意の点において，インピーダンスは全フェーザー電圧と全フェーザー電流の比で決まります．$z=0$ におけるインピーダンス，すなわち負荷インピーダンス Z_L を式(32)と式(33)の比に等しいとします．比 V_-/V_+ を求めると，正弦波の反射係数が次式で求められます．

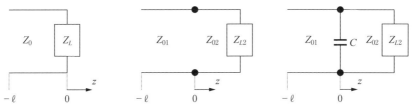

図5.3 $z=0$ に不連続部がある長さ ℓ の線路

$$\rho = \frac{V_-}{V_+} = \frac{Z_L - Z_0}{Z_L + Z_0} \quad \cdots\cdots(37)$$

また，正弦波の透過係数は次式で求められます．

$$\tau = \frac{V_L}{V_+} = \frac{2Z_L}{Z_L + Z_0} \quad \cdots\cdots(38)$$

負荷電圧 V_L は $z=0$ における全電圧です．

時間関数が実数の場合，不連続部における反射電力と透過電力の式を式(25)と式(26)で求めましたが，これらの式は複素指数形の正弦波信号に適用できます．この場合の電力は $VI^*/2$ であり，無損失線路内の1つの波に対してこの電力は $VV^*/2Z_0 = |V|^2/2Z_0$ ですから，反射電力比は，

$$\frac{W_T^-}{W_T^+} = \frac{|V_-|^2}{|V_+|^2} = |\rho|^2 \quad \cdots\cdots(39)$$

であり，残りの電力は負荷に入るので，次式が成立します．

$$\frac{W_{TL}}{W_T^+} = 1 - |\rho|^2 \quad \cdots\cdots(40)$$

次に，$z = -\ell$ における入力インピーダンスと入力アドミッタンスの式を求めます．入力インピーダンスは，$z = -\ell$ とした式(32)を式(33)で除して，次のように求められます．

$$Z_i = Z_0 \left[\frac{e^{j\beta\ell} + \rho e^{-j\beta\ell}}{e^{j\beta\ell} - \rho e^{-j\beta\ell}} \right] \quad \cdots\cdots(41)$$

あるいは，これに式(37)を代入すると，次式が得られます．

$$Z_i = Z_0 \left[\frac{Z_L \cos\beta\ell + jZ_0 \sin\beta\ell}{Z_0 \cos\beta\ell + jZ_L \sin\beta\ell} \right] \quad \cdots\cdots(42)$$

次の各アドミッタンス $Y_i = 1/Z_i$, $Y_L = 1/Z_L$, $Y_0 = 1/Z_0$ を定義すると，上と同じ形の次の入力アドミッタンスの式を求めることができます．

$$Y_i = Y_0 \left[\frac{Y_L \cos\beta\ell + jY_0 \sin\beta\ell}{Y_0 \cos\beta\ell + jY_L \sin\beta\ell} \right] \quad\quad\quad\quad\quad\quad\quad\quad\quad\quad (43)$$

5.1.5 定在波比

次に,式(32)の電圧の位相を調べてみましょう.時間の原点をうまく選ぶと,1つの係数,例えばV_+を実数にすることができます.複素数である反射係数式(37)は$|\rho|e^{j\theta_\rho}$の形で書くことができるので,式(32)の中のV_-を$V_+|\rho|e^{j\theta_\rho}$で置き換えることができ,次式が得られます.

$$V = V_+ e^{-j\beta z} + V_+|\rho|e^{j(\theta_\rho+\beta z)} \quad\quad\quad\quad\quad\quad\quad\quad (44)$$

$-z$を線路の終端からの距離ℓで置き換え,この式を時間の実数関数で書くと

$$V(t,-\ell) = V_+ \cos(\omega t + \beta\ell) + V_+|\rho|\cos(\omega t - \beta\ell + \theta_\rho) \quad\quad (45)$$

となります.例えば,$t=0$という瞬間を考えると,入射波(第1項)のcosの変数(位相)は$z=0$からの距離とともに増加し,反射波(第2項)の位相は$z=0$からの距離とともに減少することがわかります.これらの位相を図5.4の上側の図に示します.ここで,ある距離z_0において両波の位相が同じであることは明らかです.$z=z_\pi$では反射波の位相は$\pi/2$だけ減少し,入射波の位相は$\pi/2$だけ増加するので,両波の

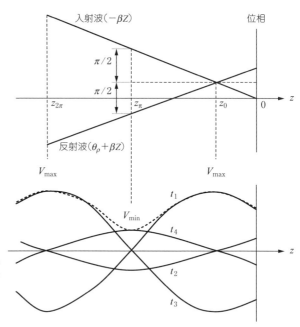

図5.4 入射波と反射波の位相と振幅
上の図は反射係数が$\rho=|\rho|e^{j\theta_\rho}$の線路内の$t=0$における入射波と反射波の位相を示す.下の図は時間$\omega t_1=-\theta_\rho/2$, $\omega t_2=-\theta_\rho/2+\pi/2$, $\omega t_3=-\theta_\rho/2+\pi$, $\omega t_4=-\theta_\rho/2+3\pi/2$のときの全電圧を示す.破線は,線路に沿う電圧の振幅を示す

位相はπradだけ異なります．$z=z_{2\pi}$では両波の位相は2πradだけ異なり，以下同様になります．したがって，2つの正弦波が同相となる一連の場所と位相がπradずれる一連の場所が存在します．2つの正弦波が同相のところでは，各瞬間にこれらは加算され，位相がπradずれるところではこれらは引き算になります．

前者の位置で全電圧は振幅が最大となり，後者の位置で全電圧は振幅が最小となります．式(44)に示す入射波と反射波の合計量を調べると，全電圧を定在波と進行波の合計として表せることがわかります．電圧が最大ピーク値と最小ピーク値になるときの電圧を示すため，1周期の中のいくつかの特定の時間における全電圧を，図5.4の下側の図に示します．破線は伝送線路に沿う電圧の振幅を示します．

電圧の最大値は，

$$V_{\max} = |V_+| + |V_-| \quad \cdots\cdots(46)$$

であり，この最大値から4分の1波長離れたところにある電圧の最小値は，

$$V_{\min} = |V_+| - |V_-| \quad \cdots\cdots(47)$$

になります．電圧振幅の最大値と最小値の比として，定在波比を次式により定義します．

$$S = \frac{V_{\max}}{V_{\min}} \quad \cdots\cdots(48)$$

この式に，式(46)と式(47)および反射係数の定義式である式(37)を代入すると，次式が得られます．

$$S = \frac{|V_+| + |V_-|}{|V_+| - |V_-|} = \frac{1+|\rho|}{1-|\rho|} \quad \cdots\cdots(49)$$

定在波比は反射係数ρの大きさに直接関係し，この量と同じ情報を表すことがわかります．式(49)と逆の関係式は，

$$|\rho| = \frac{S-1}{S+1} \quad \cdots\cdots(50)$$

です．図5.4は，$S=3$の場合を示したものであり，これは$|\rho|=1/2$に相当します．

電流方程式の式(33)には負号があるので，2つの進行波の電圧が加算される位置で電流は引き算になり，この逆も成立します．したがって，電圧が最大の位置は電流が最小の位置になります．電流の最小値は，

$$I_{\min} = \frac{|V_+| - |V_-|}{Z_0} \quad \cdots\cdots(51)$$

になります．この位置でインピーダンスは純抵抗になり，次の最大値になります．

$$Z_{\max} = Z_0 \left[\frac{|V_+| + |V_-|}{|V_+| - |V_-|} \right] = Z_0 S \quad \cdots\cdots\cdots\cdots\cdots\cdots\cdots\cdots\cdots\cdots\cdots\cdots (52)$$

電圧が最小の位置で電流は最大であり,インピーダンスは最小かつ実数になります.すなわち,

$$I_{\max} = \frac{|V_+| + |V_-|}{Z_0} \quad \cdots\cdots\cdots\cdots\cdots\cdots\cdots\cdots\cdots\cdots\cdots\cdots (53)$$

$$Z_{\min} = Z_0 \left[\frac{|V_+| - |V_-|}{|V_+| + |V_-|} \right] = \frac{Z_0}{S} \quad \cdots\cdots\cdots\cdots\cdots\cdots\cdots\cdots\cdots\cdots (54)$$

となります.

5.1.6 スミス・チャート

伝送線路の計算をするために,これまで多くの図的解法が考案されてきました.この中でもっとも有名な図は,スミスが考えたものです.これは,半径が反射係数の大きさに等しい極図の上に,抵抗が一定の軌跡群とリアクタンスが一定の軌跡群を描いて構成されます.

この図を用いると,インピーダンスが線路に沿って変化するようすを簡単に知ることができ,インピーダンスと反射係数あるいは定在波比および電圧の最小位置との関係を知ることができます.いくつかの操作を組み合わせると,複雑なインピーダンス整合方法を理解することができ,新しい整合方法を工夫することができます.

周波数が変化する場合に,多くのデバイスのインピーダンスの軌跡を表すためにもこの図がよく用いられます.この図は,反射係数の平面を使用しています.この場合,伝送線路に沿う任意の点におけるインピーダンスは,単位円の内部に存在します.抵抗が一定の軌跡群は円群であり,リアクタンスが一定の軌跡群は抵抗が一定の円群に直交する円群になります.最初にこの基礎的事項について述べ,次節でこの図の使い方を説明します.

このチャートは,インピーダンスを反射係数で表す式(41)から始まります.次の正規化インピーダンスの式,

$$\zeta(\ell) = (r + jx) = \frac{Z_i}{Z_0} \quad \cdots\cdots\cdots\cdots\cdots\cdots\cdots\cdots\cdots\cdots\cdots\cdots (55)$$

および,位相を入力位置$z = \ell$までずらした線路端における反射係数に等しい複素変数wを次式で定義します.

$$w = u + jv = \rho e^{-2j\beta\ell} \quad \cdots\cdots(56)$$

この場合，式(41)は次のように書くことができます．

$$\zeta(\ell) = \frac{1+w}{1-w} \quad \cdots\cdots(57)$$

あるいは，

$$r + jx = \frac{1+(u+jv)}{1-(u+jv)} \quad \cdots\cdots(58)$$

となり，この式は次のように実数部と虚数部に分離することができます．

$$r = \frac{1-(u^2+v^2)}{(1-u)^2+v^2} \quad \cdots\cdots(59)$$

$$x = \frac{2v}{(1-u)^2+v^2} \quad \cdots\cdots(60)$$

あるいは

$$\left(u - \frac{r}{1+r}\right)^2 + v^2 = \frac{1}{(1+r)^2} \quad \cdots\cdots(61)$$

$$(u-1)^2 + \left(v - \frac{1}{x}\right)^2 = \frac{1}{x^2} \quad \cdots\cdots(62)$$

したがって，抵抗 r が一定の軌跡群を（u と v を直角座標とする）w 面の上に描くと，これらは式(61)から中心が u 軸上の $[r/(1+r), 0]$ にあって，半径が $1/(1+r)$ の円群であることがわかります．$r = 0$，$1/2$，1，2，∞ の場合の曲線群を図5.5に示します．式(62)から，w 面上に表す x が一定の曲線群も中心が $(1, 1/x)$ にあって半径が $1/|x|$ の円群です．$x = 0$，$\pm 1/2$，± 1，± 2，∞ の場合の円群も図5.6に示します．伝送線路上の任意の点におけるインピーダンスは抵抗部が正のある値ですから，この点は w 面の単位円の内部のある特定の点に対応します．次節では，このチャートのいくつかの使い方を説明します．

5.1.7　スミス・チャートの使い方

本節で，スミス・チャートの使い方を説明します．内容は，負荷インピーダンスから反射係数や定在波比を求める方法，線路に沿ってインピーダンスを変換する方法，インピーダンス整合を行う方法などです．

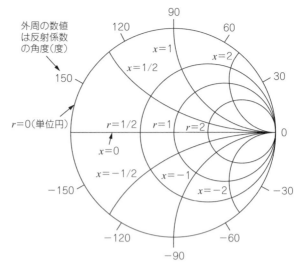

図5.5
スミス・チャート

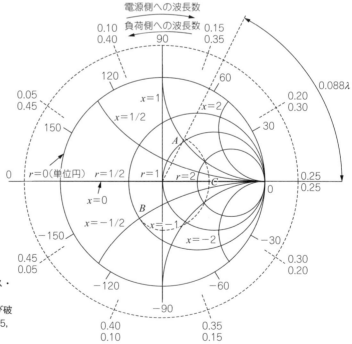

図5.6
インピーダンスのスミス・チャート
点A, 点B, 点Cおよび破線は, 問題5.4, 問題5.5, 問題5.6に関するもの

(1) 負荷インピーダンスから反射係数を求める方法

伝送線路上のある点に対応するスミス・チャート内の点の位置は，その位置における正規化インピーダンスの値がわかれば，直ちに決めることができます．例えば，**図5.6**のA点は円$r=1$と円$x=1$の交点であり，正規化インピーダンスが$1+j1$の位置に対応します．式(56)から$|w|=|\rho|$であり，式(61)からチャートの外周端の円$r=0$上で$|w|=(u^2+v^2)^{1/2}=1$であることは明らかです．したがって，$r=0$の円までの半径を基準とした図上のある点までの半径は，$|\rho|$を表します．もし，スミス・チャート上の点が正規化負荷インピーダンスであれば，$\ell=0$および$\angle w=\angle\rho$です．したがって，反射係数の位相角を直接読み取ることができます．

この手順を逆にして，ρを与えたときにZ_Lを求めることもできます．

(2) 線路に沿ってインピーダンスを変換する方法

無損失線路に沿って負荷から見た位置ℓが変化する場合，式(56)からわかるようにwの位相角だけが変化します．ここで，負荷における反射係数ρは複素数です．したがって，無損失線路に沿う位置の変化は，チャート上ではw面の原点を中心とする円に沿う動きで表されます．wが変化する角度は線路の長さに比例し，これは式(56)により線路の電気長$\beta\ell$の2倍になります（通常，このチャートには円外に波長で較正した目盛りが付いているので，この角度をいちいち計算する必要はない．**図5.6**参照）．最後に，円に沿って動く方向も式(56)で決まっています．もし（ℓが増加し）発振器側に動くなら，wの角度は次第に負になり，これはチャート上で時計方向の動きになります．負荷側に動く場合にはℓは減少し，チャート上で反時計方向の動きになります．

(3) 負荷インピーダンスから定在波比と電圧最小位置を求める方法

ある負荷インピーダンスで終端した無損失伝送線路の定在波比を知りたい場合は，前節で得た知識を使用します．式(53)が表していることは，インピーダンスが最大となる位置は電圧が最大の位置でもあり，その点におけるインピーダンスは実数ということです．そこで次式が成立します．

$$S = \frac{Z_{\max}}{Z_0} = \zeta_{\max} \quad \cdots\cdots\cdots\cdots\cdots (63)$$

（$|\rho|=$一定の円で表される）任意の無損失伝送線路に沿ってインピーダンスが実数かつ最大である点は，水平軸（u軸）の右側にあることが**図5.6**からわかります．したがって，与えられた負荷インピーダンスから決まるチャート上の円に沿って進

み，この円がw面のu軸の右側と交わる点を読み取ります．この場合，この点の正規化抵抗値は定在波比に等しくなります．また，負荷インピーダンスの位置からこの点まで動くときの角度により，電圧最大位置を求めることができます．

定在波比と電圧最大点が与えられていれば，この手順を逆にして負荷インピーダンスを求めることができます．

(4) 縦続線路に沿ってインピーダンスを変換する方法

問題5.2に例を上げましたが，特性インピーダンスが異なる縦続線路の入力インピーダンスを求めたい場合が多いものです．スミス・チャートの中では，特性インピーダンスで正規化したインピーダンスを使用するので，縦続線路内のインピーダンス変換を調べるためには各線路で正規化を行う必要があります．負荷から計算を始め，線路ごとにインピーダンス変換を行い，発振器までもどります．これに関する問題を問題5.7に示します．

5.2 損失がある伝送線路

5.2.1 損失がある線路

損失がある線路やフィルタ型の伝送線路の場合，図5.7に示すように，回路の中の分布直列素子を単位長あたりのインピーダンスに一般化でき，また，分布並列素子を単位長あたりのアドミッタンスに一般化できます．したがって，正弦波の場合には複素記号を用いて，電圧と電流の距離に対する微分方程式は次のようになります．

$$\frac{dV}{dz} = -ZI \quad \cdots\cdots\cdots\cdots\cdots\cdots\cdots\cdots\cdots\cdots\cdots\cdots (64)$$

$$\frac{dI}{dz} = -YV \quad \cdots\cdots\cdots\cdots\cdots\cdots\cdots\cdots\cdots\cdots\cdots\cdots (65)$$

この場合，式(64)を微分して式(65)に代入すると次式が得られます．

$$\frac{d^2V}{dz^2} = \gamma^2 V \quad \cdots\cdots\cdots\cdots\cdots\cdots\cdots\cdots\cdots\cdots\cdots\cdots (66)$$

ここで，γは次式で表されます．

$$\gamma = \sqrt{ZY} \quad \cdots\cdots\cdots\cdots\cdots\cdots\cdots\cdots\cdots\cdots\cdots\cdots (67)$$

式(66)の解は次の指数関数で書くことができ，このことはこの式を式(66)に代入

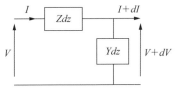
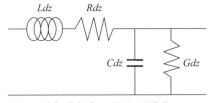

（a）一般的な伝送線路の微分長　　　　　（b）損失がある線路の微分長

図5.7　一般的な伝送線路と損失がある線路

すると確認できます．

$$V = V_+ e^{-\gamma z} + V_- e^{\gamma z} \quad \cdots\cdots(68)$$

これに対応する電流は式(64)から，

$$I = \frac{1}{Z_0}\left[V_+ e^{-\gamma z} - V_- e^{\gamma z}\right] \quad \cdots\cdots(69)$$

となります．ここで，Z_0は次式で与えられます．

$$Z_0 = \frac{Z}{\gamma} = \sqrt{\frac{Z}{Y}} \quad \cdots\cdots(70)$$

特性インピーダンスZ_0は一般に複素数であり，このことはそれぞれの進行波の電圧と電流が同相でないことを示しています．γを伝搬定数と言い，これも一般に複素数です．すなわち，

$$\gamma = \alpha + j\beta = \sqrt{ZY} \quad \cdots\cdots(71)$$

したがって，式(68)をαとβを用いて書くと次のようになります．

$$V = V_+ e^{-\alpha z} e^{-j\beta z} + V_- e^{\alpha z} e^{j\beta z} \quad \cdots\cdots(72)$$

このように，定数αは各波の指数関数的な減衰レートを表すので，これを減衰定数と言います．定数βは各波の単位長あたりの位相変化量を表し，無損失線路の場合と同様にこれを位相定数と言います．

Z_0が複素数であることに注意すれば，式(37)で導いた反射係数の式をこの場合にも適用することができます．式(68)を式(69)で除して，$z = -\ell$における入力インピーダンスを$z = 0$における反射係数$\rho = V_-/V_+$を用いて表すと，次式が得られます．

$$Z_i = Z_0 \left[\frac{V_+ e^{\gamma\ell} + V_- e^{-\gamma\ell}}{V_+ e^{\gamma\ell} - V_- e^{-\gamma\ell}}\right] = Z_0 \left[\frac{1 + \rho e^{-2\gamma\ell}}{1 - \rho e^{-2\gamma\ell}}\right] \quad \cdots\cdots(73)$$

この式に式(37)を代入すると，入力インピーダンスは負荷インピーダンスを用い

て次のように書くこともできます．

$$Z_i = Z_0 \left[\frac{Z_L \cosh\gamma\ell + Z_0 \sinh\gamma\ell}{Z_0 \cosh\gamma\ell + Z_L \sinh\gamma\ell} \right] \quad \cdots\cdots\cdots\cdots\cdots\cdots\cdots\cdots\cdots (74)$$

(1) 直列抵抗と並列コンダクタンスがある伝送線路

　実際問題として，伝送線路の損失を考えなければならない場合が重要です．一般に，線路の導体には分布直列抵抗が存在し，線路の誘電体を通して漏洩があるので分布並列コンダクタンスが存在します．この場合，図5.7(b)に示すように，分布インピーダンスと分布アドミッタンスは次式のようになります．

$$Z = R + j\omega L, \quad Y = G + j\omega C \quad \cdots\cdots\cdots\cdots\cdots\cdots\cdots\cdots\cdots (75)$$

　ここで，Lは外部インダクタンスと内部インダクタンスの両方を含みます．これらを式(67)と式(70)で使用し，伝搬定数と特性インピーダンスを求めることができます．式(73)と式(74)はインピーダンス変換に使用でき，γは複素数であることに注意して伝送線路のスミス・チャートを使用することができます．この手順は5.1.7節と同じですが，線路に沿って発振器側に動く場合に円に沿って動くのではなく，半径が$e^{-2\alpha\ell}$に従って指数関数的に減少するらせんに沿って動くところが，無損失の場合と異なります．

　多くの場合，損失は一般に少ないです．もし$R/\omega L \ll 1$および$G/\omega C \ll 1$であれば，式(67)と式(70)に式(75)を代入して2項展開し，その第2項までを取ると，次の近似式が得られます．

$$\alpha \approx \frac{R}{2\sqrt{L/C}} + \frac{G\sqrt{L/C}}{2} \quad \cdots\cdots\cdots\cdots\cdots\cdots\cdots\cdots\cdots (76)$$

$$\beta \approx \omega\sqrt{LC}\left[1 - \frac{RG}{4\omega^2 LC} + \frac{G^2}{8\omega^2 C^2} + \frac{R^2}{8\omega^2 L^2}\right] \quad \cdots\cdots\cdots\cdots\cdots\cdots (77)$$

$$Z_0 \approx \sqrt{\frac{L}{C}}\left[\left(1 + \frac{R^2}{8\omega^2 L^2} - \frac{3G^2}{8\omega^2 C^2} + \frac{RG}{4\omega^2 LC}\right) + j\left(\frac{G}{2\omega C} - \frac{R}{2\omega L}\right)\right] \quad \cdots\cdots (78)$$

　この近似式を使用する場合，1次修正項だけを残せば十分なことが多く，この場合にはβは理想値$2\pi/\lambda$になり，αは式(76)から計算され，Z_0には式(78)の最終項で与えられる1次の虚数部があります．2つの損失因子の1次効果はZ_0の中では相殺され，αの中では加算されます．

　無損失線路，低損失線路，および一般線路のいくつかの重要な式を表5.1にまとめました．また，断面が異なるいくつかの線路の特性式を表5.2にまとめました．

表5.1 伝送線路の一般式

項目	一般線路	無損失線路	低損失線路
伝搬定数 $\gamma = \alpha + j\beta$	$\sqrt{(R+j\omega L)(G+j\omega C)}$	$j\omega\sqrt{LC}$	(下の α と β 参照)
位相定数 β	$\mathrm{Im}(\gamma)$	$\omega\sqrt{LC} = \dfrac{\omega}{v} = \dfrac{2\pi}{\lambda}$	$\omega\sqrt{LC}\left(1 - \dfrac{RG}{4\omega^2 LC}\right)$
減衰定数 α	$\mathrm{Re}(\gamma)$	0	$\dfrac{R}{2Z_0} + \dfrac{GZ_0}{2}$
特性インピーダンス $Z_0[\Omega]$	$\sqrt{\dfrac{R+j\omega L}{G+j\omega C}}$	$\sqrt{\dfrac{L}{C}}$	$\sqrt{\dfrac{L}{C}}\left[1 + j\left(\dfrac{G}{2\omega C} - \dfrac{R}{2\omega L}\right)\right]$
入力インピーダンス Z_i	$Z_0\left(\dfrac{Z_L\cosh\gamma\ell + Z_0\sinh\gamma\ell}{Z_0\cosh\gamma\ell + Z_L\sinh\gamma\ell}\right)$	$Z_0\left(\dfrac{Z_L\cos\beta\ell + jZ_0\sin\beta\ell}{Z_0\cos\beta\ell + jZ_L\sin\beta\ell}\right)$	
短絡線路のインピーダンス	$Z_0\tanh\gamma\ell$	$jZ_0\tan\beta\ell$	$Z_0\left(\dfrac{\alpha\ell\cos\beta\ell + j\sin\beta\ell}{\cos\beta\ell + j\alpha\ell\sin\beta\ell}\right)$
開放線路のインピーダンス	$Z_0\cot\gamma\ell$	$-jZ_0\cot\beta\ell$	$Z_0\left(\dfrac{\cos\beta\ell + j\alpha\ell\sin\beta\ell}{\alpha\ell\cos\beta\ell + j\sin\beta\ell}\right)$
$\lambda/4$ 線路のインピーダンス	$Z_0\left(\dfrac{Z_L\sinh\alpha\ell + Z_0\cosh\alpha\ell}{Z_0\sinh\alpha\ell + Z_L\cosh\alpha\ell}\right)$	$\dfrac{Z_0^2}{Z_L}$	$Z_0\left(\dfrac{Z_0 + Z_L\alpha\ell}{Z_L + Z_0\alpha\ell}\right)$
$\lambda/2$ 線路のインピーダンス	$Z_0\left(\dfrac{Z_L\cosh\alpha\ell + Z_0\sinh\alpha\ell}{Z_0\cosh\alpha\ell + Z_L\sinh\alpha\ell}\right)$	Z_L	$Z_0\left(\dfrac{Z_L + Z_0\alpha\ell}{Z_0 + Z_L\alpha\ell}\right)$
線路に沿う電圧 $V(z)$	$V_i\cosh\gamma z - I_i Z_0 \sinh\gamma z$	$V_i\cos\beta z - jI_i Z_0 \sin\beta z$	
線路に沿う電圧 $I(z)$	$I_i\cosh\gamma z - \dfrac{V_i}{Z_0}\sinh\gamma z$	$I_i\cos\beta z - j\dfrac{V_i}{Z_0}\sin\beta z$	
反射係数 ρ	$\dfrac{Z_L - Z_0}{Z_L + Z_0}$	$\dfrac{Z_L - Z_0}{Z_L + Z_0}$	
定在波比 S	$\dfrac{1+|\rho|}{1-|\rho|}$	$\dfrac{1+|\rho|}{1-|\rho|}$	

$R,\ L,\ G,\ C$：単位長あたりの抵抗，インダクタンス，コンダクタンス，容量
ℓ：線路長　　　　　　　z：入力端から線路に沿う距離
添字 i：入力端量　　　　λ：線路に沿う波長
添字 L：出力端量　　　　v：線路の位相速度

(2) 低損失線路

損失が少ない場合，伝送線路内の減衰の近似式である式(76)は物理的考察から求めることができます．この方法は，後に考察する一般的な導波系の減衰量を計算するときに特に便利です．まず，式(72)の正方向に進行する電圧波と，これに対応する電流波を考えます．すなわち，

表5.2 断面が異なるいくつかの線路の特性式

断面形状 項目	同軸線路 (r_0, r_i)	平行線路 (s, d)	平行平板線路 (b, a) $a \ll b$ の場合
容量 C [F/m]	$\dfrac{2\pi\varepsilon}{\ln(r_0/r_i)}$	$\dfrac{\pi\varepsilon}{\cosh^{-1}(s/d)}$	$\dfrac{\varepsilon b}{a}$
外部インダクタンス L [H/m]	$\dfrac{\mu}{2\pi}\ln\left(\dfrac{r_0}{r_i}\right)$	$\dfrac{\mu}{\pi}\cosh^{-1}\left(\dfrac{s}{d}\right)$	$\mu\dfrac{a}{b}$
コンダクタンス G [S/m]	$\dfrac{2\pi\sigma}{\ln(r_0/r_i)} = \dfrac{2\pi\omega\varepsilon''}{\ln(r_0/r_i)}$	$\dfrac{\pi\sigma}{\cosh^{-1}(s/d)} = \dfrac{\pi\omega\varepsilon''}{\cosh^{-1}(s/d)}$	$\dfrac{\sigma b}{a} = \dfrac{\omega\varepsilon'' b}{a}$
抵抗 R [Ω/m]	$\dfrac{R_s}{2\pi}\left(\dfrac{1}{r_0}+\dfrac{1}{r_i}\right)$	$\dfrac{2R_s}{\pi d}*\dfrac{s/d}{\sqrt{(s/d)^2-1}}$	$\dfrac{2R_s}{b}$
内部インダクタンス L_i [H/m]	$\dfrac{R}{\omega}$ （周波数が高い場合）		
特性インピーダンス Z_0 [Ω]	周波数が高い場合		
	$\dfrac{\eta}{2\pi}\ln\left(\dfrac{r_0}{r_i}\right)$	$\dfrac{\eta}{\pi}\cosh^{-1}\left(\dfrac{\varepsilon}{d}\right)$	$\eta\dfrac{a}{b}$
誘電体が空気の場合の Z_0 [Ω]	$60\ln\left(\dfrac{r_0}{r_i}\right)$	$120\cosh^{-1}\left(\dfrac{s}{d}\right)$	$120\pi\dfrac{a}{b}$
導体による減衰 α_c	$\dfrac{R}{2Z_0}$		
誘電体による減衰 α_d	$\dfrac{GZ_0}{2} = \dfrac{\sigma\eta}{2} = \dfrac{\pi}{\lambda}\left(\dfrac{\varepsilon''}{\varepsilon'}\right)$		
全減衰 [dB/m]	$8.686(\alpha_c + \alpha_d)$		
低損失線路の位相定数 β	$\omega\sqrt{\mu\varepsilon'} = \dfrac{2\pi}{\lambda}$		

$\varepsilon = \varepsilon' - j\varepsilon'' = $ 誘電率 [F/m]　　$\varepsilon'' = $ 誘電体の損失率 $= \sigma/\omega$
$\mu - $ 透磁率 [H/m]　　$R_s = $ 導体の表面抵抗 [Ω]
$\eta = \sqrt{\mu/\varepsilon}$ [Ω]　　$\lambda = $ 線路に沿う波長 [m]

$$V = V_+ e^{-\alpha z} e^{-j\beta z} \quad \cdots\cdots\cdots\cdots\cdots\cdots\cdots\cdots\cdots\cdots\cdots\cdots\cdots\cdots (79)$$

$$I = I_+ e^{-\alpha z} e^{-j\beta z} \quad \cdots\cdots\cdots\cdots\cdots\cdots\cdots\cdots\cdots\cdots\cdots\cdots\cdots\cdots (80)$$

となり，この場合，平均伝送電力は $W_T = 1/2\,\mathrm{Re}(VI^*)$ で与えられるので，

$$W_T = \frac{1}{2}V_+ I_+ e^{-2\alpha z} \quad \cdots\cdots\cdots\cdots\cdots\cdots\cdots\cdots\cdots\cdots\cdots\cdots\cdots\cdots (81)$$

となります．ここで，Z_0 の虚数部は無視できるほど小さいとします．したがって，

I_+はV_+と同相と仮定します．

この平均電力の線路に沿う距離に対する減少レートは，この線路内の単位長あたりの平均損失電力w_Lに等しくなければなりません．すなわち，

$$\frac{\partial W_T}{\partial z} = -w_L = -2\alpha \left(\frac{1}{2}V_+ I_+ e^{-2\alpha z}\right) = -2\alpha W_T \quad \cdots\cdots(82)$$

となるので，

$$\alpha = \frac{w_L}{2W_T} \quad \cdots\cdots(83)$$

となります．これは，減衰定数を単位長あたりの損失電力と平均伝送電力に関係づける重要な式です．

直列抵抗Rと並列コンダクタンスGがある伝送線路に式(83)を適用するため，はじめに単位長あたりの平均損失電力を計算します．この一部は抵抗を流れる電流から発生し，残りは並列コンダクタンスにかかる電圧から発生します．便宜的に，$z=0$におけるw_LとW_Tを計算します．ここでw_Lは次式で表されます．

$$w_L = \frac{I_+^2 R}{2} + \frac{V_+^2 G}{2} = \frac{V_+^2}{2}\left[G + \frac{R}{Z_0^2}\right] \quad \cdots\cdots(84)$$

この波が$z=0$において伝送する平均電力は，

$$W_T = \frac{1}{2}V_+ I_+ = \frac{1}{2}\frac{V_+^2}{Z_0} \quad \cdots\cdots(85)$$

となります．したがって，式(83)から次の減衰定数が得られ，これは式(76)と一致します．

$$\alpha = \frac{1}{2}\left[GZ_0 + \frac{R}{Z_0}\right] \quad [\text{Np/m}] \quad \cdots\cdots(86)$$

ここでネーパ(Np)は，電圧振幅の減衰を表す減衰の無次元名です．1mあたり1Npとは，距離1mだけ進む間に電圧振幅が到来値の$1/e$に減衰することを表します．これに代わるデシベル(dB)は，$10\log_{10} WT_2/WT_1$という式により電力の減衰レートを表す数値です．1mあたりのデシベルで表した減衰量は，1mあたりのネーパで表した減衰量の8.486倍になります．

5.2.2　フィルタ型の分布回路

図5.8に示すように，伝送線路の分布直列インピーダンスがインダクタンスと容量で構成されているとします．この場合，伝搬定数は式(67)から，

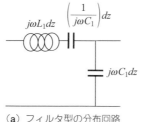
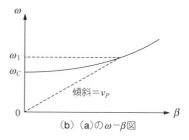

図5.8
フィルタ型の分布
回路とω-β図 　(a) フィルタ型の分布回路　　　　　　(b) (a)のω-β図

$$\gamma = \sqrt{j\omega C_2 \left(j\omega L_1 + \frac{1}{j\omega C_1}\right)} = j\omega \sqrt{L_1 C_2 \left(1 - \frac{\omega_c^2}{\omega^2}\right)} \quad \cdots\cdots\cdots (87)$$

となります．ここで，ω_cは次式で表されます．

$$\omega_c = (L_1 C_1)^{-1/2} \quad \cdots\cdots\cdots (88)$$

この系の特徴は，低い周波数帯$\omega < \omega_c$でγが次の純実数，

$$\gamma = \alpha = \omega \sqrt{L_1 C_2 \left(\frac{\omega_c^2}{\omega^2} - 1\right)} \qquad \omega < \omega_c \quad \cdots\cdots\cdots (89)$$

になることであり，このことはこの系内に損失がないにも拘らず減衰があることを示しています．この回路内の減衰は，式(88)で定義する遮断周波数以下の周波数で起こるので，この系は分布高域フィルタになります．ここで発生する無効性減衰は，この系内の波の連続的反射によって起こり，無損失の集中素子フィルタがその減衰帯域内で減衰するのと同種のものになります．

　ω_cより高い周波数では，上の伝搬定数γは純虚数になるため$\gamma = j\beta$であり，βは式(87)で与えられます．βを横軸，ωを縦軸としてβとωの関係を図示すると便利であり，これをω-β図と言います．ここで述べた線路のωとβの関係式を図5.8(b)に示します．

　βは$\omega = \omega_c$のときに0になり，$\omega < \omega_c$においては存在しません．この線路の場合，$\omega < \omega_c$では減衰だけがあることが式(89)からわかります．ω-β図を上のように描いた理由は，図5.8(b)に示すように，任意の周波数における位相速度〔式(34)から$v_p = \omega / \beta$である〕がこの曲線から原点に引いた直線の傾きとして直接求められるからです．いま考えている線路における波の位相速度は，

$$v_p = \frac{1}{\sqrt{L_1 C_2}} \left[1 - \frac{\omega_c^2}{\omega^2}\right]^{-1/2} \quad \cdots\cdots\cdots (90)$$

であり，これは遮断周波数より少し高い周波数で大きく変化することがわかります．したがって，この帯域を伝搬する周波数成分を持つ信号は，分散が大きくなります．この点については，5.4.1節で詳しく述べます．

5.3 共振伝送線路

5.3.1 無損失線路上の定在波

5.1.5節で一般的に導いた伝送線路上の定在波において，その特別な場合は入射エネルギーがすべて反射する場合です．この場合，反射波と入射波は同じ振幅ですから$S=\infty$です．もし，次の条件のどれかが成立すれば$|\rho|=1$であり，したがって，$|V_-|=|V_+|$であることは，式(37)から明らかです．

(1) 負荷が短絡されている．すなわち，$Z_L=0$である．
(2) 負荷が開放されている．すなわち，$Z_L=\infty$である．
(3) 負荷が純リアクタンスである．

それぞれの場合において負荷は電力を消費できないので，電力を全反射しなければならず$|V_-|=|V_+|$となります．

一端を短絡した伝送線路を他端から正弦波電圧で励振する場合を考えます．この短絡位置を基準点$z=0$に選びます．この短絡により，$z=0$で電圧は常に0になります．したがって，式(32)から

$$V(0) = V_+ + V_- = 0 \quad \cdots\cdots\cdots (91)$$

となります．式(32)と式(33)において$V_-=-V_+$を代入すると，

$$V = V_+\left[e^{-j\beta z} - e^{j\beta z}\right] = -2jV_+\sin\beta z \quad \cdots\cdots\cdots (92)$$

$$I = \frac{V_+}{Z_0}\left[e^{-j\beta z} + e^{j\beta z}\right] = 2\frac{V_+}{Z_0}\cos\beta z \quad \cdots\cdots\cdots (93)$$

となります．この結果は定在波の典型的な式であり，この式から次のことがわかります．

(1) 電圧は，短絡端のところだけでなく，線路の左側に$\lambda/2$の整数倍だけ離れたところでも常に0である．すなわち，
$-\beta z = n\pi$ あるいは $z = -n\lambda/2$ で $V=0$

(2) 電圧はβzが$\pi/2$の奇数倍の点で最大である．これらの点は短絡端から4分の1波長の奇数倍の距離にある．図5.9はこのことを示しており，同時に式(92)

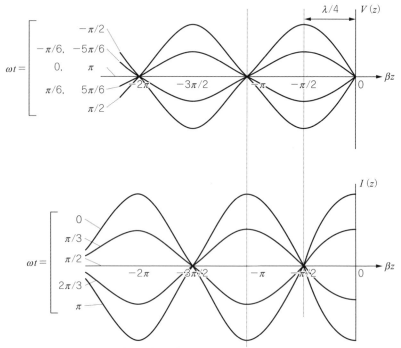

図5.9　短絡伝送線路内の電圧と電流の時間的変化
0点と極点の位置は動かない

と式(93)に$e^{j\omega t}$を乗じてその実数部をとることにより求められる電圧の時間的変化を示している．時間の原点は，V_+が実数となるように選んでいる．

(3) 電流は，短絡端および電圧が0の点で最大である．電流は，電圧が最大の点で0である．線路に沿う電流の時間的変化を**図5.9**に示す．

(4) 電流と電圧は空間的分布がずれているだけでなく，式(92)のjで示されるように，また**図5.9**に見るように，時間的位相も90度ずれている．

(5) 線路内の最大電圧と最大電流の比の値は，この線路の特性インピーダンスZ_0に等しい．

(6) 線路長が4分の1波長の整数倍の中の全エネルギーは一定であり，この中で電圧による電場内のエネルギーと電流による磁場内のエネルギーが相互に変換されているだけである．

上に述べたエネルギーの関係を調べるため，電流が最大で電圧が0の時間において電流による磁気的エネルギーを計算します．電流は，式(93)で与えられています．

V_+ は実数として，この線路の4分の1波長内のエネルギーを以下のように計算します．

$$U_M = \frac{L}{2}\int_{-\lambda/4}^{0}|I|^2 dz = \frac{L}{2}\int_{-\lambda/4}^{0}\frac{4V_+^2}{Z_0^2}\cos^2\beta z\, dz$$

$$= \frac{2V_+^2 L}{Z_0^2}\left[\frac{z}{2}+\frac{1}{4\beta}\sin 2\beta z\right]_{-\lambda/4}^{0} \quad\cdots\cdots\cdots\cdots\cdots(94)$$

式(36)により $\beta = 2\pi/\lambda$ ですから，上式は次のようになります．

$$U_M = \frac{V_+^2 L\lambda}{4Z_0^2} \quad\cdots\cdots\cdots\cdots\cdots\cdots\cdots\cdots\cdots\cdots\cdots\cdots\cdots\cdots\cdots(95)$$

この線路の4分の1波長の中で分布容量の内部に蓄積する最大エネルギーは，電圧が最大で電流が0のときに以下の式で計算できます．電圧は，式(92)で与えられています．

$$U_E = \frac{C}{2}\int_{-\lambda/4}^{0}|V|^2 dz = \frac{C}{2}\int_{-\lambda/4}^{0}4V_+^2\sin^2\beta z\, dz$$

$$= 2CV_+^2\left[\frac{z}{2}-\frac{1}{4\beta}\sin 2\beta z\right]_{-\lambda/4}^{0} = \frac{CV_+^2\lambda}{4} \quad\cdots\cdots\cdots\cdots\cdots(96)$$

Z_0 の定義式により，式(95)は次のように書くこともできます．

$$U_M = \frac{V_+^2 L\lambda}{4L/C} = \frac{V_+^2 C\lambda}{4} = U_E \quad\cdots\cdots\cdots\cdots\cdots\cdots\cdots\cdots\cdots(97)$$

このように，磁場内に蓄積する最大エネルギーは，位相が90度遅れた電場内に蓄積する最大エネルギーに等しくなります．1周期内の任意の他の期間内における電気的エネルギーと磁気的エネルギーの合計量は，これと同じ値になることを示すこともできます．

式(92)と式(93)は，$z=0$ の点と $z=n(-\pi/\beta)$ の別の点の両方を短絡した伝送線路に対しても成立します．ここで，n は任意の整数です．両端を短絡した線路の一部にエネルギーを供給する何らかの方法があれば，z に関する上の条件を満足する周波数で（$\beta=\omega/v$ である），式(92)と式(93)を満足する電圧と電流が存在します．このような周波数で，その線路は共振していると言います．

5.3.2 共振伝送線路の入力抵抗とQ値

共振系は，インピーダンス整合や炉波を行う場合に重要な役割を果たします．前節では，先端を短絡した無損失線路内の定在波について解析しました．本節では，

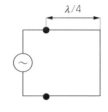
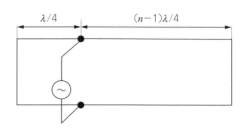

図5.10
電圧最大点で電圧源により駆動した共振伝送線路

　一端あるいは両端を短絡した低損失線路を考えます．したがって，前節で述べたような定在波ができているものとします．図5.10に示すように，この線路を電圧最大点につないだ電圧源で駆動します．そこで，電源から見たこの線路の抵抗の近似式と，共振回路として考えたQ値を求めてみましょう．

　無損失線路の場合，短絡端から4分の1波長の奇数倍だけ離れたところに電圧が最大で電流が0の点があるので，インピーダンスはそこで無限大になります．しかし，損失がある場合には，これらの位置でのインピーダンスは高くなりますが有限であり，このことはこの線路の抵抗でエネルギーが消費されることを意味します．無損失線路の場合に導いた電圧と電流の式である式(92)と式(93)を用いて，これらはわずかな損失により大きく変化しないと仮定して，4分の1波長がn個ある線路の抵抗の近似式を求めます．この場合，並列コンダクタンスの中で消費される平均電力は，

$$W_G = \int_0^{n\lambda/4} (2V_+ \sin\beta z)^2 \frac{G}{2} dz = \left(\frac{4V_+^2 G}{4}\right)\left(\frac{n\lambda}{4}\right) \quad \cdots (98)$$

であり，直列抵抗の中で消費される平均電力は，

$$W_R = \int_0^{n\lambda/4} \left(\frac{2V_+ \cos\beta z}{Z_0}\right)^2 \frac{R}{2} dz = \left(\frac{4V_+^2 R}{4Z_0^2}\right)\left(\frac{n\lambda}{4}\right) \quad \cdots (99)$$

になります．（電圧最大点における）入力抵抗とは，この抵抗にかかる電圧が式(98)と式(99)の合計に等しい損失を発生させるようなものです．そこでの電圧は，$2V_+$になります．したがって，

$$\frac{1}{2}\frac{(2V_+)^2}{R_i} = \frac{nV_+^2\lambda}{4}\left(G + \frac{R}{Z_0^2}\right) \quad \cdots (100)$$

であり，

$$R_i = \frac{8Z_0}{n\lambda[GZ_0 + (R/Z_0)]} \quad \cdots (101)$$

となります．次に，共振系のQ値の一般式は，

$$Q = \frac{\omega_0 (\text{蓄積エネルギ})}{\text{平均損失電力}} = \frac{\omega_0 U}{W_L} \quad \cdots\cdots\cdots\cdots\cdots\cdots\cdots\cdots\cdots\cdots (102)$$

で表せます．4分の1波長がn個ある共振伝送線路の場合，各4分の1波長に蓄積するエネルギーは無損失伝送線路の場合と同じ式(97)とし，損失電力は式(98)と式(99)の合計量で与えられます．この結果は次のようになります．

$$Q = \frac{\omega_0 U}{W_L} = \frac{4\omega_0 C V_+^2 n\lambda}{4V_+^2 n\lambda [G + (R/Z_0^2)]} = \frac{\omega_0 C Z_0}{G Z_0 + (R/Z_0)} \quad \cdots\cdots\cdots\cdots\cdots\cdots (103)$$

これからQはnに無関係であることがわかります．この理由は，蓄積エネルギーと損失電力が両方ともこの線路の長さに比例するからです．したがって，Qはこの線路の特性値であり，共振4分の1波長の数には無関係になります．

先端を短絡した4分の1波長線路の入力抵抗，あるいは両端を短絡した長さ$n\lambda/4$（nは偶数）の線路の電圧最大点における入力抵抗は，式(101)と式(103)を式(8)と式(14)および式(34)と式(36)と共に用いて，次のように書くことができます．

$$R_i = \frac{8Q}{n\lambda \omega_0 C} = \frac{4Q Z_0}{n\pi} \quad \cdots\cdots\cdots\cdots\cdots\cdots\cdots\cdots\cdots\cdots\cdots\cdots (104)$$

この入力抵抗は，ある与えられた電圧レベルを維持するために供給する電力を表す測度です．損失が減るにつれてQは高くなり，入力抵抗も高くなります．

式(102)で定義するQは，集中素子回路の場合と同様に，周波数応答の鋭さを表す測度となります．共振している低損失伝送線路のQ値はUHF帯で数千のオーダになります．

5.4 その他のテーマ

5.4.1 群速度とエネルギー速度

どのような形の時間関数も，フーリエ解析により正弦波の級数として表すことができます．もし，各周波数成分のv_pが同じ値で減衰がなければ，各成分波は線路上の各点で適正な位相で加え合わされ，元の波形が伝搬時間z/v_pだけ遅れて正確に再現されます．この場合の速度v_pは波動が線路に沿って動くレートを表し，これを伝搬速度と言います．この場合は，例えばすでに述べた無損失線路の中で起こり，この線路の中でv_pは$(LC)^{-1/2}$に等しい一定値になります．v_pが周波数と共に変化する場合，この線路には分散があると言い，信号はこの線路内を進につれて変化します．これはアナログ信号の歪の原因になり，ディジタル信号においてはパルスの広が

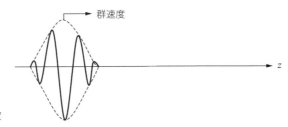

図5.11
包絡線速度あるいは群速度

りによりデータ・レートが制限されます.

上に述べた分散がない場合,波は線路に沿って歪みなく伝搬します.このとき,各周波数成分の波の速度はすべて同じです.多くの伝送系において,図5.11に示すような波の包絡線の速度が,各周波数成分の位相速度と異なることがあり得ます.そこで,各周波数成分の群あるいは波の包絡線の動きを表すために,いわゆる群速度を導入すると便利です.これは,高周波数のキャリアをディジタル信号あるいはアナログ信号で変調するときの典型的な場合になります.

もっとも簡単な群,すなわち周波数がわずかに異なる2つの等振幅正弦波成分を持つ波を考えます.$z=0$において,各成分の振幅が1の電圧は,

$$V(t) = \sin(\omega_0 - d\omega)t + \sin(\omega_0 + d\omega)t \quad \cdots\cdots (105)$$

となります.この場合,線路が無損失であれば,任意の点における電圧は,

$$V(t,z) = \sin[(\omega_0 - d\omega)t - (\beta_0 - d\beta)z] + \sin[(\omega_0 + d\omega)t - (\beta_0 + d\beta)z] \quad \cdots\cdots (106)$$

となります.ここで,βはωの関数とし,$d\beta$は$d\omega$に対応します.式(106)は,次の形に書くことができます.

$$V(t,z) = 2\cos[(d\omega)t - (d\beta)z]\sin(\omega_0 t - \beta_0 z) \quad \cdots\cdots (107)$$

式(107)から,この波群の中の電圧は,ある瞬間において図5.12に示す形であることがわかります.中心周波数の正弦波は位相速度$v_p = \omega_0/\beta_0$で動き,一方,$\cos[(d\omega)t - (d\beta)z]$で表される包絡線は,これと異なる速度で動きます.この速度は,cos項の変数部を一定値に保つことにより,次のように求められます.

$$v_g = \frac{d\omega}{d\beta} \quad \cdots\cdots (108)$$

この速度を群速度と言い,これを図5.12に示します.v_gはこの波群の中心周波数における$\omega-\beta$図の傾きです.$v_p = \omega/\beta$の関係を用いて導関数$dv_p/d\omega$を計算すると,次式に示す群速度の別の形を導くことができます.

$$v_g = \frac{v_p}{1 - (\omega/v_p)(dv_p/d\omega)} \quad \cdots\cdots (109)$$

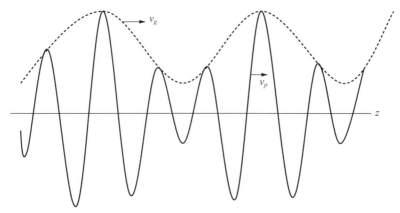

図5.12 周波数がわずかに異なる2つの正弦波群の位相速度と群速度

上述した2周波群よりさらに複雑な群の場合には，被変調波を表すために必要な周波数帯にわたってv_gが一定である（すなわち，$\omega - \beta$図が直線的である）限り，被変調波の包絡線はその形を維持します．これについては，後にフーリエ解析によって示します．この場合，図5.12に示すようなパルスはその包絡線の形を維持し，距離ℓを時間遅れτ_dで伝搬します．ここでτ_dは，次式になります．

$$\tau_d = \frac{\ell}{v_g} = \ell \frac{d\beta}{d\omega} \quad \cdots\cdots\cdots (110)$$

もし，信号の周波数帯域にわたって$d\beta/d\omega$が一定でなければ，包絡線に広がりや歪みが生じます．これは群分散として知られています．

群速度は，エネルギー進行速度と見られることが多いです．このことについて説明するため，ここでエネルギー流に基づく別の速度v_Eを定義します．伝送電力は，蓄積エネルギーとこの速度v_Eの積であるとします．すなわち，

$$v_E = \frac{W_T}{u_{av}} \quad \cdots\cdots\cdots (111)$$

ここで，W_Tは単一波内の平均電力流であり，u_{av}は単位長あたりの平均蓄積エネルギーです．この定義式を5.1.4節の無損失伝送線路に適用すると，$v_E = v_g = v_p$であることがわかります．

群速度とエネルギー速度が同じであることは導波管の場合にも示すことができ，このことは正規分散の多くの他の系にも適用できます．通常，このことは異常分散（$dv_p/d\omega > 0$）の系に対しては適用できず，この中に損失のある伝送線路があることになります．

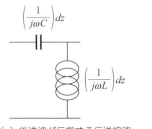
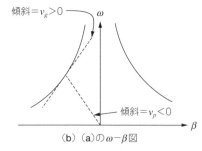

(a) 後進波が伝搬する伝送線路　　　　(b) (a)の$\omega-\beta$図

図5.13　後進波が伝搬する伝送線路と$\omega-\beta$図

5.4.2　後進波

　位相速度と群速度の符号が反対になる波が，後進波です．例えば，直列容量と並列インダクタンスで構成される図5.13(a)のような分布系を考えます．5.2.1節から，

$$\gamma = j\beta = \sqrt{ZY} = \sqrt{\left(\frac{1}{j\omega C}\right)\left(\frac{1}{j\omega L}\right)} = -\frac{j}{\omega\sqrt{LC}} \quad \cdots\cdots (112)$$

となりますが，この$\omega-\beta$図を図5.13(b)に示します．
　ここで位相速度と群速度は，

$$v_p = \frac{\omega}{\beta} = -\omega^2\sqrt{LC} \quad \cdots\cdots (113)$$

$$v_g = \frac{d\omega}{d\beta} = \omega^2\sqrt{LC} \quad \cdots\cdots (114)$$

となります．したがって，この伝送系は後進波の条件を満足しています．これはv_gがエネルギー流を表す場合ですから，エネルギーが正のz方向に流れるようにすれば，群速度はこの方向になります．しかし，回路が$C-L$構成であるため位相は次第に負になり，あるいは進行方向に遅れるようになります．したがって，位相速度は負になります．
　インダクタンスや容量の別の組み合わせでできる多くのフィルタ型回路があり，そこでは位相がエネルギーの伝搬方向に次第に遅れる波が存在します．また，後述するすべての周期回路には，前進空間高調波と後進空間高調波が同じ数だけあります．

5.4.3　一様でない伝送線路

　図5.14に示すように，導体の間隔あるいは形状が距離と共に変化する伝送線路

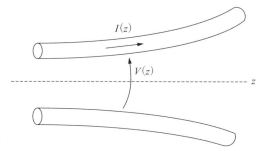

図 5.14
一様でない伝送線路

に対して伝送線路解析を行うと，伝送線路方程式でインピーダンスとアドミッタンスが距離とともに変化すると考えるようになります．実際には，電磁場が歪んでくるのでこれを公式化するのは簡単ではありませんが，これは多くの場合において良い近似になり，媒質が空間的に変化する(すなわち，均質的でない材料の)いくつかの波動問題で，これまで考えられてきた方法を適用することができます．ここでは，このような一様でない伝送線路理論が良い近似になる場合を考えます．

単位長あたりのインピーダンスとアドミッタンスが距離とともに変化する場合，式(64)と式(65)に対応する伝送線路方程式は，次のようになります．

$$\frac{dV(z)}{dz} = -Z(z)I(z) \quad \cdots\cdots (115)$$

$$\frac{dI(z)}{dz} = -Y(z)V(z) \quad \cdots\cdots (116)$$

zに関する微分をダッシュで表し，式(115)をzで微分すると，

$$V'' = -[ZI' + Z'I] \quad \cdots\cdots (117)$$

となります．電圧だけの微分方程式を得るため，Iを式(115)から代入し，I'を式(116)から代入します．この結果，次式が得られます．

$$V'' - \left(\frac{Z'}{Z}\right)V' - (ZY)V = 0 \quad \cdots\cdots (118)$$

式(116)の微分から始めて同じ手順をたどると，Iに関する次の2階微分方程式が得られます．

$$I'' - \left(\frac{Y'}{Y}\right)I' - (ZY)I = 0 \quad \cdots\cdots (119)$$

もしZ'とY'が0であれば，当然，式(118)と式(119)は一様線路の方程式(5.2.1節)になります．これらの導関数が0でない場合，ZとYが距離と共にどのように変化

しても，上の方程式を数値的に解くことができます．数少ない変化形のときに解析解が得られ，この中に後述する径方向の伝送線路があります．この線路においては，ZかYのいずれかがzに比例し，その積は一定です．その他の重要な場合は指数関数形線路であり，これを問題5.10に示します．

第5章　問題

問題 5.1　内導体の半径がa，外導体の半径がb，誘電体の誘電率と透磁率がεとμの同軸線路がある．この線路の特性インピーダンスと波動速度を表す式を求めよ．ただし，導体の間隔は十分長く，内部インダクタンスは無視できると仮定してよい．

答　本文式(14)において，第1章の式(33)のCと問題2.4bのLを用いると次式が得られます．

$$Z_0 = \frac{\ln b/a}{2\pi}\sqrt{\frac{\mu}{\varepsilon}} \quad \cdots\cdots\cdots\cdots\cdots\cdots\cdots\cdots\cdots\cdots\cdots\cdots\cdots\cdots (A.1)$$

また，波動速度は本文式(8)から次のようになります．

$$v = \frac{1}{\sqrt{\mu\varepsilon}} \quad \cdots\cdots\cdots\cdots\cdots\cdots\cdots\cdots\cdots\cdots\cdots\cdots\cdots\cdots\cdots\cdots (A.2)$$

問題 5.2　本文図5.3の中央の図が，マイクロ波集積回路の中の2枚の薄膜伝送線路を表すとする．負荷Z_{L2}は，信号周波数18GHzにおいて実数のインピーダンス20Ωのデバイスを表している．線路2は，特性インピーダンス$Z_{02}=30Ω$，長さ$\ell_2=$2mmである．線路1は特性インピーダンス$Z_{01}=20Ω$，長さ$\ell_1=1.5$mmである．両線路を伝わる波の位相速度は，同じ値で2×10^8m/sである．この場合，線路1の入力端におけるインピーダンスを求めよ．

答　はじめに，負荷インピーダンスZ_{L2}が線路2に沿ってどのように変化するかを求めます．そこで，両線路の位相定数を本文の式(34)から求めると，

$$\beta = \frac{\omega}{v_p} = \frac{(2\pi)(18\times10^9)}{2\times10^8} = 566 \quad [\text{rad/m}] \quad \cdots\cdots\cdots\cdots\cdots (A.3)$$

となります．したがって，角度を度で表すと，$\beta\ell_1=48.6$度，$\beta\ell_2=64.9$度となります．この線路に対して本文の式(42)を適用すると，

$$Z_{i2} = 30\left[\frac{20\cos 64.9° + j30\sin 64.9°}{30\cos 64.9° + j20\sin 64.9°}\right]$$
$$= 36.7 + j11.8 \quad [\Omega] \quad\cdots\cdots\cdots\cdots\cdots\cdots\cdots\cdots\cdots\cdots\cdots\cdots\cdots\cdots\cdots\cdots (A.4)$$

となります．次に，Z_{i2} を線路1の負荷 Z_{L1} として使用して，線路1の入力端における Z_{i1} を求めると，

$$Z_{i1} = 20\left[\frac{(36.7 + j11.8)\cos 48.6° + j20\sin 48.6°}{20\cos 48.6° + j(36.7 + j11.8)\sin 48.6°}\right]$$
$$= 18.9 - j14.6 \quad [\Omega] \quad\cdots\cdots\cdots\cdots\cdots\cdots\cdots\cdots\cdots\cdots\cdots\cdots\cdots\cdots\cdots (A.5)$$

となります．

問題 5.3 未知のインピーダンスを特性インピーダンス $Z_0 = 50\Omega$ のスロット・ラインに接続して，定在波比 $S = 3$，負荷インピーダンスからもっとも近い電圧の最小位置までの電気長は 0.33λ と測定された．この場合，負荷インピーダンス Z_L の値を求めよ．

答 本文の図5.4において，電圧が最小となる $z = z_\pi$ における入射波の位相 $-\beta z$ は $(\theta_\rho + \pi)/2$ です．したがって，

$$\ell_{\min} = -z_{\min} = \frac{\theta_\rho + \pi}{2\beta} \quad\cdots\cdots\cdots\cdots\cdots\cdots\cdots\cdots\cdots\cdots\cdots\cdots\cdots\cdots\cdots (A.6)$$

となります．すなわち，

$$\theta_\rho = 2\beta(0.33\lambda) - \pi = 2\left(\frac{2\pi}{\lambda}\right)(0.33\lambda) - \pi = 1.0 \quad [\text{rad}] \quad\cdots\cdots\cdots\cdots (A.7)$$

となります．与えられた S の値と本文の式(50)から，$|\rho|$ は 0.5 です．したがって，

$$\rho = 0.5e^{j1.0} \quad\cdots\cdots\cdots\cdots\cdots\cdots\cdots\cdots\cdots\cdots\cdots\cdots\cdots\cdots\cdots\cdots\cdots (A.8)$$

となります．次に，本文の式(37)から Z_L を ρ と Z_0 を用いて求めると，負荷インピーダンスは次のようになります．

$$Z_L = Z_0\left[\frac{1+\rho}{1-\rho}\right] = 50\left[\frac{1+0.5e^{j1.0}}{1-0.5e^{j1.0}}\right] = 52.8 + j59.3 \quad [\Omega] \quad\cdots\cdots\cdots (A.9)$$

問題 5.4 特性インピーダンス $Z_0 = 70\Omega$ の伝送線路を負荷 $Z_L = 70 + j70\Omega$ で終端する．この場合，スミス・チャートを用いて負荷インピーダンスから生じる反射係数を求めよ．

答 正規化インピーダンスは$\zeta(0) = 1 + j1$であり，これを本文の図5.6のA点で示します．ρの大きさは0.45であり，$\angle \rho = \angle w = 1.11 \mathrm{rad}$ですから$\rho = 0.45 e^{j1.11}$となります[注1]．

注1：一波の1/4はチャート上でπ radですから，この角度は外側の波長目盛りから求めることができます．

問題 5.5 正規化インピーダンスが$1 + j1$であって，本文の図5.6のA点で示される問題5.4の線路と負荷がある．この線路長が4分の1波長（電気角90度）の場合，スミス・チャートを用いてこの線路の入力インピーダンスを求めよ．

答 線路の長さが4分の1波長（電気角90度）であれば，チャート上では半径が一定で角度180度だけ発振器側に向かって（時計方向に）B点（本文図5.6）まで動きます．B点の正規化インピーダンスは$0.5 - j0.5$と読めるので，正規化を戻すと入力インピーダンスは$35 - j35$となります[注2]．

注2：入力インピーダンスを与えて負荷インピーダンスを求める場合には，この手順を逆に行います．

問題 5.6 特性インピーダンス$Z_0 = 70\Omega$の伝送線路を負荷$Z_L = 70 + j70\Omega$で終端する．この場合，スミス・チャートを用いて，この線路内の定在波比と電圧最大位置を求めよ．

答 正規化負荷インピーダンスは$1 + j1$であり，これを本文図5.6のA点で示します．負荷から離れる方向に（時計方向に）線路に沿って動くと，0.088波長だけ進んだところで純抵抗点Cに着きます．この最大正規化抵抗値は，本文の式(63)により定在波比Sに等しく，その値は2.6と読めます．

問題 5.7 図A.1に示す縦続線路において，$Z_{01} = 50\Omega$，$Z_{02} = 70\Omega$，$Z_{03} = 50\Omega$，$Z_L = 100\Omega$，$\ell_2 = 3\mathrm{mm}$，$\ell_3 = 2\mathrm{mm}$，$v_{p2} = 1.5 \times 10^8 \mathrm{m/s}$，$v_{p3} = 2 \times 10^8 \mathrm{m/s}$である．この場

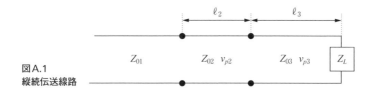

図A.1 縦続伝送線路

合に，スミス・チャートを用いて，周波数10GHzの信号が線路内に入って負荷に吸収される電力比を求めよ．

答 この電力比は，本文の式(40)を用いて，線路1内の$|\rho|$がわかれば求められます．はじめに線路3のパラメータを用いると，正規化インピーダンスは$\zeta_{L3} = Z_L/Z_{03} = 2$です．この線路の波長は$\lambda_3 = v_3/f = 2$cmですから，$\ell_3 = 0.1\lambda_3$です．負荷インピーダンス$\zeta_{L3}$を図A.2のスミス・チャート上の点$E_1$で示します．この点を$|w|$一定の円に沿って，発振器側に$0.1\lambda$だけ動かします．点$E_2$は，正規化入力インピーダンス$\zeta_{i3} = 0.98 - j0.70$のところにあると読めます．

このインピーダンスを線路2に沿って変換するには，はじめにζ_{i3}の正規化を元に戻し，次にこれを線路2に対して再正規化して負荷インピーダンスζ_{L2}を求めます．すなわち，$\zeta_{L2} = Z_{03}\zeta_{i3}/Z_{02} = 0.70 - j0.50$となります．この点を$E_3$で示します．線路2内の波長は$\lambda_2 = v_2/f = 1.5$cmですから，$\ell_2 = 0.2\lambda_2$です．$|w|$が一定の円に沿って点$E_3$から線路2の入力端（点$E_4$）まで，時計方向に$0.2\lambda$だけ進みます．すると点$E_4$において，正規化入力インピーダンス$\zeta_{i2} = 0.65 + j0.46$と読めます．

ζ_{i2}を再度正規化すると，$\zeta_{L1} = Z_{02}\zeta_{i2}/Z_{01} = 0.91 + j0.64$となり，この点を$E_5$で示します．点$E_5$から原点（円の中心）までの距離を求め，これを$r=0$の線の半径で除すと$|\rho| = 0.32$が得られます．したがって，線路1に入り，負荷に吸収される電力比は，本文の式(40)により次のように求められます．

$$\frac{W_{TL}}{W_{T1}^+} = 1 - |\rho_1|^2 = 0.90 \quad \cdots\cdots\cdots\cdots\cdots\cdots\cdots\cdots\cdots\cdots\cdots\cdots (\text{A.10})$$

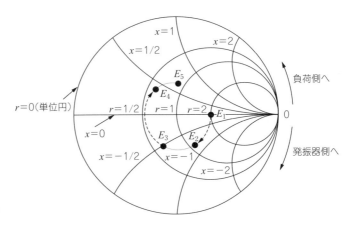

図A.2
問題5.7の$|\rho|$の求め方

問題 5.8　図A.3に示すアルミ製薄膜平行平板の伝送線路において，金属の厚さ h は $2.0\mu m$ であり，誘電体の厚さ d も $2.0\mu m$ である．また，この導体の幅はフォト・リソグラフィに適した値 $w=10\mu m$ とする．誘電体は比透磁率3.8であり，無損失と仮定する．端部電磁場は無視し，信号周波数が18GHzの場合，この平行平板伝送線路内を伝わる波の減衰量を求めよ．

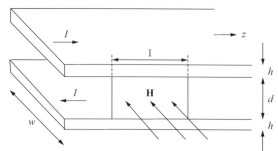

図A.3
平行平板伝送線路

答　この線路の単位長あたりの容量は，第1章の式(32)から $C=\varepsilon w/d=1.67\times 10^{-10}$ [F/m] となります．また，単位長あたりの外部インダクタンスは，第2章の問題2.8から $L=\mu_0 d/w=2.51\times 10^{-7}$ [H/m] です．この導体の内部インダクタンスと抵抗の取り扱いを調べるため，貫通深さを薄膜の厚さと比較します．

アルミの貫通深さは，第3章の表3.1から $\delta=0.0826/\sqrt{f}$ であり，周波数が18GHzの場合には $\delta=0.616\mu m$ となります．したがって，このアルミの薄膜は貫通深さの3.2倍であり，これを十分厚い層として近似することができます．この場合，内部インダクタンスと抵抗は表面インピーダンスから求めることができます．この表面抵抗は，表3.1から $R_s=3.26\times 10^{-7}\sqrt{f}$ となり，この表面インピーダンスは第3章の式(142)と式(144)から，

$$Z_s = 3.26\times 10^{-7}\sqrt{f}(1+j) \quad\quad\quad\quad\quad\quad\quad\quad\quad\quad (A.11)$$

となります．また，両電極の単位長あたりの内部インピーダンスは，

$$Z_i = \frac{2Z_s}{w} = 8.75\times 10^3 (1+j) \quad [\Omega] \quad\quad\quad\quad\quad (A.12)$$

となります．

特性インピーダンスは，$Z_0=\sqrt{L/C}$ から求められます．ここで，L は外部インダクタンスと内部インダクタンスの両方で構成されています．この後者は式(A.12)を w で除して求められ，$L_i=7.74\times 10^{-8}$ [H] です．これを外部インダクタンスに加え，

この合計値と容量値をZ_0に代入すると，$Z_0=44.3\Omega$となります．単位長あたりの抵抗は，式(A.12)の実数部になります．Z_0とRを本文の式(86)に代入すると，次の減衰定数の値が得られます．

$$\alpha = \frac{R}{2Z_0} = 0.988 \quad [\text{Np/cm}] \quad \cdots\cdots\cdots\text{(A.13)}$$

この値から，この波は距離1cm進む間に，約$1/e$に減衰することがわかります．

問題 5.9 図A.4に示すように，先端を開放した特性インピーダンスZ_0の平行平板伝送線路において，各端部に放射損失がある場合を考える．この場合，放射損失は負荷コンダクタンスG_Lとして表すことができ，放射量が少なく$G_L \ll 1/Z_0$の場合には，線路内の電磁場は完全開放線路の電磁場とほとんど同じ次式で与えられる．

$$V = 2V_+ \cos\beta z \quad \cdots\cdots\cdots\text{(A.14)}$$

$$I = -j\frac{2V_+}{Z_0}\sin\beta z \quad \cdots\cdots\cdots\text{(A.15)}$$

この場合，両端の放射から生じるQを表す式を求めよ．

図A.4 両端を開放した伝送線路　$z=-m\lambda/2$　　　　　　$z=0$

答 2つの終端コンダクタンスから生じる損失電力は，

$$W_L = 2\frac{(2V_+)^2}{2}G_L \quad \cdots\cdots\cdots\text{(A.16)}$$

となります．また，線路長が半波長の整数倍のときの蓄積エネルギーは，

$$U = \int_{-m\lambda/2}^{0} \frac{C}{2}(2V_+)^2\cos^2\beta z\, dz = \frac{CV_+^2 m\lambda}{2} \quad \cdots\cdots\cdots\text{(A.17)}$$

となります．本文の式(102)により，放射から生じるQは次式で表されます．

$$Q = \frac{\omega_0 C m\lambda}{8G_L} = \frac{m\pi}{4Z_0 G_L} \quad \cdots\cdots\cdots\text{(A.18)}$$

参考：放射損失のほかに，本文の式(103)の場合のように導体の損失や誘電体の損失から生じるQも考えられます．この場合，損失が小さければ各損失分を加

算できるので，各 Q の逆数も加算できます．すなわち，

$$\frac{1}{Q_{\text{total}}} = \frac{1}{Q_1} + \frac{1}{Q_2} + \cdots \quad \cdots\cdots\cdots\cdots\cdots\cdots\cdots\cdots\cdots\cdots\cdots\cdots\cdots\cdots\cdots \text{(A.19)}$$

となります．

問題 5.10 Z と Y が距離と共に指数関数的に変化する線路は，特性インピーダンスが異なる線路を整合するために用いられている．この線路について解析し，この線路がインピーダンス整合に使用される理由を説明せよ．

答 Z と Y が，次式のように変化する無損失の指数関数形線路を考えます．

$$Z = j\omega L_0 e^{qz} \qquad Y = j\omega C_0 e^{-qz} \quad \cdots\cdots\cdots\cdots\cdots\cdots\cdots\cdots\cdots \text{(A.20)}$$

この場合，ZY, Z'/Z, および Y'/Y は一定です．したがって，本文の式(118)と式(119)は，係数が一定の次の式になります．

$$V'' - qV' + \omega^2 L_0 C_0 V = 0 \quad \cdots\cdots\cdots\cdots\cdots\cdots\cdots\cdots\cdots\cdots\cdots\cdots \text{(A.21)}$$

$$I'' + qI' + \omega^2 L_0 C_0 I = 0 \quad \cdots\cdots\cdots\cdots\cdots\cdots\cdots\cdots\cdots\cdots\cdots\cdots \text{(A.22)}$$

これらは，次の指数関数伝搬形の解を持ちます．

$$V = V_0 e^{-\gamma_1 z} \qquad I = I_0 e^{-\gamma_2 z} \quad \cdots\cdots\cdots\cdots\cdots\cdots\cdots\cdots\cdots\cdots \text{(A.23)}$$

ここで，

$$\gamma_1 = -\frac{q}{2} \pm \sqrt{\left(\frac{q}{2}\right)^2 - \omega^2 L_0 C_0} \quad \cdots\cdots\cdots\cdots\cdots\cdots\cdots\cdots \text{(A.24)}$$

$$\gamma_2 = +\frac{q}{2} \pm \sqrt{\left(\frac{q}{2}\right)^2 - \omega^2 L_0 C_0} \quad \cdots\cdots\cdots\cdots\cdots\cdots\cdots\cdots \text{(A.25)}$$

になります．

γ_1 と γ_2 は，低域周波数 $\omega < \omega_c$ で純実数になります．ここで，

$$\omega_c^2 L_0 C_0 = \left(\frac{q}{2}\right)^2 \quad \cdots\cdots\cdots\cdots\cdots\cdots\cdots\cdots\cdots\cdots\cdots\cdots\cdots\cdots \text{(A.26)}$$

です．γ の実数値で表される減衰は，無損失のフィルタ型線路の減衰のように無効性です．すなわち，これは電力消費を表すのではなく，波の連続的な反射を表しています．しかし，$\omega > \omega_c$ の場合には γ に実数部と虚数部があり，これは無損失フィルタの動作とは異なる動作になります．この場合にも，実数部は電力消費を表すのではありません．$\omega \gg \omega_c$ の場合にだけ，γ の値は位相変化を表す純虚数値に近づきます．

この線路の1つの用途は，特性インピーダンスが異なる線路を整合させることにあります．この型の整合の特徴は，共振整合型と違って，周波数に敏感ではないことです．この線路の特性インピーダンスは，次式のように変化します．

$$Z(z) = \frac{V(z)}{I(z)} = \frac{V_0 e^{-\gamma_1 z}}{I_0 e^{-\gamma_2 z}} = \frac{V_0}{I_0} e^{-(\gamma_1 - \gamma_2)z} = Z_0(0) e^{qz} \quad \cdots\cdots\cdots (\text{A.27})$$

したがって，qz が大きければ，Z_0 をかなり大きく変化させることができます．

第6章 平面波

❖

本章では，はじめにマックスウェルの方程式を使用して平面波の性質を調べます．次に，平面波には電場ベクトルの向きに応じて直線偏波，円偏波，楕円偏波といういくつかの種類があることを示します．最後に，平面波が境界面に垂直に入射する場合を解析し，波動伝搬と伝送線路の類似性，誘電体が複数個ある場合に平面波の境界面からの反射について調べます．

❖

平面波は，実際の波動に近い場合が多いのです．例えば，送信機から遠く離れた無線波は曲がりがほとんどなく，平面波に近似することができます．さらに複雑な電磁波は，平面波を重畳したものと見ることができ，この意味で平面波はすべての波動問題の基礎になります．この近似があてはまらない場合でも，本章で述べる波動の伝搬や反射についての考え方は，一般的な波動問題を理解する助けになります．このような問題に対して，前章で述べた伝送線路の解析方法は非常に役に立ちます．本章の後半では，平面波が媒質境界に垂直に入射する場合の反射の現象について述べます．

6.1 平面波の伝搬

6.1.1 無損失誘電体内の一様平面波

一様平面波については，マックスウェルの方程式を使用する例として第3章で述べました．ここでは，媒質のμとεが一定の場合について，平面波の性質をさらに詳しく述べます．一様平面波の場合，2つの方向，例えばx方向とy方向の変化は0と仮定し，残りのz方向を伝搬方向に取ります．この場合，次に示すマックスウェルの方程式，

$$\nabla \times \mathbf{E} = -\mu \frac{\partial \mathbf{H}}{\partial t} \quad \cdots\cdots\cdots\cdots\cdots\cdots\cdots\cdots\cdots\cdots\cdots\cdots\cdots\cdots\cdots\cdots\cdots\cdots\cdots \quad (1)$$

$$\nabla \times \mathbf{H} = \varepsilon \frac{\partial \mathbf{E}}{\partial t} \quad \cdots\cdots\cdots\cdots\cdots\cdots\cdots\cdots\cdots\cdots\cdots\cdots\cdots\cdots\cdots\cdots\cdots\cdots\cdots \quad (2)$$

を直角座標で書くと，次のようになります．

$$\frac{\partial E_y}{\partial z} = \mu \frac{\partial H_x}{\partial t} \quad \cdots\cdots\cdots\cdots\cdots\cdots\cdots\cdots\cdots\cdots\cdots\cdots\cdots\cdots\cdots\cdots\cdots\cdots \quad (3)$$

$$\frac{\partial E_x}{\partial z} = -\mu \frac{\partial H_y}{\partial t} \quad \cdots\cdots\cdots\cdots\cdots\cdots\cdots\cdots\cdots\cdots\cdots\cdots\cdots\cdots\cdots\cdots\cdots \quad (4)$$

$$0 = \mu \frac{\partial H_z}{\partial t} \quad \cdots\cdots\cdots\cdots\cdots\cdots\cdots\cdots\cdots\cdots\cdots\cdots\cdots\cdots\cdots\cdots\cdots\cdots\cdots \quad (5)$$

$$\frac{\partial H_y}{\partial z} = -\varepsilon \frac{\partial E_x}{\partial t} \quad \cdots\cdots\cdots\cdots\cdots\cdots\cdots\cdots\cdots\cdots\cdots\cdots\cdots\cdots\cdots\cdots\cdots \quad (6)$$

$$\frac{\partial H_x}{\partial z} = \varepsilon \frac{\partial E_y}{\partial t} \quad \cdots\cdots\cdots\cdots\cdots\cdots\cdots\cdots\cdots\cdots\cdots\cdots\cdots\cdots\cdots\cdots\cdots\cdots \quad (7)$$

$$0 = \varepsilon \frac{\partial E_z}{\partial t} \quad \cdots\cdots\cdots\cdots\cdots\cdots\cdots\cdots\cdots\cdots\cdots\cdots\cdots\cdots\cdots\cdots\cdots\cdots\cdots \quad (8)$$

この式(5)と式(8)は，E_zとH_zの両方が波動解で関心のない一定(静的)部分を除いて0であることを示しています．つまり，この簡単な波動の電場と磁場は，伝搬方向に対して横方向を向いています．

上の式(4)と式(6)を組み合わせると，E_xに関する1次元の波動方程式，

$$\frac{\partial^2 E_x}{\partial z^2} = \mu\varepsilon \frac{\partial^2 E_x}{\partial t^2} \quad \cdots\cdots\cdots\cdots\cdots\cdots\cdots\cdots\cdots\cdots\cdots\cdots\cdots\cdots\cdots\cdots \quad (9)$$

が得られることを第3章3.2.2節で述べました．この一般解は，次のように書くことができます．

$$E_x = f_1\left(t - \frac{z}{v}\right) + f_2\left(t + \frac{z}{v}\right) \quad \cdots\cdots\cdots\cdots\cdots\cdots\cdots\cdots\cdots\cdots \quad (10)$$

ここで，

$$v = \frac{1}{\sqrt{\mu\varepsilon}} \quad \cdots\cdots\cdots\cdots\cdots\cdots\cdots\cdots\cdots\cdots\cdots\cdots\cdots\cdots\cdots\cdots\cdots\cdots\cdots \quad (11)$$

であり，これはこの媒質内の光速になります．式(10)の第1項は，速度vで正のz方向に伝搬する波と解釈でき，第2項は同じ速度で負のz方向に伝搬する波と解釈できます．すなわち，

$$E_{x+} = f_1\left(t - \frac{z}{v}\right) \quad E_{x-} = f_2\left(t + \frac{z}{v}\right) \quad \cdots\cdots\cdots\cdots\cdots\cdots\cdots\cdots\cdots\cdots\cdots\cdots(12)$$

となります．式(4)か式(6)のどちらかを使用すると，磁場 H_y は次のようになります．

$$H_y = H_{y+} + H_{y-} = \frac{E_{x+}}{\eta} - \frac{E_{x-}}{\eta} \quad \cdots\cdots\cdots\cdots\cdots\cdots\cdots\cdots\cdots\cdots\cdots\cdots(13)$$

ここで η は，次式で与えられます．

$$\eta = \sqrt{\frac{\mu}{\varepsilon}} \quad \cdots\cdots\cdots\cdots\cdots\cdots\cdots\cdots\cdots\cdots\cdots\cdots\cdots\cdots\cdots\cdots\cdots\cdots\cdots\cdots(14)$$

したがって，η はこの平面波の一つの進行波内の E_x と H_y の比であり，式(14)で定義するように媒質の定数と考えることもでき，さらに複雑な波を解析する場合に便利なパラメータになります．これは媒質の固有インピーダンスとして知られており，次元は Ω です．自由空間の場合，

$$\eta_0 = \sqrt{\frac{\mu_0}{\varepsilon_0}} = 376.73 \approx 120\pi \quad [\Omega] \quad \cdots\cdots\cdots\cdots\cdots\cdots\cdots\cdots\cdots\cdots\cdots(15)$$

となります．次に，残りの2つの成分 E_y と H_x を求めるため，式(3)と式(7)を結びつけると，次の波動方程式が得られます．

$$\frac{\partial^2 E_y}{\partial z^2} = \mu\varepsilon \frac{\partial^2 E_y}{\partial t^2} \quad \cdots\cdots\cdots\cdots\cdots\cdots\cdots\cdots\cdots\cdots\cdots\cdots\cdots\cdots(16)$$

この式の解も式(10)と同様に，正方向進行波と負方向進行波の和の形で表されます．これを次のように書きます．

$$E_y = f_3\left(t - \frac{z}{v}\right) + f_4\left(t + \frac{z}{v}\right) = E_{y+} + E_{y-} \quad \cdots\cdots\cdots\cdots\cdots\cdots(17)$$

この場合，式(3)あるいは式(7)のどちらからも磁場は次のようになります．

$$H_x = -\frac{E_{y+}}{\eta} + \frac{E_{y-}}{\eta} \quad \cdots\cdots\cdots\cdots\cdots\cdots\cdots\cdots\cdots\cdots\cdots\cdots(18)$$

この波の電場と磁場の関係を示すため，式(13)と式(18)を次のように書きます．

$$\frac{E_{x+}}{H_{y+}} = -\frac{E_{y+}}{H_{x+}} = \eta \quad \frac{E_{x-}}{H_{y-}} = -\frac{E_{y-}}{H_{x-}} = -\eta \quad \cdots\cdots\cdots\cdots\cdots\cdots(19)$$

この結果から次のことがわかります．第一に，式(19)の関係から **E** と **H** は，各進行波の中で互いに垂直になります．第二に，各波に対し任意の瞬間において，E の値は H の値の η 倍になります．最後に，**E** × **H** は式(19)の正方向進行波に対して正の z 方向を向き，負方向進行波に対して負の z 方向を向きます．これらの関係を，正方向進行波に対して図6.1に示します．

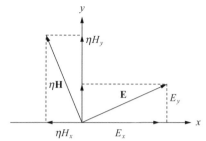

図6.1
正のz方向(紙面から出る方向)
に伝搬する波の**E**と**H**の関係

次に，エネルギーについて調べてみます．単位体積あたり電場内に蓄積するエネルギーは，

$$u_E = \frac{\varepsilon E^2}{2} = \frac{\varepsilon}{2}\left(E_x^2 + E_y^2\right) \quad \cdots\cdots (20)$$

であり，磁場内に蓄積するエネルギーは，

$$u_H = \frac{\mu H^2}{2} = \frac{\mu}{2}\left(H_x^2 + H_y^2\right) \quad \cdots\cdots (21)$$

となります．式(19)によって，一つの進行波に対してu_Eとu_Hは等しいので，各瞬間における各位置でのエネルギー密度は，電気的エネルギーと磁気的エネルギーに等分されます．正方向進行波のポインティング・ベクトルは，

$$P_{z+} = E_{x+}H_{y+} - E_{y+}H_{x+} = \frac{1}{\eta}\left(E_{x+}^2 + E_{y+}^2\right) \quad \cdots\cdots (22)$$

であり，これは正のz方向を向いています．同様に，負方向進行波のポインティング・ベクトルは，負のz方向を向いています．エネルギーは，無損失誘電体の中で消費されないので，このポインティング・ベクトルの時間平均値はどのzでも同じ値ですが，この瞬時値は2つの異なるzの間の全蓄積エネルギーが瞬時的に増加するか減少するかによって，2つの異なるzで異なる値になります．

第3章3.2.3節で，E_xとH_yをもつ平面波に関するフェーザー形のポインティングの定理についても述べました．そこでの解析を拡張すると，次式が成立します．

$$E_x(z) = E_1 e^{-jkz} + E_2 e^{jkz} \quad \cdots\cdots (23)$$

$$\eta H_y(z) = E_1 e^{-jkz} - E_2 e^{jkz} \quad \cdots\cdots (24)$$

$$E_y(z) = E_3 e^{-jkz} + E_4 e^{jkz} \quad \cdots\cdots (25)$$

$$\eta H_x(z) = -E_3 e^{-jkz} + E_4 e^{jkz} \quad \cdots\cdots (26)$$

ここで k は次式で与えられます．

$$k = \frac{\omega}{v} = \omega\sqrt{\mu\varepsilon} \quad [/\mathrm{m}] \quad \cdots\cdots(27)$$

この定数は各波動成分に対して単位長あたりの位相変化を表すので，この一様平面波の位相定数になります．これは，特定の周波数における媒質の定数と考えることもでき，波数として知られています．後でわかるように，これはどのような波を解析する場合にも使用できます．

この波が1周期をかけて伝搬する距離として，波長を定義します．これは位相が 2π だけ変化するときの z の値です．すなわち，

$$k\lambda = 2\pi \quad \text{よって} \quad k = \frac{2\pi}{\lambda} \quad \cdots\cdots(28)$$

あるいは，

$$\lambda = \frac{2\pi}{\omega\sqrt{\mu\varepsilon}} = \frac{v}{f} \quad \cdots\cdots(29)$$

となります．これは，波長と位相速度と周波数の通常の関係です．式(29)において，v として自由空間内の光速を使用すると，自由空間波長が得られます．

6.1.2　平面波の偏波

いくつかの平面波が同じ伝搬方向にあれば，媒質が線形の場合にはこれらを単純に重畳できます．個々の波とこの合計波の電場ベクトルの向きを，その波の偏波と言います．

正方向進行波だけを取り上げ，これをフェーザーで表示し，電場の x 成分と y 成分の両方が存在すると仮定します．この場合，このような波の一般式は，

$$\mathbf{E} = \left(\hat{\mathbf{x}}E_1 + \hat{\mathbf{y}}E_2 e^{j\psi}\right) e^{-jkz} \quad \cdots\cdots(30)$$

となります．ここで，E_1 と E_2 は実数であり，ψ は x 成分と y 成分の間の位相です．これに対応する磁場は，

$$\mathbf{H} = \frac{1}{\eta}\left(-\hat{\mathbf{x}}E_2 e^{j\psi} + \hat{\mathbf{y}}E_1\right) e^{-jkz} \quad \cdots\cdots(31)$$

となります．この場合，位相と E_1 と E_2 の相対的振幅に応じて，偏波にはいくつかの種類があります．

(1) 直線偏波あるいは平面偏波

2つの成分が同相で $\psi = 0$ であれば，これらはすべての面で加わり，図6.2に示す

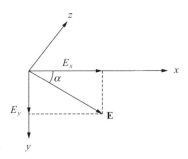

図6.2
直線(平面)偏波の成分

ように，x軸に対して次の角度αの電場になります．

$$\alpha = \tan^{-1}\frac{E_y}{E_x} = \tan^{-1}\frac{E_2}{E_1} \quad \cdots\cdots\cdots\cdots\cdots(32)$$

この角度は実数であり，すべてのzとtに対して同じ値です．**E**はその方向が一定ですから，これを直線偏波と言います．電場がz方向に伝搬する場合にある平面が決まるので，これを平面偏波とも言います．通信工学においては，偏波を電場ベクトルの方向で表すのが普通ですから，垂直偏波とは**E**がz方向に垂直であることを意味します．

(2)円偏波

振幅E_1とE_2が等しく，位相角が$\psi = \pm\pi/2$のとき，第二の特別な場合になります．この場合，式(30)は次のようになります．

$$\mathbf{E} = (\hat{\mathbf{x}} \pm j\hat{\mathbf{y}})E_1 e^{-jkz} \quad \cdots\cdots\cdots\cdots\cdots(33)$$

上式から，**E**の大きさは$\sqrt{2}E_1$となり，これは円のように回転します．このことを調べるため，電場を次の瞬時形に変換します．

$$\mathbf{E}(z,t) = \text{Re}\left[(\hat{\mathbf{x}} \pm j\hat{\mathbf{y}})E_1 e^{j\omega t}e^{-jkz}\right]$$

$$= E_1[\hat{\mathbf{x}}\cos(\omega t - kz) \mp \hat{\mathbf{y}}\sin(\omega t - kz)] \quad \cdots\cdots\cdots\cdots\cdots(34)$$

瞬時的なE_xとE_yを2乗したものの合計は，

$$E_x^2(z,t) + E_y^2(z,t) = E_1^2[\cos^2(\omega t - kz) + \sin^2(\omega t - kz)] = E_1^2 \quad \cdots\cdots\cdots(35)$$

となるので，これは確かに円の方程式です．x軸に対する瞬時角αは，

$$\alpha = \tan^{-1}\frac{E_y(z,t)}{E_x(z,t)} = \tan^{-1}\left(\mp\frac{\sin(\omega t - kz)}{\cos(\omega t - kz)}\right) = \mp(\omega t - kz) \quad \cdots\cdots\cdots(36)$$

となります．したがって，このベクトルはある与えられたz面において，一定の角

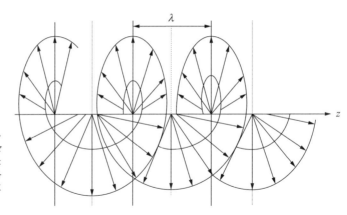

図6.3
円偏波
電場ベクトルは波長に等しい周期のらせんを描き，z方向に速度vで動く．したがって，このベクトルは各z面内で時間の経過と共に円を描く

速度$\alpha = \mp \omega t$で回転します．時間を固定すると，このベクトルは**図6.3**に示すようにz方向にらせんを描きます．この伝搬は，ネジ山が速度vでz方向に動くものと考えることができます．

$\psi = +\pi/2$は$\alpha = -\omega t$($z = 0$に対して)の回転になり，$\psi = -\pi/2$はこれと反対方向の回転になります．前者の場合を左手方向あるいは反時計方向の円偏波と言い，後者の場合を右手方向あるいは時計方向の円偏波と言います．$E_1 = E_2$および$\psi = \pm\pi/2$の関係を用いると，円偏波の磁場は次式で与えられます．

$$\mathbf{H} = \frac{E_1}{\eta}\left(\mp j\hat{\mathbf{x}} + \hat{\mathbf{y}}\right)e^{-jkz} \quad \cdots\cdots (37)$$

(3) 楕円偏波

$E_1 \neq E_2$の場合，または$E_1 = E_2$であってもψが0あるいは$\pm\pi/2$以外の場合には，電場は各z面で楕円を描きます．したがって，この条件の波を楕円偏波と言います．これについて調べるため，再び式(30)を瞬時形で書いてみます．すなわち，

$$\begin{aligned}\mathbf{E}(z,t) &= \operatorname{Re}\left[\left(\hat{\mathbf{x}}E_1 + \hat{\mathbf{y}}E_2 e^{j\psi}\right)e^{j\omega t}e^{-jkz}\right] \\ &= \hat{\mathbf{x}}E_1\cos(\omega t - kz) + \hat{\mathbf{y}}E_2\cos(\omega t - kz + \psi)\end{aligned} \quad \cdots (38)$$

となります．これは各z面，例えば$z = 0$面において次のようになります．

$$\begin{aligned}E_x(z,t) &= E_1\cos\omega t \\ E_y(z,t) &= E_2\cos(\omega t + \psi)\end{aligned} \quad \cdots\cdots (39)$$

これは，楕円の助変数方程式です．もし$\psi = \pm\pi/2$であれば，楕円の長軸と短軸

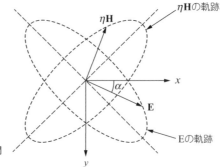

図6.4
楕円偏波
電場と磁場は，時間と共に楕円を描く

はx軸とy軸を向きますが，ψがこれ以外の場合には，楕円は図6.4に示すように軸から傾きます．

(4) 偏波していない波

各瞬間に任意の方向の成分が存在する偏波していない波を扱うこともあります．この概念は，周波数が異なる波あるいは位相が合っていない波を重畳する場合にだけ適用されます．なぜなら，周波数が同じで，位相が決まった任意の数の成分を重畳しても，上述の3つの場合のいずれかになるからです．電離層の中を無線波が伝搬する場合のように，各成分の間の位相が無秩序に変化する場合を調べるときに，偏波していない波が現れます．

6.2　境界面に垂直入射する平面波

6.2.1　無損失導体に垂直入射する平面波

一様平面波が$z=0$にある平面状の無損失導体に垂直に入射する場合，入射波に加えて反射波が生じます．この場合の境界条件は一つの進行波だけでは満足されませんが，2つの進行波があれば導体表面における合計電場を0にすることができます．別の見方をすれば，エネルギーは無損失導体を通過できないことがポインティングの定理からわかっています．したがって，入射波が運ぶエネルギーはすべて反射波の中で戻らなければなりません．この場合，入射波と反射波は等振幅であり，これらが一緒になって定在波を形成します．

単一周波数の一様平面波を考え，全電場がx方向を向くように軸の方向を決めま

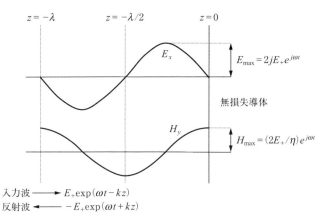

図6.5
無損失導体から反射する平面波の電場と磁場の定在波
1周期の1/4だけ異なる瞬間における電場と磁場を示す

す．正のz方向と負のz方向に進行する波を持つ電場は，フェーザー形で，

$$E_x = E_+ e^{-jkz} + E_- e^{jkz} \quad \cdots\cdots\cdots (40)$$

と表すことができます（図6.5）．もし，無損失導体で必要とされるように$z = 0$で$E_x = 0$ならば，$E_- = -E_+$です．したがって，

$$E_x = E_+ \left(e^{-jkz} - e^{jkz} \right) = -2jE_+ \sin kz \quad \cdots\cdots\cdots (41)$$

となります．入射波と反射波の磁場と電場の関係は，式(13)で与えられています．これから次式が得られます．

$$H_y = \left(\frac{E_+}{\eta} e^{-jkz} - \frac{E_-}{\eta} e^{jkz} \right)$$
$$= \frac{E_+}{\eta} \left(e^{-jkz} + e^{jkz} \right) = \frac{2E_+}{\eta} \cos kz \quad \cdots\cdots\cdots (42)$$

式(41)と式(42)が表していることは，入射波と反射波の結合波である電場と磁場は，依然として空間的に垂直であってその大きさはηで関係しますが，これらは時間的にも90度ずれているということです．電場の0点は，常に導体表面と$kz = -n\pi$すなわち$z = -n\lambda/2$の点にあるので，このパターンは定在波です．

磁場は導体表面で最大であり，電場が0となる位置で最大になります．同様に，磁場の0点と電場の最大点は$kz = -(2n+1)\pi/2$すなわち$z = -(2n+1)\lambda/4$のところにあります．この状況を図6.5に示します．これは，第5章5.3.1節の短絡伝送線路のところで述べたような典型的な定在波パターンを示しています．ある瞬間に各2周期を取ると，この線路の全エネルギーは磁場の中にあり，90度後にはこの全エネルギーは電場の中にあります．ポインティング・ベクトルの平均値はどの位置で

も0であり，このことは，時間的に平均すると，入射波が運んだエネルギーと等量のエネルギーが反射波によって運ばれることを示しています．

これらのことは，次の瞬時形の電磁場によっても示されています．

$$E_x(z,t) = \text{Re}\left[-2jE_+ \sin kz e^{j\omega t}\right] = 2E_+ \sin kz \sin \omega t \quad \cdots\cdots (43)$$

$$H_y(z,t) = \text{Re}\left[\frac{2E_+}{\eta} \cos kz e^{j\omega t}\right] = \frac{2E_+}{\eta} \cos kz \cos \omega t \quad \cdots\cdots (44)$$

6.2.2 波動伝搬と伝送線路の類似性

波動が無損失導体から反射する場合，無損失伝送線路上の定在波には，これまで述べてきた性質があることがわかりました．事実，平面波と無損失線路を伝わる波動は，非常によく似ています．本節では，この類似性について説明します．

正方向と負方向に進行する一様平面波の電磁場成分の式と無損失伝送線路に対して，第5章で求めた式を下記のように並べて書いてみます．簡単にするため，波が E_x と H_y 成分だけをもつように座標軸を決めます．

$$E_x(z) = E_+ e^{-jkz} + E_- e^{jkz} \quad \cdots\cdots (45)$$

$$H_y(z) = \frac{1}{\eta}\left[E_+ e^{-jkz} - E_- e^{jkz}\right] \quad \cdots\cdots (46)$$

$$k = \omega\sqrt{\mu\varepsilon} \quad \cdots\cdots (47)$$

$$\eta = \sqrt{\frac{\mu}{\varepsilon}} \quad \cdots\cdots (48)$$

$$V(z) = V_+ e^{-j\beta z} + V_- e^{j\beta z} \quad \cdots\cdots (49)$$

$$I(z) = \frac{1}{Z_0}\left[V_+ e^{-j\beta z} - V_- e^{j\beta z}\right] \quad \cdots\cdots (50)$$

$$\beta = \omega\sqrt{LC} \quad \cdots\cdots (51)$$

$$Z_0 = \sqrt{\frac{L}{C}} \quad \cdots\cdots (52)$$

電磁場方程式において E_x を電圧 V で，H_y を電流 I で，透磁率 μ を単位長あたりのインダクタンス L で，そして誘電率 ε を単位長あたりの容量 C で置き換えると，伝送線路方程式(49)～(52)がそのまま得られることがわかります．この類似性を完全なものにするため，2つの領域の間の不連続部において，連続条件を考える必要があります．

2つの誘電体の境界では，水平方向の全電場成分と水平方向の全磁場成分が連続

していなければなりません．垂直入射の場合には，E_xとH_yが水平方向成分です．したがって，これらの連続条件は，（全電圧と全電流が2つの伝送線路の接続部で連続するという）伝送線路の連続条件にそのまま一致します．

　この類似性を利用するため，伝送線路解析でインピーダンスとして広範に用いている電圧と電流の比に類似した電場と磁場の比を，波動解析を行う場合にも使用するのが望ましいことになります．

　任意のz面において，電磁場インピーダンスあるいは波動インピーダンスをその面における全電場と全磁場の比として次式で定義します．

$$Z(z) = \frac{E_x(z)}{H_y(z)} \quad \cdots\cdots(53)$$

　正方向進行波の場合，この比の値はどの面でもηです．したがって，媒質の固有インピーダンスηは，一様平面波の特性波動インピーダンスと考えることもできます．負方向進行波の場合，この式(53)の値はどのzに対しても$-\eta$になります．正方向進行波と負方向進行波の結合波に対しては，この比の値はzと共に変化します．両者が類似している利点を活かして，この比の負荷値がZ_Lとして与えられる面の手前から距離ℓのところにおける入力値Z_iは，これに対応する伝送線路の式である第5章の式(42)から求めることができます．介在する誘電体の固有インピーダンスをηとすると，次式が成立します．

$$Z_i = \eta \left[\frac{Z_L \cos k\ell + j\eta \sin k\ell}{\eta \cos k\ell + jZ_L \sin k\ell} \right] \quad \cdots\cdots(54)$$

　波動問題におけるおもな関心事は反射であり，直接的にインピーダンスではありません．これはそのとおりなのですが，伝送線路の場合は反射係数とインピーダンス不整合比の間には1対1の対応があります．そこで再び類似性を用いて，第5章の式(37)と式(38)を適用し，固有インピーダンスηの誘電体を電磁場インピーダンスZ_Lの負荷値で終端する場合の反射係数と透過係数を，次式のように求めることができます．

$$\rho = \frac{E_-}{E_+} = \frac{Z_L - \eta}{Z_L + \eta} \quad \cdots\cdots(55)$$

$$\tau = \frac{E_2}{E_{1+}} = \frac{2Z_L}{Z_L + \eta} \quad \cdots\cdots(56)$$

　この式から，$Z_L = \eta$の場合（インピーダンスが整合している場合）は反射がないことがわかります．また，Z_Lが0，∞，あるいは純虚数（無効性）の場合，完全反射$|\rho|=1$になります．なお，式(54)～(56)の他の使用方法を後節で述べます．

6.2.3 誘電体境界に垂直入射する平面波

一様平面波が，$\sqrt{\mu_1/\varepsilon_1}=\eta_1$ の媒質から $\sqrt{\mu_2/\varepsilon_2}=\eta_2$ の媒質へと変化する誘電体の境界上に垂直入射すれば，6.2.2節で述べたように，波の反射と透過が起こります．電場の方向をx方向，入射波の伝搬方向を正のz方向に選び，境界を$z=0$とします〔図6.6(a)〕．右側の媒質は，実効的に無限に広がっているとします．したがって，この領域で反射はありません．この場合，ここでの電磁場インピーダンスはどの面でも固有インピーダンスに等しく，特にこれは$z=0$面で既知の負荷インピーダンスになります．ここで式(55)を適用すると，$z=0$を基準とした媒質1の反射係数は次のようになります．

$$\rho = \frac{E_{1-}}{E_{1+}} = \frac{\eta_2 - \eta_1}{\eta_2 + \eta_1} \quad \cdots\cdots\cdots\cdots\cdots\cdots\cdots\cdots\cdots\cdots\cdots\cdots\cdots\cdots (57)$$

第2媒質に伝達する電場の振幅を決める透過係数は，式(56)から，

$$\tau = \frac{E_2}{E_{1+}} = \frac{2\eta_2}{\eta_2 + \eta_1} \quad \cdots\cdots\cdots\cdots\cdots\cdots\cdots\cdots\cdots\cdots\cdots\cdots\cdots\cdots (58)$$

となります．反射波電力と入射波電力の比は，

$$\frac{P_{1-}}{P_{1+}} = \left(\frac{E_{1-}^2}{2\eta_1}\right)\left(\frac{E_{1+}^2}{2\eta_1}\right)^{-1} = |\rho|^2 \quad \cdots\cdots\cdots\cdots\cdots\cdots\cdots\cdots (59)$$

となります．第2媒質への透過波電力と入射波電力の比は，次式で与えられます．

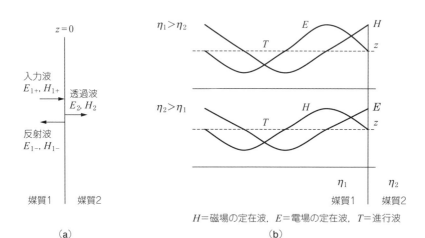

図6.6 誘電体の境界に垂直入射する平面波の反射と透過

$$\frac{P_2}{P_{1+}} = 1 - |\rho|^2 \quad \cdots\cdots\cdots\cdots\cdots\cdots\cdots\cdots\cdots\cdots\cdots\cdots\cdots\cdots\cdots\cdots\cdots\cdots\cdots\cdots\cdots\cdots\cdots\cdots\cdots\cdots (60)$$

インピーダンスが整合して$\eta_1 = \eta_2$であれば反射はないことが，式(57)からわかります．もちろん，これは誘電体が同じという場合ですが，誘電体が異なっていてもμ対εの比が同じ場合にも起こります．

一般的な場合には，第1の領域に有限の反射値があり，ρの大きさは常に1より小さいということを，式(57)から示すことができます（η_2/η_1が0または無限大に近づくにつれて1に近づく）．この場合，6.2.1節で述べた完全反射の場合と同様に，反射波をこれと等振幅の入射波の一部と結合させて定在波パターンを形成することができます．入射波の残りの部分は，第2媒質を通過するエネルギーを運ぶ進行波と考えることができます．この場合，進行波と定在波の結合波は，最大値と最小値をもつ空間的分布を作り出しますが，一般にこの最小値は0ではありません．これに対応する伝送線路のように，電場最大点における交流振幅と（これと4分の1波長離れて起こる）最小交流振幅の比を定在波比として，次のように表すと便利です．

$$S = \frac{|E_x(z)|_{\max}}{|E_x(z)|_{\min}} = \frac{1+|\rho|}{1-|\rho|} \quad \cdots\cdots\cdots\cdots\cdots\cdots\cdots\cdots\cdots\cdots\cdots\cdots\cdots\cdots\cdots\cdots (61)$$

式(57)を用いると，ηが実数の場合には次式が成立します．

$$\begin{aligned} \eta_2 > \eta_1 \quad &\text{ならば} \quad S = \eta_2/\eta_1 \\ \eta_1 > \eta_2 \quad &\text{ならば} \quad S = \eta_1/\eta_2 \end{aligned} \quad \cdots\cdots\cdots\cdots\cdots\cdots (62)$$

誘電体が無損失の場合には，η_1とη_2は両方とも実数ですからρは実数であり，$z=0$面は電場の最大位置か最小位置でなければなりません．もしρが正であれば，このとき反射波と入射波は加わるので，$z=0$面は電場の最大点になります．したがって，$\eta_2 > \eta_1$であれば，これは電場の最大点であり磁場の最小点になります．また，$\eta_1 > \eta_2$であれば，$z=0$面は電場の最小点であり磁場の最大点になります．この2つの場合を図6.6(b)に示します．

6.2.4 誘電体が複数個あるときの反射

次に，誘電体材料が3つある場合を考えます．図6.7に示すように，平行な誘電体の不連続面が複数個あり，一様平面波がこの材料に左方から入射する場合を考えます．第1の面で波の一部が反射して残りが透過し，領域2を透過した波のうちの一部が第2の面を透過して残りが第1の面に向かって反射し，その後者の波のうちの一部が透過して残りが反射するというように，はじめのうちはこの問題を一連の波の反射と考えるかもしれません．しかし，各段階で進行波と反射波の総量を考え

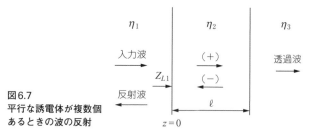

図6.7 平行な誘電体が複数個あるときの波の反射

ることによって，この冗長な手順を回避でき，再びインピーダンスの式で解を解く際に便利になります．

　もし，右側の領域で外側に伝搬する単一の波だけがあれば，この媒質内の任意の面における波動インピーダンスはη_3であり，次にこれが$z=\ell$の位置における領域2の負荷インピーダンスになります．この場合，領域2の入力インピーダンスは式(54)で与えられ，これは$z=0$におけるインピーダンスですから，領域1の負荷インピーダンスと考えることができます．すなわち，

$$Z_{L1} = Z_{i2} = \eta_2 \left[\frac{\eta_3 \cos k_2\ell + j\eta_2 \sin k_2\ell}{\eta_2 \cos k_2\ell + j\eta_3 \sin k_2\ell} \right] \quad \cdots\cdots (63)$$

となります．$z=0$を基準とする領域1の反射係数は式(55)で与えられ，

$$\rho = \frac{Z_{L1} - \eta_1}{Z_{L1} + \eta_1} \quad \cdots\cdots (64)$$

となります．反射電力比と透過電力比は，それぞれ式(59)と式(60)で与えられます．

　平行な誘電体境界が2つ以上あれば，この手順を繰り返し，1つの領域の入力インピーダンスが次の領域の負荷インピーダンスになり，最後に反射を計算する領域まで来ます．もちろん，伝送線路の計算にスミス・チャートを用いたように，式(63)の代わりに第5章5.1.6節で述べたスミス・チャートを利用して負荷インピーダンスを入力インピーダンスに変換し，インピーダンス不整合比がわかれば反射係数あるいは定在波比を求めることができます．

第6章　問題

問題 6.1 角周波数ω_0の無線波を角周波数ω_mの正弦波で振幅変調する場合，この結果生じる波は次のように書くことができる．

$$E(t) = A[1 + m\cos\omega_m t]\cos\omega_0 t \quad \cdots\cdots\cdots\cdots\cdots (A.1)$$

$z=0$ におけるこの波が，正の z 方向に伝搬する一様平面波を励振する場合，誘電体媒質に分散性があれば，この包絡線は被変調波と異なる速度で動くことを説明せよ．

答 伝搬波の形を書くには，t を $t - z/v$ で置き換えて次式が得られます．

$$E(z,t) = A\left[1 + m\cos\omega_m\left(t - \frac{z}{v}\right)\right]\cos\omega_0\left(t - \frac{z}{v}\right) \quad \cdots\cdots\cdots (A.2)$$

図 A.1 に示すように，この式は全体の関数が z 方向に速度 v で伝搬するものと解釈されます．式(A.2)を展開すると，異なる周波数成分が生じます．媒質が非分散性(すなわち，v が周波数に無関係)であれば，この包絡線は被変調波と同じ速度で動きます．しかし，媒質に分散性があれば，各周波数成分はそれぞれが異なる速度 v で伝搬します．この結果，この包絡線は被変調波と異なる速度で動きます．

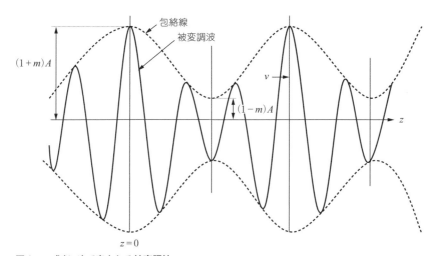

図 A.1　式(A.2)で表される被変調波
この波を時刻 $t=0$ で z に対して示す．非分散性媒質の中では，包絡線部と被変調部は速度 v で z 方向に動く

問題 6.2 直線偏波は，2つの反対方向に回転する円偏波が重畳したものであることを示せ．

答 振幅が同じである右手方向の円偏波と左手方向の円偏波を加え合わせます．本文の式(33)を用いると電場は，

$$\mathbf{E} = (\hat{\mathbf{x}} + j\hat{\mathbf{y}})E_1 e^{-jkz} + (\hat{\mathbf{x}} - j\hat{\mathbf{y}})E_1 e^{-jkz} = 2\hat{\mathbf{x}} E_1 e^{-jkz} \quad \cdots\cdots (A.3)$$

となります．磁場は，本文の式(37)を用いると，

$$\mathbf{H} = \frac{E_1}{\eta}(-j\hat{\mathbf{x}} + \hat{\mathbf{y}})e^{-jkz} + \frac{E_1}{\eta}(j\hat{\mathbf{x}} + \hat{\mathbf{y}})e^{-jkz} = \frac{2E_1}{\eta}\hat{\mathbf{y}} e^{-jkz} \quad \cdots\cdots (A.4)$$

となります．この結果は，電場がx方向に偏波した直線偏波の$\mathbf{E}$と$\mathbf{H}$の式を表しています．

問題 6.3 平面導体に垂直入射する平面波の波動インピーダンスを表す式を求めよ．

答 平面導体があると，E_xはそこでは0なので，これは短絡回路として働きます．本文の式(54)で$Z_L = 0$にすると，波動インピーダンスとして次式が得られます(注1)．

$$Z_i = j\eta \tan k\ell \quad \cdots\cdots\cdots\cdots\cdots\cdots\cdots\cdots\cdots\cdots\cdots\cdots\cdots\cdots (A.5)$$

注1：これは，伝送線路端を短絡したときのインピーダンスのように常に虚数(無効性)であり，$k\ell = n\pi$において0，$k\ell = (2n+1)\pi/2$において無限大になります．

問題 6.4 無損失導電性平面からの波の反射を0にするため，図A.2に示すように，単位面積あたりの抵抗η[Ω]のシートを導体面の手前1/4波長のところに置く．この場合，このシートの導電率をどのように決めればよいか．

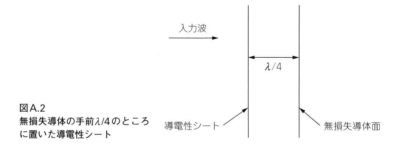

図A.2
無損失導体の手前$\lambda/4$のところに置いた導電性シート

入力波

$\lambda/4$

導電性シート　　無損失導体面

答 (このシートの厚さが表皮深さに比べて小さければ)この前面にぶつかる波は，波動インピーダンスηを見て完全に整合します．この場合，このシートの導電率は次式を満足しなければなりません(注2)．

$$\frac{1}{\sigma d} = \eta \qquad d \ll \delta \qquad \cdots\cdots\cdots\cdots\cdots\cdots\cdots\cdots\cdots\cdots\cdots\cdots\cdots\cdots\cdots\cdots\cdots\cdots\cdots \text{(A.6)}$$

注2：この構成は製作が非常に難しく，動作周波数や波の入射角に敏感です．そのため，無反射チャンバの被覆材として多孔質，損失性の材料を用い，入射波が入る面にピラミッド状のテーパをつけた構造がよく用いられています．

問題 6.5 本文の図6.7において，入力誘電体と出力誘電体が同じ材料($\eta_1 = \eta_2$)であり，中間の誘電体窓の長さが媒質2の半波長の整数倍$k_2 \ell = m\pi$であれば，本文の式(63)は次のようになる．

$$Z_{L1} = \eta_3 = \eta_1 \qquad \cdots\cdots\cdots\cdots\cdots\cdots\cdots\cdots\cdots\cdots\cdots\cdots\cdots\cdots\cdots\cdots\cdots\cdots\cdots \text{(A.7)}$$

したがって，式(64)により，入射面で反射は0である．しかし，このような窓はその厚さが半波長の整数倍でない周波数で反射を起こす．例えば，$\varepsilon_r = 4$で厚さ0.025mのあるガラスは，周波数3GHzにおいて$k_2 \ell = \pi$である．この場合，周波数4GHzにおける反射量をスミス・チャートを用いて求めよ．

答 領域2の正規化負荷インピーダンスは377/188.5ですから，この点を図A.3の点Aに示します．次に，半径一定の円の上を$4/3 \times \lambda/2$，すなわち0.667λだけ発振器側に動きます．これは，このチャートの一周分とB点で終わる0.167λの和であり，

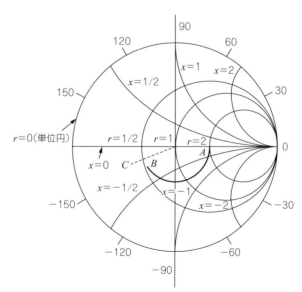

図A.3
スミス・チャート

この点で正規化入力インピーダンスは $Z_{i2}/Z_{02} = 0.62 - j0.38$ と読めます．入力領域の特性インピーダンスで再正規化するため，これに188.5/377すなわち1/2を乗じると，正規化インピーダンスは $0.31 - j0.19$ となります．これは点Cのところに位置しており，この半径尺度から反射係数 $|\rho| = 0.55$ と読めます．したがって，反射量 $|\rho|^2$ は0.30，すなわち30%になります．

問題 6.6 本文の図6.7が電気的薄窓を表す場合，$\eta_1 = \eta_3$ であり，$k_2\ell$ は1に比べて非常に小さくなる．この場合，反射係数の大きさと誘電体窓の電気長の関係式，反射電力比と誘電体窓の電気長の関係式を求めよ．また，周波数3GHzの平面波が空中から厚さ3mmのポリスチレン窓（$\varepsilon_r \approx 2.54$）に垂直入射する場合，電力反射率は何%になるか．

答 $k_2\ell$ が1に比べて非常に小さい場合，$\tan k_2\ell \approx k_2\ell$ となります．さらに，$\eta_1 = \eta_3$ であれば，本文の式(63)は次のようになります．

$$Z_{L1} \approx \eta_2 \left[\frac{\eta_1 + j\eta_2 k_2\ell}{\eta_2 + j\eta_1 k_2\ell} \right] \approx \eta_1 \left[1 + jk_2\ell \left(\frac{\eta_2}{\eta_1} - \frac{\eta_1}{\eta_2} \right) \right] \quad \cdots\cdots (A.8)$$

これを式(64)に代入すると，

$$\rho \approx j\frac{k_2\ell}{2} \left(\frac{\eta_2}{\eta_1} - \frac{\eta_1}{\eta_2} \right) \quad \cdots\cdots (A.9)$$

となります．したがって，$k_2\ell$ が小さい場合には，反射係数の大きさは誘電体窓の電気長に比例します．また，この場合，入射電力のうち反射する割合はこの電気長の2乗に比例します．

周波数3GHzの平面波が空中から厚さ3mmのポリスチレン窓（$(\varepsilon_r \approx 2.54)$）に垂直入射する場合，$\rho = -j0.145$ になり，入射電力の2%が反射されます．

問題 6.7 2つの異なる平板状誘電体の間に，厚さ1/4波長の別の平板状誘電体がある場合，この固有インピーダンスが両側の誘電体の固有インピーダンスの幾何平均値に等しければ，エネルギーが第1の媒質から第3の媒質を通過するときに，波の反射はないことを示せ．

答 $k_2\ell = \pi/2$，$\eta_2 = \sqrt{\eta_1\eta_3}$ の場合，本文の式(63)から，

$$Z_{L1} = \frac{\eta_2^2}{\eta_3} = \frac{\eta_1\eta_3}{\eta_3} = \eta_1 \quad \cdots\cdots (A.10)$$

となります．これは，誘電体1へ整合する条件ですから，波の反射はありません．

問題 6.8 図A.4に示す2層ポリ誘電体において，$d_2 = 2$mm，$\varepsilon_2/\varepsilon_0 = 2.54$（ポリスチレン），および $d_3 = 3$mm，$\varepsilon_3/\varepsilon_0 = 4$ である．ここに垂直入射する波の周波数が10GHz（$\lambda_0 = 3$cm）の場合，スミス・チャートを用いて電力反射率を求めよ．

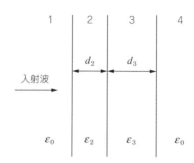

図A.4
2層ポリ誘電体

答 図A.4の3-4の境界における正規化負荷インピーダンスは，

$$\frac{Z_{L3}}{Z_{03}} = \frac{377}{188.5} = 2.00 \quad (図A.5のM点) \quad \cdots\cdots\cdots\cdots\cdots\cdots\cdots\cdots\cdots\cdots\cdots (A.11)$$

となります．この点から発振器側に，

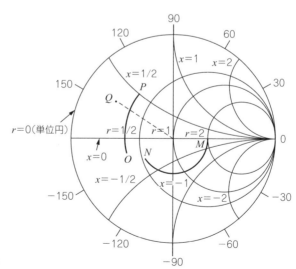

図A.5
スミス・チャート

$$\frac{d_3}{\lambda_3} = \frac{0.30}{30/\sqrt{4}} = 0.2 \text{波長} \quad \cdots\cdots\cdots\cdots\cdots\cdots\cdots\cdots\cdots\cdots\cdots\cdots \text{(A.12)}$$

だけ動くと(N点),$Z_{i3}/Z_{03} = 0.55 - j0.235$と読めます.領域2における負荷を求めるため,これを次のように再正規化します.

$$\frac{Z_{L2}}{Z_{02}} = (0.55 - j0.235)\sqrt{\frac{2.54}{4}} = 0.438 - j0.187 \quad (O\text{点}) \quad \cdots\cdots\cdots\cdots \text{(A.13)}$$

この点から発振器側に,

$$\frac{d_2}{\lambda_2} = \frac{0.20}{3.0/\sqrt{2.54}} = 0.106 \text{波長} \quad \cdots\cdots\cdots\cdots\cdots\cdots\cdots\cdots\cdots\cdots \text{(A.14)}$$

だけ動くと(P点),$Z_{i2}/Z_{02} = 0.49 + j0.38$と読めます.領域1における負荷を求めるため,これを空気に対して次のように再正規化します.

$$\frac{Z_{L1}}{Z_{01}} = (0.49 + j0.38)\sqrt{\frac{1}{2.54}} = 0.31 + j0.24 \quad (Q\text{点}) \quad \cdots\cdots\cdots\cdots\cdots \text{(A.15)}$$

(チャートの半径に対する割合としての)Q点までの半径から$|\rho| = 0.55$が得られます.したがって,入射電力の約30%が反射します.

第7章

境界値問題

　本章では，はじめにマックスウェルの方程式から出発して電場と磁場の方程式，ポテンシャルの方程式を導きます．次に，与えられた境界条件を満足するこれらの方程式の解法について述べます．この中に複素関数を用いた等角変換法や積の形の解を仮定した変数分離法があります．また，フーリエ級数やフーリエ積分，ベッセル関数やハンケル関数についても説明します．

　これまでに，静的や動的な電磁場問題を解くいろいろな解法について述べてきました．引き続き波の伝搬や共振，放射といった問題について述べていきますが，問題の解を得る一般的方法についてもう少し詳しく述べる必要があります．本章で述べる方法は，通常，静的問題に関して説明されていますが，この解法は電磁場が時間的に変化する場合にも有効です．

　本章で述べる解法の大部分は，境界条件に適合するように微分方程式を解くことです．ある場合には電磁場分布そのものを求めることができますが，別の場合にはこの分布が他のパラメータを求めるための中間段階として使用されます．

　本章で述べる一般的な方法の1つは，変数分離法です．これにより直交関数が得られ，これを重畳すると一般的な電磁場分布を表すことができます．この方法を述べるにあたって，円筒座標で必要になるベッセル関数について詳しく説明します．二つ目の方法は，等角変換法です．この方法は2次元問題に限定され，おもにラプラスの方程式を解く場合に用いられます．

7.1 電場と磁場の方程式

7.1.1 ヘルムホルツ,ラプラス,ポアソンの方程式

マックスウェルの方程式から波動方程式やヘルムホルツ方程式のような特定の微分方程式がどのように得られるかについてはすでに述べました.一般的には,このような特別な場合に関心がありますが,まず一般的な形を調べてみます.

フェーザー形を使用し,媒質は均質的,等方的,線形とします.**E** の回転のマックスウェルの方程式〔第3章の式(49)〕から始めると,

$$\nabla \times \mathbf{E} = -j\omega\mu\mathbf{H} \quad \cdots\cdots (1)$$

が成立します.この式の回転をとって,これを展開すると,

$$\nabla \times \nabla \times \mathbf{E} = -\nabla^2 \mathbf{E} + \nabla(\nabla \cdot \mathbf{E}) = -j\omega\mu\nabla \times \mathbf{H} \quad \cdots\cdots (2)$$

となります.マックスウェルの方程式〔第3章の式(47),式(50)〕から,**E** の発散と **H** の回転を代入すると,

$$-\nabla^2 \mathbf{E} + \nabla\left(\frac{\rho}{\varepsilon}\right) = -j\omega\mu[\mathbf{J} + j\omega\varepsilon\mathbf{E}] \quad \cdots\cdots (3)$$

となります.すなわち,

$$\nabla^2 \mathbf{E} + k^2 \mathbf{E} = j\omega\mu\mathbf{J} + \frac{1}{\varepsilon}\nabla\rho \quad \cdots\cdots (4)$$

となります.ここで,$k^2 = \omega^2\mu\varepsilon$ です.**H** の回転に同様の操作をすると,次式が得られます.

$$\nabla^2 \mathbf{H} + k^2 \mathbf{H} = -\nabla \times \mathbf{J} \quad \cdots\cdots (5)$$

式(4)と式(5)は,非同次のヘルムホルツ方程式と見ることができます.これらの式の一般解を求めることは難しいのですが,通常,これらに対応する同次方程式,

$$\nabla^2 \mathbf{E} + k^2 \mathbf{E} = 0 \quad \cdots\cdots (6)$$

$$\nabla^2 \mathbf{H} + k^2 \mathbf{H} = 0 \quad \cdots\cdots (7)$$

の解から始めます.我々が関心のある多くの問題では,境界を除いて波源はないので,本章で考えるヘルムホルツ方程式は同次方程式(6)と(7)になります.

このベクトル方程式は,直角座標で次のように各成分に分離できます.

$$\nabla^2 E_x + k^2 E_x = 0 \quad \cdots\cdots (8)$$

E_y,E_z,H_x,H_y,H_z についても,これと同じ式が成立します.円筒座標および球座標の場合には,各成分をこれほど簡単に分離できません.しかし,円筒座標の場合には,式(6)と式(7)の軸方向成分は次のヘルムホルツ方程式を満足します.

$$\nabla^2 E_z + k^2 E_z = 0 \quad \cdots\cdots\cdots\cdots\cdots\cdots\cdots\cdots\cdots\cdots\cdots\cdots\cdots\cdots (9)$$

H_z についても，これと同じ式が成立します．

準静的問題の場合，k^2 の項は非常に小さいので，式(6)と式(7)は次のラプラスの方程式になります．

$$\nabla^2 \mathbf{E} = 0 \quad \cdots\cdots\cdots\cdots\cdots\cdots\cdots\cdots\cdots\cdots\cdots\cdots\cdots\cdots\cdots\cdots (10)$$

$$\nabla^2 \mathbf{H} = 0 \quad \cdots\cdots\cdots\cdots\cdots\cdots\cdots\cdots\cdots\cdots\cdots\cdots\cdots\cdots\cdots\cdots (11)$$

これらは，上で述べたように各座標成分に分離できます．しかし，準静的問題あるいは静的問題の場合には，次式で定義するスカラ・ポテンシャル関数を使用すると便利です．

$$\mathbf{E} = -\nabla \Phi, \quad \mathbf{H} = -\nabla \Phi_m \quad \cdots\cdots\cdots\cdots\cdots\cdots\cdots\cdots\cdots\cdots (12)$$

ここで，Φ と Φ_m は次のラプラスの方程式を満足します．

$$\nabla^2 \Phi = 0, \quad \nabla^2 \Phi_m = 0 \quad \cdots\cdots\cdots\cdots\cdots\cdots\cdots\cdots\cdots\cdots (13)$$

ある場合には，電荷が存在する領域での静的解あるいは準静的解が必要であり，この場合には次のポアソンの方程式を使用します（第1章1.2.3節）．

$$\nabla^2 \Phi = -\frac{\rho}{\varepsilon} \quad \cdots\cdots\cdots\cdots\cdots\cdots\cdots\cdots\cdots\cdots\cdots\cdots\cdots\cdots (14)$$

このように，ヘルムホルツ方程式，ラプラス方程式，ポアソン方程式は，多くの重要な問題を記述する基本式であり，本章ではこれらの方程式を用いて微分方程式の解法を説明します．

(1) 境界条件

ラプラス方程式やポアソン方程式の解は，その関数が解の領域を囲む境界の上で規定されていれば，ただ1つに決まります．また，ヘルムホルツ方程式の式(6)と式(7)の解は，閉じた境界上で $\mathbf{E}$ または $\mathbf{H}$ の水平方向成分，あるいは境界の一部で $\mathbf{E}$ の水平方向成分が，境界の残りの部分で $\mathbf{H}$ の水平方向成分が規定されていれば，ただ1つに決まります．

(2) 重畳

∇^2 は線形演算子なので，媒質が線形ならば任意の複数の解を重畳することができます．すなわち，これらを合計したものもその方程式の解になります．簡単な結果が得られる重畳法の使用例を，問題7.1に示します．

7.2 等角変換法

7.2.1 複素関数論の基礎

2次元の電磁場分布を数学的に解くために,複素変数の関数論を用います.これは原理的に2次元問題に対してもっとも一般的な方法であり,これを用いるといろいろな実用的な問題について解を求めることができます.

複素関数の理論では,複素変数 $Z = x + jy$ を使用します.ここで,x と y は実数の変数です.Z の任意の値を $x - y$ 面内のある点に結びつけ(**図 7.1**(a)),この面を複素 Z 平面と言います.もちろん,この座標は r と θ を用いる次の極形式で表すこともできます.

$$r = \sqrt{x^2 + y^2}, \quad \theta = \tan^{-1}\left(\frac{y}{x}\right) \quad \cdots (15)$$

この場合,

$$Z = x + jy = r(\cos\theta + j\sin\theta) = re^{j\theta} \quad \cdots (16)$$

となります.

次に,別の複素変数 W を考え,ここで,

$$W = u + jv = \rho e^{j\phi} \quad \cdots (17)$$

であり,W は Z の関数とします.これが意味することは,Z の各値に対して W の各値が決まるということです.この関数関係を次のように表します.

$$W = f(Z) \quad \cdots (18)$$

Z が連続的に変化すれば,これに対応する複素 Z 平面内の点も連続的に動き,あ

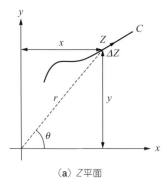
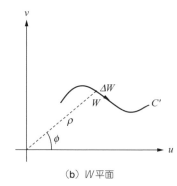

図 7.1
Z 平面と W 平面　　(a) Z 平面　　(b) W 平面

る曲線Cを描きます．Wの値もこれに対応して変化し，曲線C'を描きます．混乱を避けるため，通常，Wの値を複素W平面と言う別の図に描きます〔図7.1(b)〕．

次に，Zの微小変化ΔZとこれに対応するWの変化ΔWを考えます．この導関数をΔZが無限に小さくなるときの比$\Delta W/\Delta Z$の極限として次のように定義します．

$$\frac{dW}{dZ} = \lim_{\Delta Z \to 0}\frac{\Delta W}{\Delta Z} = \lim_{\Delta Z \to 0}\frac{f(Z+\Delta Z)-f(Z)}{\Delta Z} \quad \cdots\cdots (19)$$

このように定義した導関数が存在し，これがただ1つに決まる場合には，この複素関数は解析的あるいは正則であると言います．この導関数がただ1つであるためには，比$\Delta W/\Delta Z$がΔZの方向に無関係でなければなりません．

$\Delta W/\Delta Z$がΔZの方向に無関係であれば，このための必要条件はZをx方向のみやy方向のみに変化させても同じ結果が得られることです．$\Delta Z=\Delta x$の場合には，

$$\frac{dW}{dZ} = \frac{\partial W}{\partial x} = \frac{\partial}{\partial x}(u+jv) = \frac{\partial u}{\partial x} + j\frac{\partial v}{\partial x} \quad \cdots\cdots (20)$$

であり，y方向に変化する場合には$\Delta Z=j\Delta y$ですから，

$$\frac{dW}{dZ} = \frac{\partial W}{\partial(jy)} = \frac{1}{j}\frac{\partial}{\partial y}(u+jv) = \frac{\partial v}{\partial y} - j\frac{\partial u}{\partial y} \quad \cdots\cdots (21)$$

となります．この2つの複素量は，実数部と虚数部が別々に等しい場合のみ等しくなります．すなわち，次式が成立するとき，式(20)と式(21)は同じ結果になります．

$$\frac{\partial u}{\partial x} = \frac{\partial v}{\partial y} \quad \cdots\cdots (22)$$

$$\frac{\partial v}{\partial x} = -\frac{\partial u}{\partial y} \quad \cdots\cdots (23)$$

これらの条件はコーシー・リーマンの方程式として知られており，dW/dZがある点においてただ1つであり，関数$f(Z)$がそこで解析的であるための必要条件です．これらの条件を満足すると，ΔZの任意の変化方向に対してdW/dZの同じ結果が得られます．したがって，これらは十分条件でもあります．

7.2.2　複素変数の解析関数

式(22)をxで微分し，式(23)をyで微分してその結果を加えると，次式が得られます．

$$\frac{\partial^2 u}{\partial x^2} + \frac{\partial^2 u}{\partial y^2} = 0 \quad \cdots\cdots (24)$$

同様にして，微分の順序を逆にすると次式が得られます．

$$\frac{\partial^2 v}{\partial x^2} + \frac{\partial^2 v}{\partial y^2} = 0 \quad \cdots\cdots (25)$$

これらは，2次元のラプラスの方程式です．このように，複素変数の解析関数の実数部と虚数部は両方ともラプラスの方程式を満足し，これらは2次元の静電問題のポテンシャル関数として使用するのに適しています．これらの使用方法については，本章の問題に示します．

この2つのうちの1つ，すなわちuかvをポテンシャル関数として選ぶ場合，もう一方は電束関数に比例することになります．このことを示すため，uがある特定の問題のポテンシャル関数とします．uの負勾配として求められる電場から次式が得られます．

$$E_x = -\frac{\partial u}{\partial x} \qquad E_y = -\frac{\partial u}{\partial y} \quad \cdots\cdots (26)$$

全微分の式により，x座標とy座標の変化dxおよびdyに対応するvの変化は，

$$dv = \frac{\partial v}{\partial x}dx + \frac{\partial v}{\partial y}dy \quad \cdots\cdots (27)$$

です．しかし，コーシー・リーマンの方程式(22)と(23)から，

$$-dv = \frac{\partial u}{\partial y}dx - \frac{\partial u}{\partial x}dy = -E_y dx + E_x dy \quad \cdots\cdots (28)$$

となります．すなわち，

$$-\varepsilon dv = -D_y dx + D_x dy \quad \cdots\cdots (29)$$

となります．図7.2を見ると，矢印で示す方向を正方向として，これは曲線vと$v+dv$の間の電束に等しいことがわかります．すなわち，

$$-d\psi = \varepsilon dv \quad \cdots\cdots (30)$$

となります．これを積分すると，$v=0$における電束の基準値を選ぶことによって0

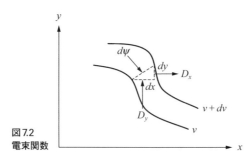

図7.2
電束関数

にすることができる定数を除いて，

$$-\psi = \varepsilon v \quad [\text{C/m}] \tag{31}$$

となります．同様に，vをある問題のポテンシャル関数として選ぶなら，εuは正の電束方向を適正に選んだときの電束関数を表します．

uとvの両方がラプラスの方程式を満足するので，このどちらかをポテンシャル関数として使用でき，この場合，もう一方は電束関数として使用できることを述べました．しかしながら，この方法が有効か否かはuとvが問題の境界条件を満足するような解析関数$W = f(Z)$を決めることができるか否かにかかっています．

7.2.3 等角写像の原理

与えられた関数，

$$W = f(Z) \tag{32}$$

によって，Zの値に対応するWの値が決まるから，Z平面内の任意の点(x, y)からW平面内のある点(u, v)が決まります．この点がZ平面内のある曲線$x = F(y)$に沿って動くにつれて，これに対応するW平面内の点は曲線$u = F_1(v)$に沿って動きます．これがZ平面内のある領域にわたって動くなら，これに対応する点は平面内のある領域にわたって動きます．したがって，一般に，Z平面内のある点はW平面内のある点に変換され，ある曲線はある曲線に変換され，ある領域はある領域に変換されます．このような機能をZ平面からW平面への変換と言います．

すでに述べてきたように，関数$f(Z)$が解析的である場合，ある点におけるその導関数dW/dZはその点からの変化dZの方向に無関係です．この導関数は，大きさと位相を用いて次のように書くことができます．

$$\frac{dW}{dZ} = Me^{j\alpha} \tag{33}$$

すなわち，

$$dW = Me^{j\alpha}dZ \tag{34}$$

複素数の積の計算によって，dWの大きさはdZの大きさのM倍であり，dWの角度はdZの角度にαを加えたものです．したがって，点W付近の小さな領域は，点Z付近の小さな領域に類似したものになります．これは寸法比Mで大きくなり，角度αだけ回転します．この場合，もしZ平面内で2つの曲線がある角度で交差していれば，W平面内のこれらの変換曲線もこれと同じ角度で交差します．なぜなら，両方の変換曲線が角度αだけ回転するからです．こうした性質をもつ変換を等角変換と言います．

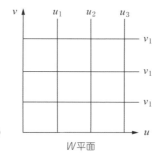
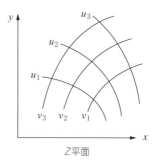

図7.3
W平面の座標線の
Z平面内への写像

特に，W平面内の$u=$一定の直線と$v=$一定の直線は直交していますから，Z平面内の変換曲線も直交していなければなりません（**図7.3**）．この観点から，等角変換は（等間隔の$u=$一定線あるいは$v=$一定線で表した）W平面内の一様電場を元にして，静電場に必要な性質を保ちながら，これをZ平面内の与えられた境界条件に適合するように変換するものです．

この変換を数ステップにわたって行うこともあります．すなわち，はじめに一様電場を$Z_1=f(W)$によってある中間的な複素平面に変換し，次に2番目の中間的な複素平面$Z_2=g(Z_1)$に変換し，最後に境界条件を満足するある平面$Z_3=h(Z_2)$に変換します．このステップ数は何個あってもかまいません．もちろん，これらの関数をまとめて一つの変換式にすることができます．

境界条件の形から変換式を直接導くことができることはほとんどありません．必要な変換式を求める助けとして，1つの電場が別の電場にどのように変化するかを示す等角変換表があります．この表にある変換関数を使用し，一様電場を与えられた問題に適する電場に変換することができます．この方法を示すため，変換式が比較的簡単な例を問題7.4〜7.7に示します．

7.2.4 シュワルツ変換

実際の問題では，通常，特定の等ポテンシャルの導電性境界が与えられ，その問題を解くために必要な複素関数を求めることが必要になります．等角変換法の最大の欠点は，境界の形状が一般的な場合に，これに適当な変換式を求める簡単な方法がないことです．しかし，境界がある角度で交差する直線状の辺でできている場合には，このような手順が存在します．

図7.4に示すように，シュワルツ変換はZ平面内の任意の多角形をZ'平面内の実数軸に沿う一連の線分に変換するものです．各線分は，多角形の各辺に対応します．

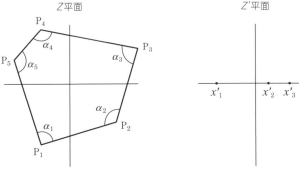

図7.4
シュワルツ変換
　　　　　　　　（a）Z平面内の多角形　　　　　（b）Z'平面内の直線に変換した多角形
　　　　　　　　　　　　　　　　　　　　　　　　　（頂点x'_5は無限遠点にある）

　この変換式は，次の導関数を積分して求めることができます．

$$\frac{dZ}{dZ'} = K(Z'-x'_1)^{(\alpha_1/\pi)-1}(Z'-x'_2)^{(\alpha_2/\pi)-1}\cdots(Z'-x'_n)^{(\alpha_n/\pi)-1} \quad \cdots\cdots(35)$$

　問題7.4の変換式が一つの角部を直線化したように，式(35)の中の各因子はこの多角形の頂点の1つで境界を直線化します．通常，特定の問題に対して式(35)を書くことは簡単ですが，これを積分することが難しくなります．

　多角形から変換される図について述べてきましたが，この方法を実際に適用する場合，頂点のうちの1つあるいはそれ以上が無限遠点にあったり，境界の一部が残りの部分と異なるポテンシャル値にあることがあります．この場合，Z'平面内の実数軸はポテンシャル値が異なる2つの部分で構成されます．この最後の静電問題は，Z'平面からW平面への変換によって解くことができます．したがって，Z平面からW平面への変換は，Z'平面を中間ステップとして求めることができます．この方法が便利な別の問題は，細い帯電線が導電性多角形の内部にこれと平行にある場合です．シュワルツ変換によって，多角形の境界が実数軸に変換され，帯電線がZ'平面の上半分内のある点に対応します．この静電問題は，鏡像法によって解くことができます．したがって，この場合にも元の問題を解くことができます．

　いくつかの問題をシュワルツ変換によって解いた結果を，**表7.1**に示します．

7.2.5　波動問題の等角写像

　静電場を等角変換すると，複雑な境界を簡単な境界に変換できます．これと同様に，波動問題を等角変換すると，複雑な境界を簡単にすることができます．この変

表7.1　シュワルツ変換による変換式
$Z=x+jy;\ W=u+jv$，ここでuは電束関数，vはポテンシャル関数

形状	変換式
（V_0, a, b を示す図）	$Z = \dfrac{b}{\pi}\left[\cosh^{-1}\left(\dfrac{\alpha^2+1-2\alpha^2 e^{kW}}{1-\alpha^2}\right) - \alpha\cosh^{-1}\left(\dfrac{2e^{-kW}-(\alpha^2+1)}{1-\alpha^2}\right)\right]$ $\alpha = \dfrac{a}{b},\quad k = \dfrac{\pi}{V_0}$
（a, b を示す図）	$Z = \dfrac{b}{\pi}\left[\ln\left(\dfrac{1+S}{1-S}\right) - 2\alpha\tan^{-1}\left(\dfrac{S}{\alpha}\right)\right]$ $\alpha = \dfrac{a}{b},\quad S = \sqrt{\dfrac{e^{kW}\pm\alpha}{e^{kW}-1}}$

換は，2次元の場合にだけ行うことができます．したがって，電磁場は第3の次元に独立でなければなりません．通常，境界を簡単にすると誘電体が不均一になるため，この変換は特別な場合にしか役に立ちません．

　Z平面内で与えられた境界の形を，W平面内のuとvが一定の線に変換する関数$W = u + jv = f(Z) = f(x+jy)$が存在すると仮定します．スカラのヘルムホルツ方程式の式(9)，

$$\frac{\partial^2 \psi}{\partial x^2} + \frac{\partial^2 \psi}{\partial y^2} + k^2\psi = 0 \quad\cdots\cdots(36)$$

をZ平面からW平面に変換するため，はじめに$\nabla^2_{xy}\psi$と$\nabla^2_{uv}\psi$の関係を求めます．この導関数を変換するため，次の式を使用します．はじめに，

$$\frac{\partial \psi}{\partial x} = \frac{\partial \psi}{\partial u}\frac{\partial u}{\partial x} + \frac{\partial \psi}{\partial v}\frac{\partial v}{\partial x} \quad\cdots\cdots(37)$$

です．この式を再度微分すると，次式が得られます．

$$\frac{\partial^2 \psi}{\partial x^2} = \frac{\partial^2 \psi}{\partial u^2}\left(\frac{\partial u}{\partial x}\right)^2 + \frac{\partial^2 \psi}{\partial v^2}\left(\frac{\partial v}{\partial x}\right)^2 + 2\frac{\partial^2 \psi}{\partial u \partial v}\frac{\partial u}{\partial x}\frac{\partial v}{\partial x} \quad\cdots\cdots(38)$$

同様に，$\partial^2\psi/\partial y^2$に対しても次式が得られます．

$$\frac{\partial^2 \psi}{\partial y^2} = \frac{\partial^2 \psi}{\partial u^2}\left(\frac{\partial u}{\partial y}\right)^2 + \frac{\partial^2 \psi}{\partial v^2}\left(\frac{\partial v}{\partial y}\right)^2 + 2\frac{\partial^2 \psi}{\partial u \partial v}\frac{\partial u}{\partial y}\frac{\partial v}{\partial y} \quad\cdots\cdots(39)$$

　式(38)と式(39)の右辺第2項および式(39)の最終項において，式(22)と式(23)のコーシー・リーマンの方程式を用い，式(38)と式(39)を加えると，

$$\frac{\partial^2 \psi}{\partial x^2} + \frac{\partial^2 \psi}{\partial y^2} = \left(\frac{\partial^2 \psi}{\partial u^2} + \frac{\partial^2 \psi}{\partial v^2} \right) \left[\left(\frac{\partial u}{\partial x} \right)^2 + \left(\frac{\partial u}{\partial y} \right)^2 \right] \quad \cdots (40)$$

となります．式(20)と式(23)から次式が成立します．

$$\left| \frac{dW}{dZ} \right|^2 = \left(\frac{\partial u}{\partial x} \right)^2 + \left(\frac{\partial v}{\partial x} \right)^2 = \left(\frac{\partial u}{\partial x} \right)^2 + \left(\frac{\partial u}{\partial y} \right)^2 \quad \cdots (41)$$

したがって，求める関係は次のようになります．

$$\nabla_{xy}^2 \psi = \left| \frac{dW}{dZ} \right|^2 \nabla_{uv}^2 \psi \quad \cdots (42)$$

7.2.3節で述べたように，$|dZ/dW|$はW平面内の微分長$|dW|$をこれに対応するZ平面内の微分長$|dZ|$に関係づけるスカラ量です．したがって，ヘルムホルツ方程式の式(36)は，次のW平面に変換されます．

$$\nabla_{uv}^2 \psi + \left| \frac{dZ}{dW} \right|^2 k^2 \psi = 0 \quad \cdots (43)$$

一般に，$|dZ/dW|$は座標の関数ですから，式(43)は媒質が等方的でない場合のヘルムホルツ方程式になります．

座標の直交性は保たれているので，ψあるいはその垂直導関数が0というZ平面内の境界条件は対応するW平面内の境界条件にそのまま当てはまります．

7.3　変数分離法

7.3.1　直角座標を用いたラプラスの方程式の解

線形の偏微分方程式の解を得る1つの方法は，変数分離法です．この方法により，3次元問題に対して3つの関数の積の形の解が得られ，各関数は1つの座標変数だけの関数です．このような解は一般的でないように見えるかも知れませんが，これらを加え合わせて級数の形にすると，一般的な解を表すことができます．さらに，波動方程式の積解の1つひとつは，個別に伝搬できるモードを表します．これらは，導波系や共振系で実用的に非常に重要なものであり，これについては別章で詳しく説明します．

変数分離法の簡単な例として，直角座標xとyの2次元問題を考えます．この座標によるラプラスの方程式は，

$$\frac{\partial^2 \Phi}{\partial x^2} + \frac{\partial^2 \Phi}{\partial y^2} = 0 \quad \cdots\cdots (44)$$

となります．次の形の積解を調べてみましょう．

$$\Phi(x,y) = X(x)Y(y) \quad \cdots\cdots (45)$$

ここで，この関数はxだけの関数とyだけの関数の積の形をしています．このことから，$X(x)$をXで，$Y(y)$をYで置き換えます．これを式(44)に代入すると次式が得られます．

$$X''Y + XY'' = 0 \quad \cdots\cdots (46)$$

この二重ダッシュは，この関数の中の独立変数に関する2次導関数を意味します．ここで，式(46)を1つの変数だけの関数の和の形に分離するため，式(46)をXYで除すと次式が得られます．

$$\frac{X''}{X} + \frac{Y''}{Y} = 0 \quad \cdots\cdots (47)$$

次に，この方法の鍵となる論法を述べます．式(47)は，変数xとyのすべての値に対して成立しなければなりません．この第2項にはxが入っておらず，したがってこれはxと共に変化せず，第1項もまたxと共に変化しません．xと共に変化しないxだけの関数は定数です．同様に，第2項も定数でなければなりません．第1の定数をK_x^2，第2の定数をK_y^2と置くと，

$$K_x^2 + K_y^2 = 0 \quad \cdots\cdots (48)$$

および

$$X'' - K_x^2 X = 0$$
$$Y'' - K_y^2 Y = 0 \quad \cdots\cdots (49)$$

となります．これらは，その解が実数の指数関数あるいは双曲線関数となる標準形です．これらを双曲線関数で書いて，式(45)に代入すると次式が得られます．

$$\Phi(x,y) = (A\cosh K_x x + B\sinh K_x x)(C\cosh K_y y + D\sinh K_y y) \quad \cdots\cdots (50)$$

式(48)から，K_x^2かK_y^2のどちらかが負でなければなりません．したがって，K_xかK_yのどちらかが虚数でなければならず，もう一方は実数です．さらに，これらの大きさは等しくなければなりません．したがって，式(50)は次の2つの形のどちらかになります．

$$\Phi(x,y) = (A\cosh Kx + B\sinh Kx)(C\cos Ky + D'\sin Ky) \quad \cdots\cdots (51)$$

あるいは，

$$\Phi(x,y) = (A\cos Kx + B'\sin Kx)(C\cosh Ky + D\sinh Ky) \quad \cdots\cdots (52)$$

ここで，$|K_x| = |K_y|$ですから，1つの記号Kを用いました．ダッシュを付けて定数

値が異なることを表しています．式(51)と式(52)のどちらを選択するかは，境界条件によって決まります．ポテンシャルがyの関数として0を繰り返すならば，式(51)を使用します．0の繰り返しがxの変化に対して規定されていれば，式(52)を選択します．境界が一方向に無限大まで伸びていれば，双曲線関数の代わりに実数の指数関数を使用します．式(49)からわかることは，$K_x = jK_y = 0$の場合に，一般解が次の形になることです．

$$\Phi(x,y) = (A_1 x + B_1)(C_1 y + D_1) \quad \cdots\cdots (53)$$

分離定数が0の場合に解の関数形が変化することは，積解法に特有のことです．以降の節で，境界条件を用いてこの定数をどのように決定するかを示します．

3次元の直角座標の場合には，上と同じ手順を踏みます．ラプラスの方程式は，

$$\frac{\partial^2 \Phi}{\partial x^2} + \frac{\partial^2 \Phi}{\partial y^2} + \frac{\partial^2 \Phi}{\partial z^2} = 0 \quad \cdots\cdots (54)$$

です．そこで，次の形の解を考えます．

$$\Phi(x,y,z) = X(x)Y(y)Z(z) \quad \cdots\cdots (55)$$

ここで右辺の各項は，独立な空間変数のうちの1つだけの関数です．式(55)を式(54)に代入すると，次式が得られます．

$$X''YZ + XY''Z + XYZ'' = 0 \quad \cdots\cdots (56)$$

この式をXYZで除すと，次式が得られます．

$$\frac{X''}{X} + \frac{Y''}{Y} + \frac{Z''}{Z} = 0 \quad \cdots\cdots (57)$$

ここで，2次元の場合と同じ論法を用います．もし2番目と3番目の項がxと共に変化しないならば，第1項もxと共に変化できません．これはxだけの関数であってxと共に変化しないので，定数でなければなりません．これと同じ論法を，第2項と第3項にも適用します．第1項をK_x^2，第2項をK_y^2，第3項をK_z^2とすれば，式(57)は次のようになります．

$$K_x^2 + K_y^2 + K_z^2 = 0 \quad \cdots\cdots (58)$$

式(49)の形の微分方程式がX, Y，およびZに対して成立します．したがって，(直角高調波と言う)X, Y, Zの積として書いた一般解は，次のようになります．

$$\Phi(x,y,z) = [A \cosh K_x x + B \sinh K_x x][C \cosh K_y y + D \sinh K_y y]$$
$$\times [E \cosh K_z z + F \sinh K_z z] \quad \cdots\cdots (59)$$

式(58)が成立するためには，K_x^2, K_y^2, K_z^2の中の少なくとも1つが負でなければならず，したがって，K_x, K_y, K_zの中の少なくとも1つが虚数でなければなりません．

もし，x方向とy方向にポテンシャル0の繰り返しがあれば，xとyの関数は三角関数でなければならないのでK_xとK_yが虚数です．いろいろな別の組み合わせが考えられます．ある場合には，双曲線関数を実数の指数関数に置き換えるのが便利です．

式(59)の中に9個の定数があり，これらを3つの座標方向のそれぞれに対して2個，すなわち6個の境界条件を用いて計算しなければならないように見えます．しかし，第1のカッコをBで除し，第2のカッコをDで除し，第3のカッコをFで除して，この全体にBDFを乗じると，独立な定数は4つしかないことがわかります．式(58)から独立な分離定数は2つだけですから，全体の未知数の数は境界条件の数と同じになります．

7.3.2　1つの直角高調波で表した静電場

本節では，解が7.3.1節で導いた形の中の1つであるためには，どのような境界条件が必要になるかを調べます．簡単にするため，$A=0$，$C=0$として式(52)の特別な場合を取り上げます．残る定数の積$B'D$を1つの定数C_1と表し，この解を次のように書きます．

$$\Phi = C_1 \sin Kx \sinh Ky \quad\quad\quad\quad\quad (60)$$

式(60)から明らかなように，このポテンシャルは$y=0$においてすべてのxに対して0です．したがって，1つの境界は$y=0$におけるポテンシャル0の導電性平面です．同様に，このポテンシャルは平面$x=0$に沿って0であり，$Kx=n\pi$によって決まるこれに平行な他の平面に沿っても0になります．$0<Kx<\pi$および$0<y<\infty$の領域を考えます．この場合，この領域の境界となるポテンシャル0の面は矩形状になります．そのx方向の幅をaとすると，$Ka=\pi$すなわち，

$$K = \frac{\pi}{a} \quad\quad\quad\quad\quad (61)$$

となります．

この領域の中の電場がある有限値であれば，ポテンシャルが0でない電極がなければなりません．当面，この形状は未知として，これが中間面$x=a/2$と交わるyの値を$y=b$，電極のポテンシャルをV_0とします．この場合，式(60)から，

$$V_0 = C_1 \sin\frac{\pi}{2} \sinh\frac{\pi b}{a} = C_1 \sinh\frac{\pi b}{a} \quad\quad\quad\quad\quad (62)$$

となり，これを式(60)に代入すると次式が得られます．

$$\Phi = \frac{V_0 \sinh(\pi y/a)}{\sinh(\pi b/a)} \sin\frac{\pi x}{a} \quad\quad\quad\quad\quad (63)$$

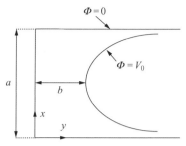

図7.5　1つの高調波が解となる電極構成とポテンシャル

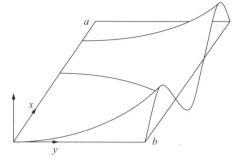

図7.6　境界ポテンシャルが一辺で正弦状，他辺で0の矩形内のポテンシャル分布

任意の点 x, y におけるポテンシャルは，式(63)から計算することができます．特に，ポテンシャル V_0 の電極がとらなければならない形は，式(63)で $\Phi = V_0$ として求めることができ，これから次式が得られます．

$$\sinh\frac{\pi y}{a} = \frac{\sinh(\pi b/a)}{\sin(\pi x/a)} \quad \cdots\cdots (64)$$

式(64)を図に示すと，この電極の形を描くことができます．$b/a = 1/2$ の場合を図7.5に示します．

これとは反対に，$y = b$ にある直線状の境界が正弦状のポテンシャル分布であるとして，1つの高調波が矩形箱の中のポテンシャル分布を表すようにすることができます．例えば，$Ka = 3\pi$ であり，境界ポテンシャルが，

$$\Phi(x, b) = V_0 \sin\frac{3\pi}{a} x \quad \cdots\cdots (65)$$

であれば，図7.6に示す高調波，

$$\Phi = \frac{V_0 \sinh(3\pi/a)y}{\sinh(3\pi b/a)} \sin\frac{3\pi}{a} x \quad \cdots\cdots (66)$$

は境界条件を満足し，この矩形領域のポテンシャル分布を表します．

7.3.3　フーリエ級数とフーリエ積分

1つの積解だけでは，かなり特殊な境界条件しか満足できないことが前節でわかりました．したがって，通常の境界条件の場合には，このような積解の総和を使用する必要があります．これはフーリエ級数あるいはフーリエ積分が，電磁場問題で

有効になることを示しています．ここで，フーリエ解析の基礎を簡単に説明します．

(1) フーリエ級数

フーリエ級数は，周期関数を表すために使用します．独立変数xに対して，関数$f(x)$の周期性を次式で表します．

$$f(x) = f(x+L) \quad \cdots\cdots\cdots\cdots\cdots\cdots\cdots\cdots\cdots\cdots\cdots\cdots\cdots (67)$$

ここで，Lはこの関数の周期です．この関数は，ある定数と基本空間周波数kの高調波の正弦関数および余弦関数の無限級数の和として，次のように表すことができるものと仮定します．

$$f(x) = a_0 + a_1 \cos kx + a_2 \cos 2kx + a_3 \cos 3kx + \cdots$$
$$+ b_1 \sin kx + b_2 \sin 2kx + b_3 \sin 3kx + \cdots \quad \cdots\cdots\cdots (68)$$

ここで，位相定数kは周期Lと次式の関係があります．

$$kL = 2\pi \quad \cdots\cdots\cdots\cdots\cdots\cdots\cdots\cdots\cdots\cdots\cdots\cdots\cdots\cdots\cdots (69)$$

与えられた関数$f(x)$に対して，式(68)の中の未知定数を計算するためには，三角関数の直交性を使用します．直交性とは，

$$\int_{-L/2}^{L/2} \cos nkx \cos mkx \, dx = 0 \quad m \neq n \quad \cdots\cdots\cdots\cdots (70)$$

$$\int_{-L/2}^{L/2} \sin nkx \sin mkx \, dx = 0 \quad m \neq n \quad \cdots\cdots\cdots\cdots (71)$$

$$\int_{-L/2}^{L/2} \sin mkx \cos nkx \, dx = 0 \quad \begin{array}{l} m \neq n \\ m = n \end{array} \quad \cdots\cdots\cdots\cdots (72)$$

ですが，

$$\int_{-L/2}^{L/2} \cos^2 mkx \, dx = \int_{-L/2}^{L/2} \sin^2 mkx \, dx = \frac{L}{2} \quad \cdots\cdots\cdots (73)$$

というものです．

この性質を使用するため，式(68)の各項に$\cos nkx$を乗じ，これを1周期にわたって積分します．右辺の項は式(70)～(72)の性質によりすべて0になりますが，$\cos nkx$を含む項だけは式(73)により$a_n L/2$になります．したがって，次式が得られます．

$$a_n = \frac{2}{L} \int_{-L/2}^{L/2} f(x) \cos nkx \, dx \quad \cdots\cdots\cdots\cdots\cdots\cdots (74)$$

同様に，式(68)に$\sin nkx$を乗じ，これを$-L/2$から$L/2$まで積分すると，右辺の$\sin nkx$を含む項だけが残り，この係数は式(73)により次式で与えられます．

$$b_n = \frac{2}{L} \int_{-L/2}^{L/2} f(x) \sin nkx \, dx \quad \cdots\cdots\cdots\cdots\cdots\cdots (75)$$

最後に，定数a_0を求めるため，式(68)の全項をそのまま1周期にわたって積分します．a_0を含む項以外の右辺の項は，すべて0になるので，

$$a_0 = \frac{1}{L}\int_{-L/2}^{L/2} f(x)dx \quad \cdots\cdots\cdots\cdots\cdots\cdots\cdots\cdots\cdots\cdots\cdots\cdots\cdots\cdots\cdots\cdots\cdots\cdots\cdots\cdots\cdots (76)$$

となります．これはa_0が関数$f(x)$の平均値であることを示しています．

関数が一般的な場合にフーリエ級数で表すと無限個の項数が必要になりますが，ほとんどの場合，有限個の項数を使用しても十分な近似が得られます．しかし，関数に強い不連続性がある場合には，その不連続部付近で多くの項数が必要となり，フーリエ級数の理論によれば，この不連続部付近においてフーリエ級数は元の関数に収束しません．フーリエ級数の導関数も元の関数の導関数に収束しませんが，フーリエ級数を積分したものは元の関数を積分したものに収束します．

(2) フーリエ積分

ある種の問題では，関数が全範囲にわたって定義されていて周期的でないことがあります．1つの例を示すと，図7.7(a)に示すように，区間$-a \leq x \leq a$にわたって関数値が一定であり，その他の範囲では0の矩形関数です．これは，矩形パルスの周期Lが無限大になった場合と考えられます．周期Lが無限大に近づくにつれて，式(69)から求められる各成分の間隔，すなわち$(n+1)k - nk = 2\pi/L$は無限に小さくなり，その極限において各正弦波のスペクトルは連続的になります．

この極限の周期的でない場合において，式(68)の級数を次の積分で置き換えます．

$$f(x) = \frac{1}{2\pi}\int_{-\infty}^{\infty} g(k)e^{jkx}dk \quad \cdots\cdots\cdots\cdots\cdots\cdots\cdots\cdots\cdots\cdots\cdots\cdots\cdots\cdots (77)$$

そして，式(74)〜式(76)のa_nとb_nの代わりになる関数$g(k)$を次式により求めます．

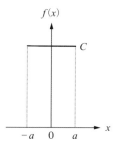
(a) 矩形関数

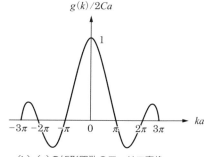
(b) (a)の矩形関数のフーリエ変換

図7.7
矩形関数のフーリエ変換

$$g(k) = \int_{-\infty}^{\infty} f(x)e^{-jkx}dx \quad \cdots\cdots\cdots\cdots\cdots\cdots\cdots\cdots\cdots\cdots\cdots\cdots\cdots\cdots\cdots\cdots\cdots\cdots(78)$$

フーリエ積分の理論によれば，式(77)が式(78)に現れる$f(x)$と同じ値になるためには，この関数は連続的であるか，または積分可能，すなわち，

$$\int_{-\infty}^{\infty} |f(x)|dx < \infty \quad \cdots\cdots\cdots\cdots\cdots\cdots\cdots\cdots\cdots\cdots\cdots\cdots\cdots\cdots\cdots\cdots(79)$$

でなければなりません．$f(x)$が矩形関数の場合の$g(x)$の形を図7.7(b)に示します．

7.3.4　直角高調波級数で表した静電場

　2次元の矩形構造の4辺の境界のうち，3辺の境界において境界値を満足する積解（高調波）が求められることを7.3.2節で示しました．しかし，ポテンシャルの式に1つの高調波だけを使用すれば，第4の境界が複雑な形になるか，または形状は簡単でもこれに沿ってポテンシャルが正弦的に変化する必要があります．座標線上の境界に沿ってポテンシャルが任意となる問題を解くためには，高調波の総和を使用し，各高調波は3つの境界上でポテンシャル0の条件を満足し，この総和が第4の境界で与えられるポテンシャル値に等しくなるように各係数を決める必要があります．

　次に，与えられたポテンシャルをsin関数やcos関数のフーリエ級数に展開し，これを高調波の合計がその関数に一致するようにします．この高調波の級数を第4の境界上で求め，これをフーリエ級数と項ごとに比較して，前者の係数を求めます．ただし，対称性や重畳法を使用して，この手順を若干変更することもあります．なお，本項に関する問題を章末に示します．

7.3.5　静電場の円筒高調波

　ある種の問題では，境界が円筒座標の面に沿う領域で電場分布を求めることが必要になります．この例としては，陰極線管の中にある静電電子レンズ，あるいは静電場解が必要な同軸伝送線路があります．前節で述べたように，積解の定数を求めることができるか否かは，境界が座標面と一致するか否かにかかっています．したがって，ここでは電磁場を円筒座標で変数分離して求めます．

　問題の中にある対称性に応じて，いろいろな形の解を求めることができます．一般に，円筒座標を用いたラプラスの方程式は，次の形になります．

$$\frac{1}{r}\frac{\partial}{\partial r}\left(r\frac{\partial \Phi}{\partial r}\right) + \frac{1}{r^2}\frac{\partial^2 \Phi}{\partial \phi^2} + \frac{\partial^2 \Phi}{\partial z^2} = 0 \quad \cdots\cdots\cdots\cdots\cdots\cdots\cdots\cdots\cdots(80)$$

(1) Φ が軸方向に変化せず，軸対称性がある場合

Φ が ϕ 方向と z 方向に変化しない場合，次式が得られることが第1章の問題1.8でわかりました．

$$\Phi(r) = C_1 \ln r + C_2 \quad \cdots\cdots\cdots\cdots\cdots\cdots\cdots\cdots\cdots\cdots\cdots\cdots\cdots (81)$$

(2) Φ が軸方向に変化しない場合

Φ が z 方向に変化しない場合には，円高調波と言う次の解が得られます．

$$\Phi(r,\phi) = (C_1 r^n + C_2 r^{-n})(C_3 \cos n\phi + C_4 \sin n\phi) \quad \cdots\cdots\cdots\cdots (82)$$

ただし，$n=0$ の場合には式(82)が解ではなくなり，解は式(81)になります．

(3) Φ に軸対称性がある場合

Φ は ϕ と共に変化しないので，ラプラスの方程式式(80)は次のようになります．

$$\frac{\partial^2 \Phi}{\partial r^2} + \frac{1}{r}\frac{\partial \Phi}{\partial r} + \frac{\partial^2 \Phi}{\partial z^2} = 0 \quad \cdots\cdots\cdots\cdots\cdots\cdots\cdots\cdots\cdots\cdots (83)$$

この式を解くために，次の形の積解を求めます．

$$\Phi(r,z) = R(r)Z(z) \quad \cdots\cdots\cdots\cdots\cdots\cdots\cdots\cdots\cdots\cdots\cdots\cdots\cdots (84)$$

これを式(83)の微分方程式に代入すると，次式が得られます．

$$R''Z + \frac{1}{r}R'Z + RZ'' = 0 \quad \cdots\cdots\cdots\cdots\cdots\cdots\cdots\cdots\cdots\cdots (85)$$

ここで，R'' は d^2R/dr^2，Z'' は d^2Z/dr^2 などを意味します．この式を RZ で除すと，次のように変数を分離できます．

$$\frac{Z''}{Z} = -\left[\frac{R''}{R} + \frac{1}{r}\frac{R'}{R}\right] \quad \cdots\cdots\cdots\cdots\cdots\cdots\cdots\cdots (86)$$

変数分離法の論法により，z だけの関数である左辺と r だけの関数である右辺は，変数 r と z のすべての値に対して等しくなければなりません．したがって，両辺はある定数でなければなりません．この定数を T^2 とすると，次の2つの常微分方程式が得られます．

$$\frac{1}{R}\frac{d^2R}{dr^2} + \frac{1}{rR}\frac{dR}{dr} = -T^2 \quad \cdots\cdots\cdots\cdots\cdots\cdots\cdots\cdots (87)$$

$$\frac{1}{Z}\frac{d^2Z}{dz^2} = T^2 \quad \cdots\cdots\cdots\cdots\cdots\cdots\cdots\cdots\cdots\cdots\cdots\cdots (88)$$

式(87)は，次のように書くことができます．

$$\frac{d^2R}{dr^2} + \frac{1}{r}\frac{dR}{dr} + T^2 R = 0 \quad \cdots\cdots\cdots (89)$$

この式は，0次のベッセル方程式です．この解を後で図に示します．解を得る1つの方法は，ある級数を仮定して，これがこの微分方程式の解となるために級数の各項が満たさなければならない条件を求めることです．この場合，式(89)の関数Rはrのベキ級数で表されると仮定します．すなわち，

$$R = a_0 + a_1 r + a_2 r^2 + a_3 r^3 + \cdots \quad \cdots\cdots\cdots (90)$$

あるいは，

$$R = \sum_{p=0}^{\infty} a_p r^p \quad \cdots\cdots\cdots (91)$$

とします．

この関数を式(89)に代入すると，定数が次式を満足するとき，この関数は解になることがわかります．

$$a_p = a_{2m} = C_1 (-1)^m \frac{(T/2)^{2m}}{(m!)^2} \quad \cdots\cdots\cdots (92)$$

ここで，C_1は任意定数です．したがって，

$$R = C_1 \sum_{m=0}^{\infty} \frac{(-1)^m (Tr/2)^{2m}}{(m!)^2} = C_1 \left[1 - \left(\frac{Tr}{2}\right)^2 + \frac{(Tr/2)^4}{(2!)^2} - \cdots \right] \quad \cdots\cdots\cdots (93)$$

は式(89)の微分方程式の解です．式(93)は収束し，変数Trの任意の値に対してこの値を計算することができます．この計算が変数の広い範囲にわたって行われており，この結果は数表化されています．

T^2が正のとき，この級数で定義する関数を$J_0(Tr)$と表し，これを第1種0次のベッセル関数と言います．この関数を次式で定義します．

$$J_0(v) = 1 - \left(\frac{v}{2}\right)^2 + \frac{(v/2)^4}{(2!)^2} - \cdots = \sum_{m=0}^{\infty} \frac{(-1)^m (v/2)^{2m}}{(m!)^2} \quad \cdots\cdots\cdots (94)$$

この場合，特解である式(93)は，次のように簡単に書くことができます．

$$R = C_1 J_0(Tr) \quad \cdots\cdots\cdots (95)$$

式(89)の微分方程式は2階ですから，第2の任意定数を持つ第2の解がなければなりません〔sin関数とcos関数は，調和振動方程式である式(112)の2つの解である〕．この解は，上述のベキ級数法によって求めることができません．なぜなら，式(89)の2つの独立解のうちの少なくとも一方は，$r=0$で特異性がなければならないこと

が微分方程式の一般的研究でわかっているからです．しかし，1つの解が求まると，この種の方程式に対して別の独立解を得る方法があり，これにはいくつかの異なる形が可能です．いろいろな数表の中でよく現れる第2の解（これを第2種0次のベッセル関数と言う）は，次式で与えられます．

$$N_0(v) = \frac{2}{\pi}\ln\left(\frac{\gamma v}{2}\right)J_0(v) - \frac{2}{\pi}\sum_{m=1}^{\infty}\frac{(-1)^m(v/2)^{2m}}{(m!)^2}\left(1+\frac{1}{2}+\frac{1}{3}+\cdots+\frac{1}{m}\right) \quad \cdots\cdots(96)$$

定数 $\ln\gamma = 0.57772\cdots$ は，オイラーの定数です．この場合，一般に，

$$R = C_1 J_0(Tr) + C_2 N_0(Tr) \quad \cdots\cdots(97)$$

は式(89)の解であり，これに対応する式(88)の解は，

$$Z(z) = C_3 \sinh Tz + C_4 \cosh Tz \quad \cdots\cdots(98)$$

となります．式(96)から，R の第2の解 $N_0(Tr)$ は $r=0$ で無限大になるので，解を適用する領域の中に $r=0$ が入っている問題ではこの解は存在できません．

T^2 が負であれば，$T^2 = -\tau^2$ として $T = j\tau$ となります．ここで τ は実数です．式(93)の級数はこの場合にも解であり，式(93)の中の T を $j\tau$ で置き換えることができます．この級数のベキ数はすべて偶数ですから虚数はなくなり，ある新しい級数が得られます．この級数も実数であり，収束します．つまり，

$$J_0(jv) = 1 + \left(\frac{v}{2}\right)^2 + \frac{(v/2)^4}{(2!)^2} + \frac{(v/2)^6}{(3!)^2} + \cdots \quad \cdots\cdots(99)$$

であり，この級数から v に対して $J_0(jv)$ の値を計算することができます．これも文献の中で数表化されており，通常，これを $I_0(v)$ と表します．したがって，$T = j\tau$ の場合の式(89)の一つの解は，

$$R = C_1' J_0(j\tau r) = C_1' I_0(\tau r) \quad \cdots\cdots(100)$$

となります．第2の解もなければなりませんが，通常，これを $K_0(\tau r)$ と表し，この場合の式(89)の一般解を次のように書くことができます．

$$R = C_1' I_0(\tau r) + C_2' K_0(\tau r) \quad \cdots\cdots(101)$$

第2の解 K_0 は，N_0 と同じように $r=0$ で無限大になるため，解を適用する範囲の中に $r=0$ が入っている問題では，この解は必要ありません．$T^2 = -\tau^2$ の場合の z の方程式である式(88)の解は，次式で与えられます．

$$Z = C_3' \sin \tau z + C_4' \cos \tau z \quad \cdots\cdots(102)$$

以上をまとめると，次のどちらかが円筒座標のラプラスの方程式を満足します．

$$\Phi(r,z) = [C_1 J_0(Tr) + C_2 N_0(Tr)][C_3 \sinh Tz + C_4 \cosh Tz] \quad \cdots\cdots\cdots (103)$$

$$\Phi(r,z) = [C_1' I_0(\tau r) + C_2' K_0(\tau r)][C_3' \sin \tau z + C_4' \cos \tau z] \quad \cdots\cdots\cdots (104)$$

7.3.6 ベッセル関数

ラプラスの方程式の積解を求めたとき，軸対称な電場の径方向変化を表す微分方程式である式(89)の1つの解として，ベッセル関数の1つの例を示しました．これは，一般的なベッセル微分方程式の解である関数全体の中の1つにすぎません．

(1) 変数が実数のベッセル関数

例えば，縦方向に分割した円筒の間の電場解を求めるような問題では，ラプラスの方程式の中にϕ変化を残す必要があります．この解を再び積の形で$RF_\phi Z$と仮定し，ここでRはrだけの関数，F_ϕはϕだけの関数，Zはzだけの関数とします．Zは前と同様に双曲線関数で満足され，F_ϕも三角関数によって満足されます．すなわち，

$$Z = C\cosh Tz + D\sinh Tz \quad \cdots\cdots\cdots (105)$$

$$F_\phi = E\cos\nu\phi + F\sin\nu\phi \quad \cdots\cdots\cdots (106)$$

となります．この場合，Rの微分方程式は，前に得た0次のベッセル方程式とは少し違って次のようになります．

$$\frac{d^2 R}{dr^2} + \frac{1}{r}\frac{dR}{dr} + \left(T^2 - \frac{\nu^2}{r^2}\right)R = 0 \quad \cdots\cdots\cdots (107)$$

この式から明らかなように，式(89)はこの一般的なベッセル方程式の$\nu=0$という特別な場合になります．この一般的な方程式の級数解を前節の場合と同様に求めると，次の級数，

$$J_\nu(Tr) = \sum_{m=0}^{\infty} \frac{(-1)^m (Tr/2)^{\nu+2m}}{m!\,\Gamma(\nu+m+1)} \quad \cdots\cdots\cdots (108)$$

で定義する関数は，この方程式の解であることがわかります．

$\Gamma(\nu+m+1)$は$(\nu+m+1)$のガンマ関数であり，νが整数の場合にはこれは$(\nu+m)$の階乗になります．また，νが整数でない場合には，このガンマ関数の値は数表化されています．νが整数nであれば，

$$J_n(Tr) = \sum_{m=0}^{\infty} \frac{(-1)^m (Tr/2)^{n+2m}}{m!\,(n+m)!} \quad \cdots\cdots\cdots (109)$$

となります．$J_{-n} = (-)^n J_n$が成立します．これらの関数のいくつかを図7.8(a)に示

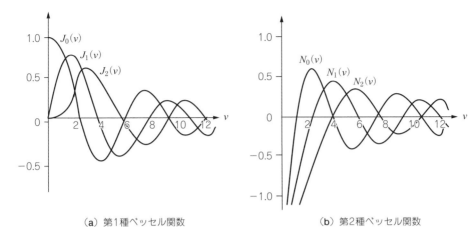

(a) 第1種ベッセル関数 (b) 第2種ベッセル関数

図7.8 ベッセル関数

します．

この方程式の第2の独立解は，

$$N_v(Tr) = \frac{\cos v\pi J_v(Tr) - J_{-v}(Tr)}{\sin v\pi} \quad \cdots\cdots\cdots\cdots\cdots (110)$$

であり，$N_{-n} = (-1)^n N_n$ です．**図7.8(b)** からわかるように，第2の独立解は原点で無限大になります．式(107)の完全解は，次のように書くことができます．

$$R = AJ_v(Tr) + BN_v(Tr) \quad \cdots\cdots\cdots\cdots\cdots\cdots\cdots\cdots\cdots (111)$$

定数vをこの方程式の次数と言います．したがって，J_vは第1種v次のベッセル関数，N_vは第2種v次のベッセル関数です．この中でもっとも重要な場合は$v=n$，すなわち，vが整数の場合です．

(2) ハンケル関数

調和方程式の解を，三角関数よりむしろ複素指数関数で書くと便利な場合があります．すなわち，

$$\frac{d^2Z}{dz^2} + K^2Z = 0 \quad \cdots\cdots\cdots\cdots\cdots\cdots\cdots\cdots\cdots\cdots\cdots (112)$$

の解を次のように書くことができます．

$$Z = Ae^{+jKz} + Be^{-jKz} \quad \cdots\cdots\cdots\cdots\cdots\cdots\cdots\cdots\cdots (113)$$

ここで,

$$e^{\pm jKz} = \cos Kz \pm j\sin Kz \quad \cdots\cdots\cdots\cdots\cdots\cdots\cdots\cdots\cdots\cdots\cdots\cdots \quad (114)$$

です．複素指数関数は，cos関数とsin関数を線形結合したものなので，式(112)の一般解を,

$$Z = A'e^{jKz} + B'\sin Kz \quad \cdots\cdots\cdots\cdots\cdots\cdots\cdots\cdots\cdots\cdots\cdots \quad (115)$$

または，他の組み合わせで書くこともできます．

これと同様に，$J_\nu(Tr)$ 関数と $N_\nu(Tr)$ 関数が線形結合した新しいベッセル関数を定義すると便利です．この関数を，複素指数関数の定義式である式(114)と似た形で次のように定義します．

$$H_\nu^{(1)}(Tr) = J_\nu(Tr) + jN_\nu(Tr) \quad \cdots\cdots\cdots\cdots\cdots\cdots\cdots\cdots \quad (116)$$

$$H_\nu^{(2)}(Tr) = J_\nu(Tr) - jN_\nu(Tr) \quad \cdots\cdots\cdots\cdots\cdots\cdots\cdots\cdots \quad (117)$$

これらをそれぞれ，第1種および第2種のハンケル関数と言います．これらは両方とも，関数 $N_\nu(Tr)$ を含むので $r=0$ で特異性があります．負の次数のハンケル関数と，正の次数のハンケル関数の間には，次の関係があります．

$$H_{-\nu}^{(1)}(Tr) = e^{j\pi\nu} H_\nu^{(1)}(Tr) \quad \cdots\cdots\cdots\cdots\cdots\cdots\cdots\cdots\cdots \quad (118)$$

$$H_{-\nu}^{(2)}(Tr) = e^{-j\pi\nu} H_\nu^{(2)}(Tr) \quad \cdots\cdots\cdots\cdots\cdots\cdots\cdots\cdots\cdots \quad (119)$$

変数の値が大きい場合には，これらを複素指数関数で近似することができ，その大きさは半径の平方根に比例します．例えば,

$$H_\nu^{(1)}(Tr)\Big|_{Tr\to\infty} = \sqrt{\frac{2}{\pi Tr}} e^{j(Tr - \pi/4 - \nu\pi/2)} \quad \cdots\cdots\cdots\cdots\cdots \quad (120)$$

となります．この漸近形は，複素指数関数が平面波の伝搬で便利なように，ハンケル関数が波動伝搬の問題で便利なことを示しています．式(107)の完全解は，ベッセル関数とハンケル関数の組み合わせを用いて，いろいろな形で書くことができます．

(3) 変数が虚数のベッセル関数とハンケル関数

T が虚数ならば $T = j\tau$ と置いて，式(107)は次のようになります．

$$\frac{d^2R}{dr^2} + \frac{1}{r}\frac{dR}{dr} - \left(\tau^2 + \frac{\nu^2}{r^2}\right)R = 0 \quad \cdots\cdots\cdots\cdots\cdots\cdots \quad (121)$$

ここで，$J_\nu(Tr)$ および $N_\nu(Tr)$ の定義式において T を $j\tau$ に置き換えると，式(107)に

対する解は有効です．この場合，$N_v(j\tau r)$ は複素数になるので，変数の各値に対して2つの数値が必要になりますが，一方，$j^{-v}J_v(j\tau r)$ は常に純実数になります．ここで $N_v(j\tau r)$ は，ハンケル関数で置き換えると便利です．$j^{-v}H_v^{(1)}(j\tau r)$ も純実数ですから，変数の各値に対して1つだけを数表化すればよいことになります．v が整数でなければ，$j^vJ_{-v}(j\tau r)$ は $j^{-v}J_v(j\tau r)$ に独立であり，これを2番目の解として使用することができます．したがって，v が整数でない場合には，2つの完全解は，

$$R = A_2 J_v(j\tau r) + B_2 J_{-v}(j\tau r) \quad\quad\quad (122)$$

および

$$R = A_3 J_v(j\tau r) + B_3 H_v^{(1)}(j\tau r) \quad\quad\quad (123)$$

となります．ここで，j のベキ乗は定数の中に入っています．$v=n$（整数）の場合には，式(122)の中の2つの解は独立ではありませんが，式(123)は依然として有効な解になります．

通常，これらの解を変形ベッセル関数として次のように表します．

$$I_{\pm v}(v) = j^{\mp v} J_{\pm v}(jv) \quad\quad\quad (124)$$

$$K_v(v) = \frac{\pi}{2} j^{v+1} H_v^{(1)}(jv) \quad\quad\quad (125)$$

ここで，$v = \tau r$ です．

ベッセル関数とハンケル関数に関するいくつかの式を，これらの変形ベッセル関数に変更しなければなりません．電場が軸対称の場合のこれらの関数を，$I_0(\tau r)$ および $K_0(\tau r)$ として7.3.5節で述べました．$v=0$，1の場合の $I_v(\tau r)$ と $K_v(\tau r)$ の形を図7.9に示します．これらの曲線が示すように，変形ベッセル関数の漸近形は実数の指数関数の増大と減少に関係しており，このことは式(130)と式(131)に示されています．$K_v(\tau r)$ は，原点で特異性があることもこの図から明らかです．

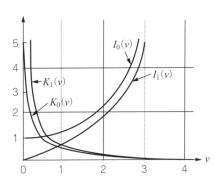

図7.9
変形ベッセル関数

(4) ベッセル関数の公式

(A) 漸近式

v が大きい場合,次の漸近式が成立します.

$$J_\nu(v) \underset{v\to\infty}{\to} \sqrt{\frac{2}{\pi v}} \cos\left(v - \frac{\pi}{4} - \frac{\nu\pi}{2}\right) \quad \cdots\cdots (126)$$

$$N_\nu(v) \underset{v\to\infty}{\to} \sqrt{\frac{2}{\pi v}} \sin\left(v - \frac{\pi}{4} - \frac{\nu\pi}{2}\right) \quad \cdots\cdots (127)$$

$$H_\nu^{(1)}(v) \underset{v\to\infty}{\to} \sqrt{\frac{2}{\pi v}} e^{j[v-(\pi/4)-(\nu\pi/2)]} \quad \cdots\cdots (128)$$

$$H_\nu^{(2)}(v) \underset{v\to\infty}{\to} \sqrt{\frac{2}{\pi v}} e^{-j[v-(\pi/4)-(\nu\pi/2)]} \quad \cdots\cdots (129)$$

$$j^{-\nu} J_\nu(jv) \underset{v\to\infty}{=} I_\nu(v) \underset{v\to\infty}{\to} \sqrt{\frac{1}{2\pi v}} e^{v} \quad \cdots\cdots (130)$$

$$j^{\nu+1} H_\nu^{(1)}(jv) = \frac{2}{\pi} K_\nu(v) \underset{v\to\infty}{\to} \sqrt{\frac{2}{\pi v}} e^{-v} \quad \cdots\cdots (131)$$

(B) 導関数

次の公式が関数 $J_\nu(v)$, $N_\nu(v)$, $H_\nu^{(1)}(v)$, $H_\nu^{(2)}(v)$ に対して成立します. I 関数と K 関数には,別の式を使わなければなりません. $R_\nu(v)$ は,これらの関数のうちの1つを表し,R_ν' は $(d/dv)[R_\nu(v)]$ を意味します.

$$R_0' = -R_1(v) \quad \cdots\cdots (132)$$

$$R_1'(v) = R_0(v) - \frac{1}{v} R_1(v) \quad \cdots\cdots (133)$$

$$v R_\nu'(v) = \nu R_\nu(v) - v R_{\nu+1}(v) \quad \cdots\cdots (134)$$

$$v R_\nu'(v) = -\nu R_\nu(v) + v R_{\nu-1}(v) \quad \cdots\cdots (135)$$

$$\frac{d}{dv}\left[v^{-\nu} R_\nu(v)\right] = -v^{-\nu} R_{\nu+1}(v) \quad \cdots\cdots (136)$$

$$\frac{d}{dv}\left[v^{\nu} R_\nu(v)\right] = v^{\nu} R_{\nu-1}(v) \quad \cdots\cdots (137)$$

$$R_\nu'(Tr) = \frac{d}{d(Tr)}[R_\nu(Tr)] = \frac{1}{T}\frac{d}{dr}[R_\nu(Tr)] \quad \cdots\cdots (138)$$

(C) 積分式

よく用いる積分式を以下に示します. R_ν は J_ν, N_ν, $H_\nu^{(1)}$, $H_\nu^{(2)}$ を表します.

$$\int v^{-\nu} R_{\nu+1}(v) dv = -v^{-\nu} R_\nu(v) \quad \cdots\cdots\cdots\cdots\cdots\cdots\cdots\cdots\cdots\cdots\cdots\cdots (139)$$

$$\int v^\nu R_{\nu-1}(v) dv = v^\nu R_\nu(v) \quad \cdots\cdots\cdots\cdots\cdots\cdots\cdots\cdots\cdots\cdots\cdots\cdots (140)$$

$$\int v R_\nu(\alpha v) R_\nu(\beta v) dv = \frac{v}{\alpha^2 - \beta^2}$$
$$\times \left[\beta R_\nu(\alpha v) R_{\nu-1}(\beta v) - \alpha R_{\nu-1}(\alpha v) R_\nu(\beta v)\right] \quad \alpha \neq \beta \quad \cdots (141)$$

$$\int v R_\nu^2(\alpha v) dv = \frac{v^2}{2}\left[R_\nu^2(\alpha v) - R_{\nu-1}(\alpha v) R_{\nu+1}(\alpha v)\right]$$
$$= \frac{v^2}{2}\left[R_\nu'^2(\alpha v) + \left(1 - \frac{\nu^2}{\alpha^2 v^2}\right) R_\nu^2(\alpha v)\right] \quad \cdots\cdots\cdots\cdots\cdots\cdots (142)$$

7.3.7 ベッセル関数による級数展開

ある周期関数をsin関数やcos関数の級数として表すフーリエ級数については，7.3.3節で述べました．この場合の係数は，三角関数の直交性を用いて計算しました．式(141)と式(142)の積分式を調べると，ベッセル関数の場合にもこれと類似の直交性があることがわかります．例えば，これらの積分式を0次のベッセル関数に対して書くことができ，p_mとp_qを$J_0(v)=0$のm番目とq番目の根とし，αとβをp_m/aとp_q/aにすれば，すなわち，$J_0(p_m)=0$および$J_0(p_q)=0$，$p_m \neq p_q$であれば，式(141)から次式が得られます．

$$\int_0^a r J_0\left(\frac{p_m r}{a}\right) J_0\left(\frac{p_q r}{a}\right) dr = 0 \quad \cdots\cdots\cdots\cdots\cdots\cdots\cdots\cdots\cdots\cdots (143)$$

したがって，ある関数$f(r)$を0次のベッセル関数の総和として次のように表すことができます．

$$f(r) = b_1 J_0\left(p_1 \frac{r}{a}\right) + b_2 J_0\left(p_2 \frac{r}{a}\right) + b_3 J_0\left(p_3 \frac{r}{a}\right) + \cdots \quad \cdots\cdots\cdots\cdots (144)$$

あるいは，

$$f(r) = \sum_{m=1}^\infty b_m J_0\left(\frac{p_m r}{a}\right) \quad \cdots\cdots\cdots\cdots\cdots\cdots\cdots\cdots\cdots\cdots\cdots\cdots (145)$$

この場合の係数b_mは，フーリエ級数の場合と同様に，式(145)の各項に$rJ_0(p_m r/a)$を乗じ，それを0からaまで積分して求めることができます．この場合，右辺のm番目の項以外の項は式(143)によってすべて0になり，

$$\int_0^a rf(r)J_0\left(\frac{p_m r}{a}\right)dr = \int_0^a b_m r\left[J_0\left(\frac{p_m r}{a}\right)\right]^2 dr \quad \cdots\cdots\cdots\cdots (146)$$

となります．式(142)から，

$$\int_0^a b_m r J_0^2\left(\frac{p_m r}{a}\right)dr = \frac{a^2}{2}b_m J_1^2(p_m) \quad \cdots\cdots\cdots\cdots (147)$$

となります．すなわち，

$$b_m = \frac{2}{a^2 J_1^2(p_m)}\int_0^a rf(r)J_0\left(\frac{p_m r}{a}\right)dr \quad \cdots\cdots\cdots\cdots (148)$$

となります．このようにして，フーリエ級数の場合と同様に，ベッセル関数の直交関係によって，この級数の係数を求めることができます．式(145)と類似の級数展開を，他の次数と型のベッセル関数を用いて行うこともできます．

7.3.8　円筒高調波で表したポテンシャル

　ここでは，軸対称の円筒系に現れる2つの型の境界値問題を考えます〔図7.10(a)参照〕．1つの型では，両端面のポテンシャルΦ_1とΦ_2が0であり，円筒面に0でないポテンシャルΦ_3を印加します．2番目の型では，$\Phi_3=0$であり，Φ_1あるいはΦ_2のどちらか(あるいは両方)が0ではありません．両端と側面の間のギャップは非常に小さいとします．簡単にするため，この0でないポテンシャルは，円筒面に沿う座標に無関係とします．第1の型では，矩形の問題で行ったように三角関数のフーリエ級数を用いて境界ポテンシャルを展開します．第2の型では，ベッセル関数の級数を用いて境界ポテンシャルを径方向座標に沿って展開します．

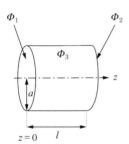

(a) 導電性境界を持つ円筒　(b) (a)において，あるポテンシャルを円筒面に印加する場合に，境界条件を満たす1つの高調波成分　(c) (a)において，あるポテンシャルを端面に印加する場合に，境界条件を満たす1つの高調波成分

図7.10　導電性境界をもつ円筒と境界ポテンシャル

(1) ポテンシャルが円筒面上で0でない場合

この場合の境界ポテンシャルは軸対称ですから、0次のベッセル関数を使用します。このポテンシャルはz座標に沿って0を繰り返すので、zの三角関数を使用します。式(104)のポテンシャルが、この場合の適当な形になります。この式のいくつかの定数を直ちに求めることができます。$K_0(\tau r)$は軸上で特異性があるので、ポテンシャルがそこで有限であるためには、C_2'は0でなければなりません。$z=0$で$\cos\tau z$は1ですが、ポテンシャルはそこで0でなければならず、$C_4'=0$です。7.3.2節で述べた場合のように、$z=\ell$でポテンシャル0が繰り返されるので、$\tau=m\pi/\ell$である必要があります。したがって、$r=a$で$\Phi=V_0$という条件を除く、すべての境界条件に適合する一般的高調波は、

$$\Phi_m = A_m I_0\left(\frac{m\pi r}{\ell}\right)\sin\left(\frac{m\pi z}{\ell}\right) \quad \cdots (149)$$

となります。$m=1$の場合に、この高調波が円筒上で0でない境界ポテンシャルをもつ場合の概略図を**図7.10(b)**に示します。ここで、7.3.4節の矩形の場合と同様に、この境界ポテンシャルを三角関数に展開すると、次式が得られます。

$$\Phi(r,z) = \sum_{m:odd} \frac{4V_0}{m\pi} \frac{I_0(m\pi r/\ell)}{I_0(m\pi a/\ell)} \sin\frac{m\pi z}{\ell} \quad \cdots (150)$$

(2) ポテンシャルが端面で0でない場合

図7.10(a)を参照すると、この場合には$\Phi_1=\Phi_3=0$および$\Phi_2=V_0$です。この場合の解の形を7.3.5節から選択する場合、$r=a$でzのすべての値に対して$\Phi=0$という境界条件から、R関数は$r=a$で0でなければなりません。したがって、I_0関数は0にならないのでJ_0関数を選択します。ポテンシャルは軸上で有限でなければならないので、第2の解N_0は除外します。式(103)の中のTの値は、$r=a$ですべてのzの値に対して$\Phi=0$という境界条件から求められます。したがって、p_mが$J_0(v)=0$のm番目の根とすると、Tはp_m/aでなければなりません。これに対応するZ解は双曲線関数です。Φは$z=0$でrのすべての値に対して0ですから、$\cosh$項の係数は0でなければなりません。したがって、この問題の対称性と境界条件を満足する円筒高調波の総和を、次のように書くことができます。

$$\Phi(r,z) = \sum_{m=1}^{\infty} B_m J_0\left(\frac{p_m r}{a}\right)\sinh\left(\frac{p_m z}{a}\right) \quad \cdots (151)$$

この高調波の中の1つとこれに必要な境界ポテンシャルを**図7.10(c)**に示します。

残る条件は、$z=\ell$のところで、$r=a$で$\Phi=0$および$r<a$で$\Phi=V_0$です。ここで、

境界ポテンシャルをこの領域内のポテンシャルに使用した形と同じ形の級数に展開するという一般的な方法を用います．問題7.14において，ある定数を区間 $0<r<a$ にわたって J_0 関数に展開する例を示しましたので，その結果をここで用いると式(151)の中の定数を求めることができます．境界 $z=\ell$ で式(151)を書き直すと，次式が得られます．

$$\Phi(r,\ell) = \sum_{m=1}^{\infty} B_m \sinh\left(\frac{p_m \ell}{a}\right) J_0\left(\frac{p_m r}{a}\right) \quad \cdots\cdots (152)$$

式(152)と問題7.14の式(A.82)は，r のすべての値に対して等しくなければなりません．したがって，$J_0(p_m r/a)$ の対応項の各係数が等しくなければなりません．こうして定数 B_m を求めることができ，この領域内のポテンシャルは次式で与えられます．

$$\Phi(r,z) = \sum_{m=1}^{\infty} \frac{2V_0}{p_m J_1(p_m)\sinh(p_m \ell/a)} \sinh\left(\frac{p_m z}{a}\right) J_0\left(\frac{p_m r}{a}\right) \quad \cdots\cdots (153)$$

7.3.9　直角座標を用いたヘルムホルツ方程式の解

本節では，ラプラスの方程式の積解を求めるために，これまでに説明した方法をスカラのヘルムホルツ方程式に適用します．静電問題の場合には，1つの積解だけではほとんど価値がないことを7.3.2節で述べましたが，このような解は導波管の伝搬モードとして非常に重要であることを次章で説明します．

ここで，スカラのヘルムホルツ方程式を考えます．従属変数 ψ は，z に対して波の形 $e^{-\gamma z}$ で変化すると仮定します．したがって，この式の中で従属変数の残りの部分は，$e^{(j\omega t - \gamma z)}$ の係数になります．直角座標のラプラシアンを用いて書くと，次式が得られます．

$$\frac{\partial^2 \psi}{\partial x^2} + \frac{\partial^2 \psi}{\partial y^2} = -k_c^2 \psi \quad \cdots\cdots (154)$$

ここで，$k_c^2 = \gamma^2 + \omega^2 \mu \varepsilon$ です．この解を，積解 $\psi = X(x)Y(y)$ として書けると仮定します．これを式(154)に代入すると，

$$X''Y + XY'' = -k_c^2 XY \quad \cdots\cdots (155)$$

あるいは，

$$\frac{X''}{X} + \frac{Y''}{Y} = -k_c^2 \quad \cdots\cdots (156)$$

となります．ダッシュは導関数を表します．この式が，すべての x と y の値に対して成立するならば，x と y は互いに独立に変化できるので，X''/X と Y''/Y のそれぞ

れは定数でなければなりません．この場合，これらの比の値を負の定数とするか，正の定数とするか，あるいは一方を負の定数で他方を正の定数とするかによって，解にはいくつかの形があります．両方の定数を負とすれば，次式が成立します．

$$\frac{X''}{X} = -k_x^2 \quad \cdots\cdots\cdots\cdots\cdots\cdots\cdots\cdots\cdots\cdots\cdots\cdots\cdots\cdots\cdots\cdots\cdots\cdots\cdots (157)$$

$$\frac{Y''}{Y} = -k_y^2 \quad \cdots\cdots\cdots\cdots\cdots\cdots\cdots\cdots\cdots\cdots\cdots\cdots\cdots\cdots\cdots\cdots\cdots\cdots\cdots (168)$$

これらの常微分方程式の解は三角関数であり，式(156)により K_x^2 と k_y^2 の和は k_c^2 になります．したがって，

$$\psi = XY \quad \cdots\cdots\cdots\cdots\cdots\cdots\cdots\cdots\cdots\cdots\cdots\cdots\cdots\cdots\cdots\cdots\cdots\cdots\cdots\cdots (159)$$

となり，ここで，

$$X = A\cos k_x x + B\sin k_x x$$
$$Y = C\cos k_y y + D\sin k_y y \quad \cdots\cdots\cdots\cdots\cdots\cdots\cdots\cdots\cdots\cdots\cdots\cdots (160)$$
$$k_x^2 + k_y^2 = k_c^2 \quad \cdots\cdots\cdots\cdots\cdots\cdots\cdots\cdots\cdots\cdots\cdots\cdots\cdots\cdots\cdots\cdots\cdots\cdots (161)$$

となります．K_x と k_y のどちらか，あるいは両方が虚数になることができ，この場合にはこれに対応する三角関数は双曲線関数になります．定数 k_x と k_y の値は，x-y 面内の ψ の境界条件によって決まります．これらの一般形の適用例については，従属変数 ψ を E_z あるいは H_z とする次章で詳しく述べます．

7.3.10　円筒座標を用いたヘルムホルツ方程式の解

同軸線路や円形導波管のような円筒構造では，各波動成分は円筒座標を用いてもっとも簡単に表すことができます．ψ は z に対して波の形 $e^{-\gamma z}$ で変化すると仮定すれば，スカラのヘルムホルツ方程式は次のようになります．

$$\frac{\partial^2 \psi}{\partial r^2} + \frac{1}{r}\frac{\partial \psi}{\partial r} + \frac{1}{r^2}\frac{\partial^2 \psi}{\partial \phi^2} = -k_c^2 \psi \quad \cdots\cdots\cdots\cdots\cdots\cdots\cdots\cdots\cdots (162)$$

ここで，$k_c^2 = \gamma^2 + \omega^2 \mu \varepsilon$ です．$\psi = RF_\phi$ と仮定します．ここで，R は r だけ，F_ϕ は ϕ だけの関数です．これを式(162)に代入し，変数を分離すると次式が得られます．

$$r^2 \frac{R''}{R} + \frac{rR'}{R} + k_c^2 r^2 = \frac{-F_\phi''}{F_\phi} \quad \cdots\cdots\cdots\cdots\cdots\cdots\cdots\cdots\cdots\cdots (163)$$

この式の左辺は r だけの関数，右辺は ϕ だけの関数です．この両辺が r と ϕ のすべての値に対して等しければ，この両辺はある定数でなければなりません．この定数を v^2 とすると，次の2つの常微分方程式が得られます．

$$\frac{-F_\phi''}{F_\phi} = \nu^2 \quad \cdots\cdots\cdots\cdots\cdots\cdots\cdots\cdots\cdots\cdots\cdots\cdots\cdots\cdots\cdots\cdots\cdots\cdots\cdots\cdots \quad (164)$$

$$r^2 \frac{R''}{R} + \frac{rR'}{R} + k_c^2 r^2 = \nu^2 \quad \cdots\cdots\cdots\cdots\cdots\cdots\cdots\cdots\cdots\cdots\cdots\cdots\cdots\cdots \quad (165)$$

あるいは，

$$R'' + \frac{1}{r} R' + \left(k_c^2 - \frac{\nu^2}{r^2} \right) R = 0 \quad \cdots\cdots\cdots\cdots\cdots\cdots\cdots\cdots\cdots\cdots\cdots \quad (166)$$

式(164)の解は，三角関数です．式(166)を式(107)と比較すると，式(166)の解を次数νのベッセル関数で書くことができます．したがって，

$$\psi = R F_\phi \quad \cdots\cdots\cdots\cdots\cdots\cdots\cdots\cdots\cdots\cdots\cdots\cdots\cdots\cdots\cdots\cdots\cdots\cdots\cdots\cdots\cdots\cdots \quad (167)$$

$$R = A J_\nu (k_c r) + B N_\nu (k_c r)$$

$$F_\phi = C \cos \nu\phi + D \sin \nu\phi \quad \cdots\cdots\cdots\cdots\cdots\cdots\cdots\cdots\cdots\cdots\cdots\cdots\cdots \quad (168)$$

となります．

波動が径方向に伝搬するとみる場合には，このベッセル関数の一方あるいは両方をハンケル関数〔式(116)と式(117)〕で置き換えることができます．したがって，例えば，

$$R = A_1 H_\nu^{(1)} (k_c r) + B_1 H_\nu^{(2)} (k_c r)$$

$$F_\phi = C \cos \nu\phi + D \sin \nu\phi \quad \cdots\cdots\cdots\cdots\cdots\cdots\cdots\cdots\cdots\cdots\cdots\cdots\cdots \quad (169)$$

と書いてもかまいません．k_c が虚数のときには，通常のベッセル関数を変形ベッセル関数の式(124)と式(125)で置き換えることができます．

第7章　問題

問題 7.1　図A.1に示す円筒状の導体で囲んだ誘電体において，中心からの角度がαの境界の一部にポテンシャルV_0を印加し，それ以外のところでポテンシャルは0とする．ただし，$\alpha = 2\pi/n$，nは整数とする．この場合，重畳法を用いて中心におけるポテンシャルを求めよ．

答　各領域の境界条件の違いは，ポテンシャルV_0の境界が角度$k\alpha$（kは整数）回転しているだけなので，このn個の解を合計したものはV_0が全境界上に印加されている場合の円筒中心におけるポテンシャルになります．これはV_0です．したがって，元の問題の中心におけるポテンシャルはV_0/nです[注1]．

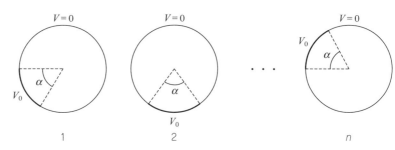

図A.1
角度αの部分だけがポテンシャルV_0である一連の円筒

注1：これと同じ方法で，正方形，立方体，等辺多角形，球などの一部分だけをあるポテンシャルにした場合の中心点のポテンシャルを求めることができます．

問題 7.2 ベキ関数$W=Z^2$はZ平面内のどこでもコーシー・リーマンの方程式を満足しており，したがってこの関数は，すべての場所で解析的であることを示せ．

答 $W=Z^2$の場合，次式が成立します．
$$u+jv=(x+jy)^2=(x^2-y^2)+j2xy \quad \cdots\cdots (A.1)$$
$$u=x^2-y^2 \quad \cdots\cdots (A.2)$$
$$v=2xy \quad \cdots\cdots (A.3)$$
また，コーシー・リーマンの方程式を調べると，次式が得られます．
$$\frac{\partial u}{\partial x}=\frac{\partial v}{\partial y}=2x \quad \cdots\cdots (A.4)$$
$$\frac{\partial u}{\partial y}=-\frac{\partial v}{\partial x}=-2y \quad \cdots\cdots (A.5)$$
したがって，この関数はZ平面内のどこでもコーシー・リーマンの方程式を満足しており，すべての場所で解析的であることがわかります．

問題 7.3 図A.2に示すように，電極が$x=0$と$x=1.0$，$y\leq 0$にある平面ダイオードにおいて，$y=0$における境界ポテンシャルが，
$$V=x^{4/3} \quad \cdots\cdots (A.6)$$
で与えられる場合，$y>0$におけるポテンシャル分布を表す式を求めよ．

答 次式のように関数を設定すれば，
$$W=Z^{4/3} \quad \cdots\cdots (A.7)$$

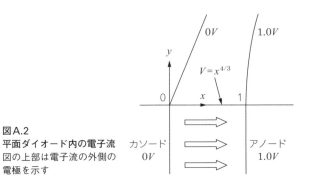

図A.2
平面ダイオード内の電子流
図の上部は電子流の外側の
電極を示す

$y=0$ の場合に W の実数部は $u=x^{4/3}$ であるのは明らかです．したがって，u はこの問題に適当なポテンシャル関数であり，式(A.7)の実数部は，ポテンシャル分布を表します．この関数の場合，Z を次のように極座標で表すと便利です．

$$W = u + jv = r^{4/3} e^{j4\theta/3} \quad \cdots\cdots (A.8)$$

この場合，

$$u = r^{4/3} \cos\frac{4}{3}\theta \quad \cdots\cdots (A.9)$$

$$v = r^{4/3} \sin\frac{4}{3}\theta \quad \cdots\cdots (A.10)$$

となります．u をある一定値に設定して得られる等ポテンシャル線を $u=0$ と 1 に対して図A.2に示します[注2]．

注2：この考え方を用いて，図A.2に示すように平面ダイオードの端部を切り取り，等ポテンシャル線に沿って電極を置いてダイオード端部に適正なポテンシャル線を作ることができます．この方法は，電子銃を設計するときに電子流を層流にするために用いられ，この銃をピアス形電子銃と言います．

問題7.4 導電性コーナの角度が $\alpha = \pi/4$, $\pi/2$, $3\pi/2$ の場合に，等角写像法を用いてコーナ付近の電場線と等ポテンシャル線を描け．

答 Z のベキ乗形の W を考えます．すなわち，

$$W = Z^p \quad \cdots\cdots (A.11)$$

とします．この関数の場合，Z に次の極形式を使用するほうが便利です．

$$W = \left(re^{j\theta}\right)^p = r^p e^{jp\theta} \quad \cdots\cdots (A.12)$$

すなわち，

$$u = r^p \cos p\theta \quad \cdots\cdots\cdots\cdots\cdots\cdots\cdots\cdots\cdots\cdots\cdots\cdots\cdots\cdots\cdots\cdots\cdots\cdots\cdots\cdots \text{(A.13)}$$
$$v = r^p \sin p\theta \quad \cdots\cdots\cdots\cdots\cdots\cdots\cdots\cdots\cdots\cdots\cdots\cdots\cdots\cdots\cdots\cdots\cdots\cdots\cdots\cdots \text{(A.14)}$$

等角写像法では，W 平面内の電場は一様です．W 平面内の等ポテンシャルの平行線（例えば，$v=$ 一定）は式(A.14)で $v=$ 一定にすることにより Z 平面内に写像されます．

v をポテンシャル関数として選ぶ場合，$\theta = 0$ および $\theta = \pi/p$ において v は 0 ですから，$v=$ 一定の1つの曲線形（等ポテンシャル線）は目視により明らかです．したがって，

$$p = \frac{\pi}{\alpha} \quad \cdots\cdots\cdots\cdots\cdots\cdots\cdots\cdots\cdots\cdots\cdots\cdots\cdots\cdots\cdots\cdots\cdots\cdots\cdots\cdots\cdots \text{(A.15)}$$

として，ポテンシャル0の2枚の導電性平板が角度 α で交差していれば，これらはこの等ポテンシャル線と一致し，境界条件を満足します．この場合，この角度内の $u=$ 一定および $v=$ 一定の曲線は，導電性コーナ付近の電場とポテンシャル線の形状を表します．

コーナ付近の等ポテンシャル線は，与えられた v の値を選択することにより，また式(A.15)で与えられる p を用いて式(A.14)から r 対 θ の極方程式を図示することにより求めることができます．同様に，電束線あるいは電場線は，u のいくつかの値を選択し，式(A.13)から曲線を描くことにより求めることができます．コーナ角度が $\alpha = \pi/4$，$\pi/2$，$3\pi/2$ の場合に，この方法を用いて描いた電場線と等ポテンシャル線を図A.3に示します．

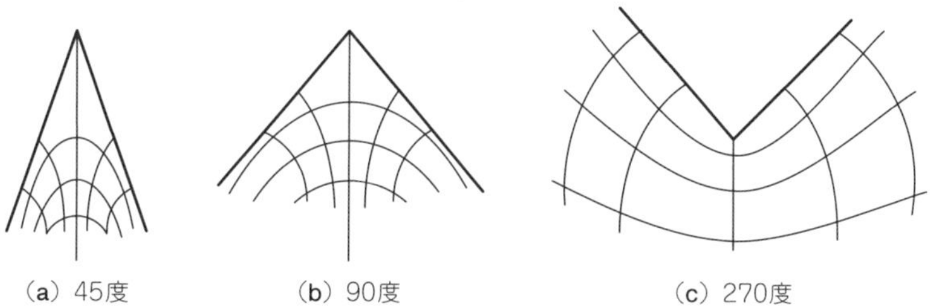

図A.3
導電性コーナ付近の電場線と等ポテンシャル線　（a）45度　（b）90度　（c）270度

問題 7.5　ポテンシャル0で半径 a の内導体とポテンシャル V_0 で半径 b の外導体で構成される同軸線路がある．この両導体間のポテンシャルと電束を表す式を等角写像法により求めよ．

答　ここで次に示す対数関数を用います．
$$W = C_1 \ln Z + C_2 \quad \cdots\cdots\cdots\cdots\cdots\cdots\cdots\cdots\cdots\cdots\cdots\cdots\cdots\cdots\cdots\cdots \text{(A.16)}$$

複素数Zを極形式で書くと，Zの対数は次のように簡単になります．
$$\ln Z = \ln(re^{j\theta}) = \ln r + j\theta \qquad (A.17)$$
したがって，
$$W = C_1(\ln r + j\theta) + C_2 \qquad (A.18)$$
となります．ここで，定数C_1とC_2は実数とします．すると，
$$u = C_1 \ln r + C_2 \qquad (A.19)$$
$$v = C_1 \theta \qquad (A.20)$$
となります．

uをポテンシャル関数として選びます．この問題に対してC_1とC_2を決めるため，本題の境界条件を式(A.19)に代入すると，次式が得られます．
$$0 = C_1 \ln a + C_2 \qquad (A.21)$$
$$V_0 = C_1 \ln b + C_2 \qquad (A.22)$$
これを解くと，
$$C_1 = \frac{V_0}{\ln(b/a)} \qquad C_2 = -\frac{V_0 \ln a}{\ln(b/a)} \qquad (A.23)$$
となります．したがって，式(A.16)は次のようになります．
$$W = V_0 \left[\frac{\ln(Z/a)}{\ln(b/a)}\right] \qquad (A.24)$$
この式から，ポテンシャルと電束を表す式は次のようになります．
$$\text{ポテンシャル}: \Phi = u = V_0 \left[\frac{\ln(r/a)}{\ln(b/a)}\right] \quad [\text{V}] \qquad (A.25)$$

$$\text{電束}: \psi = -\varepsilon v = \frac{-\varepsilon V_0 \theta}{\ln(b/a)} \quad [\text{C/m}] \qquad (A.26)$$

問題 7.6 図A.4に示すように，無限に広がる平面をポテンシャル0とし，これに垂直で距離aだけ離れた半無限平面にポテンシャルV_0を加える．等角写像法を用いて，この領域のポテンシャル分布と電束分布を表す式を求め，その結果を図示せよ．

答 次の関数を考えます．
$$W = \cos^{-1} Z \qquad (A.27)$$
すなわち，

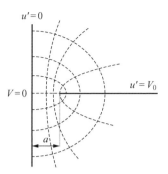

図A.4
有限のギャップがある
垂直平板の間の電場

$$x + jy = \cos(u + jv) = \cos u \cosh v - j \sin u \sinh v$$
$$x = \cos u \cosh v$$
$$y = -\sin u \sinh v \quad \cdots\cdots\cdots\cdots\cdots\cdots\cdots\cdots\cdots\cdots\cdots\cdots\cdots\cdots\cdots \text{(A.28)}$$
この場合，次式が成立します．
$$\frac{x^2}{\cosh^2 v} + \frac{y^2}{\sinh^2 v} = 1 \quad \cdots\cdots\cdots\cdots\cdots\cdots\cdots\cdots\cdots\cdots\cdots \text{(A.29)}$$
$$\frac{x^2}{\cos^2 u} - \frac{y^2}{\sin^2 u} = 1 \quad \cdots\cdots\cdots\cdots\cdots\cdots\cdots\cdots\cdots\cdots\cdots\cdots \text{(A.30)}$$

v が一定のときの式 (A.29) は，焦点が ± 1 にある一組の共焦楕円を表し，u が一定のときの式 (A.30) は，この楕円に直交する一組の共焦双曲線を表します．これらを図A.5に示します．

本文7.2.3節の一般的変換の結果を用いる場合，ここで縮尺率を入れる必要があ

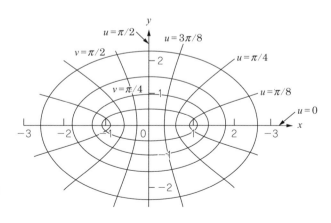

図A.5
変換式 $u+jv=\cos^{-1}(x+jy)$ を表す図

ります．式(A.27)との混乱を避けるため，本題に対する変数にダッシュを付けて書きます．すなわち，

$$W' = C_1 \cos^{-1} kZ' + C_2 \quad \cdots\cdots (A.31)$$

とします．ポテンシャルの縮尺率を決めるために定数C_1を入れ，寸法の縮尺率を決めるために定数kを入れ，ポテンシャルの基準値を決めるために定数C_2を入れます．この式を式(A.27)と比較すると，

$$Z = kZ' \quad \cdots\cdots (A.32)$$
$$W' = C_1 W + C_2 \quad \cdots\cdots (A.33)$$

となります．この問題の場合には，定数C_1とC_2を実数にすることができます．この場合，

$$u' = C_1 u + C_2 \quad \cdots\cdots (A.34)$$

となります．図A.4と図A.5を比較すると，$Z=1$のときに$Z'=a$となるので，$k=1/a$となります．また，$u=0$のときに$u'=V_0$，$u=\pi/2$のとき$u'=0$です．これらの値を式(A.34)に代入すると，

$$C_1 = -\frac{2V_0}{\pi} \qquad C_2 = V_0 \quad \cdots\cdots (A.35)$$

となります．したがって，この問題に対して縮尺率が適正な変換式は，

$$W' = u' + jv' = V_0 \left[1 - \frac{2}{\pi} \cos^{-1} \left(\frac{Z'}{a} \right) \right] \quad \cdots\cdots (A.36)$$

となります．ここで，u'はボルトで表したポテンシャル関数，$\varepsilon v'$は単位長あたりのクーロンで表した電束関数です．これらの縮尺率を適用したいくつかの等ポテンシャル線と電束線を図A.5に示します．

問題 7.7 図A.6に示すように，半径Rの2つの導電性円柱が中心距離$2d$だけ離れてあり，右側の円柱の電位は$V_0/2$，左側の円柱の電位は$-V_0/2$である．この場合，等角写像法を用いて，両円柱間のポテンシャル分布と電束分布を表す式を求めよ．

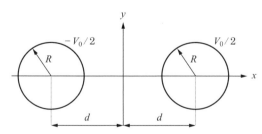

図A.6
2つの平行な導電性円柱

また，この平行2線の単位長あたりの容量とインダクタンスを表す式を求めよ．

答 ここで次の関数を用います．

$$W = K_1 \ln\left(\frac{Z-a}{Z+a}\right) \quad \cdots\cdots (A.37)$$

これは次の形に書くことができます．

$$W = K_1[\ln(Z-a) - \ln(Z+a)] \quad \cdots\cdots (A.38)$$

したがって，K_1 を実数とすると，

$$u = \frac{K_1}{2} \ln\left[\frac{(x-a)^2 + y^2}{(x+a)^2 + y^2}\right] \quad \cdots\cdots (A.39)$$

$$v = K_1\left[\tan^{-1}\frac{y}{(x-a)} - \tan^{-1}\frac{y}{(x+a)}\right] \quad \cdots\cdots (A.40)$$

となります．$u=$ 一定の線は，式(A.39)の対数の変数部をある一定値に設定して求めることができます．すなわち，

$$\frac{(x-a)^2 + y^2}{(x+a)^2 + y^2} = K_2 \quad \cdots\cdots (A.41)$$

となり，これは次の形に書き換えることができます．

$$\left[x - \frac{a(1+K_2)}{1-K_2}\right]^2 + y^2 = \frac{4a^2 K_2}{(1-K_2)^2} \quad \cdots\cdots (A.42)$$

したがって，$u=$ 一定の曲線群は，中心が

$$x = \frac{a(1+K_2)}{1-K_2} \quad \cdots\cdots (A.43)$$

にあり，半径が $(2a\sqrt{K_2})/(1-K_2)$ の円群になります．u をポテンシャル関数とすれば，$u=$ 一定の円群は等ポテンシャルの導電性円柱と置き換えることができます．本題のように，導体の半径が R であり，その中心が $x=d$ にあれば，a の値と K_2 の値(K_0 と書く)は，次式から求めることができます．

$$\frac{a(1+K_0)}{1-K_0} = d \quad \frac{2a\sqrt{K_0}}{1-K_0} = R \quad \cdots\cdots (A.44)$$

これを解くと，

$$a = \pm\sqrt{d^2 - R^2} \quad \cdots\cdots (A.45)$$

$$\sqrt{K_0} = \frac{d}{R} + \sqrt{\frac{d^2}{R^2} - 1} \quad \cdots\cdots\cdots\cdots\cdots\cdots\cdots\cdots\cdots\cdots\cdots\cdots (A.46)$$

となります．式(A.37)の変換式の中の定数K_1は，導電性円柱のポテンシャル$V_0/2$によって決まります．今の場合，K_2の定義式と式(A.46)から，

$$\frac{V_0}{2} = K_1 \ln \sqrt{K_0} = K_1 \ln\left(\frac{d}{R} + \sqrt{\frac{d^2}{R^2} - 1}\right) \quad \cdots\cdots\cdots\cdots\cdots (A.47)$$

すなわち，

$$K_1 = \frac{V_0}{2\ln\left[(d/R) + \sqrt{(d^2/R^2) - 1}\right]} = \frac{V_0}{2\cosh^{-1}(d/R)} \quad \cdots\cdots\cdots (A.48)$$

となります．これを式(A.39)に代入すると，任意の点(x, y)におけるポテンシャルは，

$$\Phi = u = \frac{V_0}{4\cosh^{-1}(d/R)} \ln\left[\frac{(x-a)^2 + y^2}{(x+a)^2 + y^2}\right] \quad \cdots\cdots\cdots\cdots\cdots (A.49)$$

となります．$x > 0$で$\Phi > 0$の場合，K_1が正ならば$a < 0$ですから，式(A.45)で負号を選択します．電束関数$\psi = -\varepsilon v$は，

$$\psi = -\varepsilon v = \frac{\varepsilon V_0}{2\cosh^{-1}(d/R)}\left[\tan^{-1}\frac{y}{(x+a)} - \tan^{-1}\frac{y}{(x-a)}\right] \quad \cdots\cdots (A.50)$$

となります．左側の導電性円柱を計算の中に明確に入れませんでしたが，式(A.49)のポテンシャル関数には奇対称性があるので，半径Rで中心が$x = -d$にある左側の円柱がポテンシャル$-V_0/2$であれば，この境界条件も満足しています．

この結果を用いて，平行2線の単位長あたりの容量を求めるため，右側導体上で終端する全電束を求め，そこでの電荷をガウスの法則から計算します．導体のまわりを1回通るたびに，式(A.50)の第1項は2πだけ変化し，第2項は変化しません．したがって，次式が得られます．

$$q = 2\pi \frac{\varepsilon V_0}{2\cosh^{-1}(d/R)} \quad [\text{C/m}] \quad \cdots\cdots\cdots\cdots\cdots\cdots\cdots (A.51)$$

すなわち，単位長あたりの容量Cは次のようになります．

$$C = \frac{q}{V_0} = \frac{\pi\varepsilon}{\cosh^{-1}(d/R)} \quad [\text{F/m}] \quad \cdots\cdots\cdots\cdots\cdots\cdots (A.52)$$

これと同様の方法を用いて，平行2線の外部インダクタンスを求めます．この場合には，u と v の役割は上述の電場問題の場合と反対であり，v は磁気スカラ・ポテンシャルに比例します．問題4.2で求めたインダクタンスは，

$$L = \frac{\mu}{\pi} \cosh^{-1}\left(\frac{d}{R}\right) \quad [\text{H/m}] \quad \cdots\cdots\cdots\cdots\cdots\cdots\cdots\cdots\cdots\cdots\cdots\cdots (\text{A.53})$$

となります[注3]．

注3：式(A.52)と式(A.53)から，第5章で他の2導体線路の場合に示したように，$LC=\mu\varepsilon$ であることがわかります．

問題 7.8　シュワルツ変換を用いて，平行平板容量器の端部電場を表す式を求めよ．

答　図A.7に示す平行平板容量器で考えます．無限に広い底板 A-B のポテンシャルは $\varPhi=V_0$ であり，平板 D-C のポテンシャルは $\varPhi=0$ です．この構造は，内角 $\alpha_1=0$，$\alpha_2=2\pi$，$\alpha_3=\pi$ と，長さが無限大の辺の多角形と考えて，シュワルツ変換を適用することができます．この変換を行うと，すべての境界が図A.7(b)に示すように実数軸にきて，$x_2'<0$ に対して $\varPhi=V_0$，$x_2'>0$ に対して $\varPhi=0$ です．

　問題7.5で示したように，これに続く対数変換がこのひと組の境界ポテンシャルを W 平面内の平行平板の一様電場に変換します．この2つの変換を結合すると，電束線 u とポテンシャル線 v のそれぞれが W 平面内の位置 x, y を用いて次の関係式によって決まります．

$$Z = \frac{h}{\pi}\left(e^{\pi W/V_0} - 1 - \frac{\pi W}{V_0} + j\pi\right) \quad \cdots\cdots\cdots\cdots\cdots\cdots\cdots\cdots\cdots\cdots (\text{A.54})$$

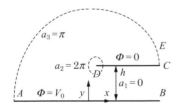

(a) 一方の平板が無限に伸びた平行平板容量器の端部（対称的な平行平板容量器の上半分に相当）

(b) (a)の容量器を Z' 平面に変換したもの

図A.7　平行平板容量器

u と v の値を決めて，これに対応する点 x と y の値を計算することができ，第1章の図1.6(a)に示したような電場線を描くことができます．

問題 7.9 図A.8の実線で示したように，関数 $f(x)$ は区間 $0 < x < a$ で一定値 C である．この関数を，この区間が半周期となるように，この区間の外側に奇関数として拡張する場合，この関数のフーリエ級数展開式を求めよ．

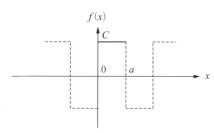

図A.8
区間 $0 < x < a$ で一定値 C の関数（実線）とその奇関数としての拡張（破線）

答 奇関数として拡張する場合に適当な級数は，次の sin 級数です．

$$f(x) = \sum_{n=1}^{\infty} b_n \sin \frac{n\pi x}{a} \quad \cdots\cdots (A.55)$$

ここで，$a = L/2$ すなわち半周期になります．この係数は，本文の式(75)から求めることができ，この積分に対する負の区間からの寄与分と正の区間からの寄与分は等しくなります．したがって，$a = L/2$ の場合には，

$$b_n = \frac{2}{a} \int_0^a f(x) \sin \frac{n\pi x}{a} dx \quad \cdots\cdots (A.56)$$

となります．本題の場合，上式から次式が得られます．

$$b_n = \frac{2}{a} \int_0^a C \sin \frac{n\pi x}{a} dx = \frac{2C}{n\pi} \left[-\cos \frac{n\pi x}{a} \right]_0^a \quad \cdots\cdots (A.57)$$

この場合のフーリエ級数は，次のようになります[注4]．

$$f(x) = \frac{2C}{\pi} \left[2\sin \frac{\pi x}{a} + \frac{2}{3} \sin \frac{3\pi x}{a} + \frac{2}{5} \sin \frac{5\pi x}{a} + \cdots \right] \quad \cdots\cdots (A.58)$$

注4：この級数は，区間 $0 < x < a$ において $f(x) = C$ を表し，この区間の外側では図A.8の破線部を表します．

問題 7.10 図A.9に示すように，区間 $-a < x < a$ で一定値 C である矩形状のパルス関数がある．この関数をフーリエ変換し，その結果を図示せよ．

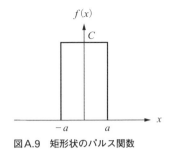

図A.9 矩形状のパルス関数

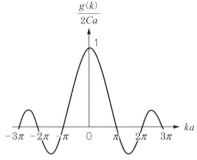

図A.10 図A.9の矩形パルス関数のフーリエ変換

答 本文の式(78)を用いてこの矩形関数をフーリエ変換すると，次式が得られます．

$$g(k) = \int_{-a}^{a} C e^{-jkx} dx = C\left[\frac{e^{-jkx}}{-jk}\right]_{-a}^{a} = 2Ca\left(\frac{\sin ka}{ka}\right) \quad \cdots\cdots (A.59)$$

この関数を図A.10に示します．

問題 7.11 図A.11に示す2次元の矩形領域を考える．これは$y=0$，$x=0$，$x=a$におけるポテンシャル0面，それに$y=b$におけるポテンシャルV_0の導電性ふたで囲まれている．このふたは，矩形の他の部分からわずかなギャップしか開いていない．これらの境界条件を満足する矩形領域内のポテンシャル分布を表す式を求めよ．

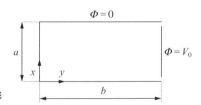

図A.11 異なる電位にした導電性矩形

答 本文の7.3.1節の結果から，ポテンシャルの式として適正な形を選ぶ場合，ポテンシャルは$x=0$および$x=a$で0であり，三角関数は0を繰り返すので，x方向に三角関数の形を選びます．したがって，本文の式(52)の形が適当になります．さらに，$y=0$で$\Phi=0$ですから，ポテンシャルのy関数は$y=0$で0でなければならず，このため$C=0$です．同様に，$x=0$で$\Phi=0$ですから，$A=0$です．Φは$x=a$で再び

0ですから $Ka = m\pi$, すなわち,

$$K = \frac{m\pi}{a} \quad \cdots\cdots (A.60)$$

となります．残る定数の積 $B'D$ を C_m と書くと，次式が得られます．

$$\Phi = C_m \sin\frac{m\pi x}{a} \sinh\frac{m\pi y}{a} \quad \cdots\cdots (A.61)$$

この形は，ラプラスの方程式と $y=0$，$x=0$，および $x=a$ における境界条件を満足しますが，この形は1つだけでは $y=b$ のふたに沿う境界条件を満足しません．このような解の次の級数も，ラプラスの方程式と $y=0$，$x=0$，および $x=a$ における境界条件を満足します．

$$\Phi = \sum_{m=1}^{\infty} C_m \sin\frac{m\pi x}{a} \sinh\frac{m\pi y}{a} \quad \cdots\cdots (A.62)$$

式(A.162)の総和が区間 $0 < x < a$ にわたって面 $y=b$ に沿うポテンシャル V_0 になるようにします．このためには，次式が成立しなければなりません．

$$V_0 = \sum_{m=1}^{\infty} C_m \sin\frac{m\pi x}{a} \sinh\frac{m\pi b}{a} \quad 0 < x < a \quad \cdots\cdots (A.63)$$

この式は，一定値 V_0 を区間 $0 < x < a$ にわたって sin 関数にフーリエ展開したものと見ることができます．この展開を問題7.9で行って次式を得ました．

$$f(x) = V_0 = \sum_{m=1}^{\infty} a_m \sin\frac{m\pi x}{a} \quad 0 < x < a \quad \cdots\cdots (A.64)$$

ここで，

$$a_m = \begin{cases} \dfrac{4V_0}{m\pi} & \text{m：奇数} \\ 0 & \text{m：偶数} \end{cases} \quad \cdots\cdots (A.65)$$

です．式(A.64)を式(A.63)と比較すると，次式が得られます．

$$C_m \sinh\frac{m\pi b}{a} = a_m \quad \cdots\cdots (A.66)$$

式(A.66)と式(A.65)を式(A.62)に代入すると，次式が得られます．

$$\Phi = \sum_{m:odd} \frac{4V_0}{m\pi} \frac{\sinh(m\pi y/a)}{\sinh(m\pi b/a)} \sin\frac{m\pi x}{a} \quad \cdots\cdots (A.67)$$

この級数は $x \to 0$，a および $y \to b$ のコーナ部を除いて収束し，矩形領域内のポテンシャル分布を表しています．

問題 7.12 図A.12に示すように，z方向に無限に長い縦a，横bの導電性直方体が無損失誘電体の中にあり，$0 \leq x \leq a$以外の領域の導電率は0，$y=0$におけるポテンシャルは0であり，端部$y=b$のポテンシャルは$\Phi = V_0 x/a$と与えられている．この直方体内のポテンシャル分布を表す式を求めよ．

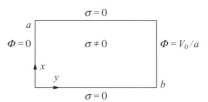

図A.12
導電率0の媒質内にある導電性直方体

答 この問題では，辺$x=0, a$における境界条件は前問と同じですから，x方向に繰り返しがある解が必要であり，これに適当なポテンシャルの一般形は本文の式(52)になります．この導体の外側の自由空間に流れる電流はありませんから，電流密度のx成分は$x=0, a$において0でなければなりません．$\mathbf{J}=\sigma\mathbf{E}$ですから，$E_x$も$x=0, a$において0でなければなりません．したがって，次式で与えられる$\partial\Phi/\partial x$は$x=0$ですべてのyに対して0でなければなりません．

$$\frac{\partial \Phi}{\partial x} = K(-A\sin Kx + B'\cos Kx)(C\cosh Ky + D\sinh Ky) \quad \cdots\cdots (A.68)$$

$x=0$で$\cos Kx = 1$ですから，$B'=0$です．また，$Ka=m\pi$なので$K=m\pi/a$となり，したがって$\sin Ka = 0$となります．$y=0$における境界条件$\Phi=0$に整合するためには，$C=0$である必要があります．したがって，ポテンシャルのm番目の高調波は次のようになります．

$$\Phi_m = C_m \cos\frac{m\pi}{a}x \sinh\frac{m\pi}{a}y \quad \cdots\cdots (A.69)$$

$y=b$における境界上のポテンシャルを$\cos$関数の級数に展開して，これを式(A.69)の級数と項ごとに等置する必要があります．これに適合するように与えられた境界ポテンシャルを周期的に拡張したものを図A.13に示します．これは，平均値が$V_0/2$です．本文の式(74)〜(76)を適用すると，次式が得られます．

$$\Phi(x,b) = \frac{V_0}{2} - \sum_{m:odd}\frac{4V_0}{(m\pi)^2}\cos\frac{m\pi}{a}x \quad \cdots\cdots (A.70)$$

境界ポテンシャルと整合するためには，式(A.69)の形の高調波の級数と$y=b$で一定値を持つ別の解の両方が必要になります．後者の形の解は，本文の式(53)から

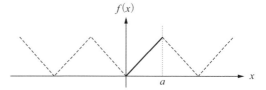

図 A.13
境界ポテンシャルの周期的拡張

求められます．次の関数,

$$\Phi_1 = A_1 y \quad \cdots\cdots\cdots\cdots\cdots\cdots\cdots\cdots\cdots\cdots\cdots\cdots\cdots\cdots\cdots\cdots\cdots (A.71)$$

は $x=0$, a および $y=0$ における境界条件を満足します．この定数を $V_0/2b$ にすると次式が得られます．

$$\Phi_1 = \frac{V_0 y}{2b} \quad \cdots\cdots\cdots\cdots\cdots\cdots\cdots\cdots\cdots\cdots\cdots\cdots\cdots\cdots\cdots (A.72)$$

高調波項を含む解は，境界 $y=b$ で計算した式(A.69)の級数を式(A.70)の級数と等置して求めることができます．すなわち,

$$\sum_m C_m \cos\frac{m\pi x}{a}\sinh\frac{m\pi b}{a} = -\sum_{m:odd}\frac{4V_0}{(m\pi)^2}\cos\frac{m\pi x}{a} \quad \cdots\cdots (A.73)$$

となります．2番目のポテンシャルの結果は,

$$\Phi_2 = -\sum_{m:odd}\frac{4V_0}{(m\pi)^2}\frac{\sinh(m\pi y/a)}{\sinh(m\pi b/a)}\cos\frac{m\pi x}{a} \quad \cdots\cdots\cdots (A.74)$$

となります．完全解は，式(A.72)と式(A.74)を重畳した $\Phi=\Phi_1+\Phi_2$ になります．

問題 7.13 直方体が，座標の原点から $x=a$, $y=b$, $z=c$ まで広がっている．面 $z=c$ でポテンシャルは V_0, それ以外の面でポテンシャルはすべて 0 である．この直方体内のポテンシャル分布を表す式を求めよ．

答 本題に適当なポテンシャルの空間高調波の一般形は，本文の式(59)において，K_x と K_y を虚数に，K_z を実数にした形です．$x=0$, $y=0$, $z=0$ におけるポテンシャル 0 の境界条件を満たすためには，定数 A, C, E は 0 でなければなりません．また，$x=a$ と $y=b$ におけるポテンシャル 0 の条件を満たすため，これに対応する分離定数はそれぞれ $m\pi/a$ および $n\pi/b$ でなければなりません．したがって，本文の式(58)から $K_z=[(m\pi/a)^2+(n\pi/b)^2]^{1/2}$ が得られます．このポテンシャルの一般形は，以上の結果として得られる関数の2重無限総和の形でなければなりません．すなわち,

$$\Phi = \sum_n \sum_m C_{mn} \sin\frac{m\pi}{a}x \sin\frac{n\pi}{b}y \sinh\sqrt{\left(\frac{m\pi}{a}\right)^2 + \left(\frac{n\pi}{b}\right)^2}z \quad \cdots\cdots\cdots\cdots (A.75)$$

となります．式(A.75)を境界 $z = c$ で計算すると，この級数は次のようになります．

$$V(x, y) = \sum_n \sum_m D_{mn} \sin\frac{m\pi}{a}x \sin\frac{n\pi}{b}y \quad \cdots\cdots\cdots\cdots\cdots\cdots\cdots\cdots\cdots\cdots (A.76)$$

ここで，D_{mn} は次式になります．

$$D_{mn} = C_{mn} \sinh\sqrt{\left(\frac{m\pi}{a}\right)^2 + \left(\frac{n\pi}{b}\right)^2}\,c \quad \cdots\cdots\cdots\cdots\cdots\cdots\cdots\cdots (A.77)$$

この係数 D_{mn} は，式(A.76)に $\sin(m\pi x/a)\sin(n\pi y/b)$ を乗じ，これを x について 0 から a まで，y について 0 から b まで積分して求めることができます．本文の式(71)と式(73)の直交条件を使用すると，次式が得られます．

$$D_{mn} = \frac{4}{ab} \int_0^b \int_0^a V(x, y) \sin\frac{m\pi}{a}x \sin\frac{n\pi}{b}y\, dx\, dy \quad \cdots\cdots\cdots\cdots (A.78)$$

$V(x, y) = V_0$ の場合には，式(A.75)，式(A.76)，式(A.77)から次式が得られます．

$$\Phi = \sum_n \sum_m \frac{16 V_0}{nm\pi^2} \frac{\sin(m\pi/a)x \sin(n\pi/b)y \sinh\sqrt{(m\pi/a)^2 + (n\pi/b)^2}z}{\sinh\sqrt{(m\pi/a)^2 + (n\pi/b)^2}\,c} \quad \cdots (A.79)$$

ここで，総和の中の m と n は奇数です．

問題 7.14 区間 $0 < r < a$ で一定値 V_0 である関数を 0 次のベッセル関数 J_0 を用いて展開せよ．

答 本文の式(148)において，関数 $f(r)$ が区間 $0 < r < a$ で一定値 V_0 であれば，次式が得られます．

$$b_m = \frac{2V_0}{a^2 J_1^2(p_m)} \int_0^a r J_0\left(\frac{p_m r}{a}\right) dr \quad \cdots\cdots\cdots\cdots\cdots\cdots\cdots\cdots (A.80)$$

本文の式(140)を用いて，$R = J$，$v = 1$，$v = p_m r/a$ とすると，式(A.80)の積分は次のようになります．

$$\left(\frac{a}{p_m}\right)^2 \int_0^a \left(\frac{p_m r}{a}\right) J_0\left(\frac{p_m r}{a}\right) d\left(\frac{p_m r}{a}\right) = \left[\left(\frac{a}{p_m}\right)^2 \left(\frac{p_m r}{a}\right) J_1\left(\frac{p_m r}{a}\right)\right]_0^a$$

$$= \frac{a^2}{p_m} J_1(p_m) \quad \cdots\cdots\cdots\cdots\cdots\cdots\cdots\cdots\cdots\cdots\cdots\cdots\cdots\cdots\cdots\cdots\cdots\cdots\cdots\cdots\cdots\cdots\cdots\cdots\cdots (A.81)$$

したがって，一定値 V_0 の級数展開である本文の式(145)は，次のようになります．

$$f(r) = \sum_{m=1}^{\infty} \frac{2V_0}{p_m J_1(p_m)} J_0\left(\frac{p_m r}{a}\right) \quad \cdots\cdots\cdots\cdots\cdots\cdots\cdots\cdots\cdots\cdots\cdots\cdots\cdots\cdots\cdots (A.82)$$

第8章 導波管

　本章では，はじめに一様導波管内で成立する基礎方程式と波型について説明し，導波管内を伝わる波動の一般式を導きます．次に，各種導波管内の波を励振および受信する方法について説明します．また，導波管内の波動の一般的性質について，**TEM波**，**TM波**，**ET波**に分けて調べます．最後に，遮断周波数以下および遮断周波数付近で波がどのように変化するかを示します．

　導波管とは，望む方向に波動が伝搬するように，その方向の横断面内に導電性境界を設ける構造のことです．本章では，この境界が主に管状の場合を扱いますが，境界の一部が無限遠点にあったり開放されている一様系もこの中に含めます．直流からミリ波までの広い周波数範囲にわたって2導体線路が用いられており，この中に平行平板導波系があります．周波数が非常に高くなると，この線路は絶縁基板上に置いた金属薄膜の形をしていることが多くなります．マイクロ波やミリ波の周波数範囲（およそ1G〜100GHz）では，断面が矩形や円形の金属製導波管が使用されています．

　一般に，導波管を解析する場合には電磁場分布に関心がもたれますが，重要なことは伝搬定数が周波数と共にどのように変化するかということです．この伝搬定数から波動速度，位相速度，波の減衰や分散性を知ることができます．導波管の中で波動を励振する方法についても説明します．最後に，導波管内の波動の一般的性質を述べます．

8.1　導波管内の波動の一般式

8.1.1　一様系の基礎方程式と波型

　軸方向に一様に伸びる管状の系を考え，この軸を z 軸に取ります．また，時間的変化と位置的変化を $e^{(j\omega t - \gamma z)}$ と書くことができる波動を考えます．伝搬定数 γ の特性から，減衰，位相速度，群速度といった波の性質がわかります．波動内の電磁場は，波動方程式と境界条件を満足しなければなりません．誘電体の中で全電荷密度は0であり，誘電率したがって $k^2 = \omega^2 \mu \varepsilon$ は複素数として，この誘電体の中に導電電流が含まれると仮定します．この場合，電場と磁場の波動方程式はフェーザー記号（第3章3.2.4節）のヘルムホルツ方程式になり，これらは次式になります．

$$\nabla^2 \mathbf{E} = -k^2 \mathbf{E} \quad \nabla^2 \mathbf{H} = -k^2 \mathbf{H} \quad \cdots\cdots (1)$$

3次元のラプラシアン ∇^2 は，次の2つの部分に分けることができます．

$$\nabla^2 \mathbf{E} = \nabla_t^2 \mathbf{E} + \frac{\partial^2 \mathbf{E}}{\partial z^2} \quad \cdots\cdots (2)$$

この最後の項は，∇^2 に対する軸方向の寄与分です．最初の項は横断面内の2次元ラプラシアンであり，∇^2 に対する横断面内の寄与分を表しています．軸方向に伝搬関数 $e^{-\gamma z}$ を仮定する場合，

$$\frac{\partial^2 \mathbf{E}}{\partial z^2} = \gamma^2 \mathbf{E} \quad \cdots\cdots (3)$$

となります．したがって，ヘルムホルツ方程式は次のように書くことができます．

$$\nabla_t^2 \mathbf{E} = -(\gamma^2 + k^2) \mathbf{E} \quad \cdots\cdots (4)$$

$$\nabla_t^2 \mathbf{H} = -(\gamma^2 + k^2) \mathbf{H} \quad \cdots\cdots (5)$$

式(4)と式(5)は，この導波管の内部で満足しなければならない微分方程式です．境界条件は，境界の形状と電気的性質によって決まります．

　通常の解析手順は，波動方程式式(4)と式(5)および境界条件を満足する電磁場の2つの成分，すなわち通常は $\mathbf{E}$ と $\mathbf{H}$ の z 成分を求めることです．他の電磁場成分は，マックスウェルの方程式を用いてこれらから求めることができます．

　ここでは，誘電体は線形，均質的，等方的であると仮定し，この中の電磁場に対して，仮定した関数 $e^{(j\omega t - \gamma z)}$ を持つ回転の式を以下に示します．

$$\nabla \times \mathbf{E} = -j\omega\mu \mathbf{H} \quad \cdots\cdots (6)$$

$$\frac{\partial E_z}{\partial y} + \gamma E_y = -j\omega\mu H_x \quad \cdots\cdots\cdots\cdots\cdots\cdots\cdots\cdots\cdots\cdots\cdots\cdots\cdots\cdots\cdots\cdots\cdots\cdots\cdots\cdots (7)$$

$$-\gamma E_x - \frac{\partial E_z}{\partial x} = -j\omega\mu H_y \quad \cdots\cdots\cdots\cdots\cdots\cdots\cdots\cdots\cdots\cdots\cdots\cdots\cdots\cdots\cdots\cdots\cdots (8)$$

$$\frac{\partial E_y}{\partial x} - \frac{\partial E_x}{\partial y} = -j\omega\mu H_z \quad \cdots\cdots\cdots\cdots\cdots\cdots\cdots\cdots\cdots\cdots\cdots\cdots\cdots\cdots\cdots\cdots (9)$$

$$\nabla \times \mathbf{H} = j\omega\varepsilon\mathbf{E} \quad \cdots\cdots\cdots\cdots\cdots\cdots\cdots\cdots\cdots\cdots\cdots\cdots\cdots\cdots\cdots\cdots\cdots\cdots\cdots\cdots\cdots\cdots (10)$$

$$\frac{\partial H_z}{\partial y} + \gamma H_y = j\omega\varepsilon E_x \quad \cdots\cdots\cdots\cdots\cdots\cdots\cdots\cdots\cdots\cdots\cdots\cdots\cdots\cdots\cdots\cdots\cdots\cdots (11)$$

$$-\gamma H_x - \frac{\partial H_z}{\partial x} = j\omega\varepsilon E_y \quad \cdots\cdots\cdots\cdots\cdots\cdots\cdots\cdots\cdots\cdots\cdots\cdots\cdots\cdots\cdots\cdots\cdots (12)$$

$$\frac{\partial H_y}{\partial x} - \frac{\partial H_x}{\partial y} = j\omega\varepsilon E_z \quad \cdots\cdots\cdots\cdots\cdots\cdots\cdots\cdots\cdots\cdots\cdots\cdots\cdots\cdots\cdots\cdots\cdots\cdots (13)$$

z と時間の関数を $e^{(j\omega t - \gamma z)}$ とする仮定により，成分 E_x, H_x, E_y などは x と y だけの関数です．

上述の諸方程式から E_x, E_y, H_x, H_y を E_z と E_y を用いて表すことができます．例えば，H_x は式(7)と式(12)から E_y を消去して求めることができ，他の成分もこれと類似の方法により，次のように求められます．

$$E_x = -\frac{1}{\gamma^2 + k^2}\left(\gamma\frac{\partial E_z}{\partial x} + j\omega\mu\frac{\partial H_z}{\partial y}\right) \quad \cdots\cdots\cdots\cdots\cdots\cdots\cdots\cdots\cdots\cdots (14)$$

$$E_y = \frac{1}{\gamma^2 + k^2}\left(-\gamma\frac{\partial E_z}{\partial y} + j\omega\mu\frac{\partial H_z}{\partial x}\right) \quad \cdots\cdots\cdots\cdots\cdots\cdots\cdots\cdots\cdots\cdots (15)$$

$$H_x = \frac{1}{\gamma^2 + k^2}\left(j\omega\varepsilon\frac{\partial E_z}{\partial y} - \gamma\frac{\partial H_z}{\partial x}\right) \quad \cdots\cdots\cdots\cdots\cdots\cdots\cdots\cdots\cdots\cdots (16)$$

$$H_y = -\frac{1}{\gamma^2 + k^2}\left(j\omega\varepsilon\frac{\partial E_z}{\partial x} + \gamma\frac{\partial H_z}{\partial y}\right) \quad \cdots\cdots\cdots\cdots\cdots\cdots\cdots\cdots\cdots (17)$$

伝搬波の場合には，上式に $\gamma = j\beta$ を代入します．ここで，減衰がなければ，β は実数です．これを代入して上式を書き直すと，次式が得られます．

$$E_x = -\frac{j}{k_c^2}\left(\beta\frac{\partial E_z}{\partial x} + \omega\mu\frac{\partial H_z}{\partial y}\right) \quad \cdots\cdots\cdots\cdots\cdots\cdots\cdots\cdots\cdots\cdots\cdots\cdots (18)$$

$$E_y = \frac{j}{k_c^2}\left(-\beta\frac{\partial E_z}{\partial y} + \omega\mu\frac{\partial H_z}{\partial x}\right) \quad \cdots\cdots\cdots\cdots\cdots\cdots\cdots\cdots\cdots\cdots (19)$$

$$H_x = \frac{j}{k_c^2}\left(\omega\varepsilon\frac{\partial E_z}{\partial y} - \beta\frac{\partial H_z}{\partial x}\right) \quad \cdots\cdots\cdots\cdots\cdots\cdots\cdots\cdots\cdots\cdots (20)$$

$$H_y = -\frac{j}{k_c^2}\left(\omega\varepsilon\frac{\partial E_z}{\partial x} + \beta\frac{\partial H_z}{\partial y}\right) \quad \cdots\cdots\cdots\cdots\cdots\cdots\cdots\cdots\cdots\cdots (21)$$

$$\nabla_t^2 E_z = -k_c^2 E_z \quad \cdots\cdots\cdots\cdots\cdots\cdots\cdots\cdots\cdots\cdots (22)$$

$$\nabla_t^2 H_z = -k_c^2 H_z \quad \cdots\cdots\cdots\cdots\cdots\cdots\cdots\cdots\cdots\cdots (23)$$

ここで k_c^2 は,

$$k_c^2 = \gamma^2 + k^2 = k^2 - \beta^2 \quad \cdots\cdots\cdots\cdots\cdots\cdots\cdots\cdots\cdots\cdots (24)$$

とします.

通常,一様系内の波動を調べる場合,波動を以下の型に分類します.

(1) 伝搬方向に電場も磁場もない波

電場と磁場は両方とも横断面内にあるので,この波を横方向電磁場(TEM)波と言います.これは,2導体導波系の通常の波動です.

(2) 伝搬方向に電場はあるが磁場はない波

磁場が横断面内にあるので,この波を横方向磁場(TM)波と言います.

(3) 伝搬方向に磁場はあるが電場はない波

この波は,横方向電場(TE)波として知られています.

(4) 境界条件があるため,すべての電磁場成分が存在する混成波

この波は,TEモードとTMモードが結合したものと考えることができます.

これらの波の伝搬定数から,これらが導波管の中を進むにつれて個々の波の位相や振幅がどのように変化するかがわかります.したがって,その後の任意の場所と時間にこれらを重畳すると,そこでの全合成電磁場を知ることができます.通常,導波管は多くの波がこの入口で励振されるにしても,1つの波だけがこの中を伝搬できるように設計します.この理由は,信号の中に異なる速度で進む波が複数個あると合成歪みが生じるからです.

8.2 いろいろな断面の導波管

8.2.1 平行平板導波系

解析が簡単な導波系の1つは，平板状の誘電体をはさんで無損失の平行平板がある導波系です．この電磁場は平板の幅が無限大の場合の電磁場と同じと仮定します．このことは，このモデルの1次近似として端部効果を無視することを意味しています．このような系は，2導体伝送線路と考えることができます．この系を解析すると，導波系の境界が複雑な場合に前述したすべての波型を理解することができます．前節で定義した3つの波型を以下で考察します．

(1) TEM波

TEM波では，E_zとH_zが0になります．$\gamma^2+k^2=0$でない限り，すべての横方向成分は0でなければならないことが，式(14)〜(17)からわかります．したがって，TEM波の伝搬定数は$\gamma^2+k^2=0$，すなわち，

$$\gamma_{\mathrm{TEM}} = \pm jk \quad \cdots\cdots (25)$$

でなければなりません．すなわち，この波動は誘電体内の光速で伝搬します．このことは，任意の形の導波系のTEM波に適用できます．さらに，$\gamma^2+k^2=0$であれば，電場と磁場が共にラプラスの方程式を満足します．したがって，両者は2次元の静的電磁場の空間分布になることが式(4)と式(5)からわかります．平行平板導体の間の静的電場は一様であり，両平板に垂直であることがわかっているので，これを次のように書くことができます．

$$E_x = E_0 \quad \cdots\cdots (26)$$

また，磁場は式(8)で$E_z=0$として次のようになります．

$$H_y = \frac{\gamma}{j\omega\mu}E_x = \pm\frac{j\omega\sqrt{\mu\varepsilon}}{j\omega\mu}E_x = \pm\sqrt{\frac{\varepsilon}{\mu}}E_x \quad \cdots\cdots (27)$$

ここで，上側の符号は正方向進行波に対するもの，下側の符号は負方向進行波に対するものです．これを電圧と電流を用いて解釈すると，この結果は伝送線路解析から得られる結果と同じになります．

(2) TM波

TM波にはE_zはありますがH_zはありませんから，式(22)を使用します．yについての導関数を無視し，横方向面内のラプラシアンをd^2/dx^2とします．すなわち，

$$\frac{d^2 E_z}{dx^2} = -k_c^2 E_z \quad \cdots\cdots\cdots\cdots\cdots\cdots\cdots\cdots\cdots\cdots\cdots\cdots\cdots\cdots (28)$$

$$k_c^2 = \gamma^2 + k^2 \quad \cdots\cdots\cdots\cdots\cdots\cdots\cdots\cdots\cdots\cdots\cdots\cdots\cdots\cdots (29)$$

となります．式(28)の解は，次の三角関数で表すことができます．

$$E_z = A \sin k_c x + B \cos k_c x \quad \cdots\cdots\cdots\cdots\cdots\cdots\cdots\cdots\cdots\cdots (30)$$

次に，$x=0$ と a の導電性平板で境界条件を適用します．平板は無損失導体としているので，ここで $E_z=0$ になります．式(30)において $x=0$ で $E_z=0$ とすると，$B=0$ となります．さらに，$x=a$ で $E_z=0$ という条件から $\sin k_c a = 0$ となり，これから次式が得られます．

$$k_c a = m\pi \quad m = 1, 2, 3, \cdots \quad \cdots\cdots\cdots\cdots\cdots\cdots\cdots\cdots\cdots (31)$$

したがって，境界条件を満足する E_z の解は次のようになります．

$$E_z = A \sin \frac{m\pi x}{a} \quad \cdots\cdots\cdots\cdots\cdots\cdots\cdots\cdots\cdots\cdots\cdots\cdots (32)$$

$H_z = 0$ および $\partial/\partial y = 0$ とすると，横方向の電磁場成分は式(14)～(17)を用いて E_z から次のように求められます．

$$E_x = -\frac{\gamma}{k_c^2} \frac{dE_z}{dx} = -\frac{\gamma a}{m\pi} A \cos \frac{m\pi x}{a} \quad \cdots\cdots\cdots\cdots\cdots\cdots (33)$$

$$H_y = -\frac{j\omega\varepsilon}{k_c^2} \frac{dE_z}{dx} = -\frac{j\omega\varepsilon a}{m\pi} A \cos \frac{m\pi x}{a} \quad \cdots\cdots\cdots\cdots\cdots (34)$$

$$H_x = 0 \quad E_y = 0 \quad \cdots\cdots\cdots\cdots\cdots\cdots\cdots\cdots\cdots\cdots\cdots\cdots (35)$$

m のいろいろな整数値に対して無限個の解が存在し，それぞれの電磁場分布は異なります．これらの解を，この導波系のモード（この場合にはTMモード）と言います．

ここで，伝搬定数の性質を調べます．式(29)を γ について解くと，次式が得られます．

$$\gamma = \sqrt{k_c^2 - k^2} = \sqrt{\left(\frac{m\pi}{a}\right)^2 - \omega^2 \mu \varepsilon} \quad \cdots\cdots\cdots\cdots\cdots (36)$$

周波数が十分高い場合には，根号の中の第2項は第1項より大きく，式(36)を次のように書き直すことができます．

$$\gamma = j\beta = j\omega\sqrt{\mu\varepsilon} \sqrt{1 - \frac{(m\pi/a)^2}{\omega^2 \mu\varepsilon}} \quad \cdots\cdots\cdots\cdots\cdots\cdots (37)$$

この位相定数は，周波数が無限大に近づくにつれて平面波の位相定数に近づくこと

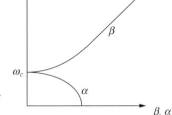

図8.1
周波数の関数としてみたTMおよび
TEモードの位相定数と減衰定数

がわかります．周波数が低くなるとβは小さくなり，次の周波数で0になります．

$$\omega_c = \frac{m\pi}{a\sqrt{\mu\varepsilon}} = \frac{m\pi v}{a} \quad \cdots\cdots\cdots\cdots\cdots\cdots\cdots\cdots\cdots\cdots\cdots\cdots\cdots (38)$$

ここで，vは媒質の中の光速$(\mu\varepsilon)^{-1/2}$です．波はβが実数のところでのみ伝搬するので，ω_cを遮断（カットオフ）周波数と言います．第5章5.2.2節で述べたように，ωに対するβの変化を図8.1のように表すことが多いです．これは，遮断周波数を用いて次のように表すことができます．

$$\gamma = j\beta = j\omega\sqrt{\mu\varepsilon}\sqrt{1-\left(\frac{\omega_c}{\omega}\right)^2}, \qquad \omega \geq \omega_c \quad \cdots\cdots\cdots\cdots\cdots\cdots (39)$$

遮断点は，実質的に遮断周波数における波長である次式,

$$\lambda_c = \frac{2\pi v}{\omega_c} = \frac{2a}{m} \quad \cdots\cdots\cdots\cdots\cdots\cdots\cdots\cdots\cdots\cdots\cdots\cdots\cdots (40)$$

を用いて表すことができます．すなわち，誘電体内の光速で見て，両板間の距離が半波長のm倍のときに遮断が起こります．TM波は，遮断周波数以上の周波数で伝搬するという重要な性質があることがわかります．γは，これより低い周波数で実数となって，次式で表されます．

$$\gamma = \alpha = \frac{m\pi}{a}\sqrt{1-\left(\frac{\omega}{\omega_c}\right)^2}, \qquad \omega \leq \omega_c \quad \cdots\cdots\cdots\cdots\cdots\cdots (41)$$

図8.1に見るように，ある与えられたモードの遮断周波数より低い周波数で位相変化がない減衰があります．また，遮断周波数より高い周波数で減衰がない位相推移があり，遮断周波数では減衰も位相変化もありません．この場合，これらの各モードはそれぞれ高域フィルタとして動作し，遮断周波数以下における減衰は無損失

フィルタの場合と同様に，無効性減衰であって消費のない反射を表します．

伝搬領域 $\omega > \omega_c$ では，次の位相速度を通常の方法で定義します．

$$v_p = \frac{\omega}{\beta} = \frac{v}{\sqrt{1-(\omega_c/\omega)^2}} \quad \cdots\cdots\cdots\cdots\cdots\cdots\cdots(42)$$

第5章5.4.1節の場合と同様に，これから次の群速度を導くことができます．

$$v_g = \frac{d\omega}{d\beta} = v\sqrt{1-\left(\frac{\omega_c}{\omega}\right)^2} \quad \cdots\cdots\cdots\cdots\cdots\cdots\cdots(43)$$

位相速度はこの媒質内の光速より常に大きく，群速度はこれより常に小さくなります．両者は共に，遮断周波数よりはるかに高い周波数で v に近づきます．また，この導波系に沿う波長 λ_g は位相が 2π だけ変化する距離として，次式で定義します．

$$\lambda_g = \frac{2\pi}{\beta} = \frac{\lambda}{\sqrt{1-(\omega_c/\omega)^2}} \quad \cdots\cdots\cdots\cdots\cdots\cdots\cdots(44)$$

ここで λ は，この誘電体内の平面波の波長です．

$$\lambda = \frac{2\pi v}{\omega} \quad \cdots\cdots\cdots\cdots\cdots\cdots\cdots(45)$$

1つの伝搬波の横方向電場と横方向磁場の比を特性波動インピーダンスとして定義することができ，平面波の波動インピーダンスがある種の反射問題で有効であることを第6章で述べましたように，これもまた便利な量です．TM波の場合，このインピーダンスは式(33)と式(34)において $\eta = (\mu\varepsilon)^{1/2}$ として次式で与えられます．

$$Z_{\mathrm{TM}} = \frac{E_x}{H_y} = \frac{\beta}{\omega\varepsilon} = \eta\sqrt{1-\left(\frac{\omega_c}{\omega}\right)^2} \quad \cdots\cdots\cdots\cdots\cdots\cdots\cdots(46)$$

この比は，遮断周波数より低い周波数で虚数になります．したがって，ポインティング計算をすれば，平均電力流はこの帯域で0であることがわかります．そしてこの比は，遮断周波数より高い周波数で実数になります．したがって，この領域でポインティング計算をすれば，ある平均電力がこの波によって運ばれることがわかります．

E_x と E_z の式から得られる TM_1 モードの電場線を図8.2に示します．この波の場合，上板と底板に誘起する電荷はある与えられた z 面で同じ符号であり，TEM波で見られる符号関係と反対になります．これらの電荷から出る電場線は，この導波系の

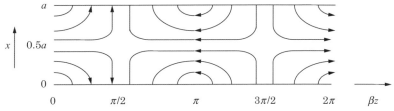
図8.2 平面導体間を伝わるTM₁波の電場線

中を向きを変えながら軸方向に進み，この導波系の下方に系内波長の半分だけ進んだところで反対符号の電荷で終端します．この全体のパターンは，一方向に進む進行波の位相速度で導波系に沿って進みます．

(3) TE波

TE波にはH_zはありますがE_zはありません．この場合，式(23)を用いると次式が得られます．

$$\nabla_t^2 H_z = \frac{d^2 H_z}{dx^2} = -k_c^2 H_z \qquad (47)$$

$$k_c^2 = \gamma^2 + k^2 = k^2 - \beta^2 \qquad (48)$$

この解を再び三角関数を用いて書きますが，この場合にはH_zのxに関する導関数に比例するE_yが導電性平板$x=0$で0にならなければならないので，cos項だけが残ります．すなわち，

$$H_z = B \cos k_c x \qquad (49)$$

となります．E_zは0であることに留意して，式(18)〜(21)から次式が得られます．

$$H_x = -\frac{j\beta}{k_c^2}\frac{dH_z}{dx} = \frac{j\beta}{k_c} B \sin k_c x \qquad (50)$$

$$E_y = \frac{j\omega\mu}{k_c^2}\frac{dH_z}{dx} = -\frac{j\omega\mu}{k_c} B \sin k_c x \qquad (51)$$

$$E_x = 0 \qquad H_y = 0 \qquad (52)$$

また，導電性平板$x=a$のところで$E_y=0$でなければなりませんから，k_cは式(51)からπ/aの整数倍になります．

$$k_c = 2\pi f_c \sqrt{\mu\varepsilon} = \frac{m\pi}{a} \qquad m=1,\ 2,\ 3,\ \cdots \qquad (53)$$

TM波の場合と同様に，これは式(48)から遮断周波数におけるkと同一になります．

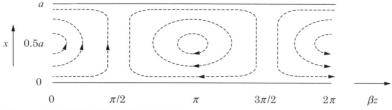

図8.3　平面導体間を伝わるTE$_1$波の磁場線

この場合，伝搬定数は式(48)から次のようになります．

$$\gamma = \alpha = \left(\frac{m\pi}{a}\right)\sqrt{1-\left(\frac{\omega}{\omega_c}\right)^2}, \qquad \omega < \omega_c \quad\cdots\cdots(54)$$

$$\gamma = j\beta = jk\sqrt{1-\left(\frac{\omega_c}{\omega}\right)^2}, \qquad \omega > \omega_c \quad\cdots\cdots(55)$$

したがって，遮断領域における減衰定数の形と伝搬領域における位相定数の形はTM波の場合(図8.1)と同じであり，TEモードの遮断条件は式(38)と式(53)から同じ次数のTMモードの遮断条件と同じになります．伝搬帯域における位相速度，群速度，および系内波長の式は式(55)にしたがい，式(42)～(44)と同じになります．TE波の波動インピーダンスは，

$$Z_{TE} = -\frac{E_y}{H_x} = \frac{j\omega\mu}{\gamma} = \frac{\eta}{\sqrt{1-(\omega_c/\omega)^2}} \quad\cdots\cdots(56)$$

となります．この波動インピーダンスは遮断周波数より低い周波数で虚数になりますが，遮断周波数より高い周波数では実数でηより常に大きく，ηより常に小さいTM波の波動インピーダンスとは大きく異なります．

1次のTEモードの磁場の形を図8.3に示します．ここで，磁場は閉路を形成し，y方向の変位電流を囲んでいます．導電性平板に誘起する電荷はなく，平板に水平な有限のH_zに対応する電流のy成分があるだけです．

8.2.2　平面状の伝送路

高速ディジタル回路の他にマイクロ波回路やミリ波回路において，誘電体基板に

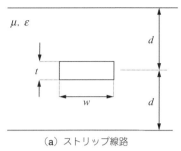
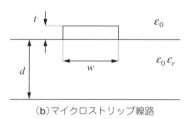

(a) ストリップ線路　　　　　　　　　(b) マイクロストリップ線路

図8.4　ストリップ線路とマイクロストリップ線路

平行に置いた金属ストリップで構成される平面状の導波構造を使用しています．本節では，ストリップ線路，マイクロストリップ線路，共面導波系と言う3つの型の導波構造について述べます．これらの最低次モードに重点を置きますが，これらはストリップ線路におけるTEM波であり，マイクロストリップ線路および共面導波系における準TEM波になります．

(1) ストリップ線路

図8.4(a)に示すように，ストリップ線路は2枚の広い導電性平板と，この間にこれに平行に置いた導電性ストリップで構成されます．このストリップと平板の間は，一様な誘電体で満たされています．一様な誘電体と1つ以上の導体があるこのような構造の中には，TEM波が存在できます．

もし，このストリップの幅 w が間隔 d より十分に大きく，2枚の平板が同じポテンシャルであれば，この構造は2つの平行平板線路を並列に接続したものと近似することができます．さらに正確な結果は，単位長あたりの容量から求めることができます．TEM波の場合には，波の位相速度は $v_p = (\mu\varepsilon)^{-1/2}$ であり，これは伝送線路の形で $v_p = (LC)^{-1/2}$ としても表されます．この場合，特性インピーダンスは，

$$Z_0 = \sqrt{\frac{L}{C}} = \frac{\sqrt{LC}}{C} = \frac{\sqrt{\mu\varepsilon}}{C} \tag{57}$$

となります．したがって，ε と μ が一様な系では，特性インピーダンスを容量から求めることができます．この容量は，第1章や第7章で述べた方法で求めることができます．ストリップ線路の特性インピーダンスの式は，ストリップの厚さを0と仮定して，等角変換法により次のように求めてきました．

$$Z_0 \approx \frac{\eta}{4} \frac{K(k)}{K\left(\sqrt{1-k^2}\right)} \quad \cdots\cdots\cdots\cdots\cdots\cdots\cdots\cdots\cdots\cdots\cdots\cdots\cdots\cdots\cdots\cdots\cdots\cdots\cdots (58)$$

ここで，$\eta = \sqrt{\mu/\varepsilon}$ であり，k は次式で与えられます．

$$k = \left[\cosh\left(\frac{\pi w}{4d}\right)\right]^{-1} \quad \cdots\cdots\cdots\cdots\cdots\cdots\cdots\cdots\cdots\cdots\cdots\cdots\cdots\cdots\cdots\cdots\cdots (59)$$

また，$K(k)$ は，第1種の完全楕円積分（第4章の問題4.4参照）です．$w/2d > 0.56$ の範囲で正確な Z_0 の近似式は，

$$Z_0 \approx \frac{\eta\pi}{8\ln[2\exp(\pi w/4d)]} \quad \cdots\cdots\cdots\cdots\cdots\cdots\cdots\cdots\cdots\cdots\cdots\cdots\cdots\cdots (60)$$

となります．伝搬速度はストリップの厚さに依存せず，TEM波と同じ $(\mu\varepsilon)^{-1/2}$ になります．損失を無視すれば，伝搬速度も特性インピーダンスも周波数に無関係であり，アースした平板の間のモードの遮断周波数である式(38)になるまで，これらの関係式を使用することができます．

導体の表面抵抗 R_s があるときに生じる減衰の近似式は，

$$\alpha_c = \frac{R_s}{2\eta d}\left[\frac{\pi w/2d + \ln(8d/\pi t)}{\ln 2 + \pi w/4d}\right] \quad [\mathrm{Np/m}] \quad \cdots\cdots\cdots\cdots\cdots\cdots (61)$$

であり，この式は $w > 4d$ および $t < d/5$ であれば有効です．

(2) マイクロストリップ線路

もっとも広く用いられているストリップ線路は，背面に導電性材料がある絶縁層の上面にストリップを置いたものです．別の誘電体（通常は空気）が，この絶縁体とストリップの上方にあります〔図8.4(b)〕．このような構成では真のTEM波は存在できません．ストリップの幅が有限であり，2つの異なる誘電体が存在するため，この問題の正確な解は複雑になります．

そこで，マイクロストリップ線路を近似的に解析する良い方法は，最低次の波が近似的にTEM波であり，したがって横断面内の電磁場分布が静的電磁場分布にほぼ同じとすることです．このいわゆる準静的な方法では，最低次モードが純TEM波でないにしても，これが伝搬するときの伝送線路パラメータを静的電磁場で行った計算を使用して求めます．この近似方法は，実際に適用する場合に非常に便利ですが，いくつかの制約事項があります．これについて以下に説明します．

簡単で正確な式を得る通常の方法は，ストリップ電極の厚さを0とし，誘電体はどこでも自由空間とした場合の特性インピーダンスZ_{00}をはじめに求めることです．この問題は等角写像法によって解くことができますが，この結果得られる式は非常に複雑であり，より便利な式はこの正確な式の近似式です．特に便利な近似式は，

$$Z_{00} = 377\left[\frac{w}{d} + 1.98\left(\frac{w}{d}\right)^{0.172}\right]^{-1} \quad \cdots\cdots(62)$$

であり，これは$(w/d) > 0.06$の場合に誤差0.3%以下の精度で正確です．

次に，実際の線路の特性インピーダンスを求めるため，これをいわゆる実効誘電率$\varepsilon_{\mathrm{eff}}$で修正します．この実効誘電率は，この誘電率の誘電体で全空間を満たした場合に，実際の構造の容量と同じ容量になる誘電率です．インダクタンスは誘電体があっても変わらないので，容量を修正すると特性インピーダンスも修正されます．

実効比誘電率の静的近似式も等角写像法によって求めることができ，その1つは

$$\varepsilon_{\mathrm{eff}} = 1 + \frac{(\varepsilon_r - 1)}{2}\left[1 + \frac{1}{\sqrt{1 + 10d/w}}\right] \quad \cdots\cdots(63)$$

であり，これは1とε_rの間の値になります．式(62)と式(63)を，

$$Z_0 = Z_{00}/\sqrt{\varepsilon_{\mathrm{eff}}} \quad \cdots\cdots(64)$$

に代入すると，実際の特性インピーダンスの静的近似式が得られます．誘電体の誘電率が変化する場合の近似特性インピーダンスを，**図8.5**に示します．

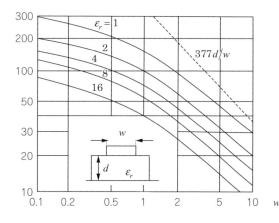

図8.5
マイクロストリップ線路の近似特性インピーダンス
点線は，誘電体が空気の場合を平行平板近似したもの

TEM波の位相速度は$v_p=(\mu\varepsilon)^{-1/2}$ですから，準静的な場合には$c/v_p=\sqrt{\varepsilon_{\mathrm{eff}}}$になります．周波数が高くなるにつれて，縦方向の電磁場成分が次第に大きくなります．このことは，周波数依存性がある実効誘電率$\varepsilon_{\mathrm{eff}}(f)$によって表され，これは位相速度あるいは位相定数の変化を表します．$\varepsilon_{\mathrm{eff}}(f)$の近似式は，数値計算または経験的に求めてきました．この結果は次のようになります．

$$\sqrt{\varepsilon_{\mathrm{eff}}(f)}=\frac{\beta}{k_0}=\frac{\sqrt{\varepsilon_r}-\sqrt{\varepsilon_{\mathrm{eff}}(0)}}{1+4F^{-1.5}}+\sqrt{\varepsilon_{\mathrm{eff}}(0)} \qquad (65)$$

ここで，$\varepsilon_{\mathrm{eff}}(0)$は式(63)で与えられ，また，

$$F=\frac{4fd\sqrt{\varepsilon_r-1}}{c}\left\{0.5+\left[1+2\ln\left(1+\frac{w}{d}\right)\right]^2\right\} \qquad (66)$$

になります．式(65)と式(66)において，周波数依存性をもつ誘電率が必要な最大周波数は，経験的に次式で与えられます．

$$f_{\max}=\frac{21\times10^6}{(w+2d)\sqrt{\varepsilon_r+1}} \qquad (67)$$

(3) 共面導波系

　すべての導体が誘電体基板の1つの面上にあるストリップ線路導波系の中で，もっとも広く用いられているものは**図8.6**に示す共面導波系です．中心ストリップとアースした外側ストリップの間に，信号電圧を印加します．

　マイクロストリップ線路の場合と同様に，共面導波系の中を伝搬する基本モードは準TEMモードです．この系の誘電体は横断面内で均質的でないので，波は純TEMモードになることができません．この線路の上部の空間内の電場分布は，（ストリップの厚さが無視できるとし，基板の厚さが無限大とすれば）基板内の電場分布と同じになります．ここで，ストリップの上部は空気と仮定し，したがって$\varepsilon_r=$

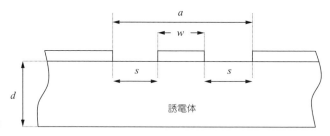

図8.6　共面導波系

1とします．もし，導体の材料が同じであって，$\varepsilon_r=1$の線路の単位長あたりの容量がC_0ならば，実際の線路における基板表面の上部と下部からの容量への寄与分は，$C_0/2$と$C_0\varepsilon_r/2$となります．この場合，準静的に見ると，実効誘電率を次のように定義することができます．

$$\varepsilon_{\text{eff}} = \frac{C}{C_0} = \frac{\varepsilon_r + 1}{2} \quad \cdots\cdots\cdots\cdots\cdots\cdots\cdots\cdots\cdots\cdots\cdots (68)$$

また，このモードの位相速度は$v_p = (\mu\varepsilon_0\varepsilon_{\text{eff}})^{-1/2}$となります．

導体の厚さが0であり，アース導体が無限に広く，基板の厚さが無限大の場合の特性インピーダンスは，第1種完全楕円積分$K(k)$と$K(k')$を用いて次のように表すことができます．

$$Z_0 = \frac{Z_{00}}{\sqrt{\varepsilon_{\text{eff}}}} = \eta_0 \frac{K(k')}{4\sqrt{\varepsilon_{\text{eff}}}K(k)} \quad \cdots\cdots\cdots\cdots\cdots\cdots\cdots\cdots (69)$$

ここで，$k = w/a$（図8.6参照）および$k' = (1-k^2)^{1/2}$です．実際上，さらに便利な式(69)の近似式（誤差＜0.24％）は，

$$0 < w/a < 0.173 \text{ のとき } \quad Z_0 = \frac{\eta_0}{\pi\sqrt{\varepsilon_{\text{eff}}}} \ln\left(2\sqrt{\frac{a}{w}}\right) \quad \cdots\cdots\cdots\cdots (70)$$

および

$$0.173 < w/a < 1 \text{ のとき } \quad Z_0 = \frac{\pi\eta_0}{4\sqrt{\varepsilon_{\text{eff}}}} \left[\ln\left(2\frac{1+\sqrt{w/a}}{1-\sqrt{w/a}}\right)\right]^{-1} \quad \cdots\cdots (71)$$

となります．これらの実効誘電率と特性インピーダンスの式は，基板厚さdが有限であっても全ギャップ幅aより大きければ，誤差は数％以内で正確です．

共面導波系に関心が持たれる理由の1つは，これがマイクロ波やこれより低い周波数の波に対してマイクロストリップ線路より分散が少ないためです．式(65)とほぼ同一の次の形が，パラメータの広い範囲にわたって共面導波系の分散の数値計算値によく一致することが示されてきました．

$$\sqrt{\varepsilon_{\text{eff}}(f)} = \frac{\beta}{k_0} = \frac{\sqrt{\varepsilon_r} - \sqrt{\varepsilon_{\text{eff}}(0)}}{1 + bF_2^{-1.8}} + \sqrt{\varepsilon_{\text{eff}}(0)} \quad \cdots\cdots\cdots\cdots\cdots (72)$$

ここで，$F_2 = 2fd\sqrt{\varepsilon_r - 1}/c$であり，$\varepsilon_{\text{eff}}(0)$は式(68)の値です．また，

$$b = \exp[u\ln(w/s) + r] \quad \cdots\cdots\cdots\cdots\cdots\cdots\cdots\cdots\cdots\cdots\cdots\cdots (73)$$

であり，ここでパラメータuとrは，次式により基板厚さに依存します．

$$u = 0.54 - 0.64q + 0.015q^2 \quad \cdots\cdots\cdots\cdots\cdots\cdots\cdots\cdots\cdots\cdots (74)$$

図8.7 ストリップ型線路
(a) スロット線路導波系
(b) 共面ストリップ導波系

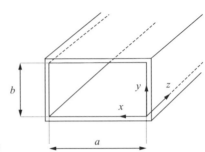

図8.8 矩形導波管の座標系

$$r = 0.43 - 0.86q + 0.54q^2 \quad \cdots\cdots(75)$$

ここで，$q = \ln(w/d)$ です．

ストリップ型線路には，いくつかの別の型があります．2つのおもな型は，スロット線路導波系と共面ストリップ導波系であり，これらをそれぞれ図8.7に示します．これらは両方とも，2導体伝送線路を変形したものです．マイクロストリップ線路や共面導波系の場合と同様に，導体の上部と下部で誘電体が異なるために，この最低次モードはTEMモードではなく，準TEMモードになります．

8.2.3 矩形導波管

導波管の中で，実用上もっとも重要なものは断面が矩形の導波管です．図8.8に示すように，幅a，高さbの誘電体がz軸方向に無限に伸び，その4面が導電性境界で囲まれています．理想的な導波管では，導体と誘電体が共に無損失です．この導波管の中にTEM波は存在できません．なぜなら，8.2.1節で述べたように，TEM波は静的電磁場のような横方向の変化をし，1つの導体で囲まれた領域の中に静的電磁場は存在できないからです．TM波とTE波は矩形導波管の中に存在でき，これらについて以下に解析します．

(1) 矩形導波管内の波型

▶ TM波

TM波では，H_zは0ですがE_zは0ではありません．E_zを決める微分方程式は式(22)であり，ここではこれを直角座標で次のように表します．

$$\nabla_t^2 E_z = \frac{\partial^2 E_z}{\partial x^2} + \frac{\partial^2 E_z}{\partial y^2} = -k_c^2 E_z \quad \cdots\cdots (76)$$

第7章7.3.10節で，この方程式を変数分離法によって解いており，この解は次の形であることを説明しました．

$$E_z = (A'\sin k_x x + B'\cos k_x x)(C'\sin k_y y + D'\cos k_y y) \quad \cdots\cdots (77)$$

ここで，

$$k_x^2 + k_y^2 = k_c^2 \quad \cdots\cdots (78)$$

です．$x=0$の導電性境界で$E_z=0$であるためには，$B'=0$である必要があります．同様に，$y=0$の境界から，$D'=0$である必要があります．$A'C'$を新しい定数Aにすると，次式が得られます．

$$E_z = A\sin k_x x \sin k_y y \quad \cdots\cdots (79)$$

軸方向電場E_zは$x=a$および$y=b$においても0でなければなりません．このためには，$k_x a$がπの整数倍，すなわち，

$$k_x a = m\pi \quad m = 1, 2, 3, \cdots \quad \cdots\cdots (80)$$

である必要があります．同様に，$y=b$でE_zが0であるためには，$k_y b$もπの整数倍でなければなりません．すなわち，

$$k_y b = n\pi \quad n = 1, 2, 3, \cdots \quad \cdots\cdots (81)$$

したがって，x方向にm回の変化があり，y方向にn回の変化があるTM波（これをTM$_{mn}$と表します）の遮断条件は，式(78)から次のように求められます．

$$\omega_{cm,n} = \frac{k_{cm,n}}{\sqrt{\mu\varepsilon}} = \frac{1}{\sqrt{\mu\varepsilon}}\left[\left(\frac{m\pi}{a}\right)^2 + \left(\frac{n\pi}{b}\right)^2\right]^{1/2} \quad \cdots\cdots (82)$$

式(24)のようにk_c^2は$k^2 - \beta^2$ですから，任意のモードの遮断周波数以下における減衰定数および遮断周波数以上における位相定数は，平行平板導波系の場合と同じ次式で与えられます．

$$\alpha = k_{cm,n}\sqrt{1 - \left(\frac{\omega}{\omega_{cm,n}}\right)^2}, \quad \omega < \omega_{cm,n} \quad \cdots\cdots (83)$$

$$\beta = k\sqrt{1-\left(\frac{\omega_{cm,n}}{\omega}\right)^2}, \qquad \omega > \omega_{cm,n} \quad \cdots\cdots\cdots\cdots\cdots\cdots\cdots\cdots\cdots (84)$$

したがって，位相速度と群速度も前と同じ形〔式(42)と式(43)〕になります．

TM$_{mn}$波の他の電磁場成分は，式(18)～(21)において$H_z=0$およびE_zを式(79)にして次のように求められます．

$$E_x = -\frac{j\beta k_x}{k_{cm,n}^2} A\cos k_x x \sin k_y y \quad \cdots\cdots\cdots\cdots\cdots\cdots\cdots\cdots\cdots (85)$$

$$E_y = -\frac{j\beta k_y}{k_{cm,n}^2} A\sin k_x x \cos k_y y \quad \cdots\cdots\cdots\cdots\cdots\cdots\cdots\cdots\cdots (86)$$

$$H_x = \frac{j\omega\varepsilon k_y}{k_{cm,n}^2} A\sin k_x x \cos k_y y \quad \cdots\cdots\cdots\cdots\cdots\cdots\cdots\cdots\cdots (87)$$

$$H_y = -\frac{j\omega\varepsilon k_x}{k_{cm,n}^2} A\cos k_x x \sin k_y y \quad \cdots\cdots\cdots\cdots\cdots\cdots\cdots\cdots\cdots (88)$$

ここで，k_x，k_y，$k_{cm,n}$，βは，それぞれ式(80)，式(81)，式(82)，式(84)で定義されており，すべての電磁場成分に伝搬項$e^{-j\beta z}$を乗じます．TM$_{11}$モードとTM$_{21}$モードの電場と磁場を表8.1に示します．

電場(実線)は，あるz面内の導波管壁上の電荷からはじまり，導波管の下方に向けて軸方向に向きを変えながら進み，導波管の下方に管内波長の半分だけ進んだところで反対符号の電荷で終端します．磁場(点線)は，この分布が導波管の下方に向けて速度v_pで進みながら，変動電場によって生じる変位電流を囲みます．TM$_{21}$モードの電磁場分布は，2つのTM$_{11}$モードを反対方向に並べた形になります．

▶ TE波

TE波では，E_zは0ですがH_zは0ではありません．したがって，解析の出発点は直角座標で表した式(23)になります．

$$\nabla_t^2 H_z = \frac{\partial^2 H_z}{\partial x^2} + \frac{\partial^2 H_z}{\partial y^2} = -k_c^2 H_z \quad \cdots\cdots\cdots\cdots\cdots\cdots\cdots\cdots\cdots (89)$$

この方程式の解は，第7章7.3.10節の変数分離法により，

$$H_z = (A''\sin k_x x + B''\cos k_x x)(C''\sin k_y y + D''\cos k_y y) \quad \cdots\cdots\cdots\cdots (90)$$

であり，ここで，

$$k_c^2 = k_x^2 + k_y^2 \quad \cdots\cdots\cdots\cdots\cdots\cdots\cdots\cdots\cdots (91)$$

です．この場合に境界条件を適用するため，各電場成分を式(18)と式(19)から次のように求めます．

表8.1 矩形導波管の波型（電場は実線，磁場は点線で示す）

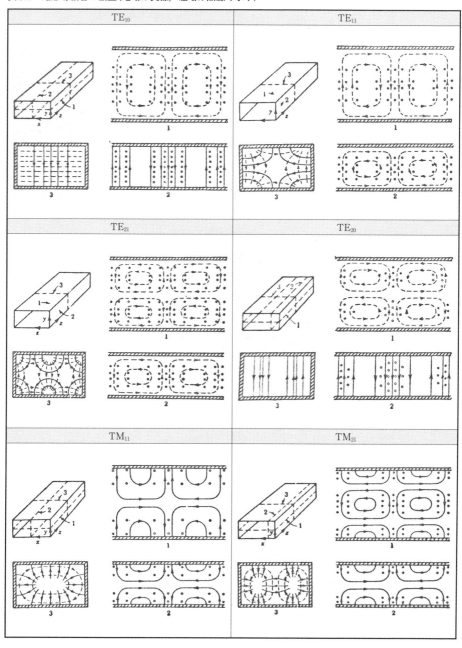

8.2 いろいろな断面の導波管

$$E_x = -\frac{j\omega\mu}{k_c^2}\frac{\partial H_z}{\partial y}$$

$$= -\frac{j\omega\mu k_y}{k_c^2}(A''\sin k_x x + B''\cos k_x x)(C''\cos k_y y - D''\sin k_y y) \quad \cdots\cdots\cdots(92)$$

$$E_y = \frac{j\omega\mu}{k_c^2}\frac{\partial H_z}{\partial x}$$

$$= \frac{j\omega\mu k_x}{k_c^2}(A''\cos k_x x - B''\sin k_x x)(C''\sin k_y y + D''\cos k_y y) \quad \cdots\cdots\cdots(93)$$

E_x が $y=0$ ですべての x に対して 0 であるためには $C''=0$ でなければならず，$x=0$ ですべての y に対して $E_y=0$ であるためには $A''=0$ でなければなりません．したがって，$B''D''=B$ とすると，次式が得られます．

$$H_z = B\cos k_x x \cos k_y y \quad \cdots\cdots\cdots(94)$$

E_x は $y=b$ でも 0 ですから，$k_y b$ は π の整数倍でなければなりません．E_y は $x=a$ で 0 ですから，$k_x a$ も π の整数倍です．すなわち，

$$k_x a = m\pi \quad k_y b = n\pi \quad \cdots\cdots\cdots(95)$$

となります．TM波の場合と違って，波動が 0 にならずに m と n のうちの 1 つが 0 になることができます．最初に電場を計算して境界条件を適用しましたが，導電性境界で水平方向電場が 0 であるためには，H_z の導電性境界に垂直な導関数が 0 でなければならないという **E** と **H** の関係から境界条件を適用することができます．したがって，E_x と E_y の明確な形を求めなくても，境界条件を式(90)の形に直接適用することもできます．

式(92)と式(93)を簡単化した場合の横方向電場は，

$$E_x = \frac{j\omega\mu k_y}{k_{cm,n}^2}B\cos k_x x \sin k_y y \quad \cdots\cdots\cdots(96)$$

$$E_y = -\frac{j\omega\mu k_x}{k_{cm,n}^2}B\sin k_x x \cos k_y y \quad \cdots\cdots\cdots(97)$$

になります．これに対応する横方向磁場は，式(20)と式(21)から，

$$H_x = \frac{j\beta k_x}{k_{cm,n}^2}B\sin k_x x \cos k_y y \quad \cdots\cdots\cdots(98)$$

$$H_y = \frac{j\beta k_y}{k_{cm,n}^2}B\cos k_x x \sin k_y y \quad \cdots\cdots\cdots(99)$$

となります．式(95)を式(80)および式(81)と比較すると，k_x と k_y は TM 波と TE 波で同じ形ですから，式(91)から求められる TE_{mn} モードの遮断周波数と伝搬特性は

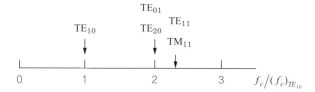

図8.9
矩形導波管($b/a = 1/2$)内の各波動の相対的遮断周波数

同じ次数のTM$_{mn}$モードの遮断周波数と伝搬特性に同じになります．つまり，式(82)，式(83)，式(84)は，この場合にも適用できます．電磁場分布は異なっても遮断周波数が同じモードを，縮退モードと言います．

いくつかの異なるTEモードを**表8.1**に示します．電場は横方向面内に閉じこめられているので，図示したTEモードのそれぞれに対して，電場は境界の一部にある電荷からはじまり，同じx–y面内の他の部分にある反対符号の電荷で終端します．磁場は，時間とともに変化する横方向電場によって決まる変位電流を囲みます．垂直方向に変化がないTEモードの場合，電場は導波管の上面と下面の間を直線状に走り，磁場は上面と下面に平行な面内にあります．このTE$_{10}$モードは非常に重要なものなので，これについては次項で個別に述べます．

たいていの実用的な導波管で使用されている辺長比$b/a = 1/2$の導波管のTE$_{10}$モードの遮断周波数を基準として，いくつかの低次モードの遮断周波数を**図8.9**に示します．通常，このような導波管は，TE$_{10}$モードの遮断周波数が動作周波数よりいくらか（例えば30%）低くなるように設計します．この方法によって1つのモードだけが伝搬でき，多くのモードが伝搬することによって生じる信号歪みを回避できます．また，1つの伝搬モードに対して，その遮断周波数に過度に近づけないようにして，信号内の各周波数成分が異なる群速度をもつことにより生じる分散を少なくします．高次モードがこの導波管の入口で励振されたとしても，これらは遮断周波数以下ですから，波源から少し進んだところで消滅します．

(2) 矩形導波管内のTE$_{10}$波

導波管の中に存在することができる波の中で，もっとも簡単な波は矩形導波管のTE$_{10}$波であり，これは前項で調べたTEモードの中の1つです．このモードは技術的に非常に重要なものであり，この理由は次のことにあります．

(1) 遮断周波数は，断面寸法の1つと関係します．したがって，ある与えられた周波数に対して，この寸法を十分小さくしてTE$_{10}$波だけが伝搬できるようにし，終端効果や不連続部によって引き起こされる高次波が励振されても問題ないよ

うにすることができます.
(2) 電場の方向が決まっており，電場は導波管の上面から下面に向かいます．この電場方向が決まっていることが，ある種の応用で必要になります．
(3) ある与えられた周波数に対して，このモードの壁損失による減衰は，寸法が同程度の導波管内の他の波形の減衰に比べてさほど大きくありません．

さて，矩形導波管内のTE波に対する結果である式(94)〜(99)から，$m=1$, $n=0$として，このモードの式を次のように書き直します．この場合，$k_y=0$および$k_c=k_x=\pi/a$です．

$$H_z = B\cos k_x x \quad \cdots\cdots\cdots (100)$$

$$E_y = -\frac{j\omega\mu B}{k_x}\sin k_x x \quad \cdots\cdots\cdots (101)$$

$$H_x = \frac{j\beta B}{k_x}\sin k_x x \quad \cdots\cdots\cdots (102)$$

他の成分はすべて0です．この式は，次のように書くこともできます．

$$E_y = -Z_{TE}H_x = E_0\sin\left(\frac{\pi x}{a}\right) \quad \cdots\cdots\cdots (103)$$

$$H_z = \frac{jE_0}{\eta}\left(\frac{\lambda}{2a}\right)\cos\left(\frac{\pi x}{a}\right) \quad \cdots\cdots\cdots (104)$$

ここで，

$$E_0 = -\frac{j\omega\mu B}{k_x} = -\frac{j2\eta aB}{\lambda} \quad \cdots\cdots\cdots (105)$$

$$Z_{TE} = \eta\left[1-\left(\frac{\omega_c}{\omega}\right)^2\right]^{-1/2} = \eta\left[1-\left(\frac{\lambda}{2a}\right)^2\right]^{-1/2} \quad \cdots\cdots\cdots (106)$$

$$\eta = \sqrt{\frac{\mu}{\varepsilon}} \quad \lambda = \frac{v}{f} = \frac{2\pi}{\omega\sqrt{\mu\varepsilon}} \quad \cdots\cdots\cdots (107)$$

です．遮断周波数，遮断波長，遮断波数は，

$$f_c = \frac{1}{2a\sqrt{\mu\varepsilon}} \quad \lambda_c = 2a \quad k_c = \frac{\pi}{a} \quad \cdots\cdots\cdots (108)$$

です．位相速度，群速度，管内波長（導波管に沿う波長）は，

$$v_p = \frac{1}{\sqrt{\mu\varepsilon}\sqrt{1-(\lambda/2a)^2}} \quad v_g = \frac{1}{\sqrt{\mu\varepsilon}}\sqrt{1-\left(\frac{\lambda}{2a}\right)^2} \quad \cdots\cdots\cdots (109)$$

$$\lambda_g = \frac{v_p}{f} = \frac{2\pi}{\beta} = \frac{\lambda}{\sqrt{1-(\lambda/2a)^2}} \quad \cdots\cdots\cdots\cdots\cdots\cdots\cdots\cdots\cdots\cdots (110)$$

となります．導体に損失がある場合の減衰を求めるため，はじめにこの波によって伝送される電力をポインティングの定理から次式により計算します．

$$W_T = \frac{1}{2}\mathrm{Re}\int_0^a\int_0^b (-E_y H_x^*)dxdy \quad \cdots\cdots\cdots\cdots\cdots\cdots\cdots\cdots\cdots (111)$$

式(103)の形を用いると，これは次のようになります．

$$W_T = \frac{E_0^2 b}{2Z_{TE}}\int_0^a \sin^2\frac{\pi x}{a}dx = \frac{E_0^2 ba}{4Z_{TE}} \quad \cdots\cdots\cdots\cdots\cdots\cdots\cdots (112)$$

次に，表面抵抗 R_s の壁の中を無損失モードの電流が流れるとして，壁の中の損失電力の近似値を求めます．導体内の電流は，側壁 $x=0$ と $x=a$ における水平方向磁場 H_z と関係しており，ここには単位長あたり $|J_{sy}|=|H_z|$ の電流が流れます．H_x 成分と H_z 成分の両方が上面と下面に水平であり，表面電流密度 $|J_{sz}|=|H_x|$ および $|J_{sx}|=|H_z|$ が流れます．したがって，単位長あたりの損失電力は次のようになります．

$$(w_L)_{\mathrm{SIDES}} = 2\left(\frac{bR_s}{2}|H_z|^2_{x=0}\right) = \frac{bR_s E_0^2 \lambda^2}{4\eta^2 a^2} \quad \cdots\cdots\cdots\cdots\cdots\cdots (113)$$

$$(w_L)_{\mathrm{TOPandBOTTOM}} = 2\frac{R_s}{2}\int_0^a \left(|H_x|^2 + |H_z|^2\right)dx$$

$$= R_s \int_0^a \left[\frac{E_0^2}{Z_{TE}^2}\sin^2\frac{\pi x}{a} + \frac{E_0^2 \lambda^2}{4\eta^2 a^2}\cos^2\frac{\pi x}{a}\right]dx$$

$$= \frac{a}{2}R_s\left(\frac{E_0^2}{Z_{TE}^2} + \frac{E_0^2 \lambda^2}{4\eta^2 a^2}\right) \quad \cdots\cdots\cdots\cdots\cdots\cdots (114)$$

2つの損失分式(113)と式(114)を加え，式(106)の Z_{TE} を代入すると，全損失電力は次のようになります．

$$w_L = \frac{R_s E_0^2}{\eta^2}\left[\frac{b\lambda^2}{4a^2} + \frac{a}{2}\left(1 - \frac{\lambda^2}{4a^2} + \frac{\lambda^2}{4a^2}\right)\right] = \frac{R_s E_0^2}{2\eta^2}\left(a + \frac{b\lambda^2}{2a^2}\right) \quad \cdots\cdots\cdots (115)$$

したがって，導体損失による減衰を表す第5章の式(83)は，

$$\alpha_c = \frac{w_L}{2W_T} = \frac{R_s Z_{TE}}{\eta^2 ba}\left(a + \frac{b\lambda^2}{2a^2}\right) \quad \cdots\cdots\cdots\cdots\cdots\cdots\cdots\cdots (116)$$

あるいは，

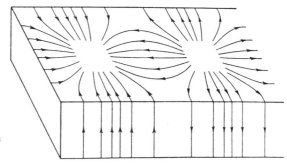

図8.10
TE₁₀モードの矩形導波管の壁を流れる電流

$$\alpha_c = \frac{R_s}{b\eta\sqrt{1-(\lambda/2a)^2}}\left[1+\frac{2b}{a}\left(\frac{\lambda}{2a}\right)^2\right] \quad \cdots\cdots (117)$$

となります.

　式(100)〜(102)あるいは式(103)と式(104)の電磁場分布を調べると，この波の電磁場パターンは**表8.1**に示すようになります．この波のどの電磁場成分も垂直方向，すなわちy方向に変化しません．ただ1つの電場成分は，この導波管の上面と下面の間を走る垂直方向の電場E_yです．これは側壁の間の中央で最大であり，側壁のところで0であって，この間を半正弦波状に変化します.

　導体で終端する電場により誘起される電荷は，(1)側壁上で電荷0であり，(2)上板と下板の電荷分布は下板で$\rho_s = \varepsilon E_y$，上板で$\rho_s = -\varepsilon E_y$です．磁場は閉路を形成して$E_y$から生じる垂直方向の変位電流を囲み，したがって$H_x$成分と$H_z$成分が存在します．$H_x$成分は2つの側壁で0であり，$E_y$の分布にしたがってこれらの中心部で最大になります．H_z成分は両側壁で最大であり，中心部で0になります．H_x成分は，導波管の下流に向けて導波管の上面を一方向に流れ，導波管の下面をこれと反対方向に流れる縦方向の電流に対応します．H_zは，上板と下板の横方向電流および両側壁上の垂直方向電流に対応します．この電流分布を**図8.10**に示します．

8.2.4　円形導波管

　断面が円形の導波管は，円偏波をある種のアンテナに伝送する系など，多くの例で用いられています．また，後で示すように，TE$_{0n}$モードは高い周波数で減衰量が小さいことから関心をもたれています．本節では，誘電体と導電性境界が無損失の場合からこの系の解析を始め，材料に微小な損失がある場合にはこれらの解を近

似的に修正することにします．

　TM 波と TE 波を個別に取り扱う前に，式(18)〜(21)を円筒座標に変換すると次式が得られます．

$$E_r = -\frac{j}{k_c^2}\left[\beta\frac{\partial E_z}{\partial r} + \frac{\omega\mu}{r}\frac{\partial H_z}{\partial \phi}\right] \quad \cdots\cdots\cdots\cdots (118)$$

$$E_\phi = \frac{j}{k_c^2}\left[-\frac{\beta}{r}\frac{\partial E_z}{\partial \phi} + \omega\mu\frac{\partial H_z}{\partial r}\right] \quad \cdots\cdots\cdots\cdots (119)$$

$$H_r = \frac{j}{k_c^2}\left[\frac{\omega\varepsilon}{r}\frac{\partial E_z}{\partial \phi} - \beta\frac{\partial H_z}{\partial r}\right] \quad \cdots\cdots\cdots\cdots (120)$$

$$H_\phi = -\frac{j}{k_c^2}\left[\omega\varepsilon\frac{\partial E_z}{\partial r} + \frac{\beta}{r}\frac{\partial H_z}{\partial \phi}\right] \quad \cdots\cdots\cdots\cdots (121)$$

ここで，
$$k_c^2 = \gamma^2 + k^2 = k^2 - \beta^2 \quad \cdots\cdots\cdots\cdots (122)$$
です．

(1) TM 波

　式(22)において，E_z のラプラシアンの横方向成分は図 8.11 に示す円筒座標で次のように表されます．

$$\nabla_t^2 E_z = \frac{1}{r}\frac{\partial}{\partial r}\left(r\frac{\partial E_z}{\partial r}\right) + \frac{1}{r^2}\frac{\partial^2 E_z}{\partial \phi^2} = -k_c^2 E_z \quad \cdots\cdots\cdots\cdots (123)$$

　第 7 章 7.3 の変数分離法から，この解は次のようになります．

$$E_z(r,\phi) = [A'J_n(k_c r) + B'N_n(k_c r)][C'\cos n\phi + D'\sin n\phi] \quad \cdots\cdots (124)$$

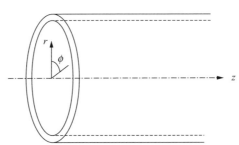

図 8.11
円形導波管とその座標系

ここで，J_nとN_nはそれぞれ第1種および第2種のn次ベッセル関数です．第2種ベッセル関数$N_n(k_c r)$は$r=0$で無限大になるので，軸を含む解の中にこの関数を入れることはできません．また，簡単化のため，E_zの周方向変化が$\cos n\phi$となるようにϕの原点を選びます．したがって，$A'C'=A$と置くと，

$$E_z = A J_n(k_c r)\cos n\phi \qquad (125)$$

となります．$H_z=0$とすると，残る電磁場成分は式(118)〜(121)から，

$$E_r = Z_{\mathrm{TM}} H_\phi = -\frac{j\beta}{k_c} A J_n{'}(k_c r)\cos n\phi \qquad (126)$$

$$E_\phi = -Z_{\mathrm{TM}} H_r = \frac{j\beta n}{k_c^2 r} A J_n(k_c r)\sin n\phi \qquad (127)$$

となります．ここで，ダッシュは変数に対する導関数を意味します．また，

$$Z_{\mathrm{TM}} = \frac{\beta}{\omega\varepsilon} \qquad (128)$$

です．$r=a$における無損失導体の境界条件から，E_zとE_ϕはそこで0になります．$k_c a$がこのベッセル関数のゼロ点の1つ，すなわち，

$$k_c a = \omega_c\sqrt{\mu\varepsilon}a = \frac{2\pi a}{\lambda_c} = p_{n\ell} \qquad (129)$$

であれば，E_zはこの境界で0になることが式(125)からわかります．ここで，$J_n(p_{n\ell})=0$です．これにより，E_ϕもここで0であることが式(127)からわかります．

遮断周波数と遮断波長は，式(129)から計算できます．任意のnに対して，$J_n(k_c r)$には無限個のゼロ点があるので，二重に無限のモードの組があり，これらを$\mathrm{TM}_{n\ell}$モードと表します．この最初の添字は角度方向の変化を表し，2番目の添字は径方向の変化を表しています．TM_{01}モード，TM_{02}モード，それにTM_{11}モードの電磁場分布を**表8.2**に示します．

位相速度，群速度，管内波長，それに遮断周波数以下での減衰は，遮断周波数を用いて平行平板導波系や矩形導波管で求めた形と同じ形で表されます．遮断周波数で表したβを式(128)に代入すると，波動インピーダンスも矩形導波管内のTMモードに対して求めた形と同じになります．

(2) TE波

TE波のH_zに関する微分方程式である式(23)を円筒座標で表すと，

$$\nabla_t^2 H_z = \frac{1}{r}\frac{\partial}{\partial r}\left(r\frac{\partial H_z}{\partial r}\right) + \frac{1}{r^2}\frac{\partial^2 H_z}{\partial \phi^2} = -k_c^2 H_z \qquad (130)$$

表8.2 円形導波管の波型
電場は実線,磁場は点線で示す

となります．この方程式の解は第7章7.3.10節から，

$$H_z(r,\phi) = BJ_n(k_c r)\cos n\phi \quad \cdots\cdots (131)$$

となります．ここで，TM波の場合と同じ理由により第2の解を取り去り，周方向にcos変化となるようにϕの原点を選びます．式(118)～(121)において$E_z=0$にすると，残る電磁場成分は次のようになります．

$$E_r = Z_{TE}H_\phi = \frac{j\omega\mu n}{k_c^2 r}BJ_n(k_c r)\sin n\phi \quad \cdots\cdots (132)$$

$$E_\phi = -Z_{TE}H_r = -\frac{j\omega\mu}{k_c}BJ_n{'}(k_c r)\cos n\phi \quad \cdots\cdots (133)$$

ここで，

$$Z_{TE} = \frac{\omega\mu}{\beta} \quad \cdots\cdots (134)$$

です．

この場合，境界条件により無損失導体$r=a$で$E_\phi=0$，すなわち，

$$k_c a = \omega_c\sqrt{\mu\varepsilon}a = \frac{2\pi a}{\lambda_c} = p'_{n\ell} \quad \cdots\cdots (135)$$

である必要があります．ここで，$J'_n(p'_{n\ell})=0$です．位相速度，群速度，それに管内波長の式は，この場合にも矩形導波管のTEモードの場合と同じになります．

TE$_{01}$モードとTE$_{11}$モードの電磁場分布を**表8.2**に示します．TE$_{11}$モードの電磁場分布は，電場が導波管の上面から下面に走り，矩形導波管の電磁場分布にかなり似ているので，もしTE$_{10}$モードの矩形導波管に適当なテーパをつけてこの円形導波管に接続すれば，このモードがおもに励振されることになります．また，**図8.12**に示すように，このモードの遮断周波数はある与えられた寸法の円形パイプのモードの中でもっとも低くなります．TE$_{01}$モードの場合，電場は導波管の壁で終端せず，時間的に変化する軸方向磁場を囲む閉路を形成します．この後者の波は，周波数が高い場合に低損失伝送系として特に関心が持たれています．このモードは，問題8.5で取り上げます．

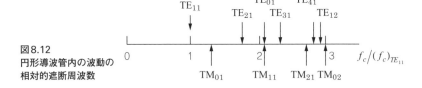

図8.12
円形導波管内の波動の
相対的遮断周波数

8.2.5 導波管内の波の励振と受信

本節では，いろいろな導波管で電磁場を励振する方法について定性的に説明します．波のエネルギーを受信する場合には，これを励振する場合と同様の構造を用います．これらは逆の作用をします．希望する特定の波を励振させるためには，その電磁場分布を調べて，以下の考え方のいずれかを使用します．

(1) 電場の方向を向いたプローブあるいはアンテナで励振させます．通常，このプローブをそのモードの電場最大点付近に置きますが，その正確な寸法は整合が良くなるように決めます．この例を図8.13(a)，(b)に示します．
(2) そのモードの磁場に垂直に置いたループで励振します〔図8.13(c)〕．

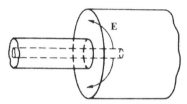

（a）円形導波管の端部に置いたTM$_{01}$波励振用アンテナ

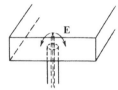

（b）矩形導波管の底部に置いたTE$_{10}$波励振用アンテナ

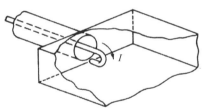

（c）矩形導波管の端部に置いたTE$_{10}$波励振用ループ

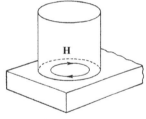

（d）円形導波管（TM$_{01}$波）と矩形導波管（TE$_{10}$波）の接続部の大開口結合

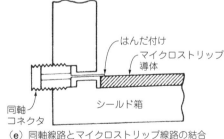

（e）同軸線路とマイクロストリップ線路の結合

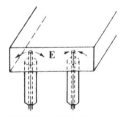

（f）2つの逆位相アンテナによる矩形導波管のTE$_{20}$波の励振

図8.13　導波管に電磁場を励振する方法

(3) 他の導波系から穴や窓によって希望するモードに結合させます．この2つの導波系は，穴のところで共通の電磁場成分をもつようにします．大きな窓を用いて，2種類の導波管を結合する例を図8.13(d)に示します．
(4) 同軸線路からマイクロストリップ線路へ結合する場合〔図8.13(e)〕のように，一つの伝送線路から別の伝送線路に電流を導きます．
(5) 高次波に対しては，必要な数の励振源を適当な位相で結合させます〔図8.13(f)〕．
(6) 矩形導波管のTE_{10}波を円形導波管のTE_{11}波に変換させる場合のように，2つのタイプの導波管の変換部に徐々にテーパをつけます．

　これらの励振方法の大部分は集中波源の性格をもっているので，一般に1つの波だけが励振されるのではなく，特定の励振波源に対して適当な方向の電磁場成分をもつ多くの波が励振されます．つまり，励振源によって複雑化した導波管の中の境界条件を満足するためには，1つの波では十分ではなく，多くの高次波がなければなりません．もし導波管が十分に大きければ，これらの高次波のいくつかは伝搬します．しかし，たいていの場合，励振波の中の1つの波だけが遮断周波数以上であり，この波が導波管の中を伝搬します．もし励振される高次波がすべて遮断周波数以下であれば，これらの波は波源付近に局在化し，波源に対して無効性負荷になります．したがって，実際の応用では，伝搬波を表す実数部と局在化した無効性負荷を表す虚数部を持つどのような負荷に対しても，整合手段を設ける必要があります．これらを実際に製作する場合には，この整合は必要な周波数帯域にわたって良好でなければなりません．

8.3　導波管内の波動の一般的性質

8.3.1　2導体線路内のTEM波の一般的性質

　古くからある2導体伝送系については，分布回路の観点から第5章で述べました．また，平行平板間のTEM波という特別な場合を，8.2.1節で波動解を用いて説明しました．本節では，等方的かつ均質的な誘電体と無損失な導体からなる任意の管状2導体系の中のTEM波は，伝送線路方程式で規定される波と同じであることを示します．

　式(14)〜(17)によって表される波動成分の一般的な関係によれば，E_zとH_zが0であれば，$\gamma^2+k^2=0$でない限り，すべての他の成分も必然的に0でなければなり

ません．したがって，TEM波は次の条件を満足しなければなりません．

$$\gamma = \pm jk = \pm \frac{j\omega}{v} = \pm j\omega\sqrt{\mu\varepsilon} \quad \cdots\cdots\cdots\cdots\cdots\cdots\cdots\cdots\cdots\cdots\cdots\cdots (136)$$

すなわち，誘電体が無損失の場合には伝搬定数γは純虚数になり，これはTEM波が速度v，すなわちその誘電体の中の光速で伝搬することを意味しています．

式(136)を満足する場合，式(4)および式(5)の形に書いた波動方程式は，次のように簡単になります．

$$\nabla_{xy}^2 \mathbf{E} = 0 \quad \nabla_{xy}^2 \mathbf{H} = 0 \quad \cdots\cdots\cdots\cdots\cdots\cdots\cdots\cdots\cdots\cdots\cdots\cdots (137)$$

これは，横方向面内の$\mathbf{E}$と$\mathbf{H}$に対する2次元のラプラス方程式です．E_xとH_zは0ですから，EとHは完全に横方向面内にあります．静的条件では，電場と磁場の両方がラプラスの方程式を満足するので，もし式(137)の電磁場に適用する境界条件が静的電磁場の境界条件と同じであれば，この横方向面内の電磁場は静的電磁場と同じになります．無損失導波系内のTEM波の境界条件は，導体表面で電場が垂直成分だけを持つことであり，これは静的状態における導電性境界の条件と同じです．導体の間の電場の線積分は，与えられた横方向面内にあるすべての通路に対して同じ値であり，これは導体間のポテンシャル差になるものと考えることができます．

磁場の特性を調べるため，式(7)と式(11)に注目し，E_zとH_zを0にすると，次式が得られます．

$$H_y = \frac{j\omega\varepsilon}{\gamma} E_x = \frac{E_x}{\eta} \quad \cdots\cdots\cdots\cdots\cdots\cdots\cdots\cdots\cdots\cdots\cdots\cdots (138)$$

$$H_x = -\frac{\gamma}{j\omega\mu} E_y = -\frac{E_y}{\eta} \quad \cdots\cdots\cdots\cdots\cdots\cdots\cdots\cdots\cdots\cdots\cdots\cdots (139)$$

式(138)と式(139)の符号は正方向進行波に対するものであり，負方向進行波の場合にはこの符号は反対になります．式(138)と式(139)を調べると，これらは電場と磁場がすべての場所で互いに垂直であるための条件です．特に，電場は導電性表面に垂直ですから，磁場はこの面に水平でなければなりません．したがって，横方向面内の磁場分布は，無損失導体の表面を流れる直流電流から生じる磁場分布と正確に一致します．

これらの特性は，TEM波を2導体の間に導くことができますが，閉じた導電性領域の内側には導くことができないことを示しています．なぜなら，この領域の中には，これに対応する2次元静的分布だけが存在することができ，導体で完全に囲まれた無波源領域の中に静的電磁場は存在できないからです．

次に，TEM波が存在できる系の中で，TEM波が通常の伝送線路方程式と同じ方

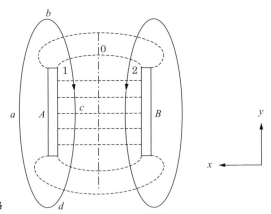

図8.14
2導体線路と積分路

程式を満足することを示します．任意の形状の2導体AとBからなる図8.14に示す線路を考えます．この2導体の間の電圧は，図の1-0-2で示すような任意の通路にわたって電場を積分して求めることができます．$\mathbf{E}$は横方向面内でラプラスの方程式を満足します．したがって，横方向面内の変化に関する限り$\mathbf{E}$はあるスカラ・ポテンシャルの勾配で表されるので，どのような通路を選ぶにしてもこの電圧値，

$$V = -\int_1^2 \mathbf{E} \cdot \mathbf{dl} = -\int_1^2 \left(E_x dx + E_y dy \right) \quad \cdots\cdots (140)$$

は同じ値になります．上式をzについて微分すると，

$$\frac{\partial V}{\partial z} = -\int_1^2 \left(\frac{\partial E_x}{\partial z} dx + \frac{\partial E_y}{\partial z} dy \right) \quad \cdots\cdots (141)$$

となります．

ここで，マックスウェルの回転の式，

$$\nabla \times \mathbf{E} = -\frac{\partial \mathbf{B}}{\partial t} \quad \cdots\cdots (142)$$

によれば，E_zが0であれば，次式が成立します．

$$\frac{\partial E_y}{\partial z} = \frac{\partial B_x}{\partial t} \quad \text{および} \quad \frac{\partial E_x}{\partial z} = -\frac{\partial B_y}{\partial t} \quad \cdots\cdots (143)$$

式(143)を式(141)に代入すると次式が得られます．

$$\frac{\partial V}{\partial z} = -\frac{\partial}{\partial t} \int_1^2 \left(-B_y dx + B_x dy \right) \quad \cdots\cdots (144)$$

図8.14を調べると，この積分の中の量は通路1-0-2にわたって流れるz方向の単

位長あたりの磁束です．インダクタンスの通常の定義により，これは単位長あたりのインダクタンス L と電流 I の積として書くことができるので，式(144)は次のようになります．

$$\frac{\partial V}{\partial z} = \frac{\partial}{\partial t}(LI) = -L\frac{\partial I}{\partial t} \quad \cdots\cdots\cdots (145)$$

式(145)は，伝送線路解析を行うときに最初に用いた微分方程式の1つです〔第5章の式(3)〕．導体 A の中の電流を通路 a-b-c-d-a に沿う磁場の線積分として計算し，もう一つの微分方程式を求めることができます（E_z は0であるから変位電流からの寄与分はない）．すなわち，

$$I = \oint \mathbf{H} \cdot \mathbf{dl} = \oint (H_x dx + H_y dy) \quad \cdots\cdots\cdots (146)$$

であり，これを z について微分すると，

$$\frac{\partial I}{\partial z} = \oint \left(\frac{\partial H_x}{\partial z}dx + \frac{\partial H_y}{\partial z}dy\right) \quad \cdots\cdots\cdots (147)$$

となります．マックスウェルの回転の式から，

$$\nabla \times \mathbf{H} = \frac{\partial \mathbf{D}}{\partial t} \quad \cdots\cdots\cdots (148)$$

であり，$H_z = 0$ であれば，これは次のようになります．

$$\frac{\partial H_y}{\partial z} = -\frac{\partial D_x}{\partial t} \quad \text{および} \quad \frac{\partial H_x}{\partial z} = \frac{\partial D_y}{\partial t} \quad \cdots\cdots\cdots (149)$$

式(149)を式(147)に代入すると，次式が得られます．

$$\frac{\partial I}{\partial z} = -\frac{\partial}{\partial t}\oint (D_x dy - D_y dx) \quad \cdots\cdots\cdots (150)$$

図8.14を調べると，これは片方の導体から別の導体にわたる線の単位長あたりの電気変位束であることがわかります．これは導体上の単位長あたりの電荷に対応するので，単位長あたりの容量と線路間電圧の積として書くことができ，式(150)は次のようになります．

$$\frac{\partial I}{\partial z} = -C\frac{\partial V}{\partial t} \quad \cdots\cdots\cdots (151)$$

式(145)と式(151)は，伝送線路解析の出発点として使用した式と同じです（第5章5.1.1節）．導体が無損失であれば，これらの式をマックスウェルの方程式から導くことができ，横方向面内の電磁場はラプラスの方程式を満足するので，この式の中に現れるインダクタンスや容量は，静的電磁場から計算したものと同じであるこ

とがわかります．もちろん，これは前に述べたTM波やTE波の場合には成立しません．無損失伝送線路内の波は，位相速度$(\mu\varepsilon)^{-1/2}$をもつTEM波であることを示しました．伝送線路波の位相速度は$(LC)^{-1/2}$であり，したがって無損失伝送線路の単位長あたりのインダクタンスと容量は$LC=\mu\varepsilon$の関係があります．

(1) 損失のある伝送線路

もし，伝送線路の導体に損失があれば，上式をそのまま適用することはできません．導体のところに有限のE_zが存在し，このためにこの損失性導体を通して軸方向電流が流れます．この場合には式(14)～(17)の$\gamma^2+k^2=0$ではなく，式(4)と式(5)をラプラスの方程式に簡単化することができません．しかし，導電率がかなり低い場合，電場の軸方向成分は横方向成分に比べて小さく，この修正量はわずかです．この場合，伝送線路方程式で損失を直列抵抗で表す通常の方法が良い近似方法になります．

2導体系の主要TEMモード，すなわち伝送線路モードに加えて，高次モードも同時に伝搬します．この高次モードは伝送線路内の不連続部で励振され，分散や放射の原因になります．

8.3.2 導波管内のTM波の一般的性質

TM波のいくつかの例についてこれまでの節で述べてきました．本節では，任意の形状の導波管に対して，このTM波を公式化します．ここでは，境界は任意の形でよいとし，直角座標を使用します．

(1) 微分方程式

伝搬因子を$e^{(j\omega t-\gamma z)}$と仮定すると，TM波の電場の軸方向成分は式(22)の波動方程式を満足しなければなりません．

$$\nabla^2_{xy} E_z = -k_c^2 E_z \quad \cdots\cdots\cdots\cdots\cdots (152)$$

$$k_c^2 = (\gamma^2 + k^2) = \gamma^2 + \omega^2\mu\varepsilon \quad \cdots\cdots\cdots\cdots\cdots (153)$$

k_cは特定のモードの定数であり，式(152)に適用する境界条件によって決まります．

(2) 無損失導波管の境界条件

これまでに示したように，実際の導波管問題を解くときの第1ステップは，導波管境界を無損失と仮定することです．この場合の境界条件は$E_z=0$です．8.1.1節の横方向電磁場成分の一般的関係式から，次式が成立します．

$$E_x = \mp \frac{\gamma}{k_c^2} \frac{\partial E_z}{\partial x}, \qquad E_y = \mp \frac{\gamma}{k_c^2} \frac{\partial E_z}{\partial y} \quad \cdots\cdots\cdots\cdots\cdots\cdots\cdots\cdots\cdots\cdots\cdots\cdots (154)$$

$$H_x = \frac{j\omega\varepsilon}{k_c^2} \frac{\partial E_z}{\partial y}, \qquad H_y = -\frac{j\omega\varepsilon}{k_c^2} \frac{\partial E_z}{\partial x} \quad \cdots\cdots\cdots\cdots\cdots\cdots\cdots\cdots\cdots\cdots (155)$$

式(154)は，次のベクトル形で書くことができます．

$$\mathbf{E}_t = \mp \frac{\gamma}{k_c^2} \nabla_t E_z \quad \cdots\cdots\cdots\cdots\cdots\cdots\cdots\cdots\cdots\cdots\cdots\cdots\cdots\cdots\cdots\cdots\cdots\cdots (156)$$

ここで，$\mathbf{E}_t$ は電場ベクトルの横方向成分であり，∇_t は勾配の横方向成分を表しています．勾配の性質により，横方向の電場ベクトル $\mathbf{E}_t$ は任意の一定 E_z の線に対して垂直です．この場合，境界が一定 $E_z = 0$ の曲線でできていれば，これは導電性境界に垂直です．したがって，$E_z = 0$ は式(152)の解に必要な唯一の境界条件になります．

(3) TM波の遮断特性

　与えられた境界条件を満足する同次微分方程式である式(152)の解は，定数 k_c が離散値の場合にのみ求めることができます．これらは，その問題の特性値，許容値，あるいは固有値であり，この中のどれもが与えられた導波管の特定のTMモードを決めます．無損失導体で囲まれる任意の誘電体に対して，k_c の許容値は実数でなければなりません．したがって，式(153)から得られる伝搬定数，

$$\gamma = \sqrt{k_c^2 - k^2} \quad \cdots\cdots\cdots\cdots\cdots\cdots\cdots\cdots\cdots\cdots\cdots\cdots\cdots\cdots\cdots\cdots\cdots\cdots (157)$$

は，常に遮断特性を表します．すなわち，誘電体の中のある特定のモードに対して，γ は $k < k_c$ の周波数で実数であり，$k = k_c$ に対して0であり，また $k > k_c$ の周波数で虚数になります．この場合，ある与えられたモードの遮断周波数は次式で与えられます．

$$2\pi f_c \sqrt{\mu\varepsilon} = \frac{2\pi}{\lambda_c} = k_c \quad \cdots\cdots\cdots\cdots\cdots\cdots\cdots\cdots\cdots\cdots\cdots\cdots\cdots\cdots (158)$$

式(157)は，周波数 f と遮断周波数 f_c を用いて，次のように書くことができます．

$$\gamma = \alpha = k_c \sqrt{1 - \left(\frac{f}{f_c}\right)^2}, \qquad f < f_c \quad \cdots\cdots\cdots\cdots\cdots\cdots\cdots\cdots (159)$$

$$\gamma = j\beta = jk \sqrt{1 - \left(\frac{f_c}{f}\right)^2}, \qquad f > f_c \quad \cdots\cdots\cdots\cdots\cdots\cdots\cdots\cdots (160)$$

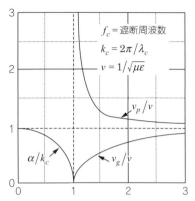

図8.15
すべてのTE波型とTM波型の
α/k_c, v_p/v, v_g/v の周波数特性

この場合，無損失導波管内のすべてのTMモードの位相速度は，次の形で表されます．

$$v_p = \frac{\omega}{\beta} = v\left[1-\left(\frac{f_c}{f}\right)^2\right]^{-1/2} \quad \cdots\cdots (161)$$

このモードの群速度は，次の形です．

$$v_g = \frac{d\omega}{d\beta} = v\left[1-\left(\frac{f_c}{f}\right)^2\right]^{1/2} \quad \cdots\cdots (162)$$

減衰定数，位相速度，および群速度の万能曲線を f/f_c の関数として**図8.15**に示します．位相速度は遮断周波数で無限大であり，この誘電体内の光速より常に大きくなります．群速度は遮断周波数で0であり，この誘電体内の光速より常に小さくなります．周波数が遮断周波数をはるかに超えて高くなるにつれて，位相速度と群速度は両方ともこの誘電体内の光速に近づきます．

(4) TM波の磁場

微分方程式式(152)の解として境界条件 $E_z=0$ を満足する E_z を一度求めると，そのモードの横方向電場を式(154)あるいは式(156)から求めることができ，横方向磁場は式(155)から求めることができます．式(154)と式(155)を比較すると，次式が成立することがわかります．

$$\frac{E_x}{H_y} = -\frac{E_y}{H_x} = \pm\frac{\gamma}{j\omega\varepsilon} \quad \cdots\cdots (163)$$

これらの関係式が表していることは，横方向電場と横方向磁場が直角であり，これらの大きさは量 $\gamma/j\omega\varepsilon$ で関係していることであり，この量はこのモードの波動インピーダンスあるいは電磁場インピーダンスと考えることができます．

$$Z_{\text{TM}} = \frac{\gamma}{j\omega\varepsilon} = \eta\sqrt{1-\left(\frac{f_c}{f}\right)^2} \quad \cdots\cdots\cdots\cdots\cdots\cdots\cdots\cdots\cdots\cdots\cdots\cdots (164)$$

$$\eta = \sqrt{\frac{\mu}{\varepsilon}} \quad \cdots\cdots\cdots\cdots\cdots\cdots\cdots\cdots\cdots\cdots\cdots\cdots\cdots\cdots\cdots\cdots\cdots\cdots\cdots\cdots (165)$$

この波動インピーダンスは，遮断周波数以下の周波数では虚数（無効性）であり，遮断周波数以上の周波数で純実数になります．周波数が無限大になると，この誘電体の固有インピーダンスに近づきます．遮断周波数以下の周波数でインピーダンスが虚数になるため，この波は平均伝送電力を作り出すことができません．

この電場と磁場の関係は次のベクトル形で書くこともでき，これは上述した性質を表しています．

$$\mathbf{H} = \pm\frac{\hat{\mathbf{z}}\times\mathbf{E}_t}{Z_{\text{TM}}} \quad \cdots\cdots\cdots\cdots\cdots\cdots\cdots\cdots\cdots\cdots\cdots\cdots\cdots\cdots\cdots\cdots (166)$$

ここで，$\hat{\mathbf{z}}$ は z 方向の単位ベクトルです．上側の符号は正方向の進行波に，下側の符号は負方向の進行波に適用します．

(5) TM波の伝送電力

導波管の導体が無損失であれば，この導波管内の伝送電力は遮断周波数以下で0です．遮断周波数以上の周波数では，ポインティング・ベクトルの軸方向成分を断面積にわたって積分すると，伝送電力を電磁場成分を用いて求めることができます．電場と磁場の横方向成分は同相であって互いに垂直ですから，平均ポインティング・ベクトルの軸方向成分は横方向の電場と磁場の大きさの積の半分になります．正方向進行波の場合には，伝送電力は次のようになります．

$$W_T = \int_{\text{cs}}\frac{1}{2}\text{Re}\left[\mathbf{E}\times\mathbf{H}^*\right]_z\cdot d\mathbf{S} = \frac{1}{2}\int_{\text{cs}}|E_t||H_t|dS = \frac{Z_{\text{TM}}}{2}\int_{\text{cs}}|H_t|^2 dS \quad \cdots\cdots\cdots (167)$$

式(155)を用いると，これは次のように書くことができます．

$$W_T = \frac{Z_{\text{TM}}\omega^2\varepsilon^2}{2k_c^4}\int_{\text{cs}}|\nabla_t E_z|^2 dS \quad \cdots\cdots\cdots\cdots\cdots\cdots\cdots\cdots\cdots\cdots\cdots (168)$$

ここで，次の関係式，

$$\int_{cs} |\nabla_t E_z|^2 dS = k_c^2 \int_{cs} E_z^2 dS \quad \cdots\cdots\cdots\cdots\cdots\cdots\cdots\cdots\cdots\cdots\cdots\cdots\cdots \quad (169)$$

を用いると，次式が得られます．

$$W_T = \frac{Z_{TM} \omega^2 \varepsilon^2}{2k_c^2} \int_{cs} E_z^2 dS = \frac{Z_{TM}}{2\eta^2} \left(\frac{f}{f_c}\right)^2 \int_{cs} E_z^2 dS \quad \cdots\cdots\cdots\cdots\cdots\cdots \quad (170)$$

(6) 導体の損失による減衰

　導体に損失がある場合，正確な減衰量を求めるには誘電体と導体の両方でマックスウェルの方程式の解が必要になります．ほとんどの場合，この解は実用的ではないので，たいていの導体は無損失解にほんのわずかな修正しか必要とせず，第5章の式(83)に示す $w_L/2W_T$ の式を使用できるほど十分良好であるとします．すなわち，単位長あたりの平均損失電力を計算するときに，無損失導波管の中を流れる電流と同じ電流が，この導波管の中を流れるとします．$\mathbf{J} = \hat{\mathbf{n}} \times \mathbf{H}$ の式により，この導体の中の単位幅あたりの電流はこの境界における横方向磁場に等しく，磁場は完全に横方向ですからこの電流は軸方向に流れます．したがって，平均損失電力は，

$$w_L = \oint_{bound} \frac{R_s}{2} |J_{sz}|^2 d\ell = \frac{R_s}{2} \oint_{bound} |H_t|^2 d\ell \quad \cdots\cdots\cdots\cdots\cdots\cdots\cdots\cdots \quad (171)$$

となります．この場合，減衰定数は近似的に次のようになります．

$$\alpha_c = \frac{w_L}{2W_T} = \frac{R_s \oint_{bound} |H_t|^2 d\ell}{2Z_{TM} \int_{cs} |H_t|^2 dS} \quad [\text{Np/m}] \quad \cdots\cdots\cdots\cdots\cdots\cdots\cdots\cdots \quad (172)$$

　必要ならば，E_z だけを用いて損失電力と減衰定数を書くことができます．式(155)を用いると，

$$W_L = \frac{R_s}{2} \frac{\omega^2 \varepsilon^2}{k_c^4} \oint_{bound} |\nabla E_z|^2 d\ell \quad \cdots\cdots\cdots\cdots\cdots\cdots\cdots\cdots\cdots\cdots\cdots \quad (173)$$

となります．E_z は境界に沿うすべての点で0ですから，E_z の水平方向の導関数はそこで0になります．E_z は，導体に垂直な導関数だけをもっています．したがって，

$$W_L = \frac{R_s \omega^2 \varepsilon^2}{2k_c^4} \oint_{bound} \left[\frac{\partial E_z}{\partial n}\right]^2 d\ell = \frac{R_s}{2\eta^2 k_c^2} \left(\frac{f}{f_c}\right)^2 \oint \left[\frac{\partial E_z}{\partial n}\right]^2 d\ell \quad \cdots\cdots\cdots \quad (174)$$

であり，この場合，減衰定数は次のようになります．

$$\alpha_c = \frac{R_s}{2k_c^2 Z_{TM}} \left[\oint \left(\frac{\partial E_z}{\partial n}\right)^2 d\ell \middle/ \int_{cs} E_z^2 dS \right] \quad \cdots\cdots\cdots\cdots\cdots\cdots\cdots \quad (175)$$

8.3.3　導波管内の TE 波の一般的性質

最後に,軸方向に磁場はありますが電場はない波を考えます．この波の扱い方は,前節の TM 波の扱い方と似ているので,この波については簡単に述べます．

(1) 微分方程式

この波の H_z は,式(23)の形の波動方程式を満足しなければなりません．

$$\nabla_t^2 H_z = -k_c^2 H_z \quad \cdots\cdots (176)$$

$$k_c^2 = \gamma^2 + k^2 \quad \cdots\cdots (177)$$

(2) 導波管の境界条件

式(176)の解は,H_z の垂直導関数が無損失導体のところで 0 というただ 1 つの境界条件である,

$$境界で \quad \frac{\partial H_z}{\partial n} = 0 \quad \cdots\cdots (178)$$

によって決まります．式(178)が要求される境界条件であることを示すため,この波の横方向電磁場を式(14)～(17)から次のように書きます．

$$E_x = -\frac{j\omega\mu}{k_c^2}\frac{\partial H_z}{\partial y}, \quad E_y = \frac{j\omega\mu}{k_c^2}\frac{\partial H_z}{\partial x} \quad \cdots\cdots (179)$$

$$H_x = \mp\frac{\gamma}{k_c^2}\frac{\partial H_z}{\partial x}, \quad H_y = \mp\frac{\gamma}{k_c^2}\frac{\partial H_z}{\partial y} \quad \cdots\cdots (180)$$

式(180)の関係は,次のベクトル形で書くこともできます．

$$\mathbf{H}_t = \mp\frac{\gamma}{k_c^2}\nabla_t H_z \quad \cdots\cdots (181)$$

境界で H_z の垂直導関数が 0 であれば,その横方向の勾配は境界に水平な成分だけを持ちます．したがって,式(181)により $\mathbf{H}_t$ もこれと同じになります．式(179)と式(180)を比較すると,横方向の電場成分と磁場成分は互いに垂直ですから,電場は導電性境界に垂直になります．

(3) TE 波の遮断特性

TM 波について前節で述べたように,無損失導体で囲まれた誘電体領域で k_c は常に実数です．これと同じことが TE 波に対しても成立します．この場合,式(177)により,γ は TM 波と同じ次の遮断特性を示します．

$$\gamma = \sqrt{k_c^2 - k^2} \quad \cdots\cdots (182)$$

したがって，遮断周波数以下における減衰定数の式，遮断周波数以上における位相定数，位相速度および群速度の式は式(159)～(162)と同じであり，**図8.15**の曲線はTE波に対しても適用できます．

(4) TE波の電場

この波の電場は横方向面内にあり，横方向磁場成分に垂直です．電場と磁場の横方向成分は，電磁場インピーダンスを通して次式で関係します．

$$\frac{E_x}{H_y} = -\frac{E_y}{H_x} = Z_{\text{TE}} \quad \cdots\cdots\cdots\cdots\cdots\cdots\cdots\cdots\cdots\cdots\cdots\cdots (183)$$

ここで，式(179)と式(180)から，

$$Z_{\text{TE}} = \frac{j\omega\mu}{\gamma} = \eta \left[1 - \left(\frac{f_c}{f}\right)^2\right]^{-1/2} \quad \cdots\cdots\cdots\cdots\cdots\cdots (184)$$

となります．このインピーダンスは遮断周波数以下の周波数で虚数，遮断周波数で無限大，遮断周波数以上の周波数で純実数であり，f/f_cが大きくなるにつれて固有インピーダンスηに近づきます．

電場は，次のベクトル形で書くこともできます．

$$\mathbf{E} = \mp Z_{\text{TE}} (\hat{\mathbf{z}} \times \mathbf{H}_t) \quad \cdots\cdots\cdots\cdots\cdots\cdots\cdots\cdots\cdots\cdots (185)$$

ここで，$\hat{\mathbf{z}}$はz方向の単位ベクトルであり，上側の符号は正方向進行波に，下側の符号は負方向進行波に適用します．

(5) TE波の伝送電力

前と同様に，平均伝送電力はポインティング・ベクトルから次式により求めることができます．

$$W_T = \frac{1}{2} \int_{\text{cs}} \text{Re}[\mathbf{E} \times \mathbf{H}^*] \cdot d\mathbf{S} = \frac{1}{2} \int_{\text{cs}} |E_t||H_t| dS$$

$$= \frac{Z_{\text{TE}}}{2} \int_{\text{cs}} |H_t|^2 dS \quad \cdots\cdots\cdots\cdots\cdots\cdots\cdots\cdots\cdots\cdots (186)$$

あるいは，式(181)と次の関係式，

$$\int_{\text{cs}} |\nabla_t H_z|^2 dS = k_c^2 \int_{\text{cs}} H_z^2 dS \quad \cdots\cdots\cdots\cdots\cdots\cdots\cdots\cdots (187)$$

を用いて，次式が得られます．

$$W_T = \frac{\eta^2 (f/f_c)^2}{2Z_{TE}} \int_{cs} H_z^2 dS \quad \cdots\cdots\cdots\cdots\cdots\cdots\cdots\cdots\cdots\cdots\cdots\cdots\cdots\cdots\cdots\cdots\cdots\cdots \quad (188)$$

(6) 導体の損失による減衰

　TEMモードの場合のように，損失性導体で構成される導波管の中に真のTE波は存在できません．なぜなら，導電率が有限の場合，大抵のTEモードには有限の軸方向電場を必要とする軸方向電流があるからです．しかし，この軸方向電場は横方向電場に比べて非常に小さくなります．

　電流の軸方向成分は，境界における磁場の横方向成分から生じます．すなわち，

$$|J_{sz}| = |H_t| = \frac{\beta}{k_c^2}|\nabla_t H_z| = \frac{\beta}{k_c^2}\frac{\partial H_z}{\partial \ell} \quad \cdots\cdots\cdots\cdots\cdots\cdots\cdots\cdots\cdots\cdots\cdots \quad (189)$$

となります．H_zの横方向の勾配は境界で水平方向成分$\partial/\partial\ell$だけをもつので，この式の最後の形が成立します．これに加えて，軸方向磁場から生じる次の横方向電流が存在します．

$$|J_{st}| = |H_z| \quad \cdots\cdots\cdots\cdots\cdots\cdots\cdots\cdots\cdots\cdots\cdots\cdots\cdots\cdots\cdots\cdots\cdots\cdots\cdots\cdots\cdots\cdots \quad (190)$$

したがって，単位長あたりの損失電力は，

$$w_L = \frac{R_s}{2}\oint [|H_z|^2 + |H_t|^2]d\ell \quad \cdots\cdots\cdots\cdots\cdots\cdots\cdots\cdots\cdots\cdots\cdots\cdots \quad (191)$$

となります．この導体の損失によって生じる減衰定数は，次式で与えられます．

$$\alpha_c = \frac{R_s \oint [|H_z|^2 + |H_t|^2]d\ell}{2Z_{TE}\int |H_t|^2 dS} \quad [\text{Np/m}] \quad \cdots\cdots\cdots\cdots\cdots\cdots\cdots\cdots\cdots \quad (192)$$

8.3.4 遮断周波数以下および遮断周波数付近の波

　伝送線路の中に存在する高次波，および導波管の中に存在するすべての波には遮断周波数があります．この波をエネルギー伝送に使用する場合には，遮断周波数以上での動作にだけ関心がもたれます．しかし，遮断周波数以下における無効波あるいは消滅波の動作が，少なくとも次の2つの場合に重要になります．
(1) 導波管減衰器への応用
(2) 伝送系における不連続部の効果

　遮断周波数以下におけるこれらの波の減衰特性については，これまでの節で述べてきました．無損失導波管において，遮断周波数以下の周波数では減衰だけがあり，位相変化はないことがわかりました．この場合の特性波動インピーダンスは純虚数

であり，このことはこの導波管に沿ってエネルギーが伝搬できないことを示しています．これは，伝送系の中の抵抗やコンダクタンスによる減衰のように，消費性の減衰ではありません．これは無効性減衰であり，無効性素子でできたフィルタが遮断領域にあるときの減衰と似ています．このエネルギーは消費されるのではなく波源側に反射され，したがって，この導波管は波源に対して純リアクタンスのように働きます．

無損失導波管の中の遮断周波数以下における減衰の式である式(159)は，次のように書くことができます．

$$\gamma = \alpha = k_c \sqrt{1 - \left(\frac{f}{f_c}\right)^2} = \frac{2\pi}{\lambda_c}\sqrt{1 - \left(\frac{f}{f_c}\right)^2} \quad \cdots\cdots (193)$$

$(f/f_c)2 \ll 1$ の場合，f が f_c 以下に低下するにつれて，α は0から次の一定値に増加します．

$$\alpha = \frac{2\pi}{\lambda_c} \quad \cdots\cdots (194)$$

このことは，導波管減衰器を使用する場合に重要になります．なぜなら，もし動作周波数が遮断周波数よりはるかに低ければ，この式は減衰量が周波数に無関係であることを示しているからです．

次に，遮断周波数以下における横方向磁場と横方向電場の関係を調べます．式(193)で与えられる $\gamma = \alpha$ をTM波の電磁場成分の式である(154)と(155)に代入すると，次式が得られます．

$$H_x = \frac{j}{\eta}\left(\frac{f}{f_c}\right)\frac{1}{k_c}\frac{\partial E_z}{\partial y}, \quad E_x = -\sqrt{1 - \left(\frac{f}{f_c}\right)^2}\frac{1}{k_c}\frac{\partial E_z}{\partial x} \quad \cdots\cdots (195)$$

$$H_y = -\frac{j}{\eta}\left(\frac{f}{f_c}\right)\frac{1}{k_c}\frac{\partial E_z}{\partial x}, \quad E_y = -\sqrt{1 - \left(\frac{f}{f_c}\right)^2}\frac{1}{k_c}\frac{\partial E_z}{\partial y} \quad \cdots\cdots (196)$$

これらの式から明らかなように，導波管の形状と寸法および波型が決まると求められる E_z 分布に対して，周波数が低下して $f/f_c \to 0$ になるにつれて磁場の各成分は0に近づきます．一方，電場の各横方向成分は，ある一定値に近づきます．結論として，遮断周波数よりはるかに低い周波数では，TM波では電場が支配的になり，TE波では磁場が支配的になります．波の周波数が遮断周波数よりはるかに低ければ，導波管の寸法は波長に比べて小さくなります．波長に比べて小さいこのような

任意の領域に対して，波動方程式はラプラスの方程式に簡単化されます．したがって，いかなる波動伝搬性をも無視した低周波解析を適用することができます．

遮断周波数以下の周波数で導波管の中に損失があると，位相定数が無損失導波管の場合の0から有限の値に変化し，減衰の式が若干変化します．これらの変化は，遮断周波数のすぐそばの周波数でもっとも重要になります．なぜなら，損失があると1つの領域から他の領域にわたってこれらの量はもはや急激に変化せず，ゆるやかな変化になるからです．

これまでの節で述べた近似式は，この領域では非常に不正確になります．例えば，導体の損失によって生じる減衰の近似式は $f = f_c$ のところで無限大になります．この実際の値は，遮断領域において比較的大きな減衰値に近づくので，通過範囲内の最小減衰値に比べると大きくなりますが，それでもこれは有限な量です．また，これまでの式によれば，位相速度は遮断周波数で無限大でしたが，損失がある場合にはこれも有限の値になります．

第8章　問題

問題 8.1 単位長あたりの蓄積エネルギー u と平均電力流 W_T を用いて，エネルギー速度 v_E を次のように定義する．

$$v_E = \frac{W_T}{u} \quad \text{\dotfill (A.1)}$$

平行平板導波系をTM波が伝わる場合，平均電力流 W_T と単位長あたりの蓄積エネルギー u を求め，この結果からエネルギー速度 v_E を表す式を求めよ．

答　平均電力流 W_T は，複素ポインティングの定理から幅 w に対して次のように計算できます．

$$\begin{aligned}W_T &= w\int_0^a \frac{1}{2}\text{Re}(E_x H_y^*)dx \\ &= \frac{w}{2}A^2\beta\omega\varepsilon\left(\frac{a}{m\pi}\right)^2\int_0^a \cos^2\frac{m\pi x}{a}dx = \frac{waA^2}{4}\frac{a^2}{m^2\pi^2}\beta\omega\varepsilon \quad \text{\dotfill (A.2)}\end{aligned}$$

また，単位長あたりの時間平均蓄積エネルギー u は，電気的エネルギーと磁気的エネルギーを合わせて，

$$u = w\int_0^a \left\{\frac{\varepsilon}{4}\left[|E_x|^2+|E_z|^2\right]+\frac{\mu}{4}|H_y|^2\right\}dx \quad \cdots\cdots\cdots\cdots\cdots\cdots\cdots\cdots\cdots \text{(A.3)}$$

となります．本文の式(32)〜(34)の電磁場を用いると，これは次のようになります．

$$u = \frac{A^2 w}{4}\int_0^a \left\{\varepsilon\left[\sin^2\frac{m\pi x}{a}+\frac{\beta^2 a^2}{m^2\pi^2}\cos^2\frac{m\pi x}{a}\right]+\frac{\mu\omega^2\varepsilon^2 a^2}{m^2\pi^2}\cos^2\frac{m\pi x}{a}\right\}dx$$

$$= \frac{A^2\omega a\varepsilon}{8}\left[1+\frac{\beta^2 a^2}{m^2\pi^2}+\frac{k^2 a^2}{m^2\pi^2}\right] \quad \cdots\cdots\cdots\cdots\cdots\cdots\cdots\cdots\cdots \text{(A.4)}$$

ここで，本文の式(37)から $m^2\pi^2/a^2+\beta^2=k^2$ ですから，

$$u = \frac{A^2 wa\varepsilon k^2 a^2}{4m^2\pi^2} \quad \cdots\cdots\cdots\cdots\cdots\cdots\cdots\cdots\cdots \text{(A.5)}$$

となります．また，エネルギー速度は式(A.1)から，

$$v_E = \frac{\beta\omega}{k^2} = \frac{1}{\sqrt{\mu\varepsilon}}\sqrt{1-\left(\frac{\omega_c}{\omega}\right)^2} \quad \cdots\cdots\cdots\cdots\cdots\cdots\cdots\cdots\cdots \text{(A.6)}$$

となります(注1)．

注1：これは，群速度の式を表す本文の式(43)と同じになります．

問題 8.2 円形導波管を伝わる TE_{01} モードの単位長あたりの減衰を表す式を求め，その結果を図示せよ．

答 本文の一般形式(131)〜(133)から得られる TE_{01} モードの電磁場の式は，

$$H_z = BJ_0(k_c r) \quad \cdots\cdots\cdots\cdots\cdots\cdots\cdots\cdots\cdots \text{(A.7)}$$

および

$$E_\phi = -Z_{TE}H_r = -\frac{j\omega\mu}{k_c}BJ_1(k_c r) \quad \cdots\cdots\cdots\cdots\cdots\cdots\cdots\cdots\cdots \text{(A.8)}$$

$$k_c a = p_{01}' = p_{11} = 3.83\cdots \quad \cdots\cdots\cdots\cdots\cdots\cdots\cdots\cdots\cdots \text{(A.9)}$$

となります．このモードが伝送する平均電力は，ポインティングの定理から，

$$W_T = \int_0^a \frac{2\pi r}{2}(-E_\phi H_r^*)dr = \frac{\omega^2\mu^2 B^2\pi}{k_c^2 Z_{TE}}\int_0^a rJ_1^2(k_c r)dr \quad \cdots\cdots\cdots\cdots\cdots\cdots \text{(A.10)}$$

となります．このベッセル積分は，第7章の式(142)によって求めることができ，

$$W_T = \frac{\omega^2 \mu^2 B^2 \pi}{k_c^2 Z_{TE}} \left[\frac{a^2}{2} J_0^2(p_{11}) \right] \quad \cdots\cdots\cdots\cdots\cdots\cdots\cdots\cdots\cdots\cdots (A.11)$$

となります．この導波管の中の導電電流は，水平方向の H_z によって径方向に流れるので，単位長あたりの壁の損失電力は，

$$w_L = 2\pi a \frac{R_s}{2} |H_z|^2_{r=a} = \pi a R_s B^2 J_0^2(p_{11}) \quad \cdots\cdots\cdots\cdots\cdots\cdots (A.12)$$

となります．したがって，伝送電力と損失電力で表した単位長あたりの減衰定数は，

$$\alpha_c = \frac{w_L}{2W_T} = \frac{k_c^2 Z_{TE} R_s}{\omega^2 \mu^2 a} \quad \cdots\cdots\cdots\cdots\cdots\cdots\cdots\cdots\cdots\cdots (A.13)$$

となります．Z_{TE} に本章の式(134)を代入すると，次式が得られます．

$$\alpha_c = \frac{R_s (\omega_c/\omega)^2}{a\eta\sqrt{1-(\omega_c/\omega)^2}} \quad \cdots\cdots\cdots\cdots\cdots\cdots\cdots\cdots\cdots\cdots (A.14)$$

R_s は周波数の平方根に比例しますが，この式全体としては周波数と共に低下します．例えば，直径5cmの導波管の TE_{01} モードの減衰量を TE_{11} モードと TM_{01} モードの減衰量と比較して，図A.1に示します．このモードの減衰は，周波数が高くなると低下するという特異な結果になります[注2]．

注2：この理由は，高い周波数においてこのモードの電磁場が導波管の壁とほとんど結合しないためです．

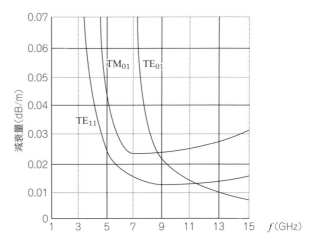

図A.1
直径5cmの円形導波管における銅損失による減衰

第9章

特殊導波系

　特殊導波系の中には，伝送路の誘電率がその周囲より高い誘電体導波系，平行平板内で波を径方向に伝える径方向伝送線路，楔形導波管あるいは扇形ホーン，傾斜平板を用いた導波系，2つの円錐を用いた2円錐導波系，矩形導波管の片面あるいは両面にリッジをつけたリッジ導波管，導線をらせん状に巻いたヘリックス，電磁場が系の表面付近に局在化する表面導波系，系の構造に周期性がある周期構造等があります．

　まず，誘電体導波系は金属と誘電体の境界以外の境界によって波が導かれることを示しており，光通信用として重要な導波系です．次に，径方向導波系を円筒座標と球座標を用いて説明します．円筒座標を用いた径方向導波系は共振系において重要であり，球座標を用いた径方向導波系はアンテナを解析する場合に重要です．次に，断面がリッジ形の導波系はインピーダンスを整合させたり，ある与えられた横方向寸法に対して遮断周波数を低下させるために用いられています．最後に，位相速度が光速より遅い波を伝送させる導波系について述べます．これは，進行波管において波と電子ビームを相互作用させるためや，電磁エネルギーを表面付近に閉じこめるために使用されています．

　本章で述べる導波系は，それ自身が重要であるばかりでなく，多くの重要な原理を示すものでもあります．ある場合には相互性の原理を用いて，電場と磁場を相互に交換することにより，1つの問題の解を別の問題の解として使用する方法を説明します．導波系の遮断条件は横方向の共振条件と同じなので，このことから形状が不規則な導波系を解析するためのいろいろな近似的解法が得られます．周期系の動作を理解するためには，空間高調波が重要になります．

9.1 誘電体導波系

丸棒，平板，薄膜の誘電体が，これより低い誘電率の誘電体で囲まれていれば，これらは電磁エネルギーを導くことができます．これらは，光通信系における光の導波系として使用されています．

誘電体導波系について説明するため，誘電率ε_1の誘電体を誘電率ε_2 ($\varepsilon_2 < \varepsilon_1$)の誘電体で囲んだ図9.1(a)に示す平板導波系を考えます．この図において，この中のモードは誘電体の間の境界からある角度で反射する平面波で構成され，これらがこの平板の間で干渉して，適正な条件のときにある特定のモードになると考えます．この射線（波面に垂直方向）の角度θ_1が，次式で示す臨界角θ_cより大きければ，すべてのエネルギーは境界面で反射します．

$$\theta_c = \sin^{-1}(\varepsilon_2/\varepsilon_1)^{1/2} \tag{1}$$

ここで，$\mu_1 = \mu_2$と仮定します．

領域2の誘電体内で，電磁場のx方向の減衰定数は次式で与えられます．

$$\alpha_x = \frac{\omega}{c}\varepsilon_{r2}^{1/2}\left[\frac{\varepsilon_1}{\varepsilon_2}\sin^2\theta_1 - 1\right]^{1/2} \tag{2}$$

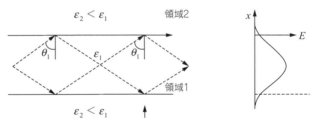

(a) $\varepsilon_1 > \varepsilon_2$ および $\theta_1 > \theta_c$ の場合に誘電体境界から全反射する射線

(b) 最低次モードの電場対x

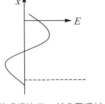

(c) 次の高次モードの電場対x

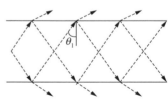

(d) $\theta_1 < \theta_c$ の場合の漏洩波

図9.1 誘電体平板導波系での反射

最低次モードの横方向の電場分布を図9.1(b)に，次の高次モードの横方向の電場分布を図9.1(c)に示します．この導波系に沿う位相定数は，

$$\beta = k_{1z} = k_1 \sin\theta_1 \quad\quad\quad\quad\quad\quad\quad\quad\quad\quad\quad\quad\quad\quad (3)$$

となります．

この誘電体導波系の遮断状態は$\theta_1 = \theta_c$が成立するときに生じ，このとき$\beta = k_2$になります．角度がこれより急な$\theta_1 < \theta_c$の場合には，反射のたびに外部媒質側にいくらかのエネルギーが伝達され，図9.1(d)に示すような漏洩波になります．

干渉ジグザグ平面波によって，あるモードが形成される場合，波が上部から底部へ反射した後，再び上部へ戻るときの位相遅れは2πの整数倍でなければなりません．すなわち，

$$-2k_1 d\cos\theta_1 + 2\phi = m2\pi \quad\quad\quad\quad\quad\quad\quad\quad\quad\quad (4)$$

ここで，mは整数であり，ϕは波が媒質2から反射するときの位相です．

境界面におけるこれと同様の波動反射の原理が，ファイバや円形断面の他の誘電体導波系に適用できます．

9.2 径方向導波系

9.2.1 平行平板の径方向伝送線路

平行平板の間をz方向に直進する進行波については第8章8.2.1節で述べました．2枚の平板が線路を形成する場合のTEM波と伝送線路波の間には，ある関係が存在しました．本節では，導電性の平行平板の間を径方向(r方向)に伝搬するTEM波を解析し，伝送線路型の形式を導入してインピーダンス整合の計算ができるようにします(図9.2)．高次モードについては，次節で述べます．

ここで考える波の電磁場は，周方向にも軸方向にも変化しません．この場合，E_x

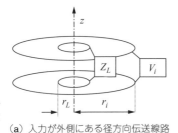

図9.2
導電性の平行平板
Z_LとV_iは周方向に一様に分布しているとする

(a) 入力が外側にある径方向伝送線路　　(b) 入力が内側にある径方向伝送線路

とH_ϕ成分だけが存在します．E_z成分はz方向に変化せず，平板間の全電圧$E_z d$になります．H_ϕ成分は，一方の平板を外側に向かって流れ，他方の平板を内側に向かって流れる径方向電流$2\pi r H_\phi$になります．この場合，この波は通常の伝送線路波に類似しているため，この線路を径方向伝送線路と言います．

上述のような簡単な波の場合，径方向の電磁場成分はなく，LとCが半径と共に変化すると考えれば，この解析を第5章5.4.3節の一様でない伝送線路理論を用いて行うことができます．また，この電磁場の波動解は第7章7.3.10節の結果から直接求めることもできます．この波にはϕ変化やz変化はないので，νとγを0にします．ベッセル関数の特別な線形結合が，この問題のために特に定義されてきましたが，径方向線路問題の特別解の場合には，既知のベッセル関数の形で十分です．ハンケル関数で表した第7章の式(169)の形は，径方向に内側あるいは外側に進行する波の性質をもつので，この式がこの波の解析に適しています．第8章の式(24)により，$k_c = (\gamma^2 + k^2)^{1/2}$であり，$\gamma = 0$ですから$k_c = \omega\sqrt{\mu\varepsilon}$となります．

$$E_z = A H_0^{(1)}(kr) + B H_0^{(2)}(kr) \quad\cdots\cdots(5)$$

νとγが0の場合，第8章の式(118)〜(121)の中で残る電磁場成分は次のH_ϕだけです．

$$H_\phi = \frac{1}{j\omega\mu}\frac{\partial E_z}{\partial r} = \frac{j}{\eta}\left[A H_1^{(1)}(kr) + B H_1^{(2)}(kr) \right] \quad\cdots\cdots(6)$$

$H_n^{(1)}$関数と$H_n^{(2)}$関数は，その漸近形が複素指数関数に近づく（第7章7.3.6節）ので，$H_n^{(1)}$項を負方向進行波，$H_n^{(2)}$項を正方向進行波と見ることができます．ここで，次式のようにこれらの関数の大きさと位相を定義すると便利です．

$$H_0^{(1)}(v) = J_0(v) + jN_0(v) = G_0(v)e^{j\theta(v)} \quad\cdots\cdots(7)$$

$$H_0^{(2)}(v) = J_0(v) - jN_0(v) = G_0(v)e^{-j\theta(v)} \quad\cdots\cdots(8)$$

$$jH_1^{(1)}(v) = -N_1(v) + jJ_1(v) = G_1(v)e^{j\psi(v)} \quad\cdots\cdots(9)$$

$$jH_1^{(2)}(v) = N_1(v) + jJ_1(v) = -G_1(v)e^{-j\psi(v)} \quad\cdots\cdots(10)$$

ここで，

$$G_0(v) = \left[J_0^2(v) + N_0^2(v)\right]^{1/2} \qquad \theta(v) = \tan^{-1}\left[\frac{N_0(v)}{J_0(v)}\right] \quad\cdots\cdots(11)$$

$$G_1(v) = \left[J_1^2(v) + N_1^2(v)\right]^{1/2} \qquad \psi(v) = \tan^{-1}\left[\frac{J_1(v)}{-N_1(v)}\right] \quad\cdots\cdots(12)$$

です．この場合，式(5)と式(6)は次のように書くことができます．

$$E_z = G_0(kr)\left[Ae^{j\theta(kr)} + Be^{-j\theta(kr)}\right] \quad \cdots\cdots\cdots\cdots\cdots\cdots\cdots\cdots\cdots\cdots (13)$$

$$H_\phi = \frac{G_0(kr)}{Z_0(kr)}\left[Ae^{j\psi(kr)} - Be^{-j\psi(kr)}\right] \quad \cdots\cdots\cdots\cdots\cdots\cdots\cdots\cdots (14)$$

ここで，

$$Z_0(kr) = \eta \frac{G_0(kr)}{G_1(kr)} \quad \cdots\cdots\cdots\cdots\cdots\cdots\cdots\cdots\cdots\cdots\cdots\cdots\cdots\cdots (15)$$

は，径と共に変化する特性波動インピーダンスです．

与えられた半径で2つの電磁場量を与えると，定数AとBを求めることができます．例えば，半径r_aにおける電場E_aと半径r_bにおける磁場H_bを与える場合，任意の半径rにおける電磁場は次のようになります．

$$E_z = E_a \frac{G_0 \cos(\theta - \psi_b)}{G_{0a} \cos(\theta_a - \psi_b)} + jZ_{0b} H_b \frac{G_0 \sin(\theta - \theta_a)}{G_{0b} \cos(\theta_a - \psi_b)} \quad \cdots\cdots\cdots\cdots (16)$$

$$H_\phi = H_b \frac{G_1 \cos(\psi - \theta_a)}{G_{1b} \cos(\theta_a - \psi_b)} + j \frac{E_a G_1 \sin(\psi - \psi_b)}{Z_{0a} G_{1a} \cos(\theta_a - \psi_b)} \quad \cdots\cdots\cdots\cdots\cdots (17)$$

これらは，通常の伝送線路方程式と形が似ています．径方向線路の諸量対krの関係を図9.3に示します．krが小さい値の場合はこの図は不正確なので，次の近似式がよく用いられます．

$$G_0(v) \approx \frac{2}{\pi}\ln\left(\frac{\gamma v}{2}\right) \qquad \theta(v) \approx \tan^{-1}\left[\frac{2}{\pi}\ln\left(\frac{\gamma v}{2}\right)\right] \quad \cdots\cdots\cdots\cdots (18)$$

$$G_1(v) \approx \frac{2}{\pi v} \qquad \psi(v) \approx \tan^{-1}\left(\frac{1}{\pi v^2}\right) \quad \cdots\cdots\cdots\cdots\cdots\cdots\cdots (19)$$

ここで，$\gamma = 0.5772\cdots$です．この値のさらに正確な値は，式(11)と式(12)からJとNの数表を用いて計算することができます．

異なる半径で2つのE_zあるいは2つのH_ϕを規定する場合，式(16)と式(17)に類似の形を導くことができます．しかし，もっとも役に立つ形は，負荷インピーダンス$Z_L = E_{zL}/H_{\phi L}$を与えたときに入力インピーダンス$Z_i = E_{zi}/H_{\phi i}$を求める形であり，これは次式で与えられます．

$$Z_i = Z_{0i}\left[\frac{Z_L \cos(\theta_i - \psi_L) + jZ_{0L}\sin(\theta_i - \theta_L)}{Z_{0L}\cos(\psi_i - \theta_L) + jZ_L \sin(\psi_i - \psi_L)}\right] \quad \cdots\cdots\cdots\cdots\cdots (20)$$

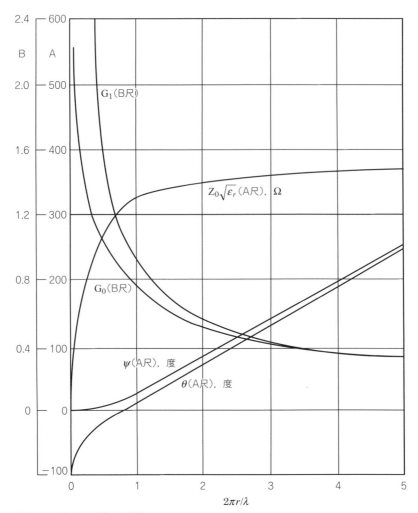

図9.3 径方向伝送線路の諸量

出力側を短絡（$Z_L=0$）あるいは開放（$Z_L=\infty$）する場合，この式は特に簡単になり，一様伝送線路のこれに対応する形に似ています．

前述したすべての関係式は，波動インピーダンスを用いて表されています．通常，電圧，電流，全インピーダンスが必要であり，これらの関係式は，

$$V = -E_z d \qquad I = 2\pi r H_\phi \quad \cdots\cdots\cdots\cdots\cdots\cdots\cdots\cdots\cdots\cdots\cdots\cdots\cdots\cdots (21)$$

$$Z_{\text{total}} = \mp \frac{d}{2\pi r}\left(\frac{E_z}{H_\phi}\right) \quad \cdots\cdots\cdots\cdots\cdots\cdots\cdots\cdots\cdots\cdots\cdots\cdots\cdots\cdots\cdots\cdots\cdots (22)$$

となります．Vの符号は，上側平板の電圧が下側平板の電圧より高いときに正であり，またIの符号は上側平板の電流が外側に向かうときに正であると決めます．式(22)の上側の符号は$r_i < r_L$の場合に適用し，下側の符号は$r_i > r_L$の場合に適用します．なぜなら，この場合には正の電流の向きが式(21)の場合と反対になるからです．

9.2.2 扇形ホーン

前節で述べた径方向伝送線路の中には，多くの高次モードが存在できます．z方向に変化するすべての高次モードは，エネルギーを径方向に伝搬するために平板間隔が1/2波長以上必要になります．この間隔が比較的狭い場合，周方向に変化してもz方向に変化しないモードが伝搬できます．この電磁場成分は，次のように書くことができます．

$$E_z = A_\nu Z_\nu(kr)\sin\nu\phi \quad \cdots\cdots\cdots\cdots\cdots\cdots\cdots\cdots\cdots\cdots\cdots\cdots\cdots (23)$$

$$H_\phi = -\frac{j}{\eta} A_\nu Z_\nu'(kr)\sin\nu\phi \quad \cdots\cdots\cdots\cdots\cdots\cdots\cdots\cdots\cdots\cdots (24)$$

$$H_r = \frac{j\nu A_\nu}{k\eta r} Z_\nu(kr)\cos\nu\phi \quad \cdots\cdots\cdots\cdots\cdots\cdots\cdots\cdots\cdots\cdots (25)$$

上式で，Z_νは通常のベッセル方程式の任意の解を表します．例えば，径方向に伝搬する波を強調するためには，再び，次のハンケル関数を用いると便利です．

$$Z_\nu(kr) = H_\nu^{(1)}(kr) + c_\nu H_\nu^{(2)}(kr) \quad \cdots\cdots\cdots\cdots\cdots\cdots\cdots\cdots (26)$$

これらの周方向モードは，径方向線路内の非対称波源によって励振される擾乱効果を表すものとして重要です．この場合，この波は$\phi = 0$と$\phi = 2\pi$で同じ値でなければならないので，νは整数nでなければなりません．式(23)から式(25)の波は$z = 0$，dと共に$\phi = 0$と$\phi = \phi_0$に導電面を持つ楔形導波管の中でも生成されます（図9.4）．この後者は，放射のための扇形電磁ホーンとして重要です．この場合，E_zは$\phi = 0$，ϕ_0で0でなければならないので，次式が成立します．

$$\nu = \frac{m\pi}{\phi_0} \quad \cdots\cdots\cdots\cdots\cdots\cdots\cdots\cdots\cdots\cdots\cdots\cdots\cdots\cdots\cdots\cdots (27)$$

ここで述べた波は，特に次の点で興味深いものです．図9.4のπ形導波管の中を，径方向に内側に伝搬する最低次（$m = 1$）のモードを考えると，これは側幅の短小化によって変化を受けますが，矩形導波管のTE$_{10}$モードに非常に似たモードである

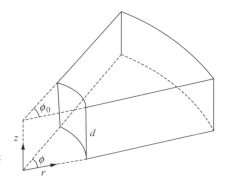

図9.4
楔形導波管あるいは扇形ホーン

と思われます．したがって，このモードは，幅$r_c\phi_0$が1/2波長になるような半径r_cで遮断状態になると予想されます．これと同様に，図9.2の径方向線路内の最低次の周方向モードは，周長が1波長になるような下記の半径で遮断状態になると予想されます．

径方向線路の場合　$2\pi r_c = \lambda$　　扇形ホーンの場合　$\phi_0 r_c = \lambda/2$　　………(28)

式(23)～(25)を見ても，矩形導波管で遮断周波数のところにあったような数学的な突然の変化はないので，これらの式はこの系が遮断状態になることを示唆しません．しかし，詳細に調べると，ある与えられた伝送電力に対して，式(28)で決まる半径より少し小さい半径で無効性エネルギーが非常に大きくなるという実効的な遮断現象があることがわかります．この場合，内側へ進行する波の径方向波動インピーダンスは次のようになります．

$$\left(\frac{E_z}{H_\phi}\right)_- = j\eta \frac{H_\nu^{(1)}(kr)}{H_\nu^{(1)\prime}(kr)} = R_\nu - jX_\nu \quad \cdots\cdots\cdots\cdots\cdots\cdots\cdots\cdots (29)$$

このインピーダンスは$kr \approx \nu$で無効性が非常に大きくなり，このことは式(28)と両立します．$\nu=9$の場合に，この波動インピーダンスの実数部と虚数部をkrに対して図9.5に示します．

9.2.3　傾斜平板導波系

マックスウェルの方程式を満足する解が得られた場合には，相互性の原理を用いると別の解を求めることができます．この原理は，無電荷領域に対する次の電磁場方程式の対称性から生じるものです．

$$\nabla \times \mathbf{E} = -j\omega\mu\mathbf{H} \quad \cdots\cdots\cdots\cdots\cdots\cdots\cdots\cdots\cdots\cdots\cdots\cdots\cdots\cdots\cdots\cdots (30)$$

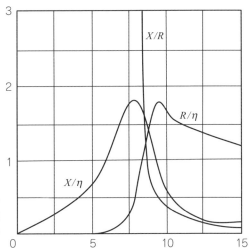

図 9.5
径方向線路内の周方向モードの波動抵抗と波動リアクタンス
($\nu = 9$)

$$\nabla \times \mathbf{H} = j\omega\varepsilon\mathbf{E} \quad \cdots\cdots\cdots\cdots\cdots\cdots\cdots\cdots\cdots\cdots\cdots\cdots\cdots\cdots\cdots (31)$$

この式において，$\mathbf{E}$ を $\mathbf{H}$ で，$\mathbf{H}$ を $-\mathbf{E}$ で，μ を ε で，ε を μ で置き換えると，元の方程式が再び得られることは明らかです．すなわち，このような系に対して何らかの解が得られれば，別の解は各量を上述のように変換すると求めることができます．ただし，この新しい解に対して，適当な境界条件を見出すことは困難かもしれません．その理由は，無損失導体の磁気的相当条件が高周波数の場合には知られていないからです．したがって，この新しい解は，実用的には常に重要なものではありません．

相互性の原理を用いて，実用的な問題で労力を省くことができる1つの例は，傾斜した平面導体間の楔形誘電体領域における主要モードです（図9.6）．このモードには，電場 E_ϕ と磁場 H_z が存在します．もし，この場合の電磁場分布に ϕ 変化あるいは z 変化がなければ，上述した相互性の原理によって，この電磁場分布を 9.2.1 節の径方向伝送線路モードの電磁場分布から求めることができます．式(5)〜(6)において，$\mathbf{E}$ を $\mathbf{H}$ で，$\mathbf{H}$ を $-\mathbf{E}$ で，μ を ε で，ε を μ で置き換えると，次式が得られます．

$$H_z = AH_0^{(1)}(kr) + BH_0^{(2)}(kr) \quad \cdots\cdots\cdots\cdots\cdots\cdots\cdots\cdots\cdots\cdots (32)$$

$$E_\phi = -j\sqrt{\frac{\mu}{\varepsilon}}\left[AH_1^{(1)}(kr) + BH_1^{(2)}(kr)\right] \quad \cdots\cdots\cdots\cdots\cdots\cdots\cdots (33)$$

この方法の利点は，上述のように各量を変換すると，図9.3の曲線と共に式(13)

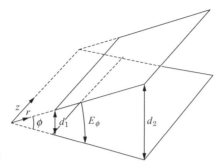

図9.6
傾斜平板導波系

〜(20)をそのまま使用できることです．インピーダンスの代わりにアドミッタンスを読み取り，Ω単位の$Z_0\sqrt{\varepsilon_r}$の数値(図9.3)を$(377)^2$で除して，シーメンス単位の特性アドミッタンス$Y_0/\sqrt{\varepsilon_r}$を求めます．全アドミッタンスは，電磁場アドミッタンスから次式によって求めることができます．

$$Y_{\text{total}} = \mp \frac{\ell}{r\phi_0}\left[-\frac{H_z}{E_\phi}\right] \quad\cdots\cdots(34)$$

ここで，上側の符号は$r_i < r_L$に対して，下側の符号は$r_i > r_L$に対して適用します．

9.2.4　2円錐導波系

2円錐導波系(図9.7)を伝わる波の問題は，ダイポール・アンテナに沿う波動やある種の空胴共振器を理解するために重要です．特に，速度が光速で，径方向の電磁場成分がない1つの波が円錐に沿って伝搬し，この波は円筒系内の伝送線路波と類似しています．

この基本波は，円錐の軸に関して対称であり，したがって，マックスウェルの方程式の2つの回転の式を球座標で書き，ϕ変化を0にすると，E_θとH_ϕとE_rだけで構成される次の波があることがわかります．

$$\frac{1}{r}\frac{\partial(rE_\theta)}{\partial r} - \frac{1}{r}\frac{\partial E_r}{\partial \theta} + j\omega\mu H_\phi = 0 \quad\cdots\cdots(35)$$

$$\frac{1}{r\sin\theta}\left[\frac{\partial}{\partial \theta}(\sin\theta H_\phi)\right] - j\omega\varepsilon E_r = 0 \quad\cdots\cdots(36)$$

$$-\frac{1}{r}\frac{\partial(rH_\phi)}{\partial r} - j\omega\varepsilon E_\theta = 0 \quad\cdots\cdots(37)$$

次の解が上の方程式を満足することは，これらを上式に代入すると確認できます．

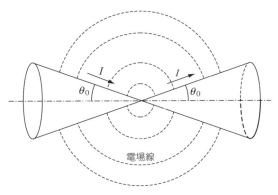

図9.7
2円錐導波系

$$E_r = 0 \quad \cdots\cdots\cdots (38)$$

$$rE_\theta = \frac{\eta}{\sin\theta}\left[Ae^{-jkr} + Be^{jkr}\right] \quad \cdots\cdots\cdots (39)$$

$$rH_\phi = \frac{1}{\sin\theta}\left[Ae^{-jkr} - Be^{jkr}\right] \quad \cdots\cdots\cdots (40)$$

これらの式は伝搬動作を表しており，この第1項は円錐を囲む誘電体の中を径方向に外側に向けて光速で進行する波を表し，第2項は同じ速度で径方向に内側に向けて進行する波を表しています．電場と磁場の比 E_θ/H_ϕ は，正方向進行波では $+\eta$ であり，負方向進行波では $-\eta$ です．伝搬方向である径方向には電磁場成分がありません．

上述の波は，円筒系の通常の伝送線路波とよく似ています．E_θ が2つの円錐の間の次の電圧差になることに注意すると，この類似性がはっきりします．

$$\begin{aligned}V &= -\int_{\theta_0}^{\pi-\theta_0} E_\theta r d\theta = -\eta \int_{\theta_0}^{\pi-\theta_0} \frac{d\theta}{\sin\theta}\left[Ae^{-jkr} + Be^{jkr}\right] \\ &= 2\eta \ln\cot\frac{\theta_0}{2}\left[Ae^{-jkr} + Be^{jkr}\right] \quad \cdots\cdots\cdots (41)\end{aligned}$$

ここで，2つの円錐の角度が等しい場合について計算しました（**図9.7**）．これは伝搬項 $e^{\pm jkr}$ を除くと r に無関係な電圧です．同様に，方位角方向の磁場は，次式の $\theta = \theta_0$ における円錐内の電流になります．

$$I = 2\pi rH_\phi \sin\theta_0 = 2\pi\left[Ae^{-jkr} - Be^{jkr}\right] \quad \cdots\cdots\cdots (42)$$

この電流も伝搬項を除くと r に無関係です．符号の関係を調べると，2つの円錐内

の電流はどの半径でも反対方向であることがわかります．

通常の伝送線路で特性インピーダンスと言っている量，すなわち単一の外向き進行波の電圧と電流の比は，式(41)と式(42)で$B=0$として，次のようになります．

$$Z_0 = \frac{\eta \ln \cot \theta_0/2}{\pi} \quad\quad\quad\quad\quad\quad\quad\quad\quad\quad\quad\quad\quad\quad\quad\quad\quad\quad (43)$$

負方向進行波の場合には，電圧と電流の比はこれに負号をつけた値です．9.2.1節の平行平板の径方向伝送線路で定義したインピーダンスと違って，このインピーダンスは半径に無関係な定数です．その理由は，径方向の単位長あたりの円錐間のインダクタンスと容量がrに無関係だからです．このことは，表面積が半径に比例して増加し，電場の通路に沿って円錐を分離する距離も半径に比例して増加するために生じます．

この波に関する限り，2つの無損失の同軸円錐導体で構成される系を一様伝送線路と考えることができます．Z_0が式(43)で与えられ，誘電体内の位相定数が，

$$\beta = \frac{2\pi}{\lambda} = \omega\sqrt{\mu\varepsilon} \quad\quad\quad\quad\quad\quad\quad\quad\quad\quad\quad\quad\quad\quad\quad\quad\quad\quad (44)$$

であるとして，入力インピーダンスおよび線に沿う電圧や電流に関する既出の式が，すべてそのまま成立します．

もちろん，この円錐系には多くの高次波が存在します．これらの波は，一般に径方向の電磁場成分をもち，光速で伝搬しません．球座標の場合のこのような一般的な波型については，第10章10.1.3節で述べます．

9.3 その他の特殊導波系

9.3.1 リッジ導波管

いろいろな導波系の中で，かなり重要なものはリッジ導波管です．これは**図9.8**(a)に示すように，矩形断面の上面や下面，あるいはこの両面の中央部にリッジを付けたものです．これが電磁場的な観点から興味深い理由は，中央部の容量効果のために遮断周波数が低下し，ギャップ長gを十分小さくすると遮断周波数を希望する値まで下げることができるからです．もちろん，gを小さくすると，この導波管の実効インピーダンスも低下します．この導波管の応用例は整合を目的とするものであり，これは9.2.3節で述べた方法と同様に，導波管に沿ってリッジの深さを変化させて実現します．

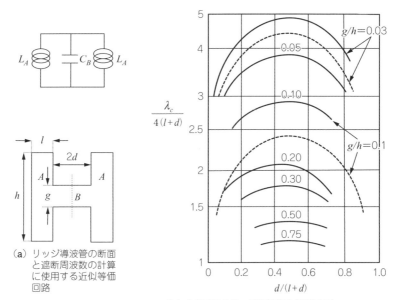

(a) リッジ導波管の断面と遮断周波数の計算に使用する近似等価回路

(b) (a)に示すリッジ導波管の遮断波長
（実線は精密計算から，点線は式(45)から）

図9.8 リッジ導波管とその遮断波長

　遮断周波数は，任意の形の導波系に対して重要なパラメータの1つですが，この導波管の遮断周波数の計算方法は，正確に解くことが難しい多くの導波管形状に対しても適用できる解法を示しています．遮断状態ではz方向の変化はない（$\gamma=0$）ので，遮断条件とは波が与えられた断面の中を想定するモードに従って横方向にのみ伝搬する条件であると考えることができます．例えば，矩形導波管の中のTE_{10}波は，導波管にわたってx方向にだけ伝搬する平面波の共振周波数（したがって，x方向への1/2波長に相当する周波数）に等しい遮断周波数を有しています．したがって，**図9.8**(a)に示すように，ギャップ部を容量，両側部を1回巻きのソレノイドのインダクタンスと考えて，共振条件を次のように書くことにより，リッジ導波管の遮断周波数を近似的に計算することができます．

$$f_c = \frac{1}{2\pi}\left(C_B \frac{L_A}{2}\right)^{-1/2} = \frac{1}{2\pi}\left(\frac{2d\varepsilon}{g}\right)^{-1/2}\left(\frac{\mu\ell h}{2}\right)^{-1/2} = \frac{1}{2\pi}\left(\frac{g}{\mu\varepsilon\ell hd}\right)^{1/2} \quad \cdots\cdots (45)$$

　横方向の共振を計算する場合，より良い等価回路は，2つの部分AとBを平行平

板伝送線路と考え，両線路の接続部に不連続容量 C_d があると考えるものです．このいくつかの結果を，集中素子の近似式である式(45)からの結果と比較して図9.8(b)に示します．予想されるように，両者はギャップが大きい場合よりも小さい場合のほうがよく一致します．横方向面内の共振周波数を計算して遮断周波数を求めるこの方法は，数値計算による方法を用いることが多くなります．しかし，この方法は形状が不規則ないろいろな導波管に対して有効です．

このリッジ導波管は，リッジ境界がエネルギーをうまく集中させるならば，2導体伝送線路以外の導波系の寸法を，矩形導波管や円形導波管のときに求めた半波長よりかなり小さくできることを示しています．しかし，境界が不規則になるため，電力容量は一般に低下します．

9.3.2 ヘリックス

図9.9(a)に示すらせん状に巻いた線は導波系の1つの型であり，アンテナや進行波管の遅波回路として用いられています．これまでに述べた大抵の波が光速より速い位相速度で進むのに対して，この回路の波は軸に沿う位相速度が光速より遅い波で進むものとして興味深いものです．大雑把に見て，波はらせんに沿ってほぼ光速で進みます．したがって，軸に沿う速度がこの波の位相速度になります．すなわち，

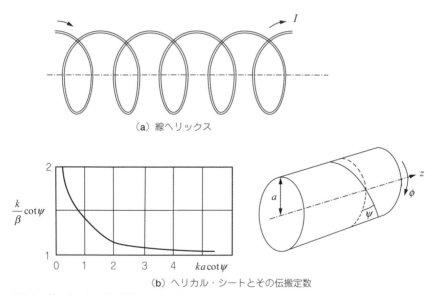

図9.9　線ヘリックスとヘリカル・シート

$$v_p \approx c \sin \psi \quad \cdots\cdots\cdots\cdots\cdots\cdots\cdots\cdots\cdots\cdots\cdots\cdots\cdots\cdots\cdots\cdots\cdots\cdots\cdots\cdots\cdots\cdots (46)$$

となります．ここで，ψはピッチ角です．この式は，パラメータの広い範囲にわたってほぼ正確です．実際のヘリックスを理想化して，有益な解析を行うことができることも興味深い点です．ヘリカル・シートと言う理想化回路は，このシート上でψ方向の電場成分を0とする円筒面です〔図9.9(b)〕．

さらに，ψ方向に垂直にこの円筒面に存在する電場成分は，ψに沿う磁場成分と同じく表面を通して連続していると仮定します(これが成立する理由は，ψ方向に垂直な電流は流れないからである)．この理想化回路は，これらの条件がシートの全面にわたって成立するとしているので，ピッチ角の小さな細線ヘリックスあるいは細線が近接する多重巻きヘリックスの場合にもっとも良い結果が得られると考えられます．

この回路の伝搬定数を求めるため，このヘリカル・シートの内側と外側で一般解を求め，これらを上述の連続条件を用いて境界で整合させます．この境界条件を満足する波は，TE成分とTM成分の両方を含む混成モードです．非減衰波を仮定して$\gamma = j\beta$とします．この場合，第7章の式(169)に示す一般解の中の分離定数は$k_c^2 = k^2 + \gamma^2 = k^2 - \beta^2$です．$k = \omega/c$および$\beta = \omega/v_p$ですから，位相速度が光速より遅い波の場合，$\beta > k$です．したがって，$k_c^2 < 0$であり，$k_c = j\tau$とします．ここで，$\tau$は実数です．軸対称性を仮定し，この電磁場は軸上で有限であり，半径が無限大のところで0とします．この場合，この一般解は変形ベッセル関数〔第7章の式(124)と式(125)〕を用いて次のように表すことができます．次のすべての式で，z方向の変化$e^{-j\beta z}$は省略しています．

$r < a$ の場合と $r > a$ の場合：

$$E_{z1} = A_1 I_0(\tau r) \qquad E_{z2} = A_2 K_0(\tau r) \quad \cdots\cdots\cdots\cdots\cdots\cdots (47)$$

$$E_{r1} = \frac{j\beta}{\tau} A_1 I_1(\tau r) \qquad E_{r2} = -\frac{j\beta}{\tau} A_2 K_1(\tau r) \quad \cdots\cdots\cdots\cdots (48)$$

$$H_{\phi 1} = \frac{j\omega\varepsilon}{\tau} A_1 I_1(\tau r) \qquad H_{\phi 2} = -\frac{j\omega\varepsilon}{\tau} A_2 K_1(\tau r) \quad \cdots\cdots\cdots (49)$$

$$H_{z1} = B_1 I_0(\tau r) \qquad H_{z2} = B_2 K_0(\tau r) \quad \cdots\cdots\cdots\cdots\cdots\cdots (50)$$

$$H_{r1} = \frac{j\beta}{\tau} B_1 I_1(\tau r) \qquad H_{r2} = -\frac{j\beta}{\tau} B_2 K_1(\tau r) \quad \cdots\cdots\cdots\cdots (51)$$

$$E_{\phi 1} = -\frac{j\omega\mu}{\tau} B_1 I_1(\tau r) \qquad E_{\phi 2} = \frac{j\omega\mu}{\tau} B_2 K_1(\tau r) \quad \cdots\cdots\cdots (52)$$

はじめに述べた理想化した境界条件は，次のように書くことができます．

$$E_{z1}\sin\psi + E_{\phi1}\cos\psi = 0 \quad \cdots\cdots\cdots\cdots\cdots\cdots\cdots\cdots\cdots\cdots\cdots\cdots\cdots\cdots (53)$$

$$E_{z2}\sin\psi + E_{\phi2}\cos\psi = 0 \quad \cdots\cdots\cdots\cdots\cdots\cdots\cdots\cdots\cdots\cdots\cdots\cdots\cdots\cdots (54)$$

$$E_{z1}\cos\psi - E_{\phi1}\sin\psi = E_{z2}\cos\psi - E_{\phi2}\sin\psi \quad \cdots\cdots\cdots\cdots\cdots\cdots (55)$$

$$H_{z1}\sin\psi + H_{\phi1}\cos\psi = H_{z2}\sin\psi + H_{\phi2}\cos\psi \quad \cdots\cdots\cdots\cdots\cdots\cdots (56)$$

電磁場の式(47)～(52)を，式(53)～(56)に代入します．電磁場の振幅が0にならないためには，この係数の行列式が0である必要があり，これから次式が得られます．

$$(\tau a)^2 \frac{I_0(\tau a) K_0(\tau a)}{I_1(\tau a) K_1(\tau a)} = (ka\cot\psi)^2 \quad \cdots\cdots\cdots\cdots\cdots\cdots\cdots\cdots\cdots\cdots\cdots\cdots (57)$$

この式の解を図9.9(b)に示します．$ka\cot\psi > 4$の場合，近似式(46)は十分正確であることがわかります．

電子と相互作用するために，位相速度がビーム速度にほぼ等しい進行波管の場合のように，軸に沿って光速より遅い位相速度で伝搬する電場を作りたければ，上述のように$k_c^2 < 0$であり，次式が得られます．

$$\tau^2 = -k_c^2 = \beta^2 - k^2 \quad \cdots\cdots\cdots\cdots\cdots\cdots\cdots\cdots\cdots\cdots\cdots\cdots\cdots\cdots (58)$$

$$\tau = \beta\left(1 - \frac{v_p^2}{c^2}\right)^{1/2} \quad \cdots\cdots\cdots\cdots\cdots\cdots\cdots\cdots\cdots\cdots\cdots\cdots\cdots\cdots (59)$$

したがって，円筒対称系においてベッセル関数解(第7章7.3.10節)は虚数の変数をもつ必要があり，それ故に，この解を変形ベッセル関数で書くことができます．TM波の場合には，これは次のようになります．

$$E_z = AI_0(\tau r) \quad \cdots\cdots\cdots\cdots\cdots\cdots\cdots\cdots\cdots\cdots\cdots\cdots\cdots\cdots\cdots\cdots\cdots (60)$$

$$H_\phi = \frac{\omega\varepsilon}{\beta}E_r = \frac{j\omega\varepsilon}{\tau}AI_1(\tau r) \quad \cdots\cdots\cdots\cdots\cdots\cdots\cdots\cdots\cdots\cdots\cdots\cdots (61)$$

9.3.3 表面導波系

表面インピーダンスが無効性の表面付近では，電磁場が局在化することが9.3.2節の結果からわかります．この概念はその内部領域で現れましたが，電磁場が外部領域にある場合にも成立します．表面導波の原理により，このエネルギーは表面付近に保持されます．したがって，放射したり付近の物体と強く結合したりしません．図9.10(a)に対応する外部領域を，図9.10(b)に示します．TM波の外部円筒領域での解は，$r > a$の場合の式(47)～(49)と同じです．$e^{-j\beta z}$を省略すると，E_zとH_ϕは次式で与えられます．

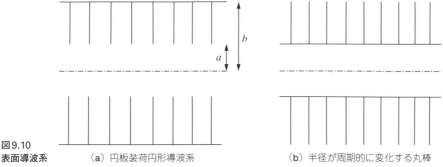

図9.10
表面導波系　　　（a）円板装荷円形導波系　　　（b）半径が周期的に変化する丸棒

$$E_z = AK_0(\tau r) \quad \cdots\cdots (62)$$

$$H_\phi = -\frac{j\omega\varepsilon}{\tau}AK_1(\tau r) \quad \cdots\cdots (63)$$

したがって，この波の波動リアクタンスは$r=a$において，

$$jX = \left.\frac{E_z}{H_\phi}\right|_{r=a} = j\eta\frac{\tau}{k}\frac{K_0(\tau a)}{K_1(\tau a)} \quad \cdots\cdots (64)$$

となります．式(64)は，問題9.2の式(A.1)のように，正すなわち誘導性のリアクタンスを表し，解(62)と(63)はrが大きいときに0になります．式(58)のように，次式τが実数となるためには，位相速度はこの外部誘電体の中で光速より遅くなります．

$$\tau^2 = \beta^2 - k^2 \quad \cdots\cdots (65)$$

9.3.4　周期構造

　前節でリアクタンス壁を説明するために取り上げたひだつき表面は，このひだの間隔が一定であれば周期系の特別の場合になります．周期系には興味深い性質と重要な応用があるので，本節ではこれについてさらに詳細に述べます．9.3.2節と9.3.3節で用いた平らなリアクタンス壁としての取り扱い方は，単なる近似にすぎません．なぜなら，この「平滑化」近似によっては説明できない電磁場の乱れが，この溝部によって生じるからです．

　ある特定の線路，例えば図9.11(a)に示すように，一方の平板に周期的な溝がある平行平板伝送線路を考えます．

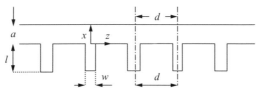

(a) 周期的な溝がある平行平板伝送線路

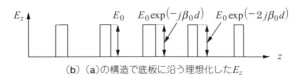

(b) (a)の構造で底板に沿う理想化したE_z

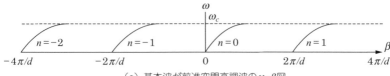

(c) 基本波が前進空間高調波のω-β図

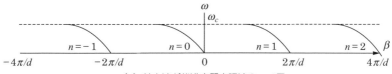

(d) 基本波が後進空間高調波のω-β図

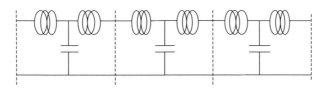

(e) (a)の構造の基本空間高調波の低周波等価回路

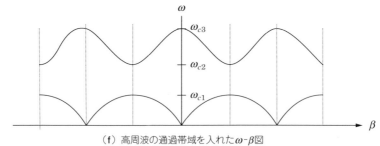

(f) 高周波の通過帯域を入れたω-β図

図9.11　周期的な溝がある平行平板伝送線路

この溝が比較的狭ければ，これは底板の中でz方向の電流を持つ波に対して，この導体に直列な先端短絡伝送線路として作用します．これらの線路は，$x=0$のところでE_zとH_yを作り出し，この値はギャップ幅wにわたってほぼ一定です．したがって，$x=0$におけるE_zの境界条件を図9.11(b)に示すように，伝搬波を強調する場合にはE_zには各周期ごとに$\beta_0 d$の位相ずれがあります．図示した矩形波ではコーナ部の高次端部電場を無視していますが，これは(9.3.3節のときのように)この効果を完全に平滑化するよりも良い近似であり，周期構造の基本的性質を説明するのに十分なものです．

　1つの解だけでは満足できない境界条件を満足させるために，第7章でラプラスの方程式の解の総和をとったのと同じように，$x=0$における境界条件を満たすためにマックスウェルの方程式の解の総和をとります．

　この問題の場合，$\partial/\partial y=0$とし，E_x，E_z，H_yだけがある波を考えます．したがって，マックスウェルの方程式と$x=a$で$E_z=0$という境界条件を満足する解は，TM形の波の総和をとって次のように書くことができ，この総和の中に$n=0$が含まれるならば，この中にTEM成分も含まれています．

$$E_z(x,z) = \sum_{n=-\infty}^{\infty} A_n \sin K_n(a-x) e^{-j\beta_n z} \quad \cdots\cdots (66)$$

$$E_x(x,z) = \sum_{n=-\infty}^{\infty} \frac{j\beta_n}{K_n} A_n \cos K_n(a-x) e^{-j\beta_n z} \quad \cdots\cdots (67)$$

$$H_y(x,z) = \sum_{n=-\infty}^{\infty} \frac{j\omega\varepsilon}{K_n} A_n \cos K_n(a-x) e^{-j\beta_n z} \quad \cdots\cdots (68)$$

ここで，
$$K_n^2 = \omega^2 \mu\varepsilon - \beta_n^2 = k^2 - \beta_n^2 \quad \cdots\cdots (69)$$

です．図9.11(b)に示す境界条件は，位相因子を別にすればzの周期関数です．この周期関数を複素形のフーリエ級数に展開すると，境界条件を次のように書くことができます．

$$E_z(0,z) = e^{-j\beta_0 z} \sum_{n=-\infty}^{\infty} C_n e^{-(j2\pi nz/d)} \quad \cdots\cdots (70)$$

ここで，
$$C_n = \frac{1}{d}\int_{-d/2}^{d/2} E_z(0,z) e^{j\beta_0 z} e^{+j(2\pi nz/d)} dz = \frac{1}{d}\int_{-w/2}^{w/2} E_0 e^{+j(2\pi nz/d)} dz$$
$$= \frac{E_0}{\pi n}\sin\left(\frac{n\pi w}{d}\right) \quad \cdots\cdots (71)$$

です．$x=0$ とした式(66)を式(70)と比較すると，A_n と β_n を次のように求めることができます．

$$A_n = \frac{C_n}{\sin K_n a} = \frac{E_0}{\pi n} \frac{\sin(n\pi w/d)}{\sin K_n a} \quad \cdots\cdots\cdots\cdots\cdots\cdots\cdots\cdots\cdots\cdots (72)$$

$$\beta_n = \beta_0 + \frac{2\pi n}{d} \quad \cdots\cdots\cdots\cdots\cdots\cdots\cdots\cdots\cdots\cdots\cdots\cdots\cdots\cdots\cdots\cdots\cdots (73)$$

上述の近似によって，この問題の波動解がこのようにして求められます．

次に，この問題の中のTM解の役割を，前に考えたTM解と比較して述べます．これまでの節では，TM解を独立に励振できるモードとして考えてきました．ここでは，TM解は周期的境界条件によって結合されており，この境界条件を満足するように互いに適正な関係になければなりません．このため，これらは空間的周期系に対してフーリエ級数の高調波を拡張した空間高調波として知られています．

特に，式(73)からわかることは，任意の空間高調波の β を求めると，これから他のすべての空間高調波の β の値が自動的に決まることです．したがって，この ω-β 図(第5章5.2.2節)は，図9.11(c)，(d)に示すように $2\pi/d$ の間隔で周期的となります．

この図の1周期の形(例えば β_0)を決めるためには，2つの電磁場成分の境界条件を調べる必要があります．E_z についてはすでに考えてきたので，この例の第2の成分としてここでは H_y を選びます．この溝に対する解が先端短絡伝送線路によってうまく近似されるならば，この短絡線路の $x=0$，$z=0$ における H_y の値は次式で表されます．

$$H_y = \frac{-jE_0}{\eta} \cot k\ell \quad \cdots\cdots\cdots\cdots\cdots\cdots\cdots\cdots\cdots\cdots\cdots\cdots\cdots\cdots\cdots (74)$$

したがって，これを $x=0$ で計算した式(68)に等値して，式(72)の A_n を代入すると，

$$-\frac{j}{\eta} \cot k\ell = \sum_{n=-\infty}^{\infty} \frac{j\omega\varepsilon}{\pi n K_n} \sin\frac{\pi n w}{d} \cot K_n a \quad \cdots\cdots\cdots\cdots\cdots\cdots (75)$$

となります．この式は，式(69)および式(73)とともに原理的に β_0 を決める式ですが，この一般解を求めることは難しいです．

$\beta_0 d \ll 1$ という特別な場合には，集中素子近似法を用いることができます．この場合，これに対応する低域フィルタの基本高調波解が基本波の特性を示し，これから他の空間高調波の β の値がわかります．上の例で使用する線路に対応するフィルタを図9.11(e)に示します．

この並列容量と直列インダクタンスの一部は溝の間の平行平板部の電磁場を表し，先端短絡伝送線路の溝はこれに付加される直列インダクタンスになります．図

9.11(e)の中の容量は，y 方向の単位長に対して $C=\varepsilon(d-w)/a$ です．溝の間の部分からのインダクタンスは $L_1=\mu a(d-w)$ であり，短絡溝からのインダクタンスは（$k\lambda < \pi/2$ と仮定して）$L_2=(\eta w/\omega)\tan k\lambda$ です．図9.11(e)の各インダクタンスの値は，$L=(L_1+L_2)/2$ です．

ω-β 図の周期性と空間高調波の位相定数となる式(73)の関係は，周期 d の任意の構造に対して適用できます．周期構造の他の重要な性質は，次のとおりです．

(1) この波のすべての空間高調波の群速度は等しい．したがって，これらの波は一緒に動く．このことは ω-β 図からも式(73)の微分からもわかる．

$$\frac{1}{v_{gn}}=\frac{d\beta_n}{d\omega}=\frac{d\beta_0}{d\omega} \quad\cdots\cdots\cdots\cdots\cdots\cdots\cdots\cdots\cdots\cdots\cdots\cdots\cdots\cdots\cdots\cdots\cdots\cdots\cdots\cdots\cdots (76)$$

(2) 無限にある空間高調波のうちで，この半分は位相速度と群速度が反対方向の後進波（第5章5.4.2節）である．したがって，図9.11(c)の各部で ω/β と $d\omega/d\beta$ の符号を比較するとわかるように，$n=0$，1，2などは前進波であり，$n=-1$，-2 などは後進波である．もし，基本空間高調波の位相速度が負であれば，この高調波は図9.11(d)に示すとおりである．ここで，$n=0$，-1，-2 などは位相速度と群速度の両方が負方向であって後進波ではない．一方，$n=1$，2などは位相速度が正方向で群速度が負方向の後進波である．図9.11(a)の構造は基本前進波をもつが，これと異なる周期構造は基本後進波を持つかもしれない．

(3) 任意の面 $z=md$（m は整数）における電磁場分布は，位相因子 $e^{-j\beta_0 md}$ を乗じることを除いて，$z=0$ における電磁場分布と同じである．この性質はフロクエの定理に関係しており，この定理は周期系を調べるときの出発点として用いられている．本節で用いた特定の例の場合には，式(66)と式(73)から次式が得られ，他の電磁場成分もこれと同様である．

$$E_z(x,md)=\sum_{n=-\infty}^{\infty}A_n\sin K_n(a-x)e^{-j\beta_0 md}e^{-j2\pi mn}$$
$$=e^{-j\beta_0 md}\sum_{n=-\infty}^{\infty}A_n\sin K_n(a-x)=e^{-j\beta_0 md}E_z(x,0) \quad\cdots\cdots\cdots\cdots (77)$$

(4) 図9.11(c)，(d)において ω_c として示す群速度が0になる周波数で，この波は遮断状態になる．この周波数より高い周波数で，減衰帯域内のフィルタに典型的な無効性減衰帯域がある．しかし，図9.11(f)に示すように，周波数が高くなると他の通過帯域が現れる．これらのそれぞれの波の中には，すでに調べた低域通過波の場合と同様に，空間高調波がある．

第9章 問題

問題 9.1 間隔がd_1とd_2の平行平板伝送線路をつなぐ傾斜平板伝送線路が，インピーダンス整合に用いられる理由を説明せよ．

答 本文の図9.3から，kr_iとkr_Lが共に大きい（例えば5以上）場合，特性アドミッタンスY_0はおよそ$1/\eta$であり，θとψはほぼ等しくなります（つまり，$\theta_i \approx \psi_i$，$\theta_L \approx \psi_L$）．この平行平板線路がその右側（負荷側）に対して整合していれば，この特性波動アドミッタンスは平面波の特性波動アドミッタンス$1/\eta$に等しくなります．この場合，本文式(20)により，入力波動アドミッタンスもおよそ$1/\eta$になります．したがって，この平行平板線路はその左側（入力側）に対してもほぼ整合します．

問題 9.2 半径$r=a$の円筒面で遅波を形成する場合，その円筒面は純リアクタンス性である．このことをヘリカル・シートと円板装荷型円形導波系の場合について示せ．

答 （イ）ヘリカル・シートの場合〔本文図9.9(b)参照〕は，本文の式(47)と式(49)から次式が得られます．

$$jX = -\left.\frac{E_z}{H_\phi}\right|_{r=a} = j\eta\frac{\tau}{k}\frac{I_0(\tau a)}{I_1(\tau a)} \quad\quad\quad\quad\quad \text{(A.1)}$$

（ロ）円板装荷型導波系の場合（図A.1）は，この導波系によって得られるリアクタンスは近似的に次式で与えられます．

$$jX = j\eta\left[\frac{J_0(ka)N_0(kb) - J_0(kb)N_0(ka)}{J_1(ka)N_0(kb) - J_0(kb)N_1(ka)}\right] \quad\quad\quad \text{(A.2)}$$

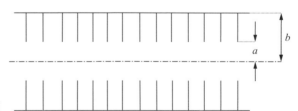

図A.1 円板装荷導波系の断面

以上のように，ヘリカル・シートでも円板装荷型円形導波系でも，$r=a$ における波動インピーダンスは純リアクタンス性になります．

問題 9.3 図A.2に示すように，短冊状の平板を間隔 a で周期的に装荷した平板表面をTM波が伝搬する場合，その表面の波動インピーダンスは誘導性であること，およびその波の位相速度は光速より遅いことを示せ．

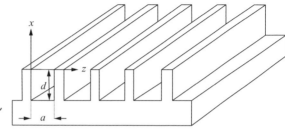

図A.2
短冊状の平板を間隔 a で周期的に装荷した平板

答 本文の式(65)を用いて $e^{-j\beta z}$ を省略すると，次式がマックスウェルの方程式の解であることは，これらを第8章の式(18)～(21)に代入すると確認できます．

$$E_z = Ce^{-\tau x} \quad\quad\quad\quad\quad\quad\quad\quad\quad\quad\quad\quad\quad\quad\quad\quad\quad \text{(A.3)}$$

$$H_y = -\frac{j\omega\varepsilon C}{\tau}e^{-\tau x} \quad\quad\quad\quad\quad\quad\quad\quad\quad\quad\quad\quad\quad \text{(A.4)}$$

$$E_x = -\frac{j\beta C}{\tau}e^{-\tau x} \quad\quad\quad\quad\quad\quad\quad\quad\quad\quad\quad\quad\quad \text{(A.5)}$$

この場合，この表面の波動インピーダンスは，

$$jX = \left.\frac{E_z}{H_y}\right|_{x=0} = \frac{j\tau}{\omega\varepsilon} \quad\quad\quad\quad\quad\quad\quad\quad\quad\quad\quad \text{(A.6)}$$

となります．このインピーダンスはTM波の場合に誘導性であること，およびこの波が x の増加と共に0になるものであれば，β の値は k より大きいことがわかります．したがって，この波の位相速度は光速より遅くなります[注1]．

注1：導電性フィンの間の空間は，先端を短絡した平行平板伝送線路であり，このフィンの端部における波動インピーダンスは第8章の8.2.1節から次式のようになります．
$$\frac{E_z}{H_y} = j\eta\tan kd$$
ここで，d はフィンの高さです．もし $kd < \pi/2$ ならば，この表面は誘導性リアクタンスになることは明らかです．

問題 9.4 図A.3に示すように，導体の上に薄い誘電体層を塗布する場合，領域1(誘電体層)に対して次のTM解が成立することが，これを第8章の式(18)〜(21)に代入すると確認できる．ただし，この導体は無損失であると仮定し，sin関数の変数は導体表面$x = -d$でE_xが0になるように選んでいる．

$$E_z = D \sin k_x (x+d) \quad\cdots\cdots\cdots (A.7)$$

$$H_y = -\frac{j\omega\varepsilon_1 D}{k_x} \cos k_x (x+d) \quad\cdots\cdots\cdots (A.8)$$

$$E_x = -\frac{j\beta D}{k_x} \cos k_x (x+d) \quad\cdots\cdots\cdots (A.9)$$

$$k_x^2 = k_1^2 - \beta^2 \quad\cdots\cdots\cdots (A.10)$$

この場合，誘電体表面における波動インピーダンスの式を求め，表面波の位相速度は領域2内では光速より遅く，領域1内では光速より速いことを示せ．

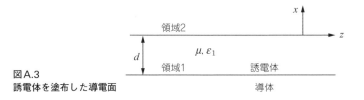

図A.3
誘電体を塗布した導電面

答 $x=0$における波動インピーダンスは式(A.7)と式(A.8)から次のようになります．

$$jX = \left.\frac{E_z}{H_y}\right|_{x=0} = \frac{jk_x}{\omega\varepsilon_1} \tan k_x d \quad\cdots\cdots\cdots (A.11)$$

厚さが薄くて$k_x d \ll 1$の場合，式(A.11)は次のように近似できます．

$$jX \approx \frac{jk_x^2 d}{\omega\varepsilon_1} \quad\cdots\cdots\cdots (A.12)$$

これは誘導性であり，これを問題9.3の式(A.6)と等置すれば，希望する表面波のβを求めることができます．

本文の式(65)，問題9.3の式(A.6)，それに本題の式(A.10)と式(A.12)を用いると，この位相速度は外部誘電体の中で光速より遅く，塗布層の中で光速より速いことがわかります．

第10章

空胴共振器

　本章では，はじめに形状が簡単な共振器として直方体共振器，円筒共振器，球共振器，それにマイクロ波回路やミリ波回路で使用するストリップ共振器について述べます．次に，電子デバイスでよく使用されている狭間隙共振器についてQの測定法と摂動法を説明します．最後に，その他の共振器として誘電体共振器を取り上げます．

　空胴共振器には，容量器とインダクタを組み合わせた集中素子型や，伝送線路の一部と見られる分布型があります．集中素子型は容量器に電気エネルギーを蓄積し，インダクタに磁気エネルギーを蓄積します．その共振周波数において，1/4サイクルごとにインダクタと容量器の間でエネルギーが交換されます．分布型も1/4サイクルごとに電気エネルギーと磁気エネルギーの間でエネルギーが交換されますが，分布型の場合にはそれぞれのエネルギー型に対して別の部品があるのではなく，同じ領域の中に両方のエネルギーが時間を変えて蓄積されます．

　分布共振回路は，伝送線路内の前進波と後進波が加え合わさり生じる定在波の共振を利用するものです．したがって，この回路寸法は波長と同程度になります．いくつかの金属共振器では回路の先端が短絡され，このため，これは定在波を通す伝送線路の一部と見ることができます．マイクロ波回路やミリ波回路で使用するマイクロストリップ線路は，小形軽量な伝送型の共振構造を構成しています．また，誘電体丸棒の伝送構造（第9章9.1節）の一部を用いて，誘電体の円筒共振器を作ることができます．

10.1 形状が簡単な共振器

10.1.1 直方体共振器
(1) 直方体共振器の電磁場

最初に，直方体共振器を考えます．共振器の壁は無損失導体でできていると仮定し，共振器の中の損失量は理想（無損失）モードの電流が既知の導電率の壁を流れるとして近似的に計算します．

図10.1(a)に示す直方体共振器において，電場がy方向を向き，z方向に伝搬するTE$_{10}$導波管モードを考えます．無損失導体であることから，$z=0$とdでE_yが0であるという境界条件は，寸法dが管内波長の半分であれば満足されます．第8章の式(110)を用いると，

$$d = \frac{\lambda_g}{2} = \frac{\lambda}{2\sqrt{1-(\lambda/2a)^2}} \quad \cdots\cdots (1)$$

となります．したがって，共振周波数は次のようになります．

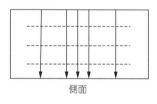

側面

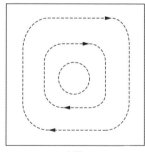

上面

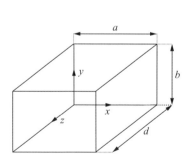

(a) 直方体共振器

図10.1
直方体共振器の中の電磁場

(b) TE$_{101}$モードで動作する直方体共振器の中の電場と磁場
（実線は電場，点線は磁場を表す）

$$f_0 = \frac{v}{\lambda} = \frac{\sqrt{a^2+d^2}}{2ad\sqrt{\mu\varepsilon}} \quad \cdots\cdots\cdots\cdots\cdots\cdots\cdots\cdots\cdots\cdots\cdots\cdots\cdots\cdots\cdots\cdots\cdots\cdots \quad (2)$$

共振器内部の電磁場分布は，第8章の式(103)と式(104)の形の正方向伝搬波と負方向伝搬波を加え合わせて求めることができます．すなわち，

$$E_y = \left(E_+ e^{-j\beta z} + E_- e^{j\beta z}\right)\sin\frac{\pi x}{a} \quad \cdots\cdots\cdots\cdots\cdots\cdots\cdots\cdots \quad (3)$$

$$H_x = -\frac{1}{Z_{TE}}\left(E_+ e^{-j\beta z} - E_- e^{j\beta z}\right)\sin\frac{\pi x}{a} \quad \cdots\cdots\cdots\cdots \quad (4)$$

$$H_z = \frac{j}{\eta}\left(\frac{\lambda}{2a}\right)\left(E_+ e^{-j\beta z} + E_- e^{j\beta z}\right)\cos\frac{\pi x}{a} \quad \cdots\cdots\cdots \quad (5)$$

E_y は $z=0$ で0ですから，$E_- = -E_+$ です．E_y は $z=d$ でも0ですから，$\beta = \pi/d$ です．したがって，$E_0 = -2jE_+$ とすると，式(3)〜(5)は次のように簡単になります．

$$E_y = E_0 \sin\frac{\pi x}{a}\sin\frac{\pi z}{d} \quad \cdots\cdots\cdots\cdots\cdots\cdots\cdots\cdots\cdots\cdots\cdots \quad (6)$$

$$H_y = -j\frac{E_0}{\eta}\frac{\lambda}{2d}\sin\frac{\pi x}{a}\cos\frac{\pi z}{d} \quad \cdots\cdots\cdots\cdots\cdots\cdots\cdots \quad (7)$$

$$H_z = j\frac{E_0}{\eta}\frac{\lambda}{2a}\cos\frac{\pi x}{a}\sin\frac{\pi z}{d} \quad \cdots\cdots\cdots\cdots\cdots\cdots\cdots\cdots \quad (8)$$

上の式を調べると，電場は上面から下面に垂直に走って上面と下面に垂直に入り，無損失導体に要求されるように側壁で0になります．磁場は水平方向の $x-z$ 面内にあり，E_y が時間的に変化する結果として生じる垂直方向の変位電流を囲みます．この電磁場を図10.1(b)に示します．上面と下面には，ここで終端する垂直方向の電場により，等量異符号の電荷が存在します．電流は上面と下面の間を流れ，側壁の中で垂直方向に流れます．集中素子回路の場合には電場と磁場は分離されていましたが，ここではこれらは混在しています．

ここで調べたモードは x 方向に1つの半正弦波変化，y 方向に変化はなく，z 方向に1つの半正弦波変化をしています．このため，これを TE_{101} モードと言います．

(2) 直方体共振器の蓄積エネルギー，損失エネルギー，Q

直方体共振器の中の蓄積エネルギーと損失エネルギーについて考えます．全エネルギーは電場と磁場の間を行き来するので，この共振器の定在波分布において電場が最大のときに電場内に蓄えられるエネルギーを求めると，この共振器の蓄積エネルギーを計算できます．なぜなら，このとき磁場は0だからです．

10.1 形状が簡単な共振器 | 315

$$U = (U_E)_{\max} = \frac{\varepsilon}{2}\int_0^d\int_0^b\int_0^a |E_y|^2 dxdydz \quad \cdots\cdots\cdots\cdots (9)$$

式(6)を用いると，これは次のようになります．

$$U = \frac{\varepsilon}{2}\int_0^d\int_0^b\int_0^a E_0^2 \sin^2\frac{\pi x}{a}\sin^2\frac{\pi z}{d} dxdydz$$

$$= \frac{\varepsilon E_0^2}{2}\cdot\frac{a}{2}\cdot b\cdot\frac{d}{2} = \frac{\varepsilon abd}{8}E_0^2 \quad \cdots\cdots\cdots\cdots (10)$$

次に，壁の中の損失電力を近似的に求めるため，表面における水平方向磁場から求められる無損失導体内の電流を使用します．図10.1(a)を参照すると，

前面：$J_{sy} = -H_x|_{z=d}$　　　背面：$J_{sy} = H_x|_{z=0}$

左側：$J_{sy} = -H_z|_{x=0}$　　　右側：$J_{sy} = H_z|_{x=a}$

上面：$J_{sx} = -H_z$, $J_{sz} = H_x$　　底面：$J_{sx} = H_z$, $J_{sz} = -H_x$

となります．壁の表面抵抗 R_s がならば，上述の電流により次の損失電力が発生します．

$$W_L = \frac{R_s}{2}\left\{2\int_0^b\int_0^a |H_x|^2_{z=0}dxdy + 2\int_0^d\int_0^b |H_z|^2_{x=0}dydz + 2\int_0^d\int_0^a\left[|H_x|^2 + |H_y|^2\right]dxdz\right\}$$
$$\cdots\cdots\cdots\cdots (11)$$

上式で，第1項は前面と背面，第2項は左面と右面，第3項は上面と底面で発生する損失電力です．この式に式(7)と式(8)を代入し，各積分値を計算すると，次式が得られます．

$$W_L = \frac{R_s\lambda^2}{8\eta^2}E_0^2\left[\frac{ab}{d^2} + \frac{bd}{a^2} + \frac{1}{2}\left(\frac{a}{d} + \frac{d}{a}\right)\right] \quad \cdots\cdots\cdots\cdots (12)$$

共振器の Q は，第5章の式(102)から次のように定義されます．

$$Q = \frac{\omega_0 U}{W_L} \quad \cdots\cdots\cdots\cdots (13)$$

この式に，式(10)と式(12)および式(2)の λ を代入すると，Q は次のようになります．

$$Q = \frac{\pi\eta}{4R_s}\left[\frac{2b(a^2+d^2)^{3/2}}{ad(a^2+d^2)+2b(a^3+d^3)}\right] \quad \cdots\cdots\cdots\cdots (14)$$

$a=b=d$ の立方体の場合，これは次のように簡単になります．

$$Q_{\text{cube}} = \frac{\sqrt{2}\pi}{6}\frac{\eta}{R_s} = 0.742\frac{\eta}{R_s} \quad \cdots\cdots(15)$$

誘電体が空気の場合には $\eta \approx 377\,\Omega$ であり，周波数が10GHzで導体が銅の場合には Rs≈0.0261Ω ですから，このQ値は約10730となります．このように，この共振器のQ値は集中回路のQ値（数100のオーダ）や共振線路のQ値（数1000のオーダ）に比べて非常に高いことがわかります．ただし，ここで計算したような高い値を実際に得たければ，いくぶん注意を払わなければなりません．その理由は，結合系，表面粗さ，その他の擾乱により，損失が増加するからです．誘電体の損失や小穴からの放射があれば，Qはさらに低下する可能性があります．

蓄積エネルギーと損失電力を用いて定義した Q は，共振器のバンド幅を評価する場合にも用いられます．応答曲線上で振幅が最大値の $1/\sqrt{2}$ 倍のところまで低下する2点間の周波数差を Δf とすれば（第5章5.3.2節），

$$\frac{\Delta f}{f_0} \approx \frac{1}{Q} \quad \cdots\cdots(16)$$

が成立します．例えば，上の例の場合，周波数10GHzで共振している共振器のQ値が10000であることから，電力半値幅は1MHzになります．

(3) 直方体共振器の中の高次モード

直方体共振器に対してこれまでに調べた特定のモードは，無限にあるモードのうちの1つに過ぎません．共振モードが入射波と反射波の定在波であるという見方をとれば，無限にある波の中の任意の波を使用して，短絡端の間の半波の整数倍を用いることができます．この特定の電磁場分布の記述方法は，一義的なものではありません．なぜなら，これはこの導波管モードの「伝搬方向」として選ぶ軸に依存するからです．

例えば，z 軸あるいは x 軸を伝搬方向と考えれば，これまでに述べた簡単なモードはTE$_{101}$モードです．しかし，垂直(y)軸を伝搬方向と考えれば，このモードはTM$_{110}$モードとなります．以下，座標系を図10.1(a)に示すように選び，z方向に伝搬するいろいろな導波管モードの入射波と反射波を重畳して電磁場分布を求めます．

▶ TE$_{mnp}$モード

矩形導波管のTE$_{mn}$モード（第8章8.2.3節参照）を選択すれば，H_zの正方向進行波と負方向進行波を加えて次式が得られます．

$$H_z = \left(Ae^{-j\beta z} + Be^{j\beta z}\right)\cos\frac{m\pi x}{a}\cos\frac{n\pi y}{b} \quad \cdots\cdots(17)$$

$z=0$ と $z=d$ で磁場の垂直成分 H_z は 0 ですから $B=-A$，および p を整数として $\beta d = p\pi$ となります．$C=-2jA$ とすると，上式は次のようになります．

$$H_z = A\left(e^{-j\beta z} - e^{j\beta z}\right)\cos\frac{m\pi x}{a}\cos\frac{n\pi y}{b}$$

$$= C\cos\frac{m\pi x}{a}\cos\frac{n\pi y}{b}\sin\frac{p\pi z}{d} \quad \cdots\cdots\cdots (18)$$

次に，式(18)を第8章の式(18)〜(21)に代入します．負方向進行波の場合には，β を乗じた項はすべて符号が変わるので，

$$H_x = -\frac{j\beta}{k_c^2}\left(Ae^{-j\beta z} - Be^{j\beta z}\right)\left(-\frac{m\pi}{a}\right)\sin\frac{m\pi x}{a}\cos\frac{n\pi y}{b}$$

$$= -\frac{C}{k_c^2}\left(\frac{p\pi}{d}\right)\left(\frac{m\pi}{a}\right)\sin\frac{m\pi x}{a}\cos\frac{n\pi y}{b}\cos\frac{p\pi z}{d} \quad \cdots\cdots\cdots (19)$$

$$H_y = -\frac{C}{k_c^2}\left(\frac{p\pi}{d}\right)\left(\frac{n\pi}{b}\right)\cos\frac{m\pi x}{a}\sin\frac{n\pi y}{b}\cos\frac{p\pi z}{d} \quad \cdots\cdots\cdots (20)$$

$$E_x = \frac{j\omega\mu C}{k_c^2}\left(\frac{n\pi}{b}\right)\cos\frac{m\pi x}{a}\sin\frac{n\pi y}{b}\sin\frac{p\pi z}{d} \quad \cdots\cdots\cdots (21)$$

$$E_y = -\frac{j\omega\mu C}{k_c^2}\left(\frac{m\pi}{a}\right)\sin\frac{m\pi x}{a}\cos\frac{n\pi y}{b}\sin\frac{p\pi z}{d} \quad \cdots\cdots\cdots (22)$$

となります．ここで，$\beta = p\pi/d$ であり，第8章の式(23)から，

$$k_c^2 = \left(\frac{m\pi}{a}\right)^2 + \left(\frac{n\pi}{b}\right)^2 \quad \cdots\cdots\cdots (23)$$

です．この場合の共振周波数は式(23)と第8章の式(24)から次のようになります．

$$f_0 = \frac{1}{2\pi\sqrt{\mu\varepsilon}}\left[\left(\frac{m\pi}{a}\right)^2 + \left(\frac{n\pi}{b}\right)^2 + \left(\frac{p\pi}{d}\right)^2\right]^{1/2} \quad \cdots\cdots\cdots (24)$$

▶ TM_{mnp} モード

上と同様の方法で，矩形導波管の中を正方向と負方向に進行する TM_{mn} モードを加え合わせると次式が得られます．

$$E_z = D\sin\frac{m\pi x}{a}\sin\frac{n\pi y}{b}\cos\frac{p\pi z}{d} \quad \cdots\cdots\cdots (25)$$

$$E_x = -\frac{D}{k_c^2}\left(\frac{p\pi}{d}\right)\left(\frac{m\pi}{a}\right)\cos\frac{m\pi x}{a}\sin\frac{n\pi y}{b}\sin\frac{p\pi z}{d} \quad\cdots\cdots\cdots\cdots\cdots\cdots (26)$$

$$E_y = -\frac{D}{k_c^2}\left(\frac{p\pi}{d}\right)\left(\frac{n\pi}{b}\right)\sin\frac{m\pi x}{a}\cos\frac{n\pi y}{b}\sin\frac{p\pi z}{d} \quad\cdots\cdots\cdots\cdots\cdots\cdots (27)$$

$$H_x = \frac{j\omega\varepsilon D}{k_c^2}\left(\frac{n\pi}{b}\right)\sin\frac{m\pi x}{a}\cos\frac{n\pi y}{b}\cos\frac{p\pi z}{d} \quad\cdots\cdots\cdots\cdots\cdots\cdots (28)$$

$$H_y = -\frac{j\omega\varepsilon D}{k_c^2}\left(\frac{m\pi}{a}\right)\cos\frac{m\pi x}{a}\sin\frac{n\pi y}{b}\cos\frac{p\pi z}{d} \quad\cdots\cdots\cdots\cdots\cdots\cdots (29)$$

k_c^2 と共振周波数 f_0 は，式(23)および式(24)と同じです．

▶注意事項

最初に，同じ次数 m，n，p のTMモードとTEモードの共振周波数は，同じになることがわかります．電磁場パターンは異なりますが，共振周波数が同じモードを縮退モードと言います．縮退が起こる他の場合は立方体 $a=b=d$ の場合であり，ここではTM型およびTE型の両型の次数112，121および211のモードの共振周波数が同じになります．

ある共振器の寸法に対して，モードの次数が高くなるにつれて共振周波数が高くなることは式(24)から明らかです．このことは，ある周波数において共振するためには，次数が増加するにつれて共振器を大きくしなければならないことを示しています．ある周波数において，高次のモードになるほど Q 値は高くなります．この理由は，共振器が大きくなれば体積と面積の比が大きくなり，エネルギーは体積の中に蓄積され，一方，エネルギーは抵抗をもつ導電性表面で失われるからです．

10.1.2 円筒共振器

図10.2に示す円筒共振器には，前節の直方体共振器で述べたモードに類似するモードが存在します．このモードの垂直方向の電場は空胴の中心で最大であり，壁のところで0です．周方向の磁場は，時間的に変化する電場によって生じる変位電流を囲みます．このどちらの成分も軸方向や周方向に変化しません．等量異符号の電荷が2つの端面上にあり，垂直方向の電流が側壁を流れます．

このモードは，円形導波管の中のTM$_{01}$モードが遮断状態で動作し，電磁場が z に対して一定と考えることができます．またこのモードは，第9章9.2.1節で述べた径方向伝送線路の内向き伝搬波と外向き伝搬波が加わって作る定在波と考えることもできます．どちらの観点から見ても，電磁場成分は次のようになります．

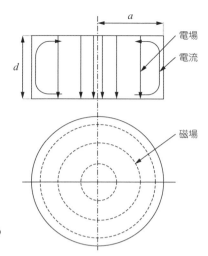

図 10.2
円筒共振器と TM_{010} モードの電磁場

$$E_z = E_0 J_0(kr) \quad \cdots\cdots(30)$$

$$H_\phi = \frac{jE_0}{\eta} J_1(kr) \quad \cdots\cdots(31)$$

$$k = \frac{p_{01}}{a} = \frac{2.405}{a} \quad \cdots\cdots(32)$$

したがって，このモードの共振周波数は次式で与えられます．

$$f_0 = \frac{k}{2\pi\sqrt{\mu\varepsilon}} = \frac{2.405}{2\pi a\sqrt{\mu\varepsilon}} \quad \cdots\cdots(33)$$

共振時にこの空胴に蓄積するエネルギーは，電場内のエネルギーが最大の瞬間における電場内のエネルギーから，次式により求めることができます．空胴の半径を a，長さを d とすると，この蓄積エネルギーは，

$$U = d\int_0^a \frac{\varepsilon|E_z|^2}{2} 2\pi r dr = \pi\varepsilon d E_0^2 \int_0^a r J_0^2(kr) dr \quad \cdots\cdots(34)$$

となります．この積分は，第 7 章の式 (142) を用いて実行することができ，次式が得られます．

$$U = \pi\varepsilon d E_0^2 \frac{a^2}{2} J_1^2(ka) \quad \cdots\cdots(35)$$

壁に損失があれば，損失電力は近似的に次のように計算できます．

$$W_L = 2\pi a d \frac{R_s}{2}|J_{sz}|^2 + 2\int_0^a \frac{R_s}{2}|J_{sr}|^2 2\pi r dr \quad \cdots\cdots\cdots\cdots\cdots\cdots\cdots (36)$$

この第1項は側壁の損失電力,第2項は上面および下面の損失電力です.上面および下面の単位幅あたりの電流 J_{sr} は $\pm H_\phi$ に等しく,側壁の単位幅あたりの電流 J_{sz} は $r=a$ における H_ϕ の値に等しくなります.この式に式(31)を代入すると,

$$W_L = \pi R_s \left[ad\frac{E_0^2}{\eta^2}J_1^2(ka) + 2\int_0^a \frac{E_0^2}{\eta^2} r J_1^2(kr) dr \right] \quad \cdots\cdots\cdots\cdots\cdots (37)$$

となります.この積分も第7章の式(142)を用いて計算でき,$J_0(ka)=0$ が共振条件であることを用いると,

$$W_L = \frac{\pi a R_s E_0^2}{\eta^2} J_1^2(ka)[d+a] \quad \cdots\cdots\cdots\cdots\cdots\cdots\cdots (38)$$

となります.したがって,共振周波数として式(33)を用い,この空胴の Q は式(38)の損失電力と式(35)の蓄積エネルギーから,次のように求めることができます.

$$Q = \frac{\omega_0 U}{W_L} = \frac{\eta}{R_s} \frac{p_{01}}{2(a/d+1)} \quad \cdots\cdots\cdots\cdots\cdots\cdots\cdots (39)$$

ここで,$p_{01} \approx 2.405$ です.

両端版の間を,管内波長の半分の整数倍で軸方向に伝搬する他のモードを考えると,円筒共振器に対して無限の数の共振モードが得られます.入射波と反射波を重畳して形成される定在波は,導電性端板の境界条件を満足します.TE_{11} モード,TM_{01} モードおよび TE_{01} モードの概略電磁場分布と共振周波数を,**表10.1**に示します.このそれぞれのモードが,端版の間で管内波長の半分になります.この表に示す共振周波数は,次の方程式を解いて求めることができます.

$$d = \frac{p\lambda_g}{2} = \frac{p\lambda}{2}\left[1-\left(\frac{\lambda}{\lambda_c}\right)^2\right]^{-1/2} \quad \cdots\cdots\cdots\cdots\cdots (40)$$

これらのモードの場合,式(40)の整数 p は1であり,遮断波長 λ_c は第8章8.2.4節から求めることができます.

上述したモードの中で,TE_{011} モードでは円筒壁と終端壁の両方で周方向電流だけが流れるので,このモードがもっとも興味深いものです.端版を動かすことによって共振器がこの波に同調すれば,端版と円筒壁の間に電流が流れないので,この間で接触を良好に保つ必要がありません.図示した他の2つのモード(実際には TE_{0mp} 型モード以外のすべてのモード)では,円筒と端版の間にある電流が流れる

表10.1 円筒共振器の代表的モードとその共振周波数

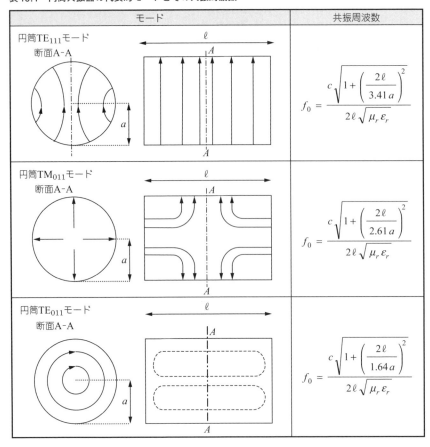

　ため，どのような可動接触子を用いるにしても，これは良好な接触を保つものでなければなりません．

　直方体共振器の場合と同様に，この共振器がある与えられた周波数で共振するためには，波の次数が高くなるほど共振器を大きくする必要があります．この場合のQ値は，体積と表面積の比が大きくなるため高くなりますが，各モードの共振周波数が接近してくるので，1つのモードだけを励振することが難しくなります．

10.1.3 球共振器

(1) 球座標を用いた波動解

本節では，球座標を用いて球共振器の波動解を求めます．ここでは，軸対称(すなわち $\partial/\partial\phi = 0$)の解だけを調べます．この場合，解は E_r, E_θ, H_ϕ 成分がある波と H_r, H_θ, E_ϕ 成分がある波にわかれます．$r =$ 一定の球面がここでは横方向の面であり，これらの波をそれぞれTM型，TE型と言います．

球座標で表したマックスウェルの方程式において軸対称のTM球モードを考え，$\partial/\partial\phi = 0$ とします．E_r, E_θ, H_ϕ 成分を持つ回転の方程式は，

$$\frac{\partial}{\partial r}(rE_\theta) - \frac{\partial E_r}{\partial \theta} = -j\omega\mu(rH_\phi) \quad \cdots\cdots (41)$$

$$\frac{1}{r\sin\theta}\frac{\partial}{\partial \theta}(H_\phi \sin\theta) = j\omega\varepsilon E_r \quad \cdots\cdots (42)$$

$$-\frac{\partial}{\partial r}(rH_\phi) = j\omega\varepsilon(rE_\theta) \quad \cdots\cdots (43)$$

となります．式(42)と式(43)を微分して，その結果を式(41)に代入すると，次の H_ϕ だけの方程式が得られます．

$$\frac{\partial^2}{\partial r^2}(rH_\phi) + \frac{1}{r^2}\frac{\partial}{\partial \theta}\left[\frac{1}{\sin\theta}\frac{\partial}{\partial \theta}(rH_\phi \sin\theta)\right] + k^2(rH_\phi) = 0 \quad \cdots\cdots (44)$$

この偏微分方程式を解くために積解法を用い，次のように仮定します．

$$(rH_\phi) = R\Theta \quad \cdots\cdots (45)$$

ここで，R は r だけの関数，Θ は θ だけの関数です．これを式(44)に代入すると r の関数と θ の関数を分離することができ，これらが r と θ のすべての値に対して等しければ，これらはある定数に等しくなければなりません．後で便利なように，この定数を $n(n+1)$ とします．すなわち，

$$\frac{r^2 R''}{R} + k^2 r^2 = -\frac{1}{\Theta}\frac{d}{d\theta}\left[\frac{1}{\sin\theta}\frac{d}{d\theta}(\Theta\sin\theta)\right] = n(n+1) \quad \cdots\cdots (46)$$

となります．こうして2つの常微分方程式が得られ，その1つは r だけの方程式，もう1つは θ だけの方程式です．最初に θ の方程式を考え，次の変換を行います．

$$u = \cos\theta \quad \sqrt{1-u^2} = \sin\theta \quad \frac{d}{d\theta} = -\sin\theta\frac{d}{du} \quad \cdots\cdots (47)$$

この結果，次式が得られます．

$$(1-u^2)\frac{d^2\Theta}{du^2} - 2u\frac{d\Theta}{du} + \left[n(n+1) - \frac{1}{1-u^2}\right]\Theta = 0 \quad \cdots\cdots (48)$$

この微分方程式からルジャンドルの方程式が思い出されます．実際に，この式はその1つの標準形であり，その形は，

$$\left(1-x^2\right)\frac{d^2 y}{dx^2} - 2x\frac{dy}{dx} + \left[n(n+1) - \frac{m^2}{1-x^2}\right]y = 0 \quad \cdots\cdots (49)$$

になります．この解の1つを次のように書きます．

$$y = P_n^m(x) \quad \cdots\cdots (50)$$

上の解で定義する関数を次数n，位数mの第1種ルジャンドル陪関数と言います．これらは，通常のルジャンドル関数と次の関係にあります．

$$P_n^m(x) = \left(1-x^2\right)^{m/2}\frac{d^m P_n(x)}{dx^m} \quad \cdots\cdots (51)$$

実際に，この式を通常のルジャンドルの方程式に代入すると式(49)を導出することができます．したがって，式(48)の解を次のように書くことができます．

$$\Theta = P_n^1(u) = P_n^1(\cos\theta) \quad \cdots\cdots (52)$$

そして，式(51)から，

$$P_n^1(\cos\theta) = -\frac{d}{d\theta}P_n(\cos\theta) \quad \cdots\cdots (53)$$

が得られます．nが整数の場合，これらのルジャンドル陪関数も有限個の項で構成される多項式です．最初の数次の多項式は，次のようになります．

$$\left.\begin{aligned}
P_0^1(\cos\theta) &= 0 \\
P_1^1(\cos\theta) &= \sin\theta \\
P_2^1(\cos\theta) &= 3\sin\theta\cos\theta \\
P_3^1(\cos\theta) &= \tfrac{3}{2}\sin\theta\left(5\cos^2\theta - 1\right) \\
P_4^1(\cos\theta) &= \tfrac{5}{2}\sin\theta\left(7\cos^3\theta - 3\cos\theta\right)
\end{aligned}\right\} \quad \cdots\cdots (54)$$

これらの関数は，次の性質をもっています．

(1) すべての$P_n^1(\cos\theta)$は，$\theta = 0$および$\theta = \pi$で0である．

(2) nが偶数ならば，$P_n^1(\cos\theta)$は$\theta = \pi/2$で0である．

(3) nが奇数ならば，$P_n^1(\cos\theta)$は$\theta = $は$\pi/2$で最大であり，この最大値は，

$$P_n^1(0) = \frac{(-1)^{-(n-1)/2} n!}{2^{n-1}\left[\left(\frac{n-1}{2}\right)!\right]^2} \qquad n \text{ は奇数} \quad \cdots\cdots\cdots (55)$$

(4) ルジャンドル陪関数には，次の直交性がある．

$$\int_0^\pi P_\ell^1(\cos\theta) P_n^1(\cos\theta) \sin\theta\, d\theta = 0 \qquad \ell \neq n \quad \cdots\cdots\cdots (56)$$

$$\int_0^\pi \left[P_n^1(\cos\theta)\right]^2 \sin\theta\, d\theta = \frac{2n(n+1)}{2n+1} \quad \cdots\cdots\cdots (57)$$

(5) ルジャンドル陪関数の微分公式は，次のとおりである．

$$\frac{d}{d\theta}\left[P_n^1(\cos\theta)\right] = \frac{1}{\sin\theta}\left[nP_{n+1}^1(\cos\theta) - (n+1)\cos\theta\, P_n^1(\cos\theta)\right] \quad \cdots\cdots (58)$$

これまで式(48)の2階の微分方程式に対して，1つの解しか考えてきませんでした．他の解は軸上で無限大になるため，軸上で電磁場が有限な場合には必要ありませんが，2円錐アンテナを解析する場合には必要になります．

式(46)から得られる r の微分方程式に戻り，この式に変数 $R_1 = R/\sqrt{r}$ を代入すると次式が得られます．

$$\frac{d^2 R_1}{dr^2} + \frac{1}{r}\frac{dR_1}{dr} + \left[k^2 - \frac{(n+1/2)^2}{r^2}\right]R_1 = 0 \quad \cdots\cdots\cdots (59)$$

この式を第7章の式(107)と比較すると，この式は次数 $n+1/2$ のベッセルの微分方程式であることがわかります．したがって，この完全解を次のように書くことができます．

$$R_1 = A_n J_{n+1/2}(kr) + B_n N_{n+1/2}(kr) \quad \cdots\cdots\cdots (60)$$

および

$$R = \sqrt{r} R_1 \quad \cdots\cdots\cdots (61)$$

もし，n が整数であれば，これらの半整数のベッセル関数は，正弦波が代数的に結合したものになります．例えば，はじめの数次のこの関数は，次のとおりです．

$$\left. \begin{array}{ll} J_{1/2}(x) = \sqrt{\dfrac{2}{\pi x}}\sin x & N_{1/2}(x) = -\sqrt{\dfrac{2}{\pi x}}\cos x \\[2mm] J_{3/2}(x) = \sqrt{\dfrac{2}{\pi x}}\left[\dfrac{\sin x}{x} - \cos x\right] & N_{3/2}(x) = -\sqrt{\dfrac{2}{\pi x}}\left[\sin x + \dfrac{\cos x}{x}\right] \end{array} \right\} \cdots\cdots (62)$$

$$J_{5/2}(x) = \sqrt{\frac{2}{\pi x}} \left[\left(\frac{3}{x^2} - 1 \right) \sin x - \frac{3}{x} \cos x \right]$$

$$N_{5/2}(x) = -\sqrt{\frac{2}{\pi x}} \left[\frac{3}{x} \sin x + \left(\frac{3}{x^2} - 1 \right) \cos x \right]$$

J 関数と N 関数を線形結合してハンケル関数(第7章7.3.6節)にすると,この関数は径方向に内向きまたは外向きに進行する波を表し,境界条件は以前に他のベッセル関数に対して求めたものと同じです.この場合,

(1) 考えている領域の中に座標の原点があれば, $N_{n+1/2}$ は $r=0$ で無限大になるためこれを除外する.

(2) 考えている領域が無限遠まで広がっていれば,径方向に外向きに進行する波を表すために J と N を線形結合した第2種ハンケル関数を用いる必要がある.

どのような問題にも適用される $J_{n+1/2}(kr)$ と $N_{n+1/2}(kr)$ の特定の組み合わせを $Z_{n+1/2}(kr)$ と書き,式(45),式(52),式(60)を適正に結合すると H_ϕ が求められます.また,E_r と E_θ は,それぞれ式(42)と式(43)から次のようになります.

$$\left. \begin{aligned} H_\phi &= \frac{A_n}{\sqrt{r}} P_n^1(\cos\theta) Z_{n+1/2}(kr) \\ E_\theta &= \frac{A_n P_n^1(\cos\theta)}{j\omega\varepsilon r^{3/2}} \left[n Z_{n+1/2}(kr) - kr Z_{n-1/2}(kr) \right] \\ E_r &= -\frac{A_n n Z_{n+1/2}(kr)}{j\omega\varepsilon r^{3/2} \sin\theta} \left[\cos\theta P_n^1(\cos\theta) - P_{n+1}^1(\cos\theta) \right] \end{aligned} \right\} \cdots\cdots (63)$$

球対称のTEモードは,上述のモードと相互性の原理(第9章9.2.3節)によって,次のように求めることができます.この場合,E_r と E_θ をそれぞれ H_r と H_θ で置き換え,H_ϕ を $-E_\phi$ で,また ε を μ で置き換えます.

$$\left. \begin{aligned} E_\phi &= \frac{B_n}{\sqrt{r}} P_n^1(\cos\theta) Z_{n+1/2}(kr) \\ H_\theta &= -\frac{B_n P_n^1(\cos\theta)}{j\omega\mu r^{3/2}} \left[n Z_{n+1/2}(kr) - kr Z_{n-1/2}(kr) \right] \\ H_r &= \frac{B_n n Z_{n+1/2}(kr)}{j\omega\mu r^{3/2} \sin\theta} \left[\cos\theta P_n^1(\cos\theta) - P_{n+1}^1(\cos\theta) \right] \end{aligned} \right\} \cdots\cdots (64)$$

(2) 球共振器の電磁場と共振周波数，Q値

前項の球面波の解析結果を，球共振器の簡単なモードに適用します．座標の原点が解の領域の中にあるので，ベッセル関数は第1種のベッセル関数$J_{n+1/2}$だけです．最低次のTMモードの場合，式(63)で$n=1$とし，式(54)と式(62)の定義式を使用します．$C=A_1(2k/\pi)^{1/2}$と置くと，次式が得られます．

$$H_\phi = \frac{C\sin\theta}{kr}\left(\frac{\sin kr}{kr} - \cos kr\right) \quad \cdots\cdots(65)$$

$$E_r = -\frac{2j\eta C\cos\theta}{k^2 r^2}\left(\frac{\sin kr}{kr} - \cos kr\right) \quad \cdots\cdots(66)$$

$$E_\theta = \frac{j\eta C\sin\theta}{k^2 r^2}\left[\frac{(kr)^2-1}{kr}\sin kr + \cos kr\right] \quad \cdots\cdots(67)$$

このモードをTM$_{101}$モードと言い，ここでの添字はr, ϕ, θの順の変化数を表しています．このモードの電場と磁場を，**図10.3**に示します．

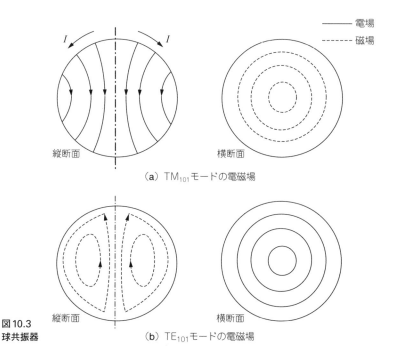

図10.3 球共振器
(a) TM$_{101}$モードの電磁場
(b) TE$_{101}$モードの電磁場

― 電場
---- 磁場

共振条件を求めるには，半径 $r = a$ で E_θ が 0 であることを用います．このためには，式(67)から次式が成立する必要があります．

$$\tan ka = \frac{ka}{1-(ka)^2} \quad \cdots\cdots(68)$$

この超越方程式の解は数値的に求めることができ，その最初の解は $ka \approx 2.74$ です．したがって，このモードの共振周波数は次のようになります．

$$f_0 \approx \frac{1}{2.29\sqrt{\mu\varepsilon}a} \quad \cdots\cdots(69)$$

共振時の蓄積エネルギーは，磁場内のピーク・エネルギーから次式により求めることができます．

$$U = \int_0^a \int_0^\pi \frac{\mu}{2}\left|H_\phi\right|^2 2\pi r^2 \sin\theta\, d\theta\, dr \quad \cdots\cdots(70)$$

H_ϕ は式(65)で与えられており，この積分は共振条件の式(68)によって次のように簡単にすることができます．

$$U = \frac{2\pi\mu C^2}{3k^3}\left[ka - \frac{1+(ka)^2}{ka}\sin^2 ka\right] \quad \cdots\cdots(71)$$

導体の導電率が有限な場合，消費電力は近似的に，

$$W_L = \int_0^\pi \frac{R_s\left|H_\phi\right|^2}{2} 2\pi a^2 \sin\theta\, d\theta = \frac{4\pi R_s}{3}a^2 C^2 \sin^2 ka \quad \cdots\cdots(72)$$

となります．したがって，このモードの Q は次式で与えられます．

$$Q = \frac{\eta}{2R_s(ka)^2}\left[\frac{ka}{\sin^2 ka} - \frac{1+(ka)^2}{ka}\right] \approx \frac{\eta}{R_s} \quad \cdots\cdots(73)$$

上述のモードの相互モードは TE_{101} モードであり，この電磁場成分は式(65)〜(67)において H_ϕ の代わりに E_ϕ を，E_r の代わりに $-H_r$ を，E_θ の代わりに $-H_\theta$ を代入して求めることができます．この電磁場を図10.3(b)に示します．このモードの共振条件は，$r = a$ で $E_\phi = 0$ として求めることができ，次式が成立する必要があります．

$$\tan ka = ka \quad \cdots\cdots(74)$$

この式の数値解は $ka \approx 4.50$ であり，このモードの共振周波数は次のようになります．

$$f_0 \approx \frac{1}{1.395\sqrt{\mu\varepsilon}a} \quad \cdots\cdots(75)$$

10.1.4 ストリップ共振器

マイクロ波回路およびミリ波回路の中で，ストリップ型の共振構造が共振器やフィルタの一部として使用されています．この構造は，10.1.1節で述べた直方体共振器より電力容量は小さいのですが，小形軽量です．この共振器のQ値は導体や誘電体の損失によって制限を受け，また，これは開放構造であるため放射によって低下します．ここで示す例は，通常のマイクロストリップ構造（第8章8.2.2節）であり，金属製アース面の上に誘電体基板を塗布し，その上に金属製ストリップを置きます．共面構造においても，これと同様に配置することができます．

第5章5.3.1節で述べた先端短絡の共振伝送線路と等価なマイクロストリップ共振器を，図10.4(a)に示します．この端部における境界条件を満足するため，ストリップ長ℓは次式でなければなりません．

$$\ell = n\lambda_g/2 \tag{76}$$

ここで，$\lambda_g = v_p/f = \lambda_0/\sqrt{\varepsilon_{eff}}$であり，$n$は整数です．この電磁場は，ストリップにわたってほとんど変化しないと仮定します．

マイクロストリップ線路で短絡回路を作るには，誘電体を貫通して線路を連結する必要があるため，通常，ストリップの先端を短絡端ではなく開放端にします．この端部を理想的開放回路と仮定する簡単なモデルでは，前と同様に，$\ell = n\lambda_g/2$です．しかし，この端部には端部電磁場が存在するため，この効果を付加長$\Delta\ell$で表すと，共振条件は，

$$\ell + 2\Delta\ell = n\lambda_g/2 \tag{77}$$

となります．$\Delta\ell$の値は，数値計算法によって求めてきましたが，実用的な計算はこの数値計算結果に合う経験式を用いて行うことができます．次の式は，$0.3 < w/$

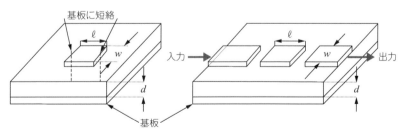

(a) 先端を基板に短絡したマイクロストリップ共振器

(b) 先端を開放したマイクロストリップ共振器とこれに容量的に結合した入力部と出力部

図10.4 マイクロストリップ共振器

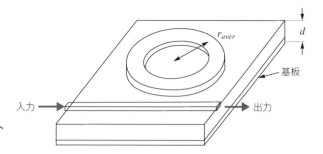

図10.5
分布結合したマイクロストリップ・リング共振器

$d<2$ および $1<\varepsilon_r<50$ に対して誤差が5%以内で正確です.

$$\frac{\Delta\ell}{d} = 0.412\frac{(\varepsilon_{\mathrm{eff}}+0.3)[(w/d)+0.262]}{(\varepsilon_{\mathrm{eff}}-0.258)[(w/d)+0.813]} \quad\cdots\cdots (78)$$

ここで,w はストリップ幅,d は誘電体の厚さであり,ε_{eff} は第8章8.2.2節で定義しました.容量的に結合した入力部と出力部を持つ開放回路共振器を,図10.4(b)に示します.

ストリップ型共振器の他の形は,図10.5に示すマイクロストリップ・リング共振器です.この場合には端部効果はなく,共振器の曲率があまり大きくなければ,この平均周長は共振時の波長の整数倍になります.すなわち,

$$\ell = 2\pi r_{\mathrm{aver}} = n\lambda_g \quad\cdots\cdots (79)$$

が成立します.この線路には曲がりがあるため,放射による損失が直線共振器の場合より大きくなります.図10.4(b)と同様の容量結合法を用いることもできますが,この例では隣接する直線状マイクロストリップ線路との分布結合によって共振器を励振しています.

ストリップ型共振器は,矩形パッチ(細片)や円形パッチで作ることもできます.この場合,通常,開放側を図10.6に示したように置きます.矩形パッチは,波長と同程度の幅を持つ点で,図10.4(b)のストリップと異なります.この端部が開放端であれば,矩形パッチの共振は10.1.1節の直方体共振器の共振と同様で,異なる点は境界条件が開放端(水平方向の $\mathbf{H}$ が0)であることです.0でない E_z があり,z 方向に変化しないモードだけがこのストリップ型構造の中に存在できます.すなわち,このモードは式(25)〜(29)で $p=0$ とした TM_{mnp} 型です.

$$E_z = E_0 \cos k_x x \cos k_y y \quad\cdots\cdots (80)$$

$$H_x = \frac{k_y}{j\omega\mu} E_0 \cos k_x x \sin k_y y \quad\cdots\cdots (81)$$

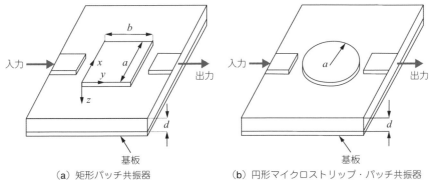

(a) 矩形パッチ共振器　　　(b) 円形マイクロストリップ・パッチ共振器

図10.6　パッチ共振器

$$H_y = -\frac{k_x}{j\omega\mu}E_0 \sin k_x x \cos k_y y \quad \cdots\cdots (82)$$

ここで，$k_x = m\pi/(a+\Delta a)$，$k_y = n\pi/(b+\Delta b)$であり，ΔaとΔbは端部効果を表し，これらは式(78)から計算することができます．

ストリップ幅が非常に広い$w/d \to \infty$に適合する経験式は，

$$\Delta a/d \text{(あるいは } \Delta b/d) = 2(1.35/\varepsilon_r + 0.44) \quad \cdots\cdots (83)$$

です．この共振条件は式(24)で$p=0$として求めることができ，共振周波数として次式が得られます．

$$f_0 = \frac{1}{2\pi\sqrt{\mu\varepsilon}}\left[\left(\frac{m\pi}{a+\Delta a}\right)^2 + \left(\frac{n\pi}{b+\Delta b}\right)^2\right] \quad \cdots\cdots (84)$$

矩形パッチ共振器と同様に，円形パッチ共振器の中にもいろいろな共振モードが存在します．この中でもっとも簡単なモードは，$r=a+\Delta a$で開放端を仮定した方位角方向に対称的な最低次の径方向伝送線路モードです．aはこの半径ですから，この場合の$\Delta a/d$は式(83)の値の半分になります．この中の電磁場は，**図10.2**のピルボックス共振器の場合と同様に，次のベッセル関数で表されます．

$$E_z = E_0 J_0(kr) \quad \cdots\cdots (85)$$

$$H_\phi = \frac{jE_0}{\eta}J_1(kr) \quad \cdots\cdots (86)$$

$a+\Delta a$で回路が開放している場合，ここでの水平方向磁場は0ですから，この場

合の共振条件は次のようになります．

$$f_0 = \frac{1}{2\pi\sqrt{\mu\varepsilon}}k_0 = \frac{1}{2\pi\sqrt{\mu\varepsilon}}\frac{p_{11}}{a+\Delta a} \quad \cdots\cdots\cdots\cdots\cdots\cdots\cdots\cdots\cdots (87)$$

ここで，$p_{11} = 3.832$ はベッセル関数 J_1 の最初の根です．

さらに一般的に，この円形パッチ内のモードは，遮断状態で z 変化がない（$\beta=0$）TM_{n1} 導波管モード（第8章8.2.4節）と同じであると考えられます．ただし，この場合には外端半径で開放端という境界条件を適用しなければなりません．第8章の式(125)～(127)から次式が得られます．

$$E_z = E_0 J_n(k_c r)\cos n\phi \quad \cdots\cdots\cdots\cdots\cdots\cdots\cdots\cdots\cdots\cdots\cdots (88)$$

$$H_\phi = -j\frac{\omega\varepsilon}{k_c}E_0 J_n{'}(k_c r)\cos n\phi \quad \cdots\cdots\cdots\cdots\cdots\cdots\cdots\cdots (89)$$

$$H_r = -\frac{j\omega\varepsilon n}{k_c^2 r}E_0 J_n(k_c r)\cos n\phi \quad \cdots\cdots\cdots\cdots\cdots\cdots\cdots\cdots (90)$$

共振は，$k = k_c$ となる周波数 f_0，すなわち，$f_0 = k_c/2\pi\sqrt{\mu\varepsilon}$ で起こります．この遮断波数 k_c は第8章の式(129)で表されますが，ここで，式(88)のベッセル関数の根 p_{n1} の代わりに，その導関数 $p_{n1}{'}$ の根を用いなければなりません．すなわち，この共振周波数は，

$$f_0 = \frac{p_{n\ell}{'}}{2\pi(a+\Delta a)\sqrt{\mu\varepsilon}} \quad \cdots\cdots\cdots\cdots\cdots\cdots\cdots\cdots\cdots\cdots (91)$$

となります．共振周波数がもっとも低いモードは TM_{110} ですが，ここで3番目の添字は電磁場が z 方向に変化しないことを表しています．このモードには，方位角方向の対称性がありません．このモードの共振周波数は，

$$f_0 = \frac{1.841}{2\pi(a+\Delta a)\sqrt{\mu\varepsilon}} \quad \cdots\cdots\cdots\cdots\cdots\cdots\cdots\cdots\cdots\cdots (92)$$

であり，これは最低次の対称モードの共振周波数式(87)より低くなります．

これらの共振器の Q に寄与する要因は，表面抵抗 R_s に比例する導体損失，誘電体の $\tan\delta_\varepsilon$ に比例する誘電体損失，放射損失，それにスプリアス共振です．放射損失は，この構造を金属性の箱で囲って減らすことができ，誘電体損失は導体損失より通常少ないです．いろいろな損失要因に関わる Q 値が高い場合には，これらの Q はほぼ独立であって，各 Q を次式のように結合することができます．

$$Q = \left(\frac{1}{Q_c} + \frac{1}{Q_d} + \frac{1}{Q_r}\right)^{-1} \quad \cdots\cdots\cdots\cdots\cdots\cdots\cdots\cdots\cdots\cdots (93)$$

ここで，添字はそれぞれ導体，誘電体，放射を意味します．式(93)の中の各Qは$Q = \omega_0 U/W_L$で与えられます．導体の中のエネルギー損失W_Lは，直方体共振器の場合と同様に第3章の式(149)を金属表面にわたって積分して計算することができます．誘電体のエネルギー損失は，そのエネルギー密度$W_{Ld} = \omega_0 \varepsilon'' E^2/2$を共振器の体積にわたって積分して求めます．ここで，Eは電場です．

放射損失を計算する手順は，文献の中で述べられています．蓄積エネルギーUは，直方体共振器の場合と同様に計算します．通常の金属の場合，このQ値は直方体共振器のQ値より非常に低く，通常，どのような誘電体を使用しても室温で100～1000の値です．形状は同じですが，超伝導体で製作したストリップ型共振器は，周波数10GHzでQ値が10～100倍高くなります．超伝導体を使用するメリットは，マイクロ波周波数帯（＜20GHz）でもっとも大きく，これより高い周波数では第3章の図3.10に示したR_sの周波数依存性に差があるために低下します．

10.2　狭間隙共振器とQの測定

10.2.1　狭間隙共振器

すべての共振器がその形状を導波系の一部と考えられるほど簡単ではありません．したがって，そのような場合にその共振器の境界値問題を解くための別の方法が必要になります．本節では，電子デバイスでよく使用されている狭間隙共振器について述べます．このうちのいくつかは，容量性負荷をもつ伝送線路と見ることができます．別の例では，電気的エネルギーと磁気的エネルギーは実効的に分離され，これは自己シールド効果を表す1回巻きのインダクタをもつ集中回路と考えることができます．

金属共振器はシールド性が良くてQ値が高いため，クライストロン，マグネトロン，マイクロ波3極管のような高周波電子管で使用するのに適しています．これを電子流と共に使用する場合，エネルギーを効率的に伝達するためには電場内を通るときの電子走行時間をできるだけ短くする必要があります．前節までに述べたような共振器をそのまま用いるのならば，厚さが非常に薄い円筒や直方体が必要になります．このため，Q値が低くなって相互作用が弱くなってしまいます．したがって，電子流と相互作用する領域が狭間隙となるような，特殊な形状の共振器を用いています．このいくつかの例を，本章の問題として示します．

10.2.2 共振器への結合

共振器の振動エネルギーは,プローブまたは他の結合手段によって導入されます.このエネルギーを多くの共振周波数の中の1つの共振周波数で供給すると,プローブから見た共振器のインピーダンスは実数になります.共振器に結合するエネルギーが各サイクルの中の損失エネルギーより大きければ,この振幅は損失エネルギーと供給エネルギーが等しくなるまで増大します.この損失は金属の表面,誘電体の内部,および開放構造では放射を通して発生します.共振器の共振点から少しずれた周波数で励振すれば,電場内のエネルギーと磁場内のエネルギーは同じになりません.いくらかの余分のエネルギーを,このサイクルの一部にわたって供給しなければならず,このエネルギーはそのサイクルの別の期間に波源側に戻ります.したがって,共振器は励振波源に対して小さな損失を表す抵抗成分に無効性負荷を加えた形で表されます.

これまで,共振器の内部に存在できる電磁波の型について調べてきましたが,これらの振動を励振する方法については特に述べませんでした.共振器が導体で完全に囲まれていれば,波を励振することはできません.共振器の中に電磁エネルギーを供給する何らかの方法を外部から導入しなければなりません.空胴にエネルギーを供給する方法は,第8章8.2.5節で述べた導波系に波を励振する方法と似ており,これには次のようなものがあります.

(1) 外部伝送線路で駆動され,共振器内の電場の方向に向いた導電性プローブあるいはアンテナ
(2) 共振器内の磁場に垂直な面内に置いた導電性ループ
(3) 共振器内の狭間隙を電場の方向に通過する電子ビーム
(4) 共振器と駆動導波管の間に開けた穴あるいはアイリス
(5) 図10.4に示すような隣接ストリップ線路との結合

例えば,図10.7(a)に示すようなクライストロン型の速度変調デバイスでは,入力共振器をプローブで励振し,この共振器内の振動が間隙g_1にある電圧を発生させ,電子ビームに速度変調を起こします.この速度変調は,ドリフト作用によってビーム電流の密度変調に変化し,電子ビームが間隙g_2を通過するときに出力共振器の中に電磁振動を誘起します.結合ループと同軸伝送線路によって,この共振器から電力を取り出します.円筒共振器のTM_{010}モードと矩形導波管のTE_{10}モードがアイリス結合するようすを,図10.7(b)に示します.この場合,共振器のH_ϕと導波管のH_xは,穴のところでつながっています.

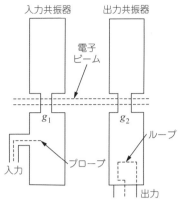
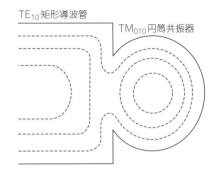

（a）クライストロンにおける共振器と
　　入出力系の結合

（b）導波管と共振器がアイリス結合する場合
　　の磁場線

図10.7　クライストロン型の速度変調デバイス

10.2.3　共振器の Q の測定

共振器の Q は損失電力と蓄積エネルギーで定義されており，共振器のバンド幅を表すのに便利です．また，ある1つのモードの共振点付近で，共振器は図10.8(a)に示すような集中定数等価回路で表されます．この励振手段を使って多くのモードを励振させることができますが，一般に1つのモードだけが共振付近にあります．素子 G，L，C は共振付近のモードを表し，jX は共振から遠く離れたモードの無効性効果を表します．

本節では，図10.8(a)の等価回路の使用方法と，基本的な伝送線路測定を行う方法について述べます．ここでは，導波管の共振器への結合を巻線比 $m:1$ の理想変圧器で表しています〔図10.8(b)〕．簡単にするために，この導波管は特性インピーダンスが1と仮定し，これにより端部インピーダンスを自動的に正規化しています．この場合，基準位置 a における入力インピーダンスは，

$$Z_a = m^2 \left[jX + \frac{1}{G + j(\omega C - 1/\omega L)} \right] \quad \cdots\cdots\cdots (94)$$

となります．$Q_0 = \omega_0 C/G$，$\omega_0^2 = 1/LC$，および $R_0 = 1/G$ とすると，式(94)は次のようになります．

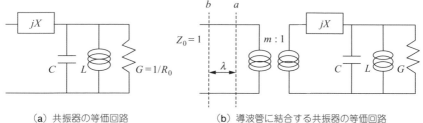

(a) 共振器の等価回路　　　(b) 導波管に結合する共振器の等価回路

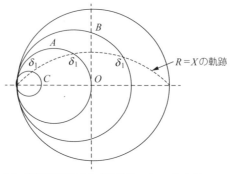

(c) Q を測定するためのスミス・チャート上の
インピーダンスの軌跡

図10.8　共振器の Q 測定

$$Z_a = m^2 \left[jX + \frac{R_0}{1 + j(\omega/\omega_0 - \omega_0/\omega)Q_0} \right] \quad \cdots\cdots (95)$$

共振点付近では，$\omega = \omega_0(1+\delta')$ とすると δ' は小さく，

$$Z_a \approx jm^2 X + \frac{m^2 R_0}{1 + 2jQ_0\delta'} \quad \cdots\cdots (96)$$

となります．この直列リアクタンスは，新しい共振周波数を定義しても，あるいは入力位置を導波管内の別の点に移動させても消去することができます．通常，この後者の方法を取り，この新しい基準位置は共振器が離調したときに共振器側を見たインピーダンスが0となるように選びます．これを離調時短絡位置（detuned short position）と言います．この離調量は，共振器を離調（ω_0 を変化）したり，周波数 ω を変えたりして $Q_0\delta' \gg 1$ となるのに十分な量とします．したがって，式(96)から $Z_a \approx jm^2 X$ となり，$Z_0 = 1$ のときにはインピーダンス変換式第5章の式(42)から，

$$Z_b = \frac{Z_a + j\tan\beta\ell}{1 + jZ_a\tan\beta\ell} \quad \cdots\cdots\cdots\cdots\cdots\cdots\cdots\cdots\cdots\cdots\cdots\cdots\cdots\cdots\cdots\cdots\cdots\cdots\cdots\cdots\cdots\cdots \quad (97)$$

となるので，

$$\tan\beta\ell = -m^2 X \quad \cdots\cdots\cdots\cdots\cdots\cdots\cdots\cdots\cdots\cdots\cdots\cdots\cdots\cdots\cdots\cdots\cdots\cdots\cdots\cdots\cdots\cdots\cdots\cdots \quad (98)$$

のときに Z_b は 0 となることがわかります．

この場合，共振点付近の任意の周波数におけるインピーダンス Z_b は，

$$Z_b = \frac{m^2 R_{0b}}{1 + 2jQ_0\delta} \quad \cdots\cdots\cdots\cdots\cdots\cdots\cdots\cdots\cdots\cdots\cdots\cdots\cdots\cdots\cdots\cdots\cdots\cdots\cdots\cdots\cdots \quad (99)$$

となります．ここで，R_{0b} と δ は次式になります．

$$R_{0b} = R_0\left(1 + m^4 X^2\right)^{-1} \quad \cdots\cdots\cdots\cdots\cdots\cdots\cdots\cdots\cdots\cdots\cdots\cdots\cdots\cdots\cdots\cdots \quad (100)$$

$$\delta = \delta' - \frac{m^4 X R_0}{2Q_0\left(1 + m^4 X^2\right)} \quad \cdots\cdots\cdots\cdots\cdots\cdots\cdots\cdots\cdots\cdots\cdots\cdots\cdots \quad (101)$$

周波数を変えたり空胴を離調させて，δ' を変えてこのインピーダンスの軌跡を測定します．インピーダンスを表す式(99)は線形の分数形ですから，これをスミス・チャート上に描く場合，図10.8(c)の円 A, B, C で示すように，$m^2 R_{0b}$ の各値に対して円形の軌跡になります．

$m^2 R_{0b} = 1$ である円 A はチャートの原点をとおり，この円の中で空胴は共振点で導波管に完全に整合するのでこれを最適結合条件と言います．また，$m^2 R_{0b} < 1$ である円 C の場合を疎結合と言い，$m^2 R_{0b} > 1$ である円 B の場合を密結合と言います．この最後の2つの場合，空胴を導波管側と整合させるためには結合比 m^2 を変えなければなりません．集中共振系の場合と同様に，Q_0 の値は基準位置 b におけるインピーダンスの大きさを，その共振値の $1/\sqrt{2}$ 倍に低下させる δ 値から求めることができます．これはスミス・チャート上では $R = X$ の点であり，これに対応する δ を δ_1 と書きます．この点において，既知量は δ_1 に対応する δ_1'，式(98)から求められる $m^2 X$，共振点における Z_b の値である $m^2 R_{0b}$，それに式(99)の分母の中の $2Q_0\delta_1 = 1$ です．したがって，

$$Q_0 = \frac{1}{2\delta_1} \quad \cdots\cdots\cdots\cdots\cdots\cdots\cdots\cdots\cdots\cdots\cdots\cdots\cdots\cdots\cdots\cdots\cdots\cdots\cdots\cdots\cdots\cdots\cdots\cdots\cdots\cdots \quad (102)$$

であり，式(101)を解いて Q_0 をこれらの既知量を用いて求めることができます．

このようにして求めた Q_0 の値は，導波管による負荷を計算に入れていないので無負荷 Q の値になります．負荷を計算に入れた負荷 Q も使用され，これは図10.8(b)から次式により求めることができます．

$$\frac{1}{Q_L} = \frac{G + m^2}{\omega_0 C} = \frac{1}{Q_0} + \frac{1}{Q_{\text{ext}}} \quad \cdots\cdots\cdots\cdots\cdots\cdots\cdots\cdots\cdots\cdots\cdots\cdots\cdots\cdots \quad (103)$$

ここで，外部QであるQ_{ext}は次式で表されます．

$$Q_{\text{ext}} = \frac{\omega_0 C}{m^2} \quad \cdots\cdots\cdots\cdots\cdots\cdots\cdots\cdots\cdots\cdots\cdots\cdots\cdots\cdots\cdots\cdots\cdots\cdots\cdots\cdots \quad (104)$$

ここで，発振器は導波管に整合しており，したがって，導波管側を見た発振器のインピーダンスはここで1とした導波管の特性インピーダンスに等しいと仮定しています．

10.2.4 共振器の摂動

　共振状態では，磁気的な平均蓄積エネルギーと電気的な平均蓄積エネルギーは等しくなります．共振器壁の1つの壁でわずかな摂動を行えば，これによって一般に1つのエネルギー型が他のエネルギー型以上に変化し，このとき共振周波数は各エネルギーが再び等しくなるのに必要な量だけ変化します．共振器の境界を変化させて微小体積をこの共振器から除去するときのこの周波数の変化量は，摂動理論によって明らかにされています．これは，次のように書くことができます．

$$\frac{\Delta\omega}{\omega_0} = \frac{\int_{\Delta V}(\mu H^2 - \varepsilon E^2)dV}{\int_V(\mu H^2 + \varepsilon E^2)dV} = \frac{\Delta U_H - \Delta U_E}{U} \quad \cdots\cdots\cdots\cdots\cdots\cdots\cdots\cdots \quad (105)$$

ここで，ΔU_Hは除去した磁気的エネルギー，ΔU_Eは除去した電気的エネルギー，Uは全蓄積エネルギーであり，これらはすべて時間平均値です．本章の問題10.6と問題10.7を解くと，この内容を理解できます．

10.3　その他の共振器

10.3.1 誘電体共振器

　これまで，両端を短絡した中空の金属製導波管が共振することについて述べてきました．これと同様に，両端を短絡または開放した誘電体導波系（第9章9.1節）も共振します．いくつかの誘電体は誘電率が非常に高く，したがって，波動エネルギーをその中に強く閉じ込めます．この中の波長は短いので，誘電体共振器は金属共振器よりもずっと小型にすることができます．初期の誘電体共振器では$\varepsilon_r \approx 100$および$\varepsilon''/\varepsilon' \approx 10^{-4}$の高純度$TiO_2$セラミックを使用しました．（支持構造の損失を無視

すると）この共振器のQ値は約10^4と高くなります．TiO_2を使用する場合の問題点は，そのε_rに1℃あたり10^3ppmという大きな温度依存性があり，このために共振周波数の温度依存性が大きいことです．最近，この材料の温度係数を支持構造の温度係数と相殺するように選び，全体として温度依存性が小さいセラミックが開発されました．これは周波数が約10GHzで$\varepsilon r \approx 37.5$および$\varepsilon''/\varepsilon' \approx 2\times 10^{-4}$という値を示しています．この材料の円板をマイクロ波集積回路の中の共振器として用いることができ，これを100GHz以上の周波数帯で使用することが考えられています．

形状が球や円環の場合には共振周波数を正確に解析できますが，角柱や円板，丸棒のように，技術的に関心が高い比較的大きな形状については，これを近似的にしか計算できません．誘電率が非常に高い領域の表面の電磁場は，電場の垂直方向成分と磁場の水平方向成分が0という開放回路の境界条件を近似的に満足します．上

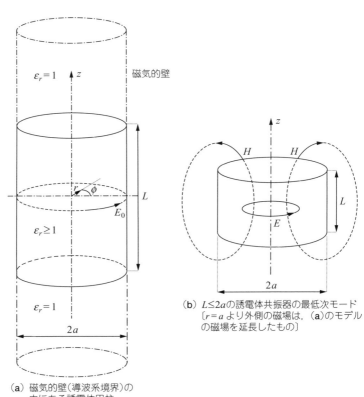

図10.9
無限に長い磁気的円形導波管の中に置いた誘電体円柱

（a）磁気的壁（導波系境界）の中にある誘電体円柱

（b）$L \leq 2a$の誘電体共振器の最低次モード〔$r=a$より外側の磁場は，（a）のモデルの磁場を延長したもの〕

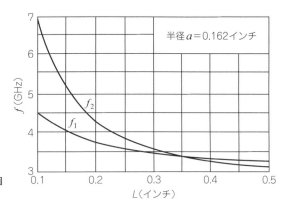

図10.10
誘電体円柱の最低次共振周波数対長さの実験データ

述の条件を課すために，誘電体共振器を完全な磁気的導体で囲むことにより，この共振器の共振周波数を計算することができます．しかし，誘電率が有限の共振器の場合には，この開放回路の境界条件を近似的にしか満足しないので，完全な磁気的境界を適用するときにいくつかの修正を行うと，より良い結果が得られることがわかりました．

円板と丸棒の2つの最低次モードは，軸に沿う電場が0のモードと軸に沿う磁場が0のモードです．前者のモデルでは，隣接する無限に長い磁気的円形導波管の中に誘電体円柱を置きます．したがって，これは図10.9(a)に示すように，この開放回路の条件をこの円柱の表面上においてにだけ課します．軸に沿って磁場が0のモードでは，この開放回路の条件を無限平行磁気的導電面により，この誘電体円柱の両端面においてだけ課します．どちらの場合でも，共振電磁場と共振周波数は，この誘電体の内部の波動方程式の伝搬型解と，この誘電体の外部の電磁場を求め，境界条件を整合させることによって求めることができます．

この結果は，長さが直径より短い誘電体円柱の場合には，軸方向電場0のモードが最低共振周波数を持つことを意味します．このモードの電磁場分布を図10.9(b)に示します．この共振周波数に関する実験結果を，図10.10に示します．f_1と書いた曲線は，軸方向の電場が0のモードであり，f_2と書いた曲線は軸方向の磁場が0のモードです．

第10章 問題

問題 10.1 図A.1(a)に示す構造は，領域 B が波長に比べて小さければ，先端を短絡した同軸線路 A を間隙容量 C で終端したものと考えることができ，図A.1(b)に示す等価回路で表すことができる．この場合の共振周波数を決める式を求めよ．

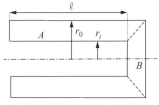

(a) 先端を短絡し容量 C で終端した同軸線路共振器

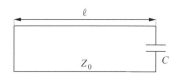

(b) (a)の近似等価回路

図A.1 同軸線路共振器とその近似等価回路

答 この構造が共振している場合，任意の面で反対方向を見たインピーダンスは等量異符号でなければなりません．この面として容量面を選択すると，次式が成立します．

$$jZ_0 \tan\beta\ell = -\left(\frac{1}{j\omega_0 C}\right) \quad \cdots\cdots (A.1)$$

すなわち，

$$\beta\ell = \tan^{-1}\left(\frac{1}{Z_0\omega_0 C}\right) \quad \cdots\cdots (A.2)$$

この式を数値計算すると，近似的な共振周波数を求めることができます．

もし C が小さく $Z_0\omega_0 C \ll 1$ であれば，この線路の長さはほぼ1/4波長です．C が大きい場合には，この線路長は1/4波長より短くなり，$Z_0\omega_0 C$ が無限大に近づくと線路長は0に近づきます[注1]．

注1：この方法は，領域 B が一様ではなく不連続部の容量を正確に計算できる場合，特に便利です．

問題 10.2 先端を短絡した径方向線路の共振器が図A.2に示す形の場合，この構造は中央のポストすなわち間隙容量を負荷とした先端短絡の径方向伝送線路（第9章9.2.1節）と見ることができる．この場合，この回路が共振する条件式を求めよ．

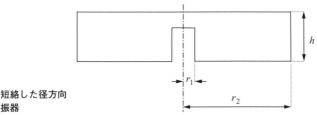

図A.2 先端を短絡した径方向線路共振器

答 この回路が共振するためには，半径 r_1 から外側を見た先端短絡径方向線路の誘導性リアクタンスは，中心ポストの容量性リアクタンスと大きさが等しくなければなりません．第9章の9.2.1節の記号と結果を用いると，

$$\frac{1}{\omega C} = -\frac{h}{2\pi r_1} Z_{01} \frac{\sin(\theta_1 - \theta_2)}{\cos(\psi_1 - \theta_2)} \quad \cdots\cdots (A.3)$$

となります．すなわち，

$$\theta_2 = \tan^{-1}\left[\frac{\sin\theta_1 + (2\pi r_1/\omega C Z_{01} h)\cos\psi_1}{\cos\theta_1 - (2\pi r_1/\omega C Z_{01} h)\sin\psi_1}\right] \quad \cdots\cdots (A.4)$$

が成立します．θ_2 がわかれば，kr_2 を第9章の**図9.3**から読み取ることができ，共振周波数は k から求めることができます．

問題 10.3 図A.3に示すように，内径 r_1，外径 r_2，高さ ℓ の円筒共振器の中央に間隙容量 C がある．この共振器が，先端短絡同軸線路と先端短絡径方向線路の中間的な形状をしている場合，この共振周波数求める方法を述べよ．

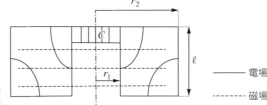

図A.3 形状が先端短絡同軸線路と先端短絡径方向線路の中間の共振器

――― 電場
----- 磁場

答 中心部の容量性負荷が十分に大きければ，共振器全体は波長に比べて小さくなり，外側部分は次の値の集中インダクタンスを持つとみることができます．

$$L \approx \frac{\mu\ell}{2\pi} \ln\left(\frac{r_2}{r_1}\right) \quad \cdots\cdots (A.5)$$

このインダクタンスと中心部の容量Cから共振周波数を計算することができます．

問題 10.4 角度θ_0の2円錐線路上の半径aの位置に球面状の短絡面がある狭間隙共振器を図A.4に示す．2つの円錐の先端は，無限小のギャップで分離されている．この共振器の共振周波数とQを表す式を求めよ．

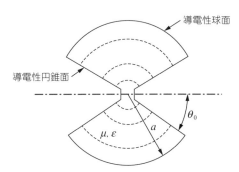

図A.4
円錐線路共振器

答 これは一様線路ですから，問題10.1の式(A.2)をこの場合にも適用できます．円錐線路の場合には$\beta = k$であり，Z_0は次式で表されます．

$$Z_0 = \frac{\eta}{\pi}\ln\cot\frac{\theta_0}{2} \quad\cdots\cdots\cdots\cdots\cdots\cdots\cdots\cdots\cdots\cdots\cdots\cdots\cdots\cdots\cdots\cdots (A.6)$$

2つの円錐の先端が無限小の間隔で分離され，容量が0という本題の場合には，半径aは正確に1/4波長になり，これから共振周波数が求められます．

この場合の電磁場成分は，第9章の式(39)と式(40)から定在波を構成して求められ，次のようになります．

$$E_\theta = \frac{C}{\sin\theta}\frac{\cos kr}{r} \quad\cdots\cdots\cdots\cdots\cdots\cdots\cdots\cdots\cdots\cdots\cdots\cdots\cdots\cdots\cdots (A.7)$$

$$H_\phi = \frac{C}{j\eta\sin\theta}\frac{\sin kr}{r} \quad\cdots\cdots\cdots\cdots\cdots\cdots\cdots\cdots\cdots\cdots\cdots\cdots (A.8)$$

この場合，共振器のQは次式のようになります．

$$Q \approx \frac{\eta\pi}{4R_s}\frac{\ln\cot(\theta_0/2)}{\ln\cot(\theta_0/2)+0.825\csc\theta_0} \quad\cdots\cdots\cdots\cdots\cdots\cdots (A.9)$$

問題 10.5 図A.5に示す半径a，高さdの円筒共振器が，TM$_{010}$モードで動作している．この場合，これに結合する断面積Sのループに誘起される電圧の概略値を求めよ．

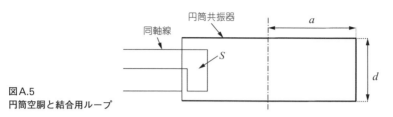

図A.5
円筒空胴と結合用ループ

答 この空胴モードによって，このループに誘起される電圧の概略値は，
$$|V| = \omega\mu S |H| \quad \cdots\cdots (A.10)$$
となります．ここで，$|H|$はTM$_{010}$モードの磁場をこのループにわたって平均した値です．

問題 10.6 図A.6(a)に示すように，線路幅w，線路間隔d，長さℓの平行平板伝送線路が，両端を短絡された状態で共振している．この共振器に端部を$\Delta\ell$だけ短くする摂動，および線路の中心部で矩形状の凹みをつける摂動を行う場合，本文の式(105)が成立していることを示せ．

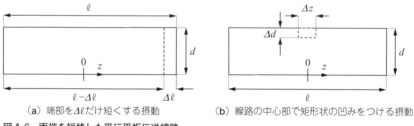

(a) 端部を$\Delta\ell$だけ短くする摂動　　(b) 線路の中心部で矩形状の凹みをつける摂動

図A.6 両端を短絡した平行平板伝送線路

答 摂動しないときの最低周波数の共振は，$\ell = \lambda/2$〔本文の式(76)〕のところで起こり，その共振周波数は，
$$\omega_0 = \frac{2\pi v_p}{\lambda} = \frac{\pi v_p}{\ell} \quad \cdots\cdots (A.11)$$
となります．ここで，1つの端板を$\Delta\ell$だけ動かす摂動を行えば，新しい共振条件は次式で与えられます．

$$(\omega_0 + \Delta\omega) = \frac{\pi v_p}{\ell - \Delta\ell} \approx \omega_0\left(1 + \frac{\Delta\ell}{\ell}\right) \quad \cdots\cdots\cdots\cdots\cdots\cdots\cdots\cdots\cdots\cdots\text{(A.12)}$$

一方，本題の図A.6(a)の場合，磁気的エネルギーだけが除去されます．摂動しないときの磁場は次の形をしているので，

$$H_0(z) = H_0 \sin\frac{\pi z}{\ell} \quad \cdots\cdots\cdots\cdots\cdots\cdots\cdots\cdots\cdots\cdots\cdots\cdots\cdots\cdots\text{(A.13)}$$

となり，全蓄積エネルギー（磁場の中の平均エネルギーの2倍）は，

$$U = 2wd \int_{-\ell/2}^{\ell/2} \frac{\mu H_0^2}{4} \sin^2\frac{\pi z}{\ell} dz = w\ell d \frac{\mu H_0^2}{4} \quad \cdots\cdots\cdots\cdots\cdots\cdots\text{(A.14)}$$

となります．摂動により除去される磁気エネルギーは，

$$\Delta U_H = \frac{\mu H_0^2}{4} wd\Delta\ell \quad \cdots\cdots\cdots\cdots\cdots\cdots\cdots\cdots\cdots\cdots\cdots\cdots\text{(A.15)}$$

ですから，本文の式(105)により，

$$\frac{\Delta\omega}{\omega_0} = \frac{\Delta\ell}{\ell} \quad \cdots\cdots\cdots\cdots\cdots\cdots\cdots\cdots\cdots\cdots\cdots\cdots\cdots\cdots\cdots\cdots\text{(A.16)}$$

となって，これは式(A.12)と一致します．

次に，図A.6(b)のように，線路の中心部で矩形状の凹みをつける摂動を行う場合，共振条件は次式で与えられます．

$$\omega\left(\frac{\Delta C}{2}\right) = Y_0 \cot\left(\frac{\omega\ell}{2v_p}\right) \quad \cdots\cdots\cdots\cdots\cdots\cdots\cdots\cdots\cdots\cdots\text{(A.17)}$$

ここで，

$$\Delta C = \varepsilon w \Delta z \left(\frac{1}{d - \Delta d} - \frac{1}{d}\right) \approx \frac{\varepsilon w \Delta z \Delta d}{d^2} \quad \cdots\cdots\cdots\cdots\cdots\text{(A.18)}$$

です．この場合，$\omega = \omega_0 + \Delta\omega$ および $\omega_0 \ell / v_p = \pi$ であれば，上式から第1次近似内で次式が得られます．

$$\frac{\Delta\omega}{\omega_0} \approx -\frac{\Delta C v_p}{\ell Y_0} = -\left(\frac{\varepsilon w \Delta z \Delta d}{\ell d^2}\right)\left(\frac{1}{\mu\varepsilon}\right)^{1/2}\left(\frac{\mu}{\varepsilon}\right)^{1/2}\frac{d}{w}$$

$$= -\frac{\Delta d \Delta z}{\ell d} \quad \cdots\cdots\cdots\cdots\cdots\cdots\cdots\cdots\cdots\cdots\cdots\cdots\cdots\cdots\cdots\text{(A.19)}$$

一方，図A.6(b)に点線で示したように，この線路の中心部で摂動を行い，電気エネルギーだけを除去するとします．摂動しないときの電場が，

$$E_0(z) = E_0 \cos\frac{\pi z}{\ell} \quad \cdots\cdots\cdots\cdots\cdots\cdots\cdots\cdots\cdots\cdots\cdots\cdots\cdots\text{(A.20)}$$

であれば、全蓄積エネルギーは、

$$U = 2U_E = 2wd \int_{-\ell/2}^{\ell/2} \frac{\varepsilon E_0^2}{4} \cos^2 \frac{\pi z}{\ell} dz = w\ell d \frac{\varepsilon E_0^2}{4} \quad \cdots\cdots (A.21)$$

となり、除去される電気エネルギーは、

$$\Delta U_E = w\Delta d\Delta z \frac{\varepsilon E_0^2}{4} \quad \cdots\cdots (A.22)$$

ですから、本文の式(105)により、

$$\frac{\Delta \omega}{\omega_0} = -\frac{\Delta d \Delta z}{\ell d} \quad \cdots\cdots (A.23)$$

となります。これは式(A.19)と同じです。

以上のように、どちらの摂動でも本文の式(105)が成立しています。

問題 10.7 図A.7に示す体積V_0の円筒空胴共振器において、電場が最大で磁場が無視できる軸に沿って微小体積ΔVを摂動(除去)し、R_0/Qを測定する方法を説明せよ。

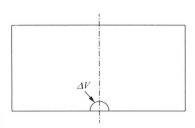

図A.7
円筒空胴の底板の微小摂動

答 この場合、蓄積エネルギーの変化は、

$$\Delta U_E \approx \frac{\varepsilon E_0^2}{4} \Delta V \quad \cdots\cdots (A.24)$$

です。この共振器の全エネルギーは、本文の式(35)で与えられます。したがって、$ka=2.405$の最低次モードの周波数変化は、本文の式(105)から、

$$\frac{\Delta \omega}{\omega_0} = -\frac{\varepsilon E_0^2 \Delta V}{2\pi \varepsilon d E_0^2 a^2 J_1^2(ka)} = -1.85 \frac{\Delta V}{V_0} \quad \cdots\cdots (A.25)$$

となります。この共振周波数の変化量からR_0/Qを決定するために必要な比E_0^2/Uの値を求めることができます[注2]。

注2：周波数の変化量は正確に測定することができ，摂動は絶縁糸を用いて微小導電性ビードを空胴の軸に沿って移動させて行います．空胴の軸上のすべての点で電場を測定することができるので，電場がギャップ内で一様でない場合でも，電場の積分値を求めることができます．

問題 10.8 本文の図10.9(a)に示す誘電体円柱が磁気的壁で囲まれている場合，この誘電体共振器のTE基本モードの共振周波数を決定する式を導け．

答 第8章8.2.4節の円形導波管モードを使用し，相互性の原理（第9章9.2.3節）を用います．既知の電磁場分布で$\mathbf{E}$を$\mathbf{H}$で，$\mathbf{H}$を$-\mathbf{E}$で，μをεで，εをμで置き換え，与えられた電磁場の境界条件に相互的な境界条件を満足するマックスウェルの方程式の別の解を求めます．この場合，電気的境界をもつTMモードが，磁気的境界を持つTEモードになります．第8章の式(126)の中のH_ϕ成分はE_ϕ成分になり，これは次のように書くことができます．

$$E_\phi = E_0 \frac{J_1(k_c r)}{J_1(p_{01})} e^{-j\beta_d z} \qquad |z| \leq \frac{L}{2} \qquad \cdots\cdots\cdots (A.26)$$

ここで，伝搬因子は$+z$方向に進む波を表し，添字dは誘電体領域を意味します．この誘電体の中を両方向に進む波を考慮すると，次式が得られます．

$$E_\phi = 2E_0 \frac{J_1(k_c r)}{J_1(p_{01})} \cos\beta_d z \qquad |z| \leq \frac{L}{2} \qquad \cdots\cdots\cdots (A.27)$$

周波数が十分に低く，この誘電体の外部（$|z|>L/2$）で波動は遮断状態にあると仮定します．E_ϕがこの誘電体の端部で連続するように係数を決めると，外部のE_ϕは次のように書くことができます．

$$E_\phi = 2E_0 \frac{J_1(k_c r)}{J_1(p_{01})} \cos\frac{\beta_d L}{2} e^{-\alpha_a(|z|-L/2)} \qquad |z| \geq \frac{L}{2} \qquad \cdots\cdots\cdots (A.28)$$

この誘電体の両端面に平行な磁場成分は，

$$H_r = j\frac{\beta_d}{\omega\mu} 2E_0 \frac{J_1(k_c r)}{J_1(p_{01})} \sin\beta_d z \qquad |z| \leq \frac{L}{2} \qquad \cdots\cdots\cdots (A.29)$$

$$H_r = \pm\frac{j\alpha_a}{\omega\mu} 2E_0 \frac{J_1(k_c r)}{J_1(p_{01})} \cos\beta_d \frac{L}{2} e^{-\alpha_a(|z|-L/2)} \qquad |z| \geq \frac{L}{2} \qquad \cdots\cdots\cdots (A.30)$$

となります．ここで，第8章の式(126)に相互的な関係式を使用しました．上式の中の上側の符号は$z=L/2$に適用し，下側の符号は$z=-L/2$に適用します．ここで，$z=\pm L/2$の誘電体境界にわたってH_rを等置すると，共振周波数を決める次の関係式が得られます[注3]．

$$\beta_d \tan \frac{\beta_d L}{2} = \alpha_a \quad \cdots\cdots\cdots\cdots\cdots\cdots\cdots\cdots\cdots\cdots\cdots\cdots\cdots\cdots\cdots\cdots\cdots\cdots\cdots\cdots\cdots\cdots\cdots\cdots\cdots\cdots\cdots\cdots\cdots\cdots\cdots\cdots (\text{A.31})$$

ここで,

$$\beta_d = \sqrt{\frac{\omega^2 \varepsilon_r}{c^2} - \left(\frac{p_{01}}{a}\right)^2} \quad \cdots\cdots\cdots\cdots\cdots\cdots\cdots\cdots\cdots\cdots\cdots\cdots\cdots\cdots\cdots\cdots\cdots\cdots\cdots\cdots\cdots\cdots\cdots (\text{A.32})$$

$$\alpha_a = \sqrt{\left(\frac{p_{01}}{a}\right)^2 - \left(\frac{\omega}{c}\right)^2} \quad \cdots\cdots\cdots\cdots\cdots\cdots\cdots\cdots\cdots\cdots\cdots\cdots\cdots\cdots\cdots\cdots\cdots\cdots\cdots\cdots\cdots\cdots\cdots (\text{A.33})$$

注3：この計算を行うと，$0.24 < L/2a < 0.62$ の範囲で，実験データより約10％低い共振周波数が得られます．

第11章

マイクロ波回路網

はじめにマイクロ波回路網の公式化について説明します．次に，もっとも簡単な2端子回路網についてその等価回路，回路網定数とその特定方法を求め，一般的なN端子回路網についてそのSパラメータ表示法，方向性結合機器等を例にしてそのSパラメータを求めます．最後に，導波系回路網の周波数特性を求めるため，その等価回路について述べ，その回路のパラメータの解析例を示します．

これまで，伝送線路，導波系，共振器といった個々の部分について考えてきました．これらは実際の系の中では連結された状態で使用されるので，このような連結体を取り扱う場合には回路網理論の考え方を用いるのが便利です．

特に，マイクロ波回路網は，その入力端子と出力端子が導波系型の誘電体領域であると定義します．この例として，伝送線路に結合した共振器〔図11.1(a)〕，階段状の矩形導波管〔図11.1(b)〕，マイクロストリップ線路のT形回路〔図11.1(c)〕，マジック・ティ〔図11.1(d)〕などがあります．これらは，それぞれ1個，2個，3個，4個の導波系端子を持つマイクロ波回路網です．マイクロ波回路網を考える場合，ある導波系にいろいろな負荷条件を与えたときに別の導波系内の主要モードの動作にのみ関心があり，不連続部付近の電磁場の精密解には関心がないものとします．

マイクロ波回路網は，いくつかの等価回路で表すことができます．この中の電磁場の詳細については記述しません．例えば，図11.1(b)のマイクロ波2端子回路網は，集中素子の2端子回路網と同様に，T形回路網あるいはπ形回路網で表すことができます．マイクロ波回路網は多くの公式化が可能であり，これらは波動系なのでもっとも便利な公式は，各導波系の中の入射波と反射波を関係づけるものです．これらの公式化については，次節以降で詳しく述べます．

上の例のような素子の組み合わせも，初めに述べた定義を満足するマイクロ波回路網です．本章の目的の一つは，個々の部分の回路網パラメータが既知の場合に，

(a) 線路と共振器の結合
(1端子回路網)

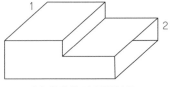
(b) 階段状の矩形導波管
(2端子回路網)

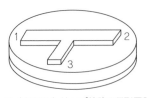
(c) マイクロストリップ線路のT形回路
(3端子回路網)

(d) マジック・ティ
(4端子回路網)

図 11.1　マイクロ波回路網の例

系全体の回路網パラメータを求めることです．

11.1　マイクロ波回路網

11.1.1　マイクロ波回路網の公式化

　マイクロ波回路網は，その端子における入射波と反射波を関係づけるパラメータ，あるいは集中素子の等価回路を用いて表すことができます．多くの場合，この後者のほうが便利であり，古典的回路網理論とのつながりがあるので，これをはじめに考えます．この等価回路法では，マイクロ波回路網に電圧と電流を定義することが必要になります．

　第5章や第8章8.3.1節において，TEM波が伝搬する伝送線路の場合に，電圧と電流を通常の方法で定義してきました．（図 11.1 の2つの例に現れた）矩形導波管の TE_{10} モードの場合，電圧を導波管の上面と下面の間の電場の線積分として考えることができますが，電場として中央部の最大値を用いるかまたはある種の平均値を用いるかによって，この電圧は一義的に決まりません．軸方向電流は，伝送線路の

場合と同様に上面を流れ下面に戻りますが,側面を流れる横方向電流(第8章8.2.3節)を考慮すると,この電流も一義的に決まりません.他のモードの場合に,電圧と電流の通常の考え方を適用しようとすれば,さらに混乱が生じます.しかし,次の簡単な規則に従えば,回路網の公式化ができます.

(1) そのモードの横方向電場に比例するように電圧を定義し,そのモードの横方向磁場に比例するように電流を定義する.
(2) この比例因子を決める1つの条件は,平均電力を回路の場合と同様にRe$[VI^*/2]$とすることである.
(3) この比例因子を決める2番目の条件は,入射波のV/Iが考えているモードの特性インピーダンスに等しいとすることであり,これを1にしてすべてのインピーダンスを自動的に正規化することが多い.

単一の進行波に対して第1の規則を使用すると,

$$\mathbf{E}_t(x,y,z) = V_0 e^{-\gamma z} \mathbf{f}(x,y) \quad \cdots\cdots (1)$$

$$\mathbf{H}_t(x,y,z) = I_0 e^{-\gamma z} \mathbf{g}(x,y) \quad \cdots\cdots (2)$$

と書くことができます.第2と第3の規則を適用すると,

$$\mathrm{Re}(V_0 I_0^*) = 2W_T \quad \cdots\cdots (3)$$

$$\frac{V_0}{I_0} = Z_0 \quad \cdots\cdots (4)$$

となります.一例として,矩形導波管の中のTE$_{10}$モードを取り上げます.この場合,電磁場は次式で与えられます.

$$E_y = E_0 \sin\frac{\pi x}{a} = V_0 f(x) \quad \cdots\cdots (5)$$

$$H_x = -\frac{E_0}{Z_z}\sin\frac{\pi x}{a} = I_0 g(x) \quad \cdots\cdots (6)$$

式(3)を用いると,次式が得られます.

$$V_0 I_0^* = 2b\int_0^a \frac{E_0^2}{2Z_z}\sin^2\frac{\pi x}{a}dx = \frac{abE_0^2}{2Z_z} \quad \cdots\cdots (7)$$

この結果を式(4)と結合させると,電圧と電流が次のように求められます.

$$V_0 = E_0\left(\frac{abZ_0}{2Z_z}\right)^{1/2} \qquad I_0 = \left(\frac{E_0}{Z_z}\right)\left(\frac{baZ_z}{2Z_0}\right)^{1/2} \quad \cdots\cdots (8)$$

また,これを式(5)や式(6)と比較すると,残る関数は,

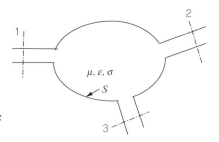

図11.2
3つの導波系端子がある一般的な
マイクロ波回路網

$$f(x) = \left(\frac{2Z_z}{abZ_0}\right)^{1/2} \sin\frac{\pi x}{a} \qquad g(x) = -\left(\frac{2Z_0}{baZ_z}\right)^{1/2} \sin\frac{\pi x}{a} \qquad \cdots\cdots (9)$$

となります．第3の規則で述べたように，Z_0を1にして各分岐の後続のインピーダンスを自動的に正規化することができます．

図11.2に示す3つの導波系端子がある領域を考えます．各導波系は1つだけの伝搬モードを伝送し，はじめに基準面を連結部から十分離れたところに選びます．したがって，すべての高次モード(遮断モード)は消滅しているとします．伝搬モード，すなわち主要モードの形は既知であり，したがって，上に定義した電圧と電流のような2つの値を与えると，電磁場は各基準面で完全に決まると仮定します．図11.2において，導電性表面Sと基準面1，2，3によって囲まれる閉領域を考えます．導体が無損失ならば，水平方向電場は表面S上で0です．この場合，もし電圧が各基準端子で与えられていれば，ここでの水平方向電場は既知であり，マックスウェルの方程式を満足するただ1つの解が得られます．

そして，基準面を含めてこの領域内の任意の点の$\mathbf{E}$と$\mathbf{H}$を決定することができ，したがって，電流をそこで求めることができます．媒質が線形の場合にはこの関係は線形であり，次のように書くことができます．

$$\left.\begin{array}{l} I_1 = Y_{11}V_1 + Y_{12}V_2 + Y_{13}V_3 \\ I_2 = Y_{21}V_1 + Y_{22}V_2 + Y_{23}V_3 \\ I_3 = Y_{31}V_1 + Y_{32}V_2 + Y_{33}V_3 \end{array}\right\} \cdots\cdots (10)$$

同様に，もし電流がすべての基準面で与えられていれば，ここでの水平方向磁場は既知であり，S上で水平方向電場は0ですから，この基準面で水平方向電場，または電圧を求めることができます．媒質が線形の場合には，次式が成立します．

$$\left.\begin{array}{l} V_1 = Z_{11}I_1 + Z_{12}I_2 + Z_{13}I_3 \\ V_2 = Z_{21}I_1 + Z_{22}I_2 + Z_{23}I_3 \end{array}\right\} \cdots\cdots (11)$$

$$V_3 = Z_{31}I_1 + Z_{32}I_2 + Z_{33}I_3$$

式(10)と式(11)の形は，3端子の集中素子回路網の各端子で電圧と電流を関係づける形と同じです．ここで，係数Y_{ij}とZ_{ij}は周波数の関数であり，これらはアドミッタンス係数，インピーダンス係数として知られています．N端子の場合には，行列式の形で，

$$[I] = [Y][V] \qquad [V] = [Z][I] \quad \cdots\cdots\cdots\cdots\cdots\cdots\cdots\cdots\cdots\cdots (12)$$

と書くことができます．ここで，$[I]$と$[V]$は次数Nの列行列式であり，$[Y]$と$[Z]$は$N \times N$の正方形行列式です．

11.1.2 相互性

たいていの系のアドミッタンス行列式とインピーダンス行列式には，次の対称性があります．

$$Y_{ij} = Y_{ji} \qquad Z_{ij} = Z_{ji} \quad \cdots\cdots\cdots\cdots\cdots\cdots\cdots\cdots\cdots\cdots (13)$$

この性質は，ローレンツによる相互性の定理から出てくるものです．この定理は，同じ周波数の2つの異なる波源aとbからの電磁場$\mathbf{E}_a$, $\mathbf{H}_a$および$\mathbf{E}_b$, $\mathbf{H}_b$は次の条件を満足することを示しています．

$$\nabla \cdot (\mathbf{E}_a \times \mathbf{H}_b - \mathbf{E}_b \times \mathbf{H}_a) = 0 \quad \cdots\cdots\cdots\cdots\cdots\cdots\cdots\cdots\cdots\cdots (14)$$

媒質が等方的な場合，この定理はこれを複素形のマックスウェルの方程式に代入すると容易に証明できます．電磁場が式(14)を満足するならば，式(14)を体積積分して発散の定理を用いると次式が得られます．

$$\oint_S (\mathbf{E}_a \times \mathbf{H}_b - \mathbf{E}_b \times \mathbf{H}_a) \cdot d\mathbf{S} = 0 \quad \cdots\cdots\cdots\cdots\cdots\cdots\cdots\cdots\cdots\cdots (15)$$

図11.2で，1と2以外のすべての基準面を無損失導体で閉じる(短絡する)と，1と2における電磁場を次のように書くことができます〔式(1)〜(2)〕．

$$\mathbf{E}_{t1} = V_1 \mathbf{f}_1(x_1, y_1) \qquad \mathbf{H}_{t1} = I_1 \mathbf{g}_1(x_1, y_1) \quad \cdots\cdots\cdots\cdots\cdots\cdots\cdots\cdots (16)$$

$$\mathbf{E}_{t2} = V_2 \mathbf{f}_2(x_2, y_2) \qquad \mathbf{H}_{t2} = I_2 \mathbf{g}_2(x_2, y_2) \quad \cdots\cdots\cdots\cdots\cdots\cdots\cdots\cdots (17)$$

前節の規則2によって，電圧と電流は両方の導波系で電力流を表すように定義されているので，このためには次式が成立する必要があります．

$$\int_{S_1} (\mathbf{f}_1 \times \mathbf{g}_1) \cdot d\mathbf{S} = \int_{S_2} (\mathbf{f}_2 \times \mathbf{g}_2) \cdot d\mathbf{S} \quad \cdots\cdots\cdots\cdots\cdots\cdots\cdots\cdots (18)$$

式(15)の面積積分は，**図11.2**の導電面Sおよび短絡面に沿って0です．面1と面2に対して，この式に式(16)と式(17)を代入すると次式が得られます．

$$\left(V_{1a}I_{1b} - V_{1b}I_{1a}\right)\int_{S_1}\left(\mathbf{f}_1 \times \mathbf{g}_1\right)\cdot d\mathbf{S} + \left(V_{2a}I_{2b} - V_{2b}I_{2a}\right)\int_{S_2}\left(\mathbf{f}_2 \times \mathbf{g}_2\right)\cdot d\mathbf{S} = 0 \quad \cdots\cdots(19)$$

式(18)を用いると，この式は次のように簡単になります．

$$V_{1a}I_{1b} - V_{1b}I_{1a} + V_{2a}I_{2b} - V_{2b}I_{2a} = 0 \quad \cdots\cdots(20)$$

電流と電圧の関係は，式(10)から次のようになります．

$$V_{1a}(Y_{11}V_{1b} + Y_{12}V_{2b}) - V_{1b}(Y_{11}V_{1a} + Y_{12}V_{2a}) + V_{2a}(Y_{21}V_{1b} + Y_{22}V_{2b}) - V_{2b}(Y_{21}V_{1a} + Y_{22}V_{2a}) = 0$$
$$(V_{1a}V_{2b} - V_{1b}V_{2a})(Y_{12} - Y_{21}) = 0 \quad \cdots\cdots(21)$$

ここで，波源aとbは任意ですから第1項は0である必要はありません．したがって，第2項が0になります．すなわち，

$$Y_{21} = Y_{12} \quad \cdots\cdots(22)$$

となります．

2つの端子以外のすべての端子で開放回路を設定することにより，インピーダンス係数の各因子を求めることができます．導波系内で，基準面から1/4波長前方に完全短絡面を置いてこのことを行います．さらに，付番系は任意ですから，1と2は任意の2つの導波系を表すことができ，一般的な関係の式(13)が成立します．

11.2　2端子回路網

11.2.1　2端子回路網の等価回路

2つの導波系端子を持つマイクロ波回路網が非常に重要である理由は，導波系の中に不連続部がある場合や2つの導波系が結合する場合があるからです．たいていのフィルタや整合器，移相器，および他の多くの部品がこの型であり，これらを2端子回路網と言います．

11.1.1節で述べたように，インピーダンス係数あるいはアドミッタンス係数を用いて2端子回路網を次のように書くことができます．

$$\begin{bmatrix}V_1\\V_2\end{bmatrix} = \begin{bmatrix}Z_{11} & Z_{12}\\Z_{21} & Z_{22}\end{bmatrix}\begin{bmatrix}I_1\\I_2\end{bmatrix} \quad \cdots\cdots(23)$$

$$\begin{bmatrix}I_1\\I_2\end{bmatrix} = \begin{bmatrix}Y_{11} & Y_{12}\\Y_{21} & Y_{22}\end{bmatrix}\begin{bmatrix}V_1\\V_2\end{bmatrix} \quad \cdots\cdots(24)$$

これとは別の便利な形は，出力量を入力量で表す次の形です．

$$\begin{bmatrix} V_1 \\ I_1 \end{bmatrix} = \begin{bmatrix} A & B \\ C & D \end{bmatrix} \begin{bmatrix} V_2 \\ -I_2 \end{bmatrix} \quad \cdots\cdots\cdots\cdots\cdots\cdots\cdots\cdots\cdots\cdots\cdots (25)$$

代数計算をすると，上のパラメータの間には次の関係があることがわかります．

$$\left.\begin{aligned}
Y_{11} &= \frac{Z_{22}}{\Delta(Z)} = \frac{D}{B} \\
Y_{12} &= \frac{-Z_{12}}{\Delta(Z)} = \frac{-(AD-BC)}{B} \\
Y_{21} &= \frac{-Z_{21}}{\Delta(Z)} = \frac{-1}{B} \\
Y_{22} &= \frac{Z_{11}}{\Delta(Z)} = \frac{A}{B}
\end{aligned}\right\} \cdots\cdots\cdots (26)$$

ここで，

$$\Delta(Z) = Z_{11}Z_{22} - Z_{12}Z_{21} \quad \cdots\cdots\cdots\cdots\cdots\cdots\cdots (27)$$

です．回路網に相互性がある場合には，

$$Z_{21} = Z_{12} \quad Y_{21} = Y_{12} \quad AD - BC = 0 \quad \cdots\cdots\cdots (28)$$

が成立します．本節では，回路網にこのような相互性があると仮定します．

式(23)から式(28)の形で表される多くの等価回路を導くことができます．この中で，図11.3(a)と(b)に示すT形等価回路とπ形等価回路が重要です．これらに対して回路方程式を書くと，式(23)と式(24)に等価であることがわかります．他の興味深い等価回路は，理想変圧器と伝送線路の一部を用いるものであり，この2つを図11.3(c)と(d)に示します．これらは，無損失のマイクロ波回路網にとって重要なものです．その理由は，図11.3(c)において理想変圧器だけが残るように，あるいは図11.3(d)において理想変圧器と並列素子が残るように入力導波系や出力導波系の中の基準面を動かすことができるからです．これについては，11.2.3節で説明します．図11.3(c)の諸量は，インピーダンス係数と次の関係にあります．

$$\left.\begin{aligned}
\tan\beta_1\ell_1 &= \left[\frac{1+c^2-a^2-b^2}{2(bc-a)}\right] \pm \sqrt{\left[\frac{1+c^2-a^2-b^2}{2(bc-a)}\right]^2 + 1} \\
\tan\beta_2\ell_2 &= \frac{1+a\tan\beta_1\ell_1}{b\tan\beta_1\ell_1 - c} \\
\frac{m^2 Z_{01}}{Z_{02}} &= \frac{1+a\tan\beta_1\ell_1}{b+c\tan\beta_1\ell_1}
\end{aligned}\right\} \cdots\cdots (29)$$

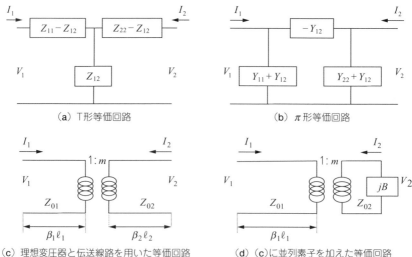

(a) T形等価回路
(b) π形等価回路
(c) 理想変圧器と伝送線路を用いた等価回路
(d) (c)に並列素子を加えた等価回路

図11.3　2端子回路網

ここで，

$$\left.\begin{aligned} a &= \frac{-jZ_{11}}{Z_{01}} \\ b &= \frac{Z_{11}Z_{22} - Z_{12}^2}{Z_{01}Z_{02}} \\ c &= \frac{-jZ_{22}}{Z_{02}} \end{aligned}\right\} \quad \cdots\cdots\cdots\cdots\cdots\cdots\cdots\cdots\cdots\cdots\cdots\cdots (30)$$

です．

11.2.2　散乱係数と伝達係数

前節まで，マイクロ波回路網に対して定義した電圧，電流，インピーダンスを用いて説明してきました．これらの量は，ある程度自由に定義できます．ある種の問題では，2端子回路網の変換特性を，波動で公式化するほうがさらに便利で直接的です．各導波系端子で使用するこの2つの独立量は，電圧と電流に代わる入射波と反射波です．本節では，この波動量を元にした2つの形を導入します．

入力導波系内の入射電圧波と反射電圧波が，ある基準面1でV_{1+}とV_{1-}で与えられるとします（図11.4）．同様に，基準面2でこの回路網を見た入射波と反射波をV_{2+}とV_{2-}とします．基準面nにおける入射波と反射波を，次のように規格化するのが

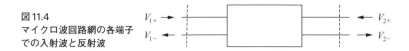

図11.4 マイクロ波回路網の各端子での入射波と反射波

普通です．

$$a_n = \frac{V_{n+}}{\sqrt{Z_{0n}}} \qquad b_n = \frac{V_{n-}}{\sqrt{Z_{0n}}} \quad \cdots\cdots (31)$$

この場合，基準面 n における電圧と電流は，これらの波動量と次式の関係があります．

$$V_n = V_{n+} + V_{n-} = \sqrt{Z_{0n}}(a_n + b_n) \quad \cdots\cdots (32)$$

$$I_n = \frac{1}{Z_{0n}}(V_{n+} - V_{n-}) = \frac{1}{\sqrt{Z_{0n}}}(a_n - b_n) \quad \cdots\cdots (33)$$

端子 n に流入する平均電力は，

$$(W_n)_{\mathrm{av}} = \tfrac{1}{2}\mathrm{Re}(V_n I_n{}^*) = \tfrac{1}{2}\mathrm{Re}[(a_n a_n{}^* - b_n b_n{}^*) + (b_n a_n{}^* - b_n{}^* a_n)] \quad \cdots\cdots (34)$$

となります．この最初のカッコは純実数であり，2番目のカッコは純虚数です．したがって，

$$2(W_n)_{\mathrm{av}} = a_n a_n{}^* - b_n b_n{}^* \quad \cdots\cdots (35)$$

となります．すなわち，$(W_n)_{\mathrm{av}}$ は，端子 n において入射波が運び込む電力から反射波が運び去る電力を減じた電力です．

最初に使用する形では，この2つの反射波量を2つの入射波量に関係づけます．媒質が線形の場合には，

$$\begin{bmatrix} b_1 \\ b_2 \end{bmatrix} = \begin{bmatrix} S_{11} & S_{12} \\ S_{21} & S_{22} \end{bmatrix} \begin{bmatrix} a_1 \\ a_2 \end{bmatrix} \quad \cdots\cdots (36)$$

あるいは，

$$[b] = [S][a] \quad \cdots\cdots (37)$$

となります．ここで，[S]行列式は散乱行列式として知られ，係数 S_{11} などは散乱係数として知られています．これを物理的に解釈する場合，波源を端子1に印加し，出力導波系が整合していて $a_2 = 0$ である場合に着目します．この場合，

$$b_1 = S_{11} a_1 \qquad b_2 = S_{21} a_1 \quad \cdots\cdots (38)$$

となります．したがって，S_{11} は出力側が整合しているときの反射係数に等しく，S_{21} はこの条件下における出力側と入力側の右側に向かう波の比です．この整合条件が成立する場合のエネルギーの式(35)は，2つの端子で次のようになります．

$$2(W_1)_{av} = (1 - S_{11}S_{11}{}^*)a_1 a_1{}^*$$
$$2(W_2)_{av} = -S_{21}S_{21}{}^* a_1 a_1{}^* \quad \cdots\cdots\cdots\cdots\cdots\cdots\cdots\cdots\cdots\cdots\cdots\cdots\cdots\cdots (39)$$

ここで，電力は各端子に向かうときに正と定義するので，W_2の中に負号が現れます．

この例のように，波源が1にある受動回路網の場合，出力電力は入力での供給電力より大きくなることはありません．したがって$(-W_2)_{av} = <(W_1)_{av}$，すなわち，

$$S_{21}S_{21}{}^* \leq 1 - S_{11}S_{11}{}^* \quad \cdots\cdots\cdots\cdots\cdots\cdots\cdots\cdots\cdots\cdots\cdots\cdots\cdots\cdots (40)$$

となります．この等号は，回路網が無損失の場合にだけ成立します．

式(23)に定義式式(33)を代入して式(36)を用いると，散乱係数とインピーダンス係数の関係が求められます．この結果は次のようになります．

$$\left. \begin{array}{l} FS_{11} = (Z_{11} - Z_{01})(Z_{22} + Z_{02}) - Z_{12}Z_{21} \\ FS_{12} = 2\sqrt{Z_{01}Z_{02}}\, Z_{12} \\ FS_{21} = 2\sqrt{Z_{02}Z_{01}}\, Z_{21} \\ FS_{22} = (Z_{22} - Z_{02})(Z_{11} + Z_{01}) - Z_{21}Z_{12} \end{array} \right\} \cdots\cdots\cdots\cdots\cdots (41)$$

ここで，Fは次式になります．

$$F = (Z_{11} + Z_{01})(Z_{22} + Z_{02}) - Z_{12}Z_{21} \quad \cdots\cdots\cdots\cdots\cdots\cdots\cdots (42)$$

式(41)から，回路網に相互性がある場合には$Z_{21} = Z_{12}$ですから，$S_{21} = S_{12}$であることがわかります．必要であれば，式(26)の関係を用いて散乱係数とアドミッタンス係数の関係を求めることもできます．しかし，次節で示すように，これらは反射の測定から直接求めることができます．

式(36)の2番目の線形変換を行うと，出力波を入力波で次のように表すことができます．

$$b_2 = T_{11}a_1 + T_{12}b_1$$
$$a_2 = T_{21}a_1 + T_{22}b_1 \quad \cdots\cdots\cdots\cdots\cdots\cdots\cdots\cdots\cdots\cdots\cdots\cdots\cdots\cdots (43)$$

この係数T_{ij}は伝達係数として知られており，これは散乱係数と次のような関係があります．

$$T_{11} = S_{21} - \frac{S_{11}S_{22}}{S_{12}} \qquad T_{12} = \frac{S_{22}}{S_{12}}$$

$$T_{21} = -\frac{S_{11}}{S_{12}} \qquad T_{22} = \frac{1}{S_{12}} \quad \cdots\cdots\cdots\cdots\cdots\cdots\cdots\cdots\cdots\cdots (44)$$

11.2.4節で示しますが，この形は縦続回路網を扱う場合に特に便利です．

11.2.3　回路網係数の測定

2端子回路網の任意の2つの量の相対的な大きさと位相を測定することができ，この回路網をどちらの端子からも励振できるのなら，この回路網の係数を簡単に測定することができます．インピーダンス形の式(23)で，2端子回路網の出力側を開放($I=0$)にすると，Z_{11}は入力インピーダンスになり，Z_{21}は出力電圧と入力電流の比になります．すなわち，

$$Z_{11} = \left.\frac{V_1}{I_1}\right|_{I_2=0} \qquad Z_{21} = \left.\frac{V_2}{I_1}\right|_{I_2=0} \quad \cdots\cdots (45)$$

です．この回路網を逆にして上と同様の測定をすると，Z_{12}とZ_{22}を求めることができます．これと同様の方法で，端子1から励振して端子2を短絡($V=0$)すると，アドミタンス係数を次のように求めることができます．

$$Y_{11} = \left.\frac{I_1}{V_1}\right|_{V_2=0} \qquad Y_{21} = \left.\frac{I_2}{V_1}\right|_{V_2=0} \quad \cdots\cdots (46)$$

この手順を逆にすると，Y_{12}とY_{22}を求めることができます．端子2と1を順次整合してこの2端子回路網の入射波と反射波を測定すると，散乱係数を次式により直接測定することができます．

$$S_{11} = \left.\frac{b_1}{a_1}\right|_{a_2=0} \quad S_{21} = \left.\frac{b_2}{a_1}\right|_{a_2=0} \quad S_{12} = \left.\frac{b_1}{a_2}\right|_{a_1=0} \quad S_{22} = \left.\frac{b_2}{a_2}\right|_{a_1=0} \quad \cdots (47)$$

入力インピーダンスや反射係数の大きさと位相は，第5章5.1.5節で説明したようにスロット・ラインで測定することができますが，S_{ij}に必要な入力と出力の間の位相を測定するのはかなり難しくなります．この測定をする場合，ネットワーク・アナライザを用いて，各端子における入射波と反射波を方向性結合器(11.3.2節参照)で測定します．

特定のS_{ij}に必要な一対の信号を選択し，式(47)による整合をとった後，比較する2つの量のマイクロ波信号をわずかに異なる周波数の局部発振器信号と混合して，位相と相対的大きさの情報をもつ低周波信号を作り出します．複素フェーザーの比を計算して，必要とするS_{ij}を求めます．励振周波数と局部発振器周波数を掃引できるようにして，必要とする係数の値を，ある領域にわたって求めることができるようにします．この表示はいろいろな形で行うことができ，スミス・チャート形式で表示することが多いです．

位相と大きさの両方を表示できるネットワーク・アナライザを，ベクトル・アナライザと言います．また，大きさだけを表示できるネットワーク・アナライザをスカラ・アナライザと言います．これは，簡単な電力計を用いて電力比を測定するものです．

ネットワーク・アナライザを使用できなければ，手間がかかりますが次のような方法があります．2端子回路網を使用して，インピーダンスを一方の側から他方の側へ変換することが多いですが，式(23)から負荷インピーダンス $Z_L = -V_2/I_2$ によって次式の入力インピーダンス $Z_i = V_1/I_1$ が生じます．

$$Z_i = Z_{11} - \frac{Z_{12}^2}{Z_{22} + Z_L} \quad \cdots\cdots(48)$$

したがって，(Z_L, Z_i) の3つの組を測定すると，3つの係数 Z_{11}, Z_{22}, Z_{12}^2 を求めることができます．もっとも簡単な方法は，導波系に沿う3つの別な場所で短絡を行い，3つの既知の負荷インピーダンスを作り出す方法です．式(48)の形の3つの方程式から文字を代数的に消去していくと，Z_{L1} が Z_{i1} を，Z_{L2} が Z_{i2} を，Z_{L3} が Z_{i3} をそれぞれ作りだすとすれば，インピーダンス係数は次式で与えられます．

$$Z_{11} = \frac{(Z_{i1} - Z_{i3})(Z_{i1}Z_{L1} - Z_{i2}Z_{L2}) - (Z_{i1} - Z_{i2})(Z_{i1}Z_{L1} - Z_{i3}Z_{L3})}{(Z_{i1} - Z_{i3})(Z_{L1} - Z_{L2}) - (Z_{i1} - Z_{i2})(Z_{L1} - Z_{L3})} \quad \cdots\cdots(49)$$

$$Z_{22} = \frac{(Z_{i1}Z_{L1} - Z_{i2}Z_{L2}) - Z_{11}(Z_{L1} - Z_{L2})}{(Z_{i2} - Z_{i1})} \quad \cdots\cdots(50)$$

$$Z_{12}^2 = (Z_{11} - Z_{ip})(Z_{22} + Z_{Lp}) \qquad p = 1,2,3 \quad \cdots\cdots(51)$$

回路網が無損失で，純無効性負荷を使用するならば，入力インピーダンスも純リアクタンスとなり，上の方程式で Z を X で置き換えることができます．また，入力-出力のアドミッタンス対 $Y_{L1}Y_{i1}$, $Y_{L2}Y_{i2}$, $Y_{L3}Y_{i3}$ を測定すると，式(49)から式(51)までの形はアドミッタンス係数 Y_{11}, Y_{12}, Y_{22} を決める場合にも有効です．この場合，式(49)から式(51)において Z を Y で置き換えます．

入力側の反射係数は，出力側の反射係数と次式で関係するので，上の形は散乱係数にも適用できます．

$$\rho_i = S_{11} - \frac{S_{12}^2}{S_{22} + 1/\rho_L} \quad \cdots\cdots(52)$$

$$\rho_i = \frac{b_1}{a_1} \qquad \rho_2 = \frac{a_2}{b_2} \quad \cdots\cdots(53)$$

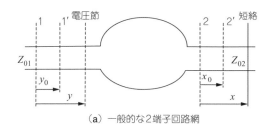

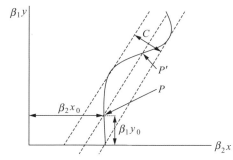

図 11.5
2端子回路網とS字曲線　　　(a) 一般的な2端子回路網　　(b) (a)の測定によって得られるS字曲線

したがって，ρ_Lの3つの値に対してρ_iを測定すると，Z_iをρ_iで，Z_1を$1/\rho_L$で，そして式(49)から式(51)のZ_{mn}をS_{mn}で置き換えると，S_{11}，S_{22}，S_{12}を求めることができます．

　無損失の領域に対しては，**図 11.3**(c)の等価回路が特に便利です．このように表される理由は，入力基準面が1から1′まで〔**図 11.5**(a)〕距離$\beta_1 y_0 = \beta \lambda_1 - \pi$だけ移動し，出力基準面が2から2′まで距離$\beta_2 x_0 = \pi - \beta_2 \lambda_2$だけ移動するため，この等価回路は入力側と出力側に1/2波長線路がある理想変圧器になるからです．しかし，この1/2波長線路はインピーダンス変換比が1であるからこれを無視でき，2′と1′の間の領域を表す理想変圧器だけが残ります．2′を基準にした負荷インピーダンスは，単に$(1/m)^2$倍されて1′を基準にした入力インピーダンスになります．

　上の表示におけるパラメータを，次のようにして求めることができます．出力導波系を完全に終端させます($Z_L = Z_{02}$)．入力導波系でインピーダンス最小点の位置は1′に対応するので，この最小インピーダンスの値から次のm^2が求められます．

$$m^2 = \frac{Z_{02}}{Z_{min}} \quad\quad\quad\quad\quad\quad\quad\quad\quad\quad\quad\quad\quad\quad\quad\quad\quad (54)$$

同様に，この回路網を逆にして，入力導波系を終端させます．出力導波系で同様の

測定を行うと，基準面の位置が求まり，m^2の確認ができます．

ある場合には，上述の手順と別の手順が便利です．回路網が無損失の場合，入力導波系上の電圧最小点の位置を出力導波系上の短絡点の位置の関数として図示すると，図11.5(b)に示すS字曲線になります．ここで，$\beta_1 y$は初めに選択した基準面1から電圧最小点までの電気的距離であり，$\beta_2 x$は基準面2から短絡点までの電気的距離です．この方程式の形は，

$$\tan\beta_1(y-y_0) = \frac{Z_{02}}{m^2 Z_{01}}\tan\beta_2(x-x_0) \qquad (55)$$

になります．新しい基準面1'と2'はS字曲線の傾斜最大点，すなわち図11.5(b)のP点の位置(x_0, y_0)で与えられます．この最大傾斜の値は，$Z_{02}/m^2 Z_{01}$になります．巻線比は，包絡線の接線間の距離Cを用いて，次式により求めることもできます．

$$\frac{m^2 Z_{01}}{Z_{02}} = \tan^2\left(\frac{\pi}{4} - \frac{\sqrt{2}C}{4}\right) \qquad (56)$$

この測定をするには，出力導波系で短絡点を何回か動かし，そのときの入力導波系の最小点をを求めます．この代わりとして交点P'を使用することもできますが，巻線比は上の値の逆数になり，基準面は両側で$\lambda/4$ずれます．

11.2.4　縦続接続した2端子回路網

2端子回路網を縦続接続する場合，1つの回路網の出力が次の回路網の入力になるので，11.2.1節の$ABCD$伝達形と11.2.2節の伝達係数が特に便利です．図11.6を参照すると，式(25)の形を回路網aとbに順次適用することができ，次式が得られます．

$$\begin{bmatrix} V_{1a} \\ I_{1a} \end{bmatrix} = \begin{bmatrix} A_a & B_a \\ C_a & D_a \end{bmatrix}\begin{bmatrix} V_{2a} \\ -I_{2a} \end{bmatrix}$$

$$\begin{bmatrix} V_{1b} \\ I_{1b} \end{bmatrix} = \begin{bmatrix} A_b & B_b \\ C_b & D_b \end{bmatrix}\begin{bmatrix} V_{2b} \\ -I_{2b} \end{bmatrix} \qquad (57)$$

ここで，$V_{2a}=V_{1b}$および$-I_{2a}=I_{1b}$ですから，上の2つの式を結合すると，

$$\begin{bmatrix} V_{1a} \\ I_{1a} \end{bmatrix} = \begin{bmatrix} A_a & B_a \\ C_a & D_a \end{bmatrix}\begin{bmatrix} A_b & B_b \\ C_b & D_b \end{bmatrix}\begin{bmatrix} V_{2b} \\ -I_{2b} \end{bmatrix} \qquad (58)$$

となります．したがって，縦続接続した2つの回路網の伝達行列式は，

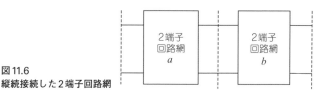

図11.6 縦続接続した2端子回路網

表11.1 簡単な2端子回路網の$ABCD$係数

	伝送線路 $\gamma\ell$ Z_0	理想変圧器 $m:1$	直列インピーダンス Z	並列アドミタンス Y
A	$\cosh\gamma\ell$	m	1	1
B	$Z_0\sinh\gamma\ell$	0	Z	0
C	$Y_0\sinh\gamma\ell$	0	0	Y
D	$\cosh\gamma\ell$	$1/m$	1	1

$$\begin{bmatrix} A & B \\ C & D \end{bmatrix} = \begin{bmatrix} A_a & B_a \\ C_a & D_a \end{bmatrix}\begin{bmatrix} A_b & B_b \\ C_b & D_b \end{bmatrix} \quad\cdots\cdots(59)$$

となり，この式は2つ以上の2端子回路網を縦続接続する場合に拡張できます．11.2.2節のT行列式の場合もこれと同様ですが，これらは入力量を用いて出力量を表すように定義されているので，この場合には最後の回路網の行列式から書き始めます．すなわち，

$$\begin{bmatrix} T_{11} & T_{12} \\ T_{21} & T_{22} \end{bmatrix} = \begin{bmatrix} (T_{11})_b & (T_{12})_b \\ (T_{21})_b & (T_{22})_b \end{bmatrix}\begin{bmatrix} (T_{11})_a & (T_{12})_a \\ (T_{21})_a & (T_{22})_a \end{bmatrix} \quad\cdots\cdots(60)$$

となります．いくつかの簡単な2端子回路網の係数の値を**表11.1**に示します．

11.2.5 マイクロ波フィルタ

フィルタは，通信系の中で重要な役割をします．フィルタを通すと，希望する周波数帯の波はほぼ減衰なしに通過しますが，希望する周波数の外にあるノイズや不要波は大きく減衰します．異なる伝送系に対して，いくつかのフィルタの問題を章

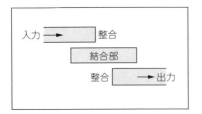

(a) 入力線路と出力線路の間に結合部がある
マイクロストリップ線路

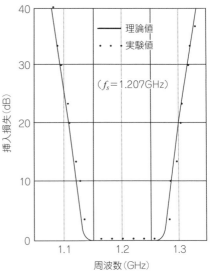

(b) 6段フィルタの挿入損失

図11.7
マイクロストリップ線路による帯域フィルタ

末に示します.

帯域フィルタを構成する1つの方法を，**図11.7**(a)に示します．この図では，1つのマイクロストリップ線路が中間マイクロストリップ線路を介して，別のマイクロストリップ線路に結合しています．この結合部の共振周波数付近では結合量が大きく，エネルギーはほぼ完全に伝達されます．他の周波数では，エネルギーの伝達量は僅かです．この解析を行うには，分布結合を考慮する必要があるため，ここではこの解析を省略しますが，この型の6段フィルタの挿入損失の測定値と計算値を**図11.7**(b)に示します．

問題11.2で示しますが，N個の対称的ユニットが縦続接続されていて，最後のユニットが問題11.2の式(A.12)で定義するZ_cで終端されていれば，全体の減衰は減衰帯域で$N\Gamma$となり，通過帯域で位相変化は1ユニットあたりの位相変化量のN倍となります．実用的なフィルタの場合，このユニットは対称的である必要はなく，同じである必要もありません．さらに，Z_cは一般に周波数の関数であるため，通常，この周波数特性を終端インピーダンスの周波数特性に正確に整合させることは難しくなります．したがって，反射損失も発生し，フィルタを設計する場合には，通過帯域と減衰帯域の両帯域における挿入損失を考慮しなければなりません．

11.3 N端子回路網

11.3.1 N端子回路網とそのSパラメータ表示

電圧と電流を11.1.1節で定義し,これらはインピーダンス行列式あるいはアドミッタンス行列式を介して次式で関係することを式(12)で述べました.

$$[V] = [Z][I] \quad \cdots\cdots\cdots\cdots\cdots\cdots\cdots\cdots\cdots\cdots\cdots\cdots\cdots\cdots\cdots\cdots (61)$$

$$[I] = [Y][V] \quad \cdots\cdots\cdots\cdots\cdots\cdots\cdots\cdots\cdots\cdots\cdots\cdots\cdots\cdots\cdots\cdots (62)$$

ここで,アドミッタンス行列式とインピーダンス行列式は,次数$N \times N$です.2端子回路網の場合に11.2.2節で定義した散乱係数は,N端子回路網の場合にも拡張することができ,

$$[b] = [S][a] \quad \cdots\cdots\cdots\cdots\cdots\cdots\cdots\cdots\cdots\cdots\cdots\cdots\cdots\cdots\cdots\cdots (63)$$

となります.この行列式$[b]$は回路網から出て行くN個の波を表し,$[a]$は回路網に入ってくるN個の波を表します.これらの波は,式(31)で定義されています.一般的な4端子回路網とその入射波および反射波を図11.8に示します.もちろん,他の線形変換が可能であり,11.2.1節の等価回路に類似した多くの等価回路を描くことができますが,上述の3つの式が一般的にもっとも便利です.ここでは,このN端子回路網のいくつかの特別な場合を考えます.

(1) 相互性がある回路網

回路に相互性がある場合,その行列式$[Z]$,$[Y]$,および$[S]$には対称性があります.すなわち,

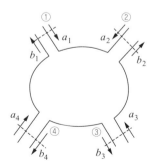

図11.8
一般的な4端子回路網と
その入射波および反射波

$$Z_{ji} = Z_{ij} \qquad Y_{ji} = Y_{ij} \qquad S_{ji} = S_{ij} \quad \cdots\cdots\cdots\cdots\cdots\cdots\cdots\cdots\cdots\cdots\cdots\cdots (64)$$

です．2端子回路網の相互性を拡張して，このことを容易に証明することができます．例えば，i と j 以外のすべての端子を基準面で短絡すれば，i と j の間に2端子回路網が残り，これに対して相互性がある場合には $Y_{ji} = Y_{ij}$ となることが，11.1.2節からわかります．式(64)の他の関係式もこれと同様です．

(2) 無損失回路網

多くのマイクロ波回路網で内部損失は無視できるので，損失が小さい場合の結果を知っておくことは重要です．N 端子回路網に流入する電力流に，複素ポインティングの定理である第3章の式(144)を適用すると次式が得られます．

$$-\oint (\mathbf{E} \times \mathbf{H}^*) \cdot \mathbf{dS} = \sum_{m=1}^{N} V_m I_m^* = 2W_L + 4j\omega(U_H - U_E) \quad \cdots\cdots\cdots\cdots (65)$$

ここで，

$$V_m = \sum_{n=1}^{N} Z_{mn} I_n \quad \cdots\cdots\cdots\cdots\cdots\cdots\cdots\cdots\cdots\cdots\cdots\cdots\cdots\cdots\cdots\cdots\cdots\cdots (66)$$

ですから，

$$\sum_{n=1}^{N}\sum_{m=1}^{N} Z_{mn} I_n I_m^* = 2W_L + 4j\omega(U_H - U_E) \quad \cdots\cdots\cdots\cdots\cdots\cdots (67)$$

となります．ここで，i 番目の端子以外のすべての端子を開放端にすると，式(67)は次のようになります．

$$Z_{ii} I_i I_i^* = 2W_L + 4j\omega(U_H - U_E) \quad \cdots\cdots\cdots\cdots\cdots\cdots\cdots\cdots\cdots (68)$$

したがって，$W_L = 0$ である無損失回路網の場合には，$I_i I_i^*$ は実数ですから Z_{ii} は虚数になります．非対角線項を調べるため，i と j 以外のすべての端子を開放端にすると，式(67)は次のようになります．

$$Z_{ii} I_i I_i^* + Z_{jj} I_j I_j^* + Z_{ij} I_j I_i^* + Z_{ji} I_j^* I_i = 2W_L + 4j\omega(U_H - U_E) \quad \cdots\cdots\cdots (69)$$

この最初の2項は，上に述べたように虚数ですから，$W_L = 0$ であれば，

$$\mathrm{Re}\left[Z_{ij} I_j I_i^* + Z_{ji} I_j^* I_i\right] = 0 \quad \cdots\cdots\cdots\cdots\cdots\cdots\cdots\cdots\cdots\cdots (70)$$

となります．したがって，$Z_{ji} = Z_{ij}$ である相互性回路網の場合には，Z_{ij} も虚数になります．これと同様に，無損失回路網に相互性がある場合には，アドミッタンス行列式は虚数になります．

無損失回路網の散乱行列式の性質を調べるため，次式を使用します．

$$\sum_{m=1}^{N} V_m I_m^* = \sum_{m=1}^{N} (a_m + b_m)(a_m^* - b_m^*) = 2W_L + 4j\omega(U_H - U_E) \quad \cdots\cdots\cdots\cdots (71)$$

この式から，無損失回路網の場合には，

$$\sum_{m=1}^{N} b_m b_m{}^* = \sum_{m=1}^{N} a_m a_m{}^* \quad \cdots\cdots\cdots\cdots\cdots\cdots\cdots\cdots\cdots\cdots\cdots\cdots (72)$$

となります．この式は，行列式の形で次のように書くことができます．

$$[b]_t [b*] = [a]_t [a*] \quad \cdots\cdots\cdots\cdots\cdots\cdots\cdots\cdots\cdots\cdots\cdots\cdots (73)$$

ここで，$[b]_t$ は $[b]$ の移項行列式を意味し，これは $[b]$ の行と列を入れ換えたものです．特に，列行列式の移項行列式は行行列式ですから，行列式の乗算の規則を式(73)に適用すると，式(72)が得られることを確認できます．この式に式(63)を代入すると，

$$([S][a])_t ([S][a])* = [a]_t [a*] \quad \cdots\cdots\cdots\cdots\cdots\cdots\cdots\cdots\cdots\cdots (74)$$

となります．行列式の積の移項行列式は，順番を逆にした移項行列式の積ですから，

$$[a]_t [S]_t [S*][a*] = [a]_t [U][a*] \quad \cdots\cdots\cdots\cdots\cdots\cdots\cdots\cdots (75)$$

となります．ここで，$[U]$ は単位行列式です．したがって，

$$[S]_t [S*] = [U] \quad \cdots\cdots\cdots\cdots\cdots\cdots\cdots\cdots\cdots\cdots\cdots\cdots (76)$$

となります．これから，$[S]_t = [S*]^{-1}$ であることがわかり，式(76)は次のように書くこともできます．

$$[S*][S]_t = [U] \quad \cdots\cdots\cdots\cdots\cdots\cdots\cdots\cdots\cdots\cdots\cdots\cdots (77)$$

移項行列式が逆行列式と共役である行列式を，単位行列式と言います．行列式の乗算の規則を用いると，これには次の性質があることがわかります．

$$\sum_{n=1}^{N} S_{in} S_{in}{}^* = 1 \quad \cdots\cdots\cdots\cdots\cdots\cdots\cdots\cdots\cdots\cdots\cdots\cdots (78)$$

$$\sum_{n=1}^{N} S_{in} S_{jn}{}^* = 0 \quad i \neq j \quad \cdots\cdots\cdots\cdots\cdots\cdots\cdots\cdots\cdots\cdots (79)$$

上の関係式をエネルギー保存則から直接導くことができ，式(78)はすべての端子を整合して入射波を端子 i に印加することにより，また式(79)はすべての端子を整合して入射波を端子 i と j に印加することにより，それぞれ導くことができます．

(3) 基準面の移動

もし，各端子の基準位置をその回路網から距離 ℓ_n だけ外側にずらすと，散乱行列式係数 S_{ij} には i 番目の端子に対して $\beta_i \ell_i$ だけ，j 番目の端子に対して $\beta_j \ell_j$ だけの追加の位相遅れが生じます．したがって，新しい基準位置から見た S' 行列式係数は，元の S 行列式係数と次式の関係にあります．

$$S_{ij}' = S_{ij} e^{-j(\beta_i \ell_i + \beta_j \ell_j)} \quad \cdots\cdots\cdots\cdots\cdots\cdots\cdots\cdots\cdots\cdots (80)$$

11.3.2 方向性結合器とマジック・ティ

(1) 方向性結合器

4端子回路網の一つに，導波系内の正方向進行波と負方向進行波に，別々に結合するようにした方向性結合器があります．このデバイスの簡単な概念を図11.9(a)に示します．1/4波長離して置いた2つの小さな穴が主導波系の中にあり，これが各終端部で整合用抵抗とメータで終端した補助導波系に結合しています．波Aが右側に進んでいる場合，端子4における2つの穴からの波の結合波は長さが等しい通路BとCを通り，この結合波は負荷の中で加算され，メータはAに比例する強さを表します．しかし，通路DとEの長さは1/2波長だけ異なり，もし2つの穴が小さければこれらの穴からの結合量は本質的に同じなので，この2つの穴からの波の結合波は端子3で相殺されます．この構造は対称的ですから，主導波系の中を左側に進む波は端子3で計測されますが，端子4では相殺された結合波になります．したがって，メータ4は右側へ向かう波の強さを表し，メータ3は左側へ向かう波の強さを表します．

この結合器の動作は，小穴の間の1/4波長の間隔に依存するため，周波数に敏感です．図11.9(b)に示すように，いくつかの穴を開けてこの結合量をうまく調整す

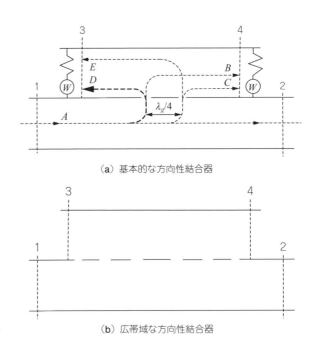

(a) 基本的な方向性結合器

図11.9
方向性結合器　　(b) 広帯域な方向性結合器

ると，バンド幅が広い同様の効果を得ることができます．この結合器は，図11.9に示すように，4つの基準面を持つ4端子回路網です．この結合器が持ついくつかの一般的な性質を以下に述べます．

この結合器の性質を調べるには，式(63)の散乱行列式を使用すると便利です．2と4を整合したときに1と3は結合して欲しくないので，$S_{13} = S_{31} = 0$ です．また，1と3を整合したときに2と4は結合して欲しくないので，$S_{24} = S_{42} = 0$ です．さらに，理想的な方向性結合器は一つの端子に入ってくる電力が，これに結合している他の2つの間に分割され，入力側に反射がないように整合がとれていなければなりません．したがって，S_{11}，S_{22} などは0です．また，この回路網には相互性があるので，$S_{12} = S_{21}$，$S_{14} = S_{41}$ などが成立します．したがって，理想的な方向性結合器の散乱行列式は，次のように表されます．

$$[S] = \begin{bmatrix} 0 & S_{12} & 0 & S_{14} \\ S_{21} & 0 & S_{23} & 0 \\ 0 & S_{23} & 0 & S_{34} \\ S_{14} & 0 & S_{34} & 0 \end{bmatrix} \quad \cdots\cdots(81)$$

この回路網に損失がない場合，前節で示したように電力が保存されるため散乱行列式は単位行列式になります．次数 i の異なる値に対して，式(78)から次式が得られます．

$i = 1$: $\quad S_{12}S_{12}^* + S_{14}S_{14}^* = 1 \quad \cdots\cdots(82)$

$i = 2$: $\quad S_{12}S_{12}^* + S_{23}S_{23}^* = 1 \quad \cdots\cdots(83)$

$i = 3$: $\quad S_{23}S_{23}^* + S_{34}S_{34}^* = 1 \quad \cdots\cdots(84)$

$i = 4$: $\quad S_{14}S_{14}^* + S_{34}S_{34}^* = 1 \quad \cdots\cdots(85)$

式(82)と式(83)を比較すると $|S_{14}| = |S_{23}|$ であることがわかり，式(82)と式(85)を比較すると $|S_{12}| = |S_{34}|$ であることがわかります．さらに，基準面1に対して S_{12} が実数かつ正であるように基準面2を選ぶことができ，同様に，基準面3に対して S_{34} が実数かつ正であるように基準面4を選ぶことができます．この場合，次式が成立します．

$S_{12} = S_{34} = a \quad \cdots\cdots(86)$

$[S]$ 行列式は単位行列式ですから，式(79)が残っています．これらは，式(81)で行った簡単化により，次の場合以外は恒等的に満足されます．

$i = 1, j = 3$: $\quad S_{12}S_{23}^* + S_{14}S_{34}^* = 0 \quad \cdots\cdots(87)$

$i = 2, j = 4$: $\quad S_{12}S_{14}^* + S_{23}S_{34}^* = 0 \quad \cdots\cdots(88)$

このどちらの場合も，式(86)を用いると $S_{12} = -S_{23}^*$ である必要があります．この場

合，基準面1に対してS_{14}は実数であって，

$$S_{23} = -S_{14} = b \quad \cdots\cdots\cdots\cdots\cdots\cdots\cdots\cdots\cdots\cdots\cdots\cdots\cdots\cdots\cdots\cdots (89)$$

となるように基準面を選択することができます．このようにして，方向性結合器の散乱行列式を次の簡単な形に書いてきました．

$$[S] = \begin{bmatrix} 0 & a & 0 & -b \\ a & 0 & b & 0 \\ 0 & b & 0 & a \\ -b & 0 & a & 0 \end{bmatrix} \quad \cdots\cdots\cdots\cdots\cdots\cdots\cdots\cdots\cdots\cdots (90)$$

bは主導波系から補助導波系への結合量を表し，結合度(dBで表す)として知られています．係数aを伝達度と言います．この2つは，エネルギーの関係式(82)〜(85)のどれによっても次式の関係があります．

$$a^2 + b^2 = 1 \quad \cdots\cdots\cdots\cdots\cdots\cdots\cdots\cdots\cdots\cdots\cdots\cdots\cdots\cdots\cdots\cdots (91)$$

aとbは理想方向性結合器の2つのパラメータですが，実際の結合器では結合量が0であって欲しい端子にいくらかの結合があります．つまり，実際の結合器ではS_{13}とS_{24}は正確に0ではありません．補助導波系内の希望しない端子への結合量と比べた希望する端子への結合量は，前後比あるいは方向度として定義され，通常，これをdBで表しています．

無損失の4端子回路網の場合，次のいくつかの定理が成立します．

(1) 2組の非結合素子がある4端子回路網は完全に整合する．すなわち，S_{11}，S_{22}などの組を0にすることは別の条件ではなく，式(78)と式(79)から生じる電力関係があるために$S_{13}=0$，$S_{24}=0$から出てくるものである．

(2) 4つの導波系の連結部のどれが完全整合していても，それは方向性結合器になる．

(3) 2つの整合した非結合端子がある4端子回路網は，方向性結合器になる．すなわち，もし$S_{13}=0$，$S_{11}=0$，および$S_{33}=0$であれば，これから前に定義した他の性質が出てくる．

(2) マジック・ティとその他のハイブリッド回路網

$a^2 = b^2 = 1/2$という方向性結合器の特別の場合は，ブリッジやハイブリッド回路網として使用されています．TE_{10}モードの矩形導波管で，この目的のために使用する形の一つは**図11.10**に示すマジック・ティです．Eアーム2に導入した波は，この構造の対称性からアーム1とアーム3に等分されますが，Hアーム4には結合しません．逆に，アーム4に導入した波は1と3に分割されますが，アーム2には結

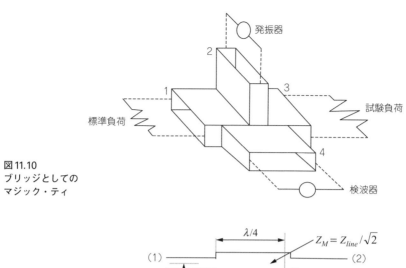

図 11.10
ブリッジとしての
マジック・ティ

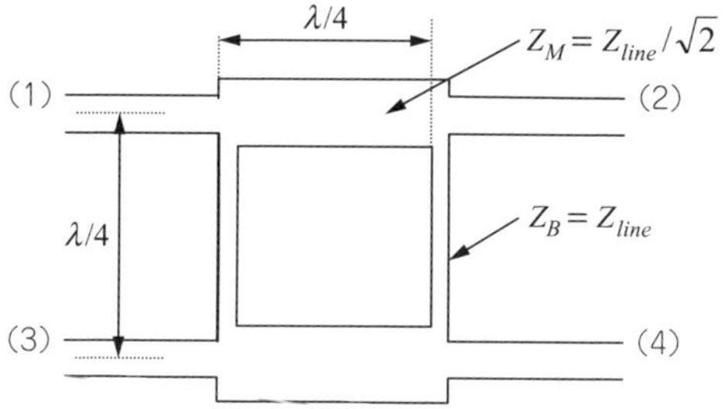

図 11.11
マイクロストリップ線路の
2分岐ハイブリッド回路網

合しません．したがって，散乱係数 S_{24} は 0 です．上に述べた 3 つの定理により，もしこの回路網が内部的に整合していて S_{22} と S_{44} が 0 であれば，これは方向性結合器になります．通常，連結部付近の導波系内にピンまたはダイアフラムを置いてこの整合を取ります．この場合，上の定理から S_{11}, S_{33}, S_{13} も 0 になります．伝達係数と結合係数は，この構造の対称性によって等しくなります．したがって，前述のように，

$$a^2 = b^2 = \tfrac{1}{2} \tag{92}$$

となります．

この回路網の使用方法の一つはブリッジです．図 11.10 において，2 に発振器を置き，4 に検波器を置くと，1 と 3 の負荷が同じであれば出力は 0 になります．したがって，標準負荷を 1 に置き，これと見かけ上同じ試験負荷を 3 に置くと，標準値からの偏差値は 4 の検波器で読むことができます．

これと同じ目的で，別の形も知られています．1 つの一般的な型は，ラット・レース構造が波を相殺することを利用するもので，マイクロストリップ線路の 2 分岐

ハイブリッド回路網を図11.11に示します．電力変化と位相変化を出力部の2つの通路に分割すると，必要とする相殺と加算が生じます．これを修正して，バンド幅が広いブリッジにすることも可能です．これと同じ原理の構造を，同軸線路でも作ることができます．

11.4　導波系回路網の周波数特性

11.4.1　1端子回路網のインピーダンスの性質

図11.1(a)に示した1つの導波系端子がある閉領域を考えます．連結部から十分離れたところに基準面1を選び，この導波系の中の主要モードだけに着目します．この領域に複素ポインティングの定理を適用すると式(68)が得られ，この式は$i=1$の場合には次のようになります．

$$Z = R + jX = \frac{2W_L + 4j\omega(U_H - U_E)}{II^*} \quad \cdots\cdots(93)$$

ここで，W_Lはこの領域内の平均損失電力，U_EとU_Hはそれぞれ電場内と磁場内の平均蓄積エネルギーです．同様にして，入力アドミッタンスYは，

$$Y = G + jB = \frac{2W_L + 4j\omega(U_E - U_H)}{VV^*} \quad \cdots\cdots(94)$$

となります．これらのインピーダンス関数とアドミッタンス関数の性質を以下に述べます．ここで述べることは，一般的なマイクロ波回路網の関数$Z_{ii}(\omega)$に適用できます．その理由は，これがi番目の端子以外のすべての端子を短絡して形成される2端子回路網の入力インピーダンスであるからです．これと同様に，この定理はY_{ii}，およびインピーダンス関数あるいはアドミッタンス関数の別の組み合わせに対しても適用できます．

式(93)を調べると，物理的理由から予想されるいくつかのことがわかります．損失電力が0であれば，インピーダンスは純虚数(無効性)になります．損失電力が有限の場合には，受動回路網のZの実数(抵抗)部は正数になります．蓄積する電気的平均エネルギーと磁気的平均エネルギーが等しい場合，リアクタンスは0になり，この回路網は共振していると言います．磁気的平均エネルギーが電気的平均エネルギーより大きければ，このリアクタンス値は正(誘導性)になり，電気的エネルギーのほうが大きければ，リアクタンス値は負(容量性)になります．これと同様の結果を，アドミッタンス関数に対しても導くことができます．

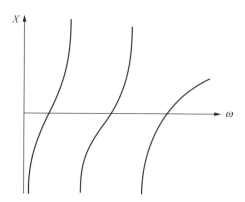

図 11.12
無損失 1 端子回路網のリアクタンス
対周波数の形

(1) 無損失の 1 端子回路網

損失がない場合，式(93)と式(94)は次のようになります．

$$X = \frac{4\omega(U_H - U_E)}{II^*} \qquad B = \frac{4\omega(U_E - U_H)}{VV^*} \quad \cdots\cdots (95)$$

さらに，X と B の周波数に対する変化率は蓄積エネルギーと関係しており，次式が成立します．

$$\frac{dX}{d\omega} = \frac{4(U_E + U_H)}{II^*} \qquad \frac{dB}{d\omega} = \frac{4(U_E + U_H)}{VV^*} \quad \cdots\cdots (96)$$

平均蓄積エネルギー($U_E + U_H$)は明らかに正であり，また H^* は正ですから，無損失 1 端子回路網のリアクタンスの周波数に対する変化率は正です．したがって，このリアクタンス曲線は図 11.12 に示すようにゼロ点と極点を連続して通過します．これと同様に，無損失 1 端子回路網のサセプタンス対周波数の曲線は，傾斜が常に正です．したがって，一つのゼロ点は 2 つの隣の極点の間になければならず，この逆も成立します．これはフォスターのリアクタンスの定理として知られています．

11.4.2　1 端子回路網の周波数特性を表す等価回路

1 端子回路網のインピーダンス(アドミッタンス)関数の性質から，その周波数特性を表すいくつかの等価回路を導くことができます．はじめに，損失がないインピーダンス関数を考えます．次に，損失が小さい場合の効果を考え，最後に別の形を考えます．

(1) 第 1 フォスター形

無損失 1 端子回路網のリアクタンス関数は周波数の奇関数であり，無限個の単純

極(1位極)を持っていなければなりません．このような関数は，もし次の総和が収束するならば，極のまわりの「部分分数」の級数に展開できることが関数論からわかっています．すなわち，

$$X(\omega) = \sum_{n=1}^{\infty}\left(\frac{a_n}{\omega-\omega_n} + \frac{a_{-n}}{\omega-\omega_{-n}}\right) + \frac{a_0}{\omega} + f(\omega) \quad \cdots\cdots(97)$$

ここで，a_0/ω は周波数が0の場合の極(これが存在するならば)を表し，$f(\omega)$ は任意の完全関数(特異点がない関数)です．この関数は奇関数ですから，$\omega_{-n} = -\omega_n$ および $a_n = a_{-n}$ です．さらに，$f(\omega)$ は ω の奇数乗だけで構成され，無限遠点で単純極のようにふるまうため ω の1乗に比例します．これらのことを考慮すると，式(97)は次のようになります．

$$X(\omega) = \sum_{n=1}^{\infty}\frac{2\omega a_n}{\omega^2-\omega_n^2} + \frac{a_0}{\omega} + \omega L_{\infty} \quad \cdots\cdots(98)$$

式(98)において，a_n は極 ω_n の留数として知られています．これはサセプタンス曲線の傾きから求めることができ，次にこれを蓄積エネルギーに関係づけることができます．というのは，ω_n の付近では式(98)の第 n 項が支配的であり，

$$B(\omega) = -\frac{1}{X(\omega)} \approx -\frac{\omega^2-\omega_n^2}{2\omega a_n} \quad \cdots\cdots(99)$$

となります．これを微分すると，

$$\left.\frac{dB}{d\omega}\right|_{\omega=\omega_n} = -\frac{1}{a_n} \quad \cdots\cdots(100)$$

となります．したがって，式(96)を用いると次式が得られます．

$$a_n = -\frac{1}{(dB/d\omega)_{\omega=\omega_n}} = -\left[\frac{VV^*}{4(U_E+U_H)}\right]_{\omega=\omega_n} \quad \cdots\cdots(101)$$

図11.13(a)に示すように，式(100)の形は反共振 LC 回路を直列に加える等価回路を示唆しています．なぜなら，この回路の n 番目の部分から次のリアクタンス値が生じるからです．

$$X_n = -\frac{1}{\omega C_n - 1/\omega L_n} = -\frac{\omega/C_n}{\omega^2 - 1/L_n C_n} \quad \cdots\cdots(102)$$

これを前出の式と比較すると，

$$a_n = -\frac{1}{2C_n} \qquad \omega_n^2 = \frac{1}{L_n C_n} \qquad a_0 = -\frac{1}{C_0} \quad \cdots\cdots(103)$$

すなわち，

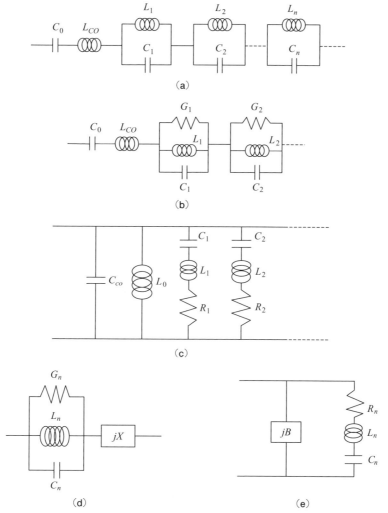

図11.13　1端子回路網の等価回路

$$C_n = -\frac{1}{2a_n} \quad L_n = -\frac{2a_n}{\omega_n^2} \quad C_0 = -\frac{1}{a_0} \quad \cdots\cdots\cdots\cdots\cdots\cdots\cdots\cdots\cdots (104)$$

が得られます．第1フォスター形として知られるこの表示方法は，式(100)の中の級数が収束する任意の無損失1端子回路網に適用できます．この回路の諸量を求めるには，反共振点とその周波数における蓄積エネルギー量を知る必要があり，この

2つの量については空胴共振器に対して第10章で調べました．この一般的な表示方法は，測定結果を説明するときや一般的結論を導くときに便利です．

(2) 損失の効果

空胴の損失が小さい場合，図11.13(a)の等価回路は各反共振素子に並列コンダクタンスを加えて図11.13(b)に示すように修正できます．コンダクタンスG_nの値は，n番目の反共振回路から計算されるQ値がこのモードの既知のQ_n値と一致するように決めます．すなわち，

$$G_n = \frac{\omega_n C_n}{Q_n} \quad \cdots (105)$$

集中等価回路のこの修正を行えば，エネルギー計算から求められる空胴のQは集中回路の場合と同じ方法で，周波数特性を解釈する場合にも使用できます．このことを10.1.1節では説明しないで述べました．

(3) 第2フォスター形

サセプタンス関数をその極について展開すると，式(100)に類似の次の形が得られます．

$$B(\omega) = \sum_{m=1}^{\infty} \frac{2\omega b_m}{\omega^2 - \omega_m^2} + \frac{b_0}{\omega} + \omega C_\infty \quad \cdots (106)$$

ここで，留数b_mは次式で求められます．

$$b_m = -\frac{1}{(dX/d\omega)_{\omega=\omega_m}} = -\left[\frac{II^*}{4(U_E + U_H)}\right]_{\omega=\omega_m} \quad \cdots (107)$$

この級数が収束するならば，この式は第2フォスター形として知られる図11.13(c)の等価回路になり，

$$L_m = -\frac{1}{2b_m} \quad C_m = -\frac{2b_m}{\omega_m^2} \quad L_0 = -\frac{1}{b_0} \quad \cdots (108)$$

となります．また，図11.13(c)には微小損失を表すために各共振回路に加えた直列抵抗が示されており，上述の場合と同様に，この値は各モードの既知のQと一致するように次式により計算します．

$$R_m = \frac{\omega_m L_m}{Q_m} \quad \cdots (109)$$

(4) 単一モード付近における近似

一つのモードの固有周波数付近における動作に関心があり，他の共振点が十分離れている場合，主要因子はこのモードを表す因子になります．この周波数範囲では，

他の項は周波数とともにゆっくりした変化であり，インピーダンスやアドミタンス(ほぼ無効性)が一定の集中素子と考えることができます．この場合，図11.13(b)，(c)の回路は，それぞれ図11.13(d)，(e)に示すように簡単になります．これは実用的に重要な場合であり，空胴共振器の結合問題を調べる場合に，簡単な集中素子回路で解析できることを示しています．

(5) 空胴の等価回路

本節で述べた等価回路の素子の値を計算する方法を示すため，問題11.8を章末に示しました．共振器内のエネルギーを導波系内で定義した電圧や電流に結びつける問題を解く場合，難しい部分が出てきます．この問題では，エネルギーを入力電流で直接表すことができるように，均一線路を考えます．

11.4.3　N端子回路網の周波数特性を表す等価回路

11.4.1節で述べた型の周波数特性を考える場合，N端子回路網の任意の係数Z_{ii}は1端子回路網の条件を満足しなければなりません．その理由は，これがi番目の端子以外のすべての端子を短絡して形成する1端子回路網の入力インピーダンスを表すからです．これと同様に，任意のY_{ii}は1端子回路網のアドミッタンス関数の条件を満足しなければなりません．しかし，伝達係数はこのような条件を満足する必要がありません．

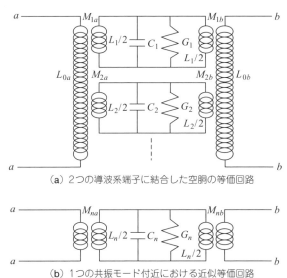

図11.14
2端子を持つ空胴の等価回路と近似等価回路

(a) 2つの導波系端子に結合した空胴の等価回路

(b) 1つの共振モード付近における近似等価回路

このN端子回路網が，1つ以上の導波系を持つ空胴共振器である場合，11.4.2節を一般化した等価回路によって，その周波数特性を表すことが望ましいと言えます．したがって，2端子をもつ空胴の場合を図11.14(a)に示すように，各導波系がこの空胴の各固有モードに対して相互インダクタンスで結合する図になります．この回路は，共振周波数付近において図11.14(b)に示すように簡単になります．

N端子回路網の特性を測定によって求めたい場合，もっとも簡単な手順は2つの端子以外のすべての端子を既知のインピーダンスで終端して2つの端子を残し，これに対して4つのパラメータを11.2.3節で説明した方法で求めることです．別の端子対に対してこの手順を繰り返すと，最終的にすべての値がわかります．

11.5 導波系回路網のパラメータ解析

11.5.1 準静的方法による回路網の解析

回路網を公式化する場合，完全な電磁場解は必要ないことを前に述べました．それでも，ある種の連結体を回路網で表示する場合に，電磁場の境界値問題の解があると便利です．この解析結果は，ハンドブックの中で一覧化されています．このような問題の解法を調べると，この一覧にした結果を正しく使用するための助けになります．

連結体の寸法が波長に比べて短い場合，準静的理由からかなり良好な等価回路を導くことができます．これは，次のヘルムホルツ方程式に基づいています．

$$\frac{\partial^2 \mathbf{E}}{\partial x^2} + \frac{\partial^2 \mathbf{E}}{\partial y^2} + \frac{\partial^2 \mathbf{E}}{\partial z^2} + \left(\frac{2\pi}{\lambda}\right)^2 \mathbf{E} = 0 \quad \cdots\cdots (110)$$

この式から，もしEの変化率が波長に比べて小さな寸法x, y, zに対する変化率から生じるならば，最初の3項が最終項より支配的であり，この方程式はラプラスの方程式に簡単化され，電磁場解は静的解になります．一例として，図11.15に示す平行平板線路内のステップを考えます．この問題の静的解はわかっており（第7章

図11.15
平行平板伝送線路内のステップ状不連続とその正確な等価回路

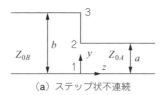

（a）ステップ状不連続

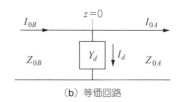

（b）等価回路

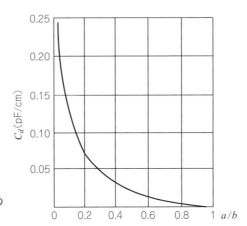

図11.16
図11.15の単位幅あたりの不連続容量

7.2.4節），端部容量すなわち過剰容量は電極間の全容量から電場線が両平面内で直線状である場合の容量を減じて求めることができます．$\alpha = a/b$とすると，これは次のようになります．

$$C_d = \frac{\varepsilon}{\pi}\left[\left(\frac{\alpha^2+1}{\alpha}\right)\ln\left(\frac{1+\alpha}{1-\alpha}\right) - 2\ln\left(\frac{4\alpha}{1-\alpha^2}\right)\right] \quad \text{F/m} \quad \cdots\cdots (111)$$

これを表す曲線を図11.16に示します．この容量を連結部で伝送線に並列に置きます．後でわかるように，この並列表示法は正確です．横方向寸法bが約0.2λより小さければ，次式が良い近似式になります．

$$Y_d \approx j\omega C_d \quad \cdots\cdots (112)$$

準静的近似が有効な2番目の例は，図11.17(a)に示す平行平板線路内の直角ベンドです．物理的理由から平板1と2の間のファラデー則による電圧差を表すインダクタンスを入れなければならず，これは磁場がこのコーナ部で一様と仮定して計算することができます．前の例と同様に過剰容量もあり，この構造の対称性からこれを2等分することができます．この結果は図11.17(b)に示すような素子値を持つπ形等価回路になります．ここで，wは紙面に垂直方向の幅です．

図11.15(a)に戻り，連結効果の表示法として並列アドミッタンスを用いる場合をさらに詳細に調べてみます．これを伝送線路として取り扱う場合，これは$z=0$で連結した特性インピーダンスの異なる2つの線路と考えるのが普通です．しかし，このような取り扱いでは，y方向に変化しないE_yとH_xを持つTEM波，すなわち主要伝送線路波しか考えていません．2と3の間の無損失導体部では，$E_y = 0$である必

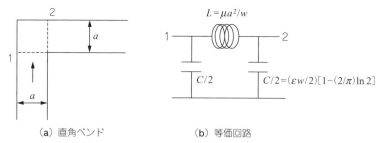

(a) 直角ベンド　　　　　　　(b) 等価回路

図11.17 平行平板線路内の直角ベンドとその等価回路

要があります．

　もし，主要波だけが存在するとすれば，主要波ではyに対する変化がないので，E_yは$z=0$のすべての場所で0でなければならないことになります．この場合，$z=0$の全面にわたってポインティング・ベクトルも0ですから，第2線路Aの終端に関係なく第2線路に流入するエネルギーは存在することができません．難しさは不連続部で励振される高次波にあり，その結果，主要波のE_yは$z=0$で一般に0ではありませんが，全E_y（主要波と高次波の合計）は2から3にかけて0であり，1から2にかけて0ではありません．図11.15(a)の場合，周辺電磁場内でE_y，E_z，H_xだけが必要なので，励振される高次波はTM波になります．平板間隔が波長に比べて小さい場合，これらの波は遮断周波数よりはるか下方にあります．したがって，これらの電磁場は不連続領域内に局在化します．

　これらの局在波が主要波の伝送に及ぼす効果は，図11.15(a)に示すように，伝送線路等価回路内の$z=0$に置いた集中アドミタンスで表すことができます．このことを示すため，任意のzにおける電流は，主要波からの部分$I_0(z)$とすべての局在波からの寄与分$I'(z)$の和として，次のように表すことができると考えます．

$$I(z) = I_0(z) + I'(z) \quad \cdots\cdots\cdots\cdots\cdots\cdots\cdots\cdots\cdots\cdots\cdots\cdots (113)$$

ここで，全電流は不連続面$z=0$で連続していなければなりませんが，主要波の電流はこの必要がありません．その理由は，主要波電流の差が局在波電流によって生じるからです．すなわち，

$$I_{0A}(0) + I_A'(0) = I_{0B}(0) + I_B'(0) \quad \cdots\cdots\cdots\cdots\cdots\cdots\cdots\cdots (114)$$

あるいは，

$$I_{0B}(0) - I_{0A}(0) = I_A'(0) - I_B'(0) \quad \cdots\cdots\cdots\cdots\cdots\cdots\cdots\cdots (115)$$

となります．しかし，両平板間において$-\int \mathbf{E} \cdot \mathbf{dl}$で定義する全電圧は，主要波内

の電圧だけです．その理由は，局在波についてはその寄与分が0だからです．すなわち，

$$V(z) = V_0(z) \quad \cdots\cdots\cdots\cdots\cdots\cdots\cdots\cdots\cdots\cdots\cdots\cdots\cdots\cdots\cdots\cdots \quad (116)$$

この場合，不連続面$z=0$にわたる全電圧の連続性から，主要波内の電圧が連続している必要があります．すなわち，次式が成立します．

$$V_{0A}(0) = V_{0B}(0) = V_0(0) \quad \cdots\cdots\cdots\cdots\cdots\cdots\cdots\cdots\cdots\cdots\cdots \quad (117)$$

さて，等価回路を主要波だけに対して描くとすれば，電圧が連続して電流が不連続であることは，$z=0$のところに集中アドミッタンスがあり，このアドミッタンスに流れる電流は，次式で与えられることによって説明できます．

$$I_{0B}(0) - I_{0A}(0) = I_d = Y_d V_0(0) \quad \cdots\cdots\cdots\cdots\cdots\cdots\cdots\cdots \quad (118)$$

あるいは，式(115)から，

$$Y_d = \frac{I_A'(0) - I_B'(0)}{V_0(0)} \quad \cdots\cdots\cdots\cdots\cdots\cdots\cdots\cdots\cdots\cdots\cdots \quad (119)$$

これについてさらに解析すると，終端部が不連続部から十分離れていて局在波の電磁場に結合しない限り，終端部に無関係にY_dの数値を計算できることが明らかになります．図11.15(a)の場合，横方向寸法が波長に比べて小さいならば，このアドミッタンスは純容量性となり，この値は図11.16で正確に与えられます．横方向寸法が波長と同程度の場合には，これを修正する必要があります．

これらの結果は，同軸不連続部のいくつかの形に適用できます．図11.18の不連続容量は，図11.16から得られる数値に外側外周を乗じて近似することができます．ステップが外側導体にあれば，図11.16から得られる数値に内側外周を乗じます．図11.19に示す2つの導波管不連続部の近似解は，関連する積分方程式の近似解から求めることができます．TE$_{10}$モードを伝送する矩形導波管の上面から下面に伸びるダイアフラムの場合〔図11.19(a)〕，高次モードのエネルギーは容量性になります．幅a，高さbの導波管の中にあるギャップ長dの対称的ダイアフラムのサセプタンスは近似的に，

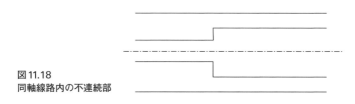

図11.18
同軸線路内の不連続部

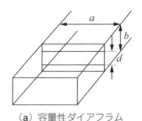

図 11.19
矩形導波管内の容量性ダイアフラム
と誘導性ダイアフラム

（a）容量性ダイアフラム　　（b）誘導性ダイアフラム

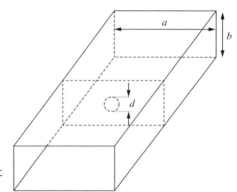

図 11.20
矩形導波管内の薄いダイアフラムに
開けた円窓

$$\frac{B}{Y_0} \approx \frac{4b}{\lambda_g} \ln \csc \frac{\pi d}{2b} \quad \cdots\cdots (120)$$

となります．図 11.19（b）に示すように，ダイアフラムが導波管の側壁から出る場合には，高次モードから磁気的蓄積エネルギーが得られ，これに対応する誘導性サセプタンスの近似値は，d をギャップ長として，次のようになります．

$$\frac{B}{Y_0} \approx -\frac{\lambda_g}{a} \cot^2 \frac{\pi d}{2a} \quad \cdots\cdots (121)$$

矩形導波管を横切る薄い導電性ダイアフラムの中の小さな円窓（図 11.20）は，導波管と共振器を結合する場合によく用いられます．これも並列素子で表すことができ，$d/b \ll 1$ の場合には，このサセプタンスは次式で与えられます．

$$\frac{B}{Y_0} \approx -\frac{3ab\lambda_g}{2\pi d^3} \quad \cdots\cdots (122)$$

11.5.2　数値解法による散乱係数の計算

導波系や伝送線路の不連続部の散乱係数を求めるため，いろいろな数値解法を用

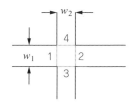
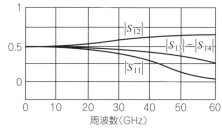

(a) マイクロストリップ線路の
  交差連結部(上面図)

(b) (a)の連結部の散乱係数の計算値($\varepsilon_r = 9.7$,
  基板厚さ$h = 0.635$mm, $w_1 = w_2 = 0.56$mm)

図11.21 マイクロストリップ線路の連結部とその散乱係数

いてきました．一例として，図11.21(a)に示すマイクロストリップ線路の交差連結体を考えます．この散乱係数を，特定の連結体に対して計算機解析により求めてきました．この結果を周波数の関数として，図11.21(b)に示します．エネルギー保存則から予想されるように，周波数が低い場合には，

$$|S_{11}|^2 + |S_{12}|^2 + |S_{13}|^2 + |S_{14}|^2 = 4\left(\frac{1}{4}\right) = 1 \quad \cdots\cdots\cdots (123)$$

となります．周波数が比較的高い場合，この合計値は1より小さく，このことは放射損失が重要になることを示しています．

いろいろな種類のマイクロストリップ線路や他の平面状伝送線路の不連続部の解析結果が，関連するハンドブックの中にまとめられています．

第11章 問題

問題 11.1 図A.1に示すように，長さℓ，特性インピーダンスZ_0，伝搬定数γの一様伝送線路の中央に並列アドミッタンスYをもつ回路がある．この回路の伝達係数を求めよ．

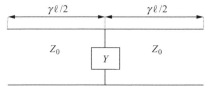

図A.1
中央に並列素子がある
一様伝送線路

答 この回路の伝達行列式は，次式で与えられます．

$$\begin{bmatrix} A & B \\ C & D \end{bmatrix} = \begin{bmatrix} \cosh\left(\dfrac{\gamma\ell}{2}\right) & Z_0 \sinh\left(\dfrac{\gamma\ell}{2}\right) \\ Y_0 \sinh\left(\dfrac{\gamma\ell}{2}\right) & \cosh\left(\dfrac{\gamma\ell}{2}\right) \end{bmatrix} \begin{bmatrix} 1 & 0 \\ Y & 1 \end{bmatrix} \begin{bmatrix} \cosh\left(\dfrac{\gamma\ell}{2}\right) & Z_0 \sinh\left(\dfrac{\gamma\ell}{2}\right) \\ Y_0 \sinh\left(\dfrac{\gamma\ell}{2}\right) & \cosh\left(\dfrac{\gamma\ell}{2}\right) \end{bmatrix}$$
······················ (A.1)

行列式の乗算を行い，双曲線関数の恒等式を用いると，伝達係数は次のようになります．

$$A = D = \cosh\gamma\ell + \left(\dfrac{Y}{2Y_0}\right)\sinh\gamma\ell \quad \cdots\cdots (A.2)$$

$$B = Z_0\left[\left(\dfrac{Y}{2Y_0}\right)(-1+\cosh\gamma\ell) + \sinh\gamma\ell\right] \quad \cdots\cdots (A.3)$$

$$C = Y_0\left[\left(\dfrac{Y}{2Y_0}\right)(1+\cosh\gamma\ell) + \sinh\gamma\ell\right] \quad \cdots\cdots (A.4)$$

問題 11.2 伝達係数 A_0, B_0, C_0, D_0 の2端子回路網を N 個縦続接続して周期構造を構成する．各回路網に相反性および対称性がある場合，この縦続接続体の伝達係数を表す式を求めよ．また，この縦続接続体はフィルタとして動作することを示せ．

答 N 個の同じ回路網を縦続接続した場合の全体の伝達行列式は，1つの回路網の行列式を N 乗したものになります．すなわち，

$$\begin{bmatrix} A & B \\ C & D \end{bmatrix} = \begin{bmatrix} A_0 & B_0 \\ C_0 & D_0 \end{bmatrix}^N \quad \cdots\cdots (A.5)$$

であり，回路網に相反性がある場合，この式から次式が得られます．

$$A = [A_0 \sinh N\Gamma - \sinh(N-1)\Gamma]/\sinh\Gamma \quad \cdots\cdots (A.6)$$

$$B = B_0 \sinh N\Gamma / \sinh\Gamma \quad \cdots\cdots (A.7)$$

$$C = C_0 \sinh N\Gamma / \sinh\Gamma \quad \cdots\cdots (A.8)$$

$$D = [D_0 \sinh N\Gamma - \sinh(N-1)\Gamma]/\sinh\Gamma \quad \cdots\cdots (A.9)$$

$$\cosh\Gamma = (A_0 + D_0)/2 \quad \cdots\cdots (A.10)$$

物理的には，Γ はこの回路網を適正に終端する場合の伝搬定数です．このことを調べるため，各セルに相反性があり（$A_0 D_0 - B_0 C_0 = 1$），対称性がある（$A_0 = D_0$）とし

ます．また，Z_c で終端した各セルが，その入力端でインピーダンス Z_c となるように定義した特性インピーダンス Z_c：

$$Z_c = \frac{V_1}{I_1} = \frac{A_0 V_2 - B_0 I_2}{C_0 V_2 - A_0 I_2} = \frac{A_0 Z_c + B_0}{C_0 Z_c + A_0} \quad \cdots\cdots\cdots\cdots\cdots\cdots\cdots\cdots (\text{A}.11)$$

で，この縦続接続体を終端します．これから，

$$Z_c = \left(\frac{B_0}{C_0}\right)^{1/2} \quad \cdots\cdots\cdots\cdots\cdots\cdots\cdots\cdots\cdots\cdots\cdots\cdots\cdots\cdots (\text{A}.12)$$

となります．この場合，式(A.6)〜(A.9)は，次のように簡単になります．

$$A = D = \cosh N\varGamma \quad \cdots\cdots\cdots\cdots\cdots\cdots\cdots\cdots\cdots\cdots\cdots\cdots (\text{A}.13)$$
$$B = Z_c \sinh N\varGamma \quad \cdots\cdots\cdots\cdots\cdots\cdots\cdots\cdots\cdots\cdots\cdots\cdots (\text{A}.14)$$
$$C = (Z_c)^{-1} \sinh N\varGamma \quad \cdots\cdots\cdots\cdots\cdots\cdots\cdots\cdots\cdots\cdots (\text{A}.15)$$

この結果を本文の**表 11.1** と比較すると，各セルは特性インピーダンス Z_c，伝搬定数 $\varGamma$ の伝送線路のように動作することがわかります．また，縦続接続した N 個の区間の全伝搬定数は $N\varGamma$ に等しくなります．

$\varGamma$ が実数になる周波数帯が減衰帯域であり，$\varGamma$ が虚数になる周波数帯が通過帯域です．式(A.10)から，$|A_0 + D_0| \leq 2$ ならば $\varGamma$ は虚数になり，この回路網の通過帯域になります．また，$|A_0 + D_0| > 2$ ならば $\varGamma$ は実数になって減衰帯域になります．

問題 11.3 図A.2(a)は同軸線路の外導体の中に間隔 ℓ の容量性ダイアフラムがある線路を示し，図A.2(b)は側面タップで負荷容量器を構成するマイクロストリップ線路を示す．このように，伝送線路の中に周期的並列素子がある場合，この構造はフィルタとして動作することを示せ．

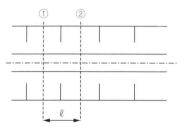
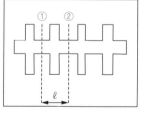

図A.2 伝送線路に周期的並列素子がある例　(a) 間隔 ℓ の容量性円板がある同軸線路　(b) 間隔 ℓ の容量性タップがあるマイクロストリップ線路

答　各容量器の容量を C_d とし，伝送線路の損失を無視して $\gamma = j\beta$ とすれば，問題11.1と問題11.2から次式が得られます．

$$\cosh \Gamma = \cos \beta \ell - \frac{\omega C_d}{2Y_0} \sin \beta \ell \quad \cdots\cdots\cdots\cdots\cdots\cdots\cdots\cdots\cdots\cdots\cdots\cdots\cdots\cdots\cdots (A.16)$$

この場合，$\beta\ell = \omega\ell\sqrt{LC} \ll 1$ であれば，上式は次のようになります．

$$\cosh \Gamma \approx 1 - \frac{\omega^2 \ell C_d \sqrt{LC}}{2\sqrt{C/L}} \quad \cdots\cdots\cdots\cdots\cdots\cdots\cdots\cdots\cdots\cdots\cdots\cdots (A.17)$$

ここで，L と C は伝送線路の単位長あたりのインダクタンスと容量です．

Γ が実数になる周波数帯が減衰帯域であり，Γ が虚数になる周波数帯が通過帯域です．Γ が虚数の領域は $-1 \leq \cos \Gamma \leq 1$ の範囲であり，これは角周波数が0から ω_{c1} までの範囲です．ここで，遮断角周波数 ω_{c1} は，

$$\omega_{c1} = 2\left(\frac{1}{C_d \ell L}\right)^{1/2} \quad \cdots\cdots\cdots\cdots\cdots\cdots\cdots\cdots\cdots\cdots\cdots\cdots\cdots\cdots (A.18)$$

で与えられます．波長に比べて短いこの伝送線路の一部は直列インダクタのように作用し，並列容量器があると集中素子の低域フィルタを形成します．また，周波数がさらに高いところで $\beta\ell = n\pi$ の付近に別の通過帯域ができます．

問題 11.4 図A.3に示すように，幅 a の矩形導波管の中に側面から対称的に延びた間隔 ℓ，開口幅 d のダイアフラムを設ける．この構造はフィルタとして動作することを説明せよ．

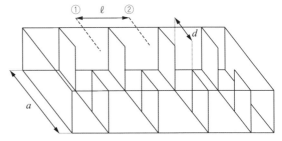

図A.3
側壁から出た対称的誘導性ダイアフラムがある矩形導波管

答 このようなダイアフラムは誘導性の並列サセプタンスとして作用し，このアドミッタンスは近似的に次式で与えられます．

$$\frac{Y}{Y_0} = -\frac{j\lambda_g}{a} \cot^2\left(\frac{\pi d}{2a}\right) \quad \cdots\cdots\cdots\cdots\cdots\cdots\cdots\cdots\cdots\cdots (A.19)$$

ここで，λ_g は管内波長であり，次式で表されます．

$$\lambda_g = \lambda\left[1-\left(\frac{\lambda}{2a}\right)^2\right]^{-1/2} \quad \cdots\cdots\cdots\cdots\cdots\cdots\cdots\cdots\cdots\cdots\cdots\cdots(\text{A.20})$$

この場合，問題 11.1 と問題 11.2 から次式が得られます．

$$\cosh\Gamma = \cos\left(\frac{2\pi\ell}{\lambda_g}\right) + \frac{\lambda_g}{2a}\cot^2\left(\frac{\pi d}{2a}\right)\sin\left(\frac{2\pi\ell}{\lambda_g}\right) \quad \cdots\cdots\cdots\cdots\cdots(\text{A.21})$$

この導波管はこれ自身が高域フィルタですが，このダイアフラムによってこの導波管の遮断周波数より高い周波数帯で減衰が生じるようになります．しかし，少なくとも $\ell=\lambda_g/2$ の付近で式(A.21)の最終項は小さく，$\cos\Gamma<1$ となるので通過帯域が存在します．さらに高い周波数帯で，別の減衰帯域と通過帯域が生じます．

問題 11.5 図 A.4 に示すように，特性アドミッタンス Y_{01} の主マイクロストリップ線路に間隔 ℓ_1，長さ ℓ_2，特性アドミッタンス Y_{02} の周期的マイクロストリップ線路を設け，その先端を基板に短絡する．この構造は，帯域フィルタとして動作することを説明せよ．

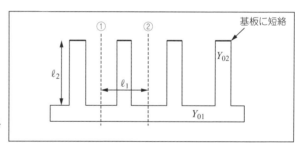

図 A.4
先端を短絡した周期的スタブ線路があるマイクロストリップ線路

答 この短絡スタブ線路は低い周波数(および $\beta_2\ell_2=n\pi$ である周波数)で主線路を短絡しますが，スタブ長が 1/4 波長の奇数倍となるような周波数付近で，この短絡スタブの並列アドミッタンスは，

$$Y = -jY_{02}\cot\beta_2\ell_2 \quad \cdots\cdots\cdots\cdots\cdots\cdots\cdots\cdots\cdots\cdots\cdots\cdots(\text{A.22})$$

であり，したがって，問題 11.1 と問題 11.2 から次式が得られます．

$$\cosh\Gamma = \cos\beta_1\ell_1 + \frac{Y_{02}}{2Y_{01}}\cot\beta_2\ell_2\sin\beta_1\ell_1 \quad \cdots\cdots\cdots\cdots\cdots(\text{A.23})$$

Γ が実数になる周波数帯が減衰帯域であり，Γ が虚数になる周波数帯が通過帯域で

す．$\beta_2 \ell_2$ が $(2m+1)\pi/2$ 付近のときに Γ は虚数になり，この線路の通過帯域になります．

問題 11.6 図A.5に示す3端子のY形回路網は，電力分配器や電力結合器として用いられている．この回路網に相互性があり，この回路網が無損失である場合，電力は完全に結合あるいは分配されず，1つの波源から他の波源に電力が供給されることを示せ．

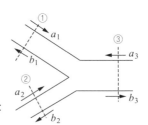

図A.5
Y形回路網（3端子回路網）と
その入射波および反射波

答 波源を端子1と2に導入し，結合電力を端子3から取り出す場合，2つの波源の間の直接的な相互作用を除去するために $S_{12}=0$ としなければなりません．しかし，本文の式(79)で $i=1, j=2$ とすると次式が得られます．

$$S_{11}S_{21}^* + S_{12}S_{22}^* + S_{13}S_{23}^* = 0 \quad \cdots\cdots\cdots (\text{A}.24)$$

したがって，もし $S_{12}=0$ ならば，S_{13} あるいは S_{23} のどちらかが0になり，希望する2つの結合のうちの1つがなくなってしまいます．この回路網は電力結合器として動作しますが，2つの波源間の相互作用があり，2つの波源の大きさと位相が同じでなければ，1つの波源が他の波源に電力を供給することになります．

問題 11.7 単向器は $S_{12}=0$ であるが，$S_{21} \neq 0$ の一方通行伝送線路である．この単向器が無損失の場合，単向器の実現は不可能であることを示せ．

答 本文の式(77)は，相反性回路網と共に非相反性回路網にも適用できます．$i=1$ とした本文の式(78)と $i=1, j=2$ とした本文の式(79)から次式が得られます．

$$S_{11}S_{11}^* + S_{12}S_{12}^* = 1 \quad \cdots\cdots\cdots (\text{A}.25)$$
$$S_{11}S_{21}^* + S_{12}S_{22}^* = 0 \quad \cdots\cdots\cdots (\text{A}.26)$$

式(A.26)において，$S_{12}=0$ ならば $S_{21}=0$ か $S_{11}=0$ のどちらかでなければなりませんが，式(A.25)から $S_{11} \neq 0$ ですから，無損失の単向器は実現不可能になります．

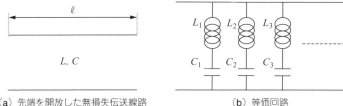

図A.6
無損失伝送線路と
その等価回路　　　（a）先端を開放した無損失伝送線路　　　（b）等価回路

問題 11.8　長さ ℓ，単位長あたりのインダクタンス L，単位長あたりの容量 C の先端開放線路を図A.6(a)に示す．この線路が無損失の場合，本文の式(106)から出発して，第2フォスター形である本文の図11.13(c)の諸量を求めよ．

答　入力端でサセプタンスが無限大になるモードを考えます．この場合，電流は入力で最大，$z=\ell$ で0であり，長さは1/4波長の奇数倍でなければなりません．すなわち，

$$I_m(z) = I_{0m} \cos \omega_m z \sqrt{LC} \quad \cdots\cdots (A.27)$$

$$\omega_m = \frac{2\pi}{\lambda_m \sqrt{LC}} = \frac{2\pi m}{4\ell \sqrt{LC}} \quad (m\text{は奇数}) \quad \cdots\cdots (A.28)$$

となります．U_E と U_H の平均値の合計は共振時の全蓄積エネルギーに等しく，これは磁場内の最大エネルギーとして次のように計算することができます．

$$U_E + U_H = (U_H)_{\max} = \int_0^\ell \frac{LI_{0m}^2}{2} \cos^2 \omega_m z \sqrt{LC}\, dz = \frac{\ell L I_{0m}^2}{4} \quad \cdots\cdots (A.29)$$

これを本文の式(107)に代入すると，m 番目のモードの留数は次のようになります．

$$b_m = -\frac{I_{0m}^2}{4(U_E + U_H)} = -\frac{1}{L\ell} \quad \cdots\cdots (A.30)$$

m 番目の回路のインダクタンスと容量は，本文の式(108)から次のようになります．

$$L_m = -\frac{1}{2b_m} = \frac{L\ell}{2} \quad \cdots\cdots (A.31)$$

$$C_m = -\frac{2b_m}{\omega_m^2} = \frac{8C\ell}{\pi^2 m^2} \quad \cdots\cdots (A.32)$$

これから図A.6(b)の等価回路が得られ，本文の式(106)から得られる $B(\omega)$ の式が収束する限り，この回路はすべての周波数に対して有効になります．この場合，この級数は収束し，次の閉じた形になります[注1]．

$$B(\omega) = -\sum_{m:odd} \frac{2\omega}{L\ell[\omega^2 - m^2\pi^2/4\ell^2 LC]} = \sqrt{\frac{C}{L}} \tan\omega\ell\sqrt{LC} \quad \cdots\cdots\cdots\cdots\cdots (A.33)$$

注1：この最後の式は，伝送線路理論から得られる式と同じになります．

第12章

アンテナ

❖

　はじめにアンテナ電流を用いて電磁場や放射電力を作りだすアンテナを述べます．この中にダイポール・アンテナ，V形アンテナなどがあります．次に，開口内の電磁場から電磁放射するアンテナを考えます．この中に電磁ホーン，共振スロット・アンテナなどがあります．最後に複数のアンテナが一緒に動作するアレー・アンテナ，集積回路用の集積アンテナについて説明します．

❖

　電磁放射の一つの物理的イメージは，回路の寸法が波長と同程度の場合，波が回路の一部から他部へ進むときの遅延効果により位相のずれが生じ，回路が短い場合には単に無効性であった誘導効果に実数部が発生することです．この実数部は，回路から放射する電力を表します．この観点から，アンテナとはその大きさが波長と同程度であり，遅延効果が最大になるように設計されたものと言えます．

　いくつかのアンテナ(ホーン・アンテナ，パラボラ反射器など)には大きな開口があり，この開口内で電磁場を励振するようにしています．これらに対してはホイヘンスの原理を使用するのが適当であり，この場合，開口内の波の各要素は空間内の波動の源泉になるものと考えます．

　アンテナ系を設計する場合，その電場分布，全放射電力，バンド幅，放射効率(投入電力に対する放射電力の比率)といった知識が必要になります．本章では，これらの解析方法について述べます．

　本章の大部分は，放射アンテナすなわち送信アンテナに関するものですが，この結果は相互性の原理を用いて受信アンテナにも適用することができます．

12.1 アンテナの型

まず,いくつかの実用的なアンテナの型を紹介します.
(1) ダイポール・アンテナ

よく用いられるアンテナの1つにダイポール・アンテナがあります.ダイポール・アンテナは,ある点で反対方向に向いた直線状の導体でできており,これを伝送線路あるいは発振器から導いた電圧で励振します〔図12.1(a)〕.通常,共振ダイポール,特に全長2ℓが1/2波長にほぼ等しい半波ダイポール・アンテナが用いられています.

(2) ループ・アンテナ

発振器で励振させた導線ループから生じる放射現象については,第4章で述べました.図12.1(b)に示すループ・アンテナは,ターン数は多いのですが便利なアンテナです.小さなループから生じる電磁場は,小さなダイポールから生じる電磁場に似ており,電場と磁場が入れ替わったものです.このため,このような小さなループは磁気ダイポールとしても知られています.

(3) 進行波アンテナ

光速にほぼ等しい位相速度で,一方向に進む進行波ができるようにアンテナを作成すれば,空間内の波動はこの方向が他の方向に比べて強く励振され,希望する指向性が得られます.図12.1(c)に示したのは,ひし形アンテナです.これは導線に沿う波動を用いるものですが,これについては後で詳細に解析します.このひし形アンテナの半分があれば,V形アンテナになります.第9章9.1節で述べたように,誘電体を用いて進行波を導くアンテナを図12.1(d)に示します.遮断周波数付近ではこの波の位相速度は光速にほぼ等しく,誘電体導波系の外側に広がる電磁場は,空中にかなりの放射エネルギーを出すことができます.

(4) スロット・アンテナと開口アンテナ

矩形導波管に開けた一連のスロットを用いて,導波管アレー・アンテナを作る例を図12.1(e)に示します.開口が大きい場合,この開口はかなりの放射量を出すので,これが共振している必要はありません.電磁ホーンは,導波系から来る波動が大きな放射開口に整合するようにその形状を適当に変化させたアンテナであり,この1つの例を図12.1(f)に示します.このホーンは共振していないので,進行波アンテナのように広帯域信号を放射する場合に特に便利です.

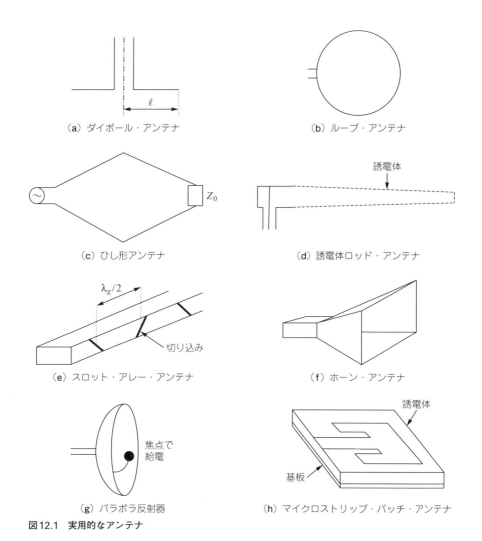

図12.1 実用的なアンテナ

(5) 反射板

図12.1(g)に示すパラボラ反射板は，マイクロ波を放射する場合に重要なアンテナです．これは，焦点のところにある1次アンテナからの射線を反射するミラーと考えることができます．この場合，この1次アンテナが非常に小さければ，幾何光学によって，平行なビームがこの反射板から出てきます．この代わりとして，1次波源がこの開口を照射し，開口からの放射が遠方電磁場を形成すると考えることが

できます．この観点から，このビームには常に広がりがあります．この広がりは，開口寸法が大きくなるほど小さくなり，直径が70波長の開口は，傾きが約1度のビーム幅を形成します．

(6) 集積回路アンテナ

マイクロ波集積回路用のアンテナを誘電体基板の上に置いたものを，パッチ・アンテナと言うことがあります．マイクロストリップ形のパッチ・アンテナを図12.1(h)に示します．

(7) アレー・アンテナ

以上のアンテナは，いずれも同種の素子や異種の素子と組み合わせて，位相を合わせ，放射電力を集中させることにより，特定の指向性をもつアレー・アンテナを形成することができます．アレー・アンテナの重要な用途は，素子から素子までの位相変化を調整して放射電力が集中する方向を電子走査することにあります．スロット・アンテナの2次元アレーの例を図12.1(e)に示します．

12.2 アンテナ電流を用いた電磁場と放射電力の計算

12.2.1 電気ダイポール・アンテナと磁気ダイポール・アンテナ

アンテナの電流分布を用いてアンテナ回りの放射電力や電磁場を計算する場合，もっとも簡単なアンテナは長さが短く電流が一様と考えられる直線アンテナです．このアンテナをアレーにし，その電流を適当な大きさと位相で合成すると，さらに複雑なアンテナができます．電流が時間と共に正弦波状に変化する場合を考え，この電流を因子$e^{j\omega t}$に乗じるフェーザーI_0で表します．

アンテナはz方向を向いているとし，その中心を球座標の原点に置きます（図12.2）．アンテナ長をhとし，hは波長に比べて非常に小さいとします．電流の連続性から，時間的に変化する等量異符号の電荷がこの両端$\pm h/2$に存在しなければなりません．したがって，この素子をヘルツ型ダイポール・アンテナと言います．

電流が与えられているときに電磁場を求める方法において，第3章3.3.2節で述べた遅延ポテンシャル$\mathbf{A}$だけが必要になります．半径rの任意の点Qにおいて第3章の式(176)の$\mathbf{A}$はz方向を向き，次のように簡単に表されます．

$$A_z = \mu \frac{hI_0}{4\pi r} e^{-j(\omega r/v)} \quad \cdots\cdots\cdots\cdots\cdots\cdots\cdots\cdots\cdots\cdots\cdots\cdots\cdots\cdots\cdots\cdots\cdots\cdots \quad (1)$$

これを球座標で表すと，

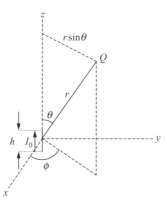

図12.2
ヘルツ型ダイポール・アンテナ

$$A_r = A_z \cos\theta = \mu \frac{hI_0}{4\pi r} e^{-jkr} \cos\theta$$

$$A_\theta = -A_z \sin\theta = -\mu \frac{hI_0}{4\pi r} e^{-jkr} \sin\theta \quad \cdots\cdots\cdots\cdots\cdots\cdots\cdots\cdots (2)$$

となります.ここで,$k = \omega/v = \omega\sqrt{\mu\varepsilon} = 2\pi/\lambda$ です.このアンテナは軸対称ですから,$\mathbf{A}$ には ϕ 成分はなく,どの式にも ϕ 方向の変化はありません.第3章の式(174)と式(175)を用いると,電場と磁場の各成分は $\mathbf{A}$ の各成分から次のように求められます.

$$\left. \begin{aligned} H_\phi &= \frac{I_0 h}{4\pi} e^{-jkr} \left(\frac{jk}{r} + \frac{1}{r^2} \right) \sin\theta \\ E_r &= \frac{I_0 h}{4\pi} e^{-jkr} \left(\frac{2\eta}{r^2} + \frac{2}{j\omega\varepsilon r^3} \right) \cos\theta \\ E_\theta &= \frac{I_0 h}{4\pi} e^{-jkr} \left(\frac{j\omega\mu}{r} + \frac{1}{j\omega\varepsilon r^3} + \frac{\eta}{r^2} \right) \sin\theta \end{aligned} \right\} \cdots\cdots\cdots (3)$$

このダイポール・アンテナが形成する電場を,式(3)の E_r 成分と E_θ 成分を用いて求め,第8章8.2.1節で導波系の電磁場に対して行ったように,この電場線を時間の関数として表すことができます.式(3)を通常の方法で時間の実数関数に変換し,いろいろな時間で電場を図示します.このダイポール電流は $t=0$ で最大(第3章の問題3.8)ですから,ダイポールの両端の電荷は0であり,原点付近の電場は0です.この電場は,図12.3(a)に示すように放射します.1/4周期後には,このダイポール・アンテナの両端に電荷が生じ,図12.3(b)に示すように,電場がこのダイポール付

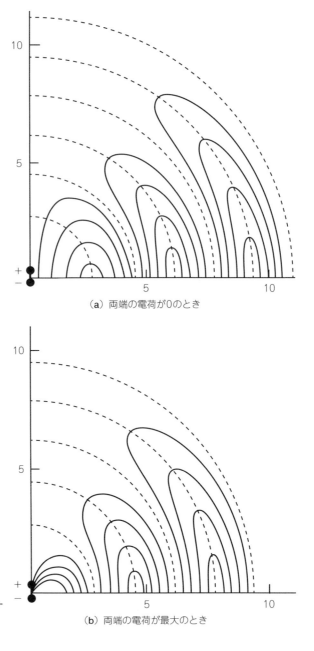

図12.3
電気ダイポール・アンテナ
付近の電場

(a) 両端の電荷が0のとき

(b) 両端の電荷が最大のとき

近に形成されます．この電場は各ループが閉じており，電荷が0に戻るたびに波源から放出されます．

　この素子に非常に近い(rが小さい)範囲では，H_ϕの中で一番大きな項は$1/r^2$で変化する項であり，E_rとE_θの中で一番大きな項は$1/r^3$で変化する項です．したがって，この素子の付近では磁場は位相が電流に非常に近く，H_ϕはアンペアの法則から得られる通常の誘導磁場と同一視することができます．この領域の電場は静電ダイポールの電場と同一視することができます(電流の連続条件から，$I_0/j\omega$はダイポールの一端における電荷を表す)．この領域内の電場と磁場のおもな成分は位相が90度ずれているから，これらの成分にはポインティングの定理による時間平均エネルギーがないことを示しています．

　波源から非常に離れたところでは，EとHの中で大きな項は$1/r$で変化する次の項です．

$$\left.\begin{aligned} H_\phi &= \frac{jkI_0 h}{4\pi r}\sin\theta e^{-jkr} \\ E_\theta &= \frac{j\omega\mu I_0 h}{4\pi r}\sin\theta e^{-jkr} = \eta H_\phi \\ \eta &= \sqrt{\mu/\varepsilon} \approx 120\pi \end{aligned}\right\} \quad \cdots\cdots (4)$$

予想されるように，式(4)は一様平面波の典型的な特性を示しています．E_θとH_ϕは時間的に同一位相でありηで関係し，互いにそして伝搬方向に直角です．この場合，ポインティング・ベクトルは完全に径方向を向きます．この時間平均電力P_rは次のようになります．

$$P_r = \frac{1}{2}\mathrm{Re}(E_\theta H_\phi^*) = \frac{\eta k^2 I_0^2 h^2}{32\pi^2 r^2}\sin^2\theta \quad [\mathrm{W/m^2}] \quad \cdots\cdots (5)$$

全放射電力は，このポインティング・ベクトルをある包絡面にわたって積分したものです．簡単にするため，この面を半径rの球にすると，次式が得られます．

$$W = \oint_S \mathbf{P}\cdot\mathbf{dS} = \int_0^\pi P_r 2\pi r^2 \sin\theta d\theta = \frac{\eta k^2 I_0^2 h^2}{16\pi}\int_0^\pi \sin^3\theta d\theta$$

$$W = \frac{\eta\pi I_0^2}{3}\left(\frac{h}{\lambda}\right)^2 \cong 40\pi^2 I_0^2 \left(\frac{h}{\lambda}\right)^2 \quad [\mathrm{W}] \quad \cdots\cdots (6)$$

ヘルツ型ダイポール・アンテナの電磁場は，第10章10.1.3節で述べた1次近似のTM球面波と同じ形です．第10章の式(63)で$n=1$とし，ベッセル関数として無限遠点まで広がる領域に適当な第2種ハンケル関数を用いると，次式が得られます．

$$\left.\begin{aligned} H_\phi &= A_1 r^{-1/2} P_1^1(\cos\theta) H_{3/2}^{(2)}(kr) \\ E_\theta &= \frac{A_1}{j\omega\varepsilon r^{3/2}} \left[H_{3/2}^{(2)}(kr) - kr H_{1/2}^{(2)}(kr) \right] P_1^1(\cos\theta) \\ E_r &= -\frac{A_1 H_{3/2}^{(2)}(kr)}{j\omega\varepsilon r^{3/2}\sin\theta} \left[\cos\theta P_1^1(\cos\theta) - P_2^1(\cos\theta) \right] \end{aligned}\right\} \quad \cdots\cdots (7)$$

ここで，10.1.3節で述べた関係式から次式が成立します．

$$\left.\begin{aligned} H_{3/2}^{(2)}(kr) &= \sqrt{\frac{2}{\pi kr}} e^{-jkr}\left(\frac{j}{kr}-1\right) \\ P_1^1(\cos\theta) &= \sin\theta \end{aligned}\right\} \quad \cdots\cdots (8)$$

これらを式(7)に代入して定数A_1を適正に定義すると，式(7)と式(3)は同じになります．このモードの電場は，図12.3(a)あるいは(b)と同じです．

(1) 磁気ダイポール・アンテナ

第9章9.2.3節で相互性の概念を導入し，$\mathbf{H}$を$\mathbf{E}$に，$-\mathbf{E}$を$\mathbf{H}$に，μをεに，εをμに変えても，無波源領域のマックスウェルの回転の式は変化しないことを述べました．したがって，電気的波源の問題の解を磁気的波源の問題に適用することができます．例えば，半径a，電流Iの小さな電流ループは，ダイポール・モーメント$m = I\pi a^2$の磁気ダイポールとして表すことができ，これは電気ダイポール$p = qh$による電場と同じ形の磁場を形成します．交流ダイポールの両端の電荷qは，$j\omega q = I_0$という連続の方程式によって交流電流から求めることができ，$p = I_0 h/j\omega$となります．したがって，式(3)の中の$I_0 h/j\omega$を磁気ダイポール・モーメントのμ倍で置き換え，この他に上述した相互性の置き換えをすると，磁気ダイポール・アンテナの電磁場を求めることができます．これは次のようになります．

$$\left.\begin{aligned} E_\phi &= -\frac{j\omega\mu I a^2}{4} e^{-jkr}\left(\frac{jk}{r}+\frac{1}{r^2}\right)\sin\theta \\ H_r &= \frac{j\omega\mu I a^2}{4} e^{-jkr}\left(\frac{2}{\eta r^2}+\frac{2}{j\omega\mu r^3}\right)\cos\theta \\ H_\theta &= \frac{j\omega\mu I a^2}{4} e^{-jkr}\left(\frac{j\omega\varepsilon}{r}+\frac{1}{j\omega\mu r^3}+\frac{1}{\eta r^2}\right)\sin\theta \end{aligned}\right\} \quad \cdots\cdots (9)$$

電気ダイポール・アンテナと磁気ダイポール・アンテナの電磁場を比べると，両者とも方位角(ϕ)方向の変化がなく，遠方でz軸に沿ってゼロ点があり，電場と磁

場は直角方向です．

12.2.2 アンテナ電流を用いた電磁場と放射電力の計算

アンテナの電流分布が既知の場合，12.2.1節で述べたように，その電磁場は遅延ポテンシャルから計算することができます．あるいはこれと等価的に，アンテナの各素子をダイポールと見なして，12.2.1節の結果を積分して重畳することができます．しかし，放射電力あるいは遠方電磁場にのみ関心がある場合には，この計算を簡単化して行うことができます．

アンテナから遠方の電磁場を計算する場合，次のことが成立します．

(1) 遅延ポテンシャルの大きさは，アンテナの各点までの半径ベクトルの差に大きな影響を受けない．
(2) 距離とともに$1/r$より急激に低下する電磁場成分は，$1/r$で低下する電磁場成分に比べて無視できる．
(3) アンテナの各点までの半径ベクトルの方向の差は，遅延ポテンシャルの位相を計算するときには考慮に入れなければならないが，これは近似的に計算することができる．

座標系の原点から距離rの点Qにおけるベクトル・ポテンシャルは第3章の式(172)を用いて次式により計算することができます．ここで，積分は波源領域V'にわたって行います(図12.4)．

$$\mathbf{A} = \mu \int_{V'} \frac{\mathbf{J} e^{-jkr''}}{4\pi r''} dV' \quad \cdots\cdots\cdots\cdots\cdots\cdots\cdots\cdots\cdots\cdots\cdots (10)$$

この座標の原点を波源付近に選び，$r' \ll r$であれば，図12.4からわかるように，余

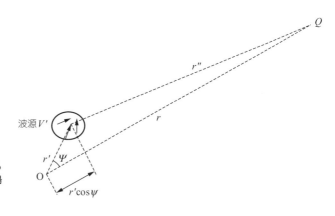

図12.4
波源付近の座標原点Oに対する波源V'内の電流素子と電磁場計算点Q

弦則を用いて次式が得られます．

$$r'' = \sqrt{r^2 + r'^2 - 2rr'\cos\psi} \cong r - r'\cos\psi \qquad (11)$$

遅延ポテンシャルの大きさに対して式(11)の第1項を用い(上の仮定1)，位相に対して両項を用いる(仮定3)と，式(10)を次のように書くことができます．

$$\mathbf{A} = \mu \frac{e^{-jkr}}{4\pi r} \int_{V'} \mathbf{J} e^{jkr'\cos\psi} dV' \qquad (12)$$

rの関数は積分の外に出て，積分項は電流分布およびrとr'の間の角度ψだけの関数です．放射ベクトル$\mathbf{N}$として，次の積分値を定義します．

$$\mathbf{N} = \int_{V'} \mathbf{J} e^{jkr'\cos\psi} dV' \qquad (13)$$

この場合，次式が得られます．

$$\mathbf{A} = \mu \frac{e^{-jkr}}{4\pi r} \mathbf{N} \qquad (14)$$

一般的な場合には，$\mathbf{A}$(したがって$\mathbf{N}$)には各方向の成分があります．球座標の場合，単位ベクトルを用いて$\mathbf{A}$を次のように書くことができます．

$$\mathbf{A} = \mu \frac{e^{-jkr}}{4\pi r} \left(\hat{\mathbf{r}} N_r + \hat{\boldsymbol{\theta}} N_\theta + \hat{\boldsymbol{\phi}} N_\phi \right) \qquad (15)$$

方程式$\mathbf{B} = \nabla \times \mathbf{A}$を球座標で書くと，$1/r$より早く低下しない唯一の成分は，

$$H_\theta = -\frac{1}{\mu r} \frac{\partial}{\partial r}(rA_\phi) = \frac{jk}{4\pi r} e^{-jkr} N_\phi$$

$$H_\phi = \frac{1}{\mu r} \frac{\partial}{\partial r}(rA_\theta) = -\frac{jk}{4\pi r} e^{-jkr} N_\theta \qquad (16)$$

です．ここで，第3章の式(175)，

$$\mathbf{E} = -\frac{j\omega}{k^2} \nabla(\nabla \cdot \mathbf{A}) - j\omega\mathbf{A} \qquad (17)$$

を調べると，$1/r$より早く低下しない$\mathbf{E}$の成分は，

$$E_\theta = -\frac{j\omega\mu}{4\pi r} e^{-jkr} N_\theta \qquad E_\phi = -\frac{j\omega\mu}{4\pi r} e^{-jkr} N_\phi \qquad (18)$$

だけです．ポインティング・ベクトル$\mathbf{E} \times \mathbf{H}$から次の時間平均値が生じます．

$$P_r = \frac{1}{2} \text{Re}[E_\theta H_\phi^* - E_\phi H_\theta^*] = \frac{\eta}{8\lambda^2 r^2}\left[|N_\theta|^2 + |N_\phi|^2\right] \qquad (19)$$

放射する時間平均電力は，

$$W = \int_0^\pi \int_0^{2\pi} P_r r^2 \sin\theta d\theta d\phi = \frac{\eta}{8\lambda^2} \int_0^\pi \int_0^{2\pi} \left[|N_\theta|^2 + |N_\phi|^2 \right] \sin\theta d\theta d\phi \quad \cdots\cdots (20)$$

となります．当然，この式はrに無関係です．

ポインティング・ベクトル**P**は，任意の点における実際の電力を表します．しかし，アンテナからの距離に依存しない量を求めるため，与えられた方向に単位立体角あたり放射する電力として，次の放射強度Kを定義します．これは，単位半径の球上の時間平均ポインティング・ベクトル量です．

$$K = \frac{\eta}{8\lambda^2} \left[|N_\theta|^2 + |N_\phi|^2 \right] \quad \cdots\cdots (21)$$

および，

$$W = \int_0^\pi \int_0^{2\pi} K \sin\theta d\theta d\phi \quad \cdots\cdots (22)$$

(1) 電流がすべて同一方向に流れる場合

放射系内の電流がすべて同一方向に流れていれば，この方向を球座標の軸方向に取ります．この場合，ベクトル**A**（したがって**N**）はz成分だけとなり，次式が成立します．

$$N_\phi = 0 \qquad N_\theta = -N_z \sin\theta \quad \cdots\cdots (23)$$

$$K = \frac{\eta}{8\lambda^2} |N_z|^2 \sin^2\theta \quad \cdots\cdots (24)$$

(2) 電流が方位角方向に流れる場合

すべての電流がある軸のまわりの方位角方向に流れていれば，この軸を球座標の軸にします．この場合，ベクトル**A**（したがって**N**）はϕ成分だけになります．電磁場がϕ方向に対称的であれば，次式が成立します．

$$K = \frac{\eta}{8\lambda^2} |N_\phi|^2 \quad \cdots\cdots (25)$$

および，

$$W = 2\pi \int_0^\pi K \sin\theta d\theta \quad \cdots\cdots (26)$$

(3) 球座標で成立する関係式

ときには，N_θとN_ϕを直角座標成分N_x，N_y，N_zから計算したいことがあります．この場合，次式が成立します．

$$N_\theta = \left(N_x \cos\phi + N_y \sin\phi \right) \cos\theta - N_z \sin\theta$$

$$N_\phi = -N_x \sin\phi + N_y \cos\phi \quad \cdots\cdots\cdots\cdots\cdots\cdots\cdots\cdots\cdots\cdots\cdots\cdots (27)$$

θ, ϕ が遠点 Q の角度座標，θ', ϕ' が波源の角度座標とすれば（図12.4参照），放射ベクトル式(13)における角度 ψ を次式から求めることができます．

$$\cos\psi = \cos\theta\cos\theta' + \sin\theta\sin\theta'\cos(\phi - \phi') \quad \cdots\cdots\cdots\cdots\cdots\cdots (28)$$

12.2.3 長い直線アンテナ（半波ダイポール・アンテナ）

はじめに，図12.5に示す2円錐アンテナを考えます．これは第9章9.2.4節で述べた2円錐伝送線路であり，領域ⅠとⅡの間のダッシュしたところで空間に開放されています．頂点 A と B の間に波源を導入します．この波源は第9章9.2.4節で述べたTEMモード，すなわち主要モードを主に励振します．1次近似の範囲内で，$r = \ell$ の面は開放回路と考えることができ，主要波はここで反射されて円錐上に正弦波状の定在波を作ります．この場合，高次波がⅠとⅡの両領域に励振され，これがこの球の点線の部分にわたって電磁場を連続させます．この場合，空間内の波動は放射電磁場になります．円錐角 ψ が小さければ，この2円錐を2本の線と考えることができ，この電流は1次近似の範囲内で正弦的な主要波電流になります．この代わりとして，ⅠとⅡの間のダッシュした部分の主要波電磁場は，いま考えている系を2円錐ホーンとする放射源と見ることができます．

細い導線アンテナは，その終端で強い不連続性をもつ2円錐伝送線路と考えることができます．これに沿う電流は，先端を開放した伝送線路の電流と本質的に同じなので，電流はこのアンテナの両端で0になります．また，この線路に沿う伝搬定数は，平面波の伝搬定数 $k = \omega\sqrt{\mu\varepsilon}$ と同じです．

中央部に電圧を印加した長いダイポールを，仮定する正弦波状の電流分布ととも

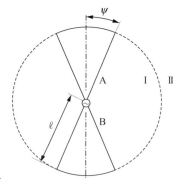

図12.5
2円錐アンテナ

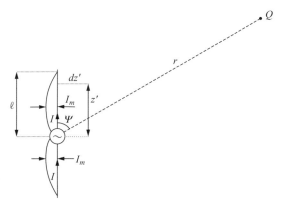

図12.6
電流分布が正弦波状の
長い直線アンテナ

に図12.6に示します．この定在波は両端部で電流が0であり，この距離は0と自由空間波長の1/4に等しい最大値の間にあるように選びます．すなわち，

$$I = \begin{matrix} I_m \sin[k(\ell-z)] & z>0 \\ I_m \sin[k(\ell+z)] & z<0 \end{matrix} \quad\quad\quad (29)$$

このアンテナが遠方に放射する電磁場と電力は，前節の方法を用いて計算することができます．電流はz方向を向いているので，**N**と**A**もz成分だけです．式(13)で，電流密度を全電流に置き換え，r'をz'に置き換えて，この積分をアンテナに沿う線積分に変換します．この導線内の各点で$\psi=\theta$ですから，

$$\mathbf{N} = \hat{\mathbf{z}}\int_{-\ell}^{\ell} I e^{jkz'\cos\theta}dz' = \hat{\mathbf{z}}\int_{-\ell}^{0} I_m \sin[k(\ell+z')]e^{jkz'\cos\theta}dz' + \hat{\mathbf{z}}\int_{0}^{\ell} I_m \sin[k(\ell-z')]e^{jkz'\cos\theta}dz'$$
$$\quad\quad\quad (30)$$

となります．次の積分公式，

$$\int e^{ax}\sin(bx+c)dx = \frac{e^{ax}}{a^2+b^2}[a\sin(bx+c)-b\cos(bx+c)] \quad\quad\quad (31)$$

を用いると，式(30)は次のようになります．

$$\mathbf{N} = \hat{\mathbf{z}}\frac{2I_m}{k\sin^2\theta}[\cos(k\ell\cos\theta)-\cos k\ell] \quad\quad\quad (32)$$

$N_\theta = -N_z\sin\theta$ですから，式(18)から，

$$E_\theta = \frac{j\eta I_m}{2\pi r}e^{-jkr}\left[\frac{\cos(k\ell\cos\theta)-\cos k\ell}{\sin\theta}\right] \quad\quad\quad (33)$$

および$H_\phi = E_\theta/\eta$が得られます．

放射強度は，式(32)と式(24)から次のように求められます．

$$K = \frac{\eta I_m^2}{8\pi^2} \left[\frac{\cos(k\ell\cos\theta) - \cos k\ell}{\sin\theta}\right]^2 \quad\quad\quad\quad\quad\quad\quad\quad (34)$$

また，全放射電力は式(22)から次のようになります．

$$W = \frac{\eta I_m^2}{4\pi} \int_0^\pi \frac{[\cos(k\ell\cos\theta) - \cos k\ell]^2}{\sin\theta} d\theta \quad\quad\quad\quad\quad\quad (35)$$

12.2.4　放射分布とアンテナ利得

　アンテナの目的は，導波系あるいは伝送線路と自由空間の間のインピーダンス整合を行い，エネルギーを希望する方向に放出することです．本節では，アンテナのこの指向性を求める方法について述べます．

　図12.7はある一つの面を表しており，原点からその面上の点までの距離がアンテナからのその方向の放射強度に比例しています．図12.7は，問題12.1で出す半波ダイポール・アンテナの放射分布を表しています．電流はすべてz方向に流れるので，この分布はz軸に関して対称です．

　もっと簡単に作成できて定量的に読むことができる図は，図12.7に示した面とある基準面との交差線です．この面とz軸に垂直な面との交差線は円になります．このことは，この構造がz軸に関して対称であることを示しています．さらに興味深いのは，この面とz軸を含む面との交差線を表す極図です．半波ダイポールの放射強度(図12.7)を表す極図を図12.8に示します．半波ダイポールおよびヘルツ型電気ダイポールである式(4)の電場E_0の分布を表わす極図を同図に示します．

　図12.7と図12.8から，ある方向の放射電磁場が他の方向の放射電磁場より強いことは明らかなので，このアンテナはすべての方向に等しく放射する等方性アンテナに比べて指向性があると言います．

　アンテナから，ある与えられた方向への放射強度$K(\theta,\phi)$と，これと同じ全放射

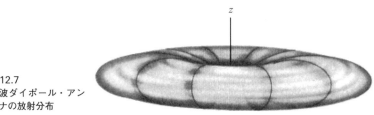

図12.7
半波ダイポール・アンテナの放射分布

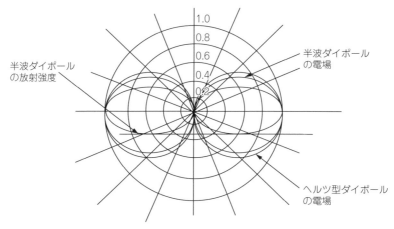

図12.8 半波ダイポールの電場と放射強度およびヘルツ型ダイポールの電場の極図

電力Wを持つ等方性アンテナの一様放射強度との比を指向性利得と言い,

$$g_d(\theta,\phi) = \frac{K(\theta,\phi)}{(W/4\pi)} \quad \cdots\cdots\cdots(36)$$

と記述します.ここで,因子4πは球面全体のステラジアン数です.指向性利得が最大となる方向の指向性利得を,指向度〔directivity, $(g_d)_{max}$〕と言います.例えば,半波ダイポール・アンテナの自由空間内の指向性利得は,式(34)と式(35)から次のようになります.

$$g_d(\theta,\phi) = 1.64\left\{\frac{\cos[(\pi/2)\cos\theta]}{\sin\theta}\right\}^2 \quad \cdots\cdots\cdots(37)$$

これは図12.7と図12.8から明らかなように,$\theta=\pi/2$で最大になります.したがって,このアンテナの指向度は1.64になります.

ヘルツ型ダイポール・アンテナに対して,$\theta=\pi/2$とした式(5)と式(6)を用いて同様の計算を行うと,指向度は1.5になり,この値は半波ダイポール・アンテナの値とほとんど同じになります.指向度がさらに高い別のアンテナ,特にアレー・アンテナについては後で詳しく述べます.

アンテナの他の特性は,電力利得$g_p(\theta,\phi)$です.これはアンテナの放射強度を一様放射強度(このアンテナに供給される全電力が等方的に放射するとした場合の放射強度)で除したものです.すなわち,

$$g_p = \frac{K(\theta,\phi)}{W_T/4\pi} \quad \cdots\cdots\cdots\cdots\cdots\cdots\cdots\cdots\cdots\cdots\cdots\cdots\cdots\cdots\cdots\cdots\cdots\cdots (38)$$

となります．全供給電力 W_T は放射電力 W と抵抗性損失 W_λ の合計量ですから，

$$g_p(\theta,\phi) = \frac{W}{W+W_\ell} g_d(\theta,\phi) \quad \cdots\cdots\cdots\cdots\cdots\cdots\cdots\cdots\cdots\cdots\cdots (39)$$

となります．ここで，$W/(W+W_\lambda)$ をアンテナの放射効率と言います．ヘルツ型ダイポール・アンテナの指向度は半波ダイポール・アンテナの指向度とほぼ等しくなりますが，例えこれらを同じ材料で作ったとしても，これらの放射効率は上述のように大きく異なります．その理由は，ダイポール・アンテナが放射する電力は ℓ^2 で変化し，損失は ℓ で変化するからです．これと同様の結果が，終端で $I=0$ の短い無負荷アンテナでも得られます．他のアンテナの場合には放射効率はほぼ1であり，指向性利得と電力利得はほぼ同じ値になります．

12.2.5 放射抵抗

アンテナの入力インピーダンスは周波数に依存するインピーダンス $Z=R+jX$ として表すことができ，アンテナへの整合を最適化するときの重要な量になります．一般に，この抵抗成分は，放射電力 W とオーム損失 W_ℓ の合計量の目安になります．これは，各成分を表す次の2つの抵抗を直列にして表すことができます．その1つは，

$$R_r = \frac{2W}{I^2} \quad \cdots\cdots\cdots\cdots\cdots\cdots\cdots\cdots\cdots\cdots\cdots\cdots\cdots\cdots\cdots\cdots\cdots\cdots (40)$$

です．ここで，I は終端電流の大きさです．もう1つは，

$$R_\ell = \frac{2W_\ell}{I^2} \quad \cdots\cdots\cdots\cdots\cdots\cdots\cdots\cdots\cdots\cdots\cdots\cdots\cdots\cdots\cdots\cdots\cdots (41)$$

になります．

R_r を放射抵抗と言います．ダイポールが小さい場合，これは式(40)と式(6)から次式で表すことができます．

$$R_r = 80\pi^2 \left(\frac{\ell}{\lambda}\right)^2 \quad [\Omega] \quad \cdots\cdots\cdots\cdots\cdots\cdots\cdots\cdots\cdots\cdots (42)$$

ここで，長さとして h の代わりに ℓ を用いています．これと同じ素子の中の損失電力は $W_\ell = (1/2)R_s|J_s|^2 A$ であり，ここで，$J_s = I/2\pi a$，A はこの導線の断面積，a は導線半径，R_s は表面抵抗です．したがって，

$$W_\ell = \frac{R_s \ell}{4\pi a} I^2 \quad \cdots\cdots\cdots\cdots\cdots\cdots\cdots\cdots\cdots\cdots\cdots\cdots\cdots\cdots\cdots (43)$$

および，
$$R_\ell = \frac{\ell R_s}{2\pi a} \quad \cdots\cdots (44)$$

となります．この場合，放射効率は，
$$\frac{W}{W+W_\ell} = \frac{R_r}{R_r+R_\ell} = \frac{80(\ell/\lambda)}{80(\ell/\lambda)+(\lambda R_s/2\pi^3 a)} \quad \cdots\cdots (45)$$

となります．この式から，放射効率は長さが短くなるほど低下し，この極限においてℓ/λに比例することがわかります．

$\ell \ll \lambda$ であって終端負荷がないアンテナの場合，その電流は波源から端部にかけて直線的に低下します（**図12.6**の正弦波状分布の直線部）．この場合，このアンテナに沿うI^2の平均値は終端値I_m^2の1/4になります．したがって，放射電力も電流が一様の場合の放射電力の1/4になって，放射抵抗は，
$$R_r = \frac{2W}{I_m^2} = 20\pi^2 \left(\frac{\ell}{\lambda}\right)^2 \quad \cdots\cdots (46)$$

となります．また，平均損失も電流が一様の場合の平均損失の1/4になります．したがって，放射効率も素子の長さに比例します．

無損失の細い半波ダイポール・アンテナの放射抵抗は，式(35)を用いて次のように求めることができます．
$$R_r = \frac{2W}{I_m^2} = \frac{\eta}{2\pi} \int_0^\pi \frac{\cos^2((\pi/2)\cos\theta)}{\sin\theta} d\theta \quad \cdots\cdots (47)$$

これを計算すると，次の値が得られます．
$$R_r = 73.09 \quad [\Omega] \quad \cdots\cdots (48)$$

小さなループ・アンテナの放射抵抗は，第4章の問題4.6で求めました．これは，式(9)の電磁場からポインティング積分を用いて計算することができます．これは次のように書くこともできます．
$$R_r = 20\pi^2 \left(\frac{\text{周長}}{\lambda}\right)^4 \quad \cdots\cdots (49)$$

12.2.6　アース上にあるアンテナ

多くのアンテナは，導電面の上に設置されます．導電面が大きく，導電率が高い場合，アンテナをこの導体の中に鏡像化して，この導体を計算に入れることができます．例えば，1つの円錐がその軸を垂直にして導電面の上にある場合〔**図12.9**(a)〕，この面に水平方向の電場が0という境界条件は，この面を取り去って第1の

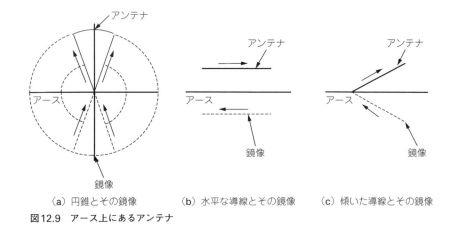

(a) 円錐とその鏡像　　(b) 水平な導線とその鏡像　　(c) 傾いた導線とその鏡像

図12.9　アース上にあるアンテナ

円錐の鏡像として第2の円錐を置くと満足します．したがって，この問題は前に述べた2円錐アンテナの問題に簡単化されます．この2つの円錐上の電流は，いかなる瞬間にも「垂直方向の電流値が同じ」になります．**図12.9(b)** に示すように，1本の導線が導電面上にこれと平行にある場合，電場がアースに垂直という条件はこの導電面を取り去って「水平方向電流が反対方向」の電流が流れる鏡像を置くと満足されます．この2つの場合を一般化すると，鏡像内の電流はいかなる瞬間にも垂直方向成分が同一方向であり，水平方向成分が反対方向であることがわかります．この一例を，**図12.9(c)** に示します．

もちろん，導電面を鏡像アンテナで置き換える方法によって，この導電面より上側の電磁場だけが計算されます．導電性アースより下側の電磁場値は，0です．例えば，長い直線状の垂直方向アンテナが平面導体の上方にあり，この根元を励振していれば，この電磁場は鏡像を用いて問題12.1に示すように簡単化することができます．アンテナ内の最大電流 I_m に対する電場はアースより上側（$0 < \theta < \pi/2$）の点に対して正確に式(33)で与えられますが，アースより下側（$\pi/2 < \theta < \pi$）の点では0になります．したがって，電力積分に対しては式(34)の積分を0から$\pi/2$までしか行わず，放射電力はこれに対応する完全ダイポールの場合の半分の次の値になります．

$$W = \frac{\eta I_m^2}{4\pi} \int_0^{\pi/2} \frac{\left[\cos(k\ell\cos\theta) - \cos k\ell\right]^2}{\sin\theta} d\theta \quad [\text{W}] \quad \cdots\cdots (50)$$

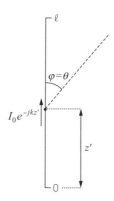

図12.10
前進波電流を流す
長さℓの導線

12.2.7 進行波アンテナ

ある種のアンテナの中には，12.2.3節で述べた電流の定在波ではなく進行波ができるものがあります．次節に進む準備として，絶縁した導線上の電流の進行波から生じる放射現象を考えます．$z=0$から$z=\ell$まである直線状の導線が，減衰はなく$1/\sqrt{\mu\varepsilon}$の位相速度を持つ単一の進行波電流によって励振されているとします（図12.10）．電流はz方向を向いているので，式(13)の放射ベクトルはz成分だけです．この場合，式(23)と式(24)を適用でき，次式が得られます．

$$N_z = I_0 \int_0^\ell e^{-jkz'} e^{jkz'\cos\theta} dz' = \frac{I_0\left[1 - e^{-jk\ell(1-\cos\theta)}\right]}{jk(1-\cos\theta)} \quad \cdots\cdots (51)$$

$$|N_z| = \frac{2I_0 \sin\left[(k\ell/2)(1-\cos\theta)\right]}{k(1-\cos\theta)} \quad \cdots\cdots (52)$$

$$K = \frac{\eta |N_z|^2}{8\lambda^2} \sin^2\theta = \frac{I_0^2 \eta}{2\lambda^2} \frac{\sin^2\left[(k\ell/2)(1-\cos\theta)\right]}{k^2(1-\cos\theta)^2} \sin^2\theta \quad \cdots\cdots (53)$$

さらに，この構造には軸対称性があるので，

$$W = 2\pi \int_0^\pi K \sin\theta\, d\theta = 2\pi \int_0^\pi \frac{I_0^2 \eta}{2\lambda^2} \frac{\sin^2\left[(k\ell/2)(1-\cos\theta)\right]}{k^2(1-\cos\theta)^2} \sin^3\theta\, d\theta$$

$$= 30 I_0^2 \int_0^\pi \frac{\sin^3\theta \sin^2\left[(k\ell/2)(1-\cos\theta)\right]}{(1-\cos\theta)^2} d\theta \quad \cdots\cdots (54)$$

となります．この積分を実行すると，次式が得られます．

$$W = 30 I_0^2 \left[1.415 + \ln\frac{k\ell}{\pi} - \operatorname{Ci}(2k\ell) + \frac{\sin 2k\ell}{2k\ell}\right] \quad \cdots\cdots (55)$$

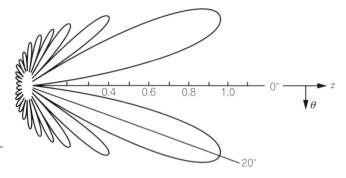

図12.11
長さ6波長の進行波アンテナ
の放射分布(E_θ)

ここで,

$$\text{Ci}(x) = -\int_x^\infty \frac{\cos x}{x} dx \quad \cdots\cdots\cdots\cdots\cdots\cdots\cdots\cdots\cdots\cdots\cdots\cdots (56)$$

です.この単一進行波は,波動伝搬方向に放射の最大値があると考えられます.実際には,式(53)からわかるように放射量は$\theta=0$で0ですが,これは各電流素子からの放射がこの方向に0であるためです.長さが6波長の進行波導線アンテナの放射分布を,**図12.11**に示します.この図から,$\theta=0$付近のローブが最大であり,$\theta=\pi$付近のローブが最小であることがわかります.

1本だけの進行波導線は,サイド・ローブ内のエネルギー量が大きいために望ましいアンテナになりません.次節で述べるV形アンテナとひし形アンテナは,進行波導線線路をうまく結合するものです.

12.2.8　V形アンテナとひし形アンテナ

本節では,前節で述べた進行波から生じる放射現象を元にして,V形アンテナとひし形アンテナという2種類のアンテナについて述べます.V形導線を適当な抵抗で終端すれば(例えば,V形導線の終端を抵抗につないでアースに落とす),反射波は無視できるほど小さくなります.この場合,前節の結果を用いることができます.例えば,進行波電流を流す2本の導線がV形で,その角度がこの導線からの主ローブ角度の2倍に等しければ,この結果は一方向性の放射分布になり,その最大値はこのV面に垂直で,この2等分線を含む面内にあります.また,アースの効果が大きくなければ,この最大値はV面内にあります.

図12.12において,終端CとDは整合しており,したがって,O点から出る進行波だけがある場合,V形の2つのアームからの放射量を直接計算することができま

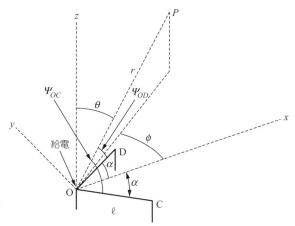

図12.12
進行波V形アンテナからの
放射分布を計算する座標

す．ここでは，アースの効果を無視します．この解析は，前節で述べた単一導線から生じる放射特性を元にしています．この2つのアーム内の電流は方向が異なるので，この効果は直角座標成分を用いて加算します．

一方向にだけ，光速で進行するエネルギーを持つ単一導線の放射ベクトルには，その導線方向の成分だけがあります．この成分は式(52)から，

$$N_s = \frac{I_0 \left[1 - e^{-jk\ell(1-\cos\psi)}\right]}{jk(1-\cos\psi)} = \frac{I_0}{jk} f(\psi) \quad \cdots\cdots (57)$$

となります．添字sはこの導線方向を表し，ψはこの導線と電磁場を求めている遠点(r, θ, ϕ)までの半径ベクトルの間の角度です．各素子に対する角度ψを図12.12に示す座標で表すと，次のようになります．

$$\cos\psi_{OC} = \sin\theta\cos(\phi+\alpha)$$
$$\cos\psi_{OD} = \sin\theta\cos(\phi-\alpha) \quad \cdots\cdots (58)$$

OCとODのO点での電流は，位相が180度ずれています．これらを，それぞれI_0と$-I_0$にします．この2本の導線からの放射ベクトルの各成分は加え合わせることができ，次式が得られます．

$$N_x = \frac{I_0}{jk}\cos\alpha\left[f(\psi_{OC}) - f(\psi_{OD})\right] \quad \cdots\cdots (59)$$

$$N_y = -\frac{I_0}{jk}\sin\alpha\left[f(\psi_{OC}) + f(\psi_{OD})\right] \quad \cdots\cdots (60)$$

ここで，式を簡単化するため次式を定義します．

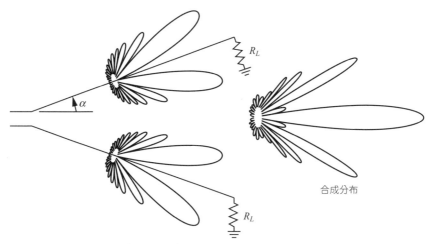

図12.13 Ｖ形アンテナの放射強度分布（アーム長6λ，アーム間角度32度）

$$A \equiv f(\psi_{OC}) \qquad B \equiv f(\psi_{OD}) \quad \cdots\cdots\cdots\cdots\cdots\cdots\cdots\cdots\cdots\cdots (61)$$

球座標における放射ベクトルの各成分は，式(27)から直角座標成分N_xとN_yを用いて書くことができ，次式が得られます．

$$N_\theta = \frac{I_0}{jk}\left[A\cos(\alpha+\phi) - B\cos(\alpha-\phi)\right]\cos\theta \quad \cdots\cdots\cdots\cdots\cdots (62)$$

$$N_\phi = \frac{I_0}{jk}\left[-A\sin(\phi+\alpha) + B\sin(\phi-\alpha)\right] \quad \cdots\cdots\cdots\cdots\cdots (63)$$

したがって，放射強度〔式(21)〕は次のようになります．

$$\begin{aligned}
K &= \frac{\eta}{8\lambda^2}\left[|N_\theta|^2 + |N_\phi|^2\right] \\
&= \frac{\eta I_0^2}{32\pi^2}\left\{|A\cos(\alpha+\phi) - B\cos(\alpha-\phi)|^2\cos^2\theta + |-A\sin(\phi+\alpha) + B\sin(\phi-\alpha)|^2\right\}
\end{aligned}$$
$$\cdots\cdots\cdots\cdots\cdots (64)$$

アーム長6λ，アーム間角度32度のＶ形面内の放射強度分布を，**図12.13**に示します．

ここで述べたＶ形アンテナが，終端抵抗を設置するためにアース上にあれば，アースの効果を計算に入れる必要があります．アースは，平面状で無損失導体とすれば，鏡像の効果を計算することができます．この場合の全放射強度K_Tは，

$$K_T = 4K\sin^2(kh\cos\theta) \quad \cdots\cdots\cdots\cdots\cdots\cdots\cdots\cdots\cdots\cdots (65)$$

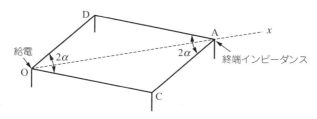

図12.14
ひし形アンテナ

となります．ここで，Kは式(64)による1つのV形アンテナの放射強度であり，hはアンテナのアースからの高さです．

2つの反対方向のV形アンテナで構成され，**図12.14**に示すように各アームの終端を連結させたひし形アンテナに対して，上と同様の解析方法を用います．V形アンテナは，進行波方向がどちらであっても放射強度分布が同じになるので，2つのV形アンテナは互いに放射を補強します．駆動点と反対側のひし形の頂点に，終端インピーダンスを取り付けます．このアンテナは，2：1の周波数範囲にわたって特性に大きな変化なく動作します．アームの代表的長さは2〜7波長であり，通常，このひし形アンテナはアースから1〜2波長上方に設置され，角度2αは35〜60度です．

角度αとアーム長を変えると，このアンテナの放射分布は大きく変化します．さらに，長距離通信に使用するアンテナの場合，電離層からの反射を最適にするため，このビームがアースと最適な角度になるようにしたいとします．これは，アンテナとアースの距離によって調整することができ，無損失アースの場合には式(65)を用いてV形アンテナと同様に計算できます．x軸を含む垂直面内の計算結果とx軸から10度傾けた方位角方向面内の計算結果を**図12.15**に示します．このひし形アンテナは，アーム長6λ，$\alpha = 20$度であり，アースから1.1λ上方にあります．

12.2.9　導線アンテナへの給電方法

本節では，導線アンテナに給電する場合のいくつかの問題について考えます．もっとも単純な問題は，導線が導電性平面に垂直にある場合です．他の問題は，絶縁したダイポールを均衡2線伝送線路で給電する場合であり，この場合はインピーダンスを整合するために特別な方法を用いなければなりません．最後に，一方(通常，同軸線路の外導体)がアース電位にある伝送線路でアンテナに給電する回路構成について述べます．

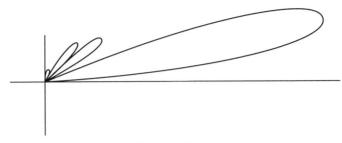

(a) x軸を含む垂直面内の放射強度分布

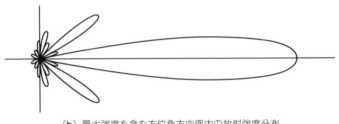

図12.15
ひし形アンテナの
放射強度分布

(b) 最大強度を含む方位角方向面内の放射強度分布

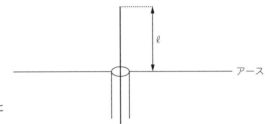

図12.16
アース面を通してモノポールに
給電する同軸線路

(1) 導電性平面に垂直なモノポール

はじめに，図12.16に示すように，同軸線路の内導体を延長し，アース面に外導体を接続した導線モノポールを考えます．このアンテナが共振している場合，この同軸線路の負荷は抵抗性になります．$\ell \approx \lambda/4$のとき，この共振抵抗値は約37.5Ωであり，この値はアース面との接続点における同軸線路の内外導体間のギャップ長が変化してもほとんど変わりません．この線路のインピーダンスも37.5Ωにするため，誘電体が空気の場合には半径比を$b/a = 1.868$にしなければなりません．この構造のアドミッタンスの実験データから，このアンテナの半径と長さが$a/\lambda = 0.00159$

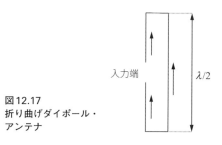

図12.17
折り曲げダイポール・
アンテナ

および$\ell/\lambda = 0.236$であれば，このアンテナは共振時に約36.8Ωの純抵抗性インピーダンスになります．したがって，このアンテナが周波数100MHzで動作する場合，この直径と長さは0.95cmと0.71mでなければなりません．このようにすると，給電点における反射電力は0.01%以下になります．

(2) 折り曲げダイポール・アンテナ

通常，テレビやFM放送で使用するアンテナは，2線均衡伝送線路に結合されています．この線路は，特性インピーダンスが$300 \sim 600\Omega$です．この線路が特性インピーダンス約75Ωの半波ダイポールを駆動する場合には，大きな不整合が生じます．図12.17に示すように，直径が同じ平行導体の両端を短絡した長さ1/2波長の折り曲げダイポールは，平行導線内の電流が同方向の場合，単一半波ダイポールの特性インピーダンスの4倍の特性インピーダンスとなります．終端電流がI_tであれば，実効的な放射電流は$2I_t$となります．したがって，この放射電力は電流I_tの単一半波ダイポールの放射電力の4倍になります．共振時には，この多くの放射電力は入力抵抗Rと$P = (1/2)I_t^2 R$の関係にあるので，与えられたI_tに対して4つ折りダイポールの電力が4倍に増加することは，Rが半波ダイポールのRの4倍，すなわち約300Ωになることを意味しています．

図12.17に示す折り曲げダイポールと並列に，直径が等しい別の短絡導線を加えると，電流が平行で同一方向のモードの共振時入力インピーダンスは，単一半波ダイポールの共振時入力インピーダンスの9倍になります．この折り曲げダイポール・アンテナの他の利点は，入力インピーダンスが単一ダイポール・アンテナの入力インピーダンスより広い周波数帯にわたって一定であることです．折り曲げダイポール・アンテナには，インピーダンスを広範囲にするための多くの変形があります．

(3) バラン

絶縁したダイポール，あるいはアース面に平行なダイポールは，アースに対して均衡しています．このアンテナが不均衡になるのを避けるため，これを2線線路の

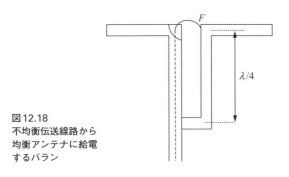

図 12.18
不均衡伝送線路から
均衡アンテナに給電
するバラン

ような均衡線路で給電する必要があります．ある場合には，このアンテナ F を2線線路よりむしろ同軸線路で駆動するほうがよくなります．同軸線路の外導体は接地されているので，これを均衡ダイポールに直接接続すると放射強度分布が歪んでしまいます．

ダイポールの不均衡を避ける接続構成を，バラン（balun：balanced/unbalanced の短縮形）と言います．バランにはいろいろな形があります．ダイポールがアース面に平行な場合を図 12.18 に示します．（F と印した）給電点で，同軸線路がこのダイポールと2線伝送線路を駆動します．短絡端までの距離を $\lambda/4$ にすると，駆動点で見たこの2線線路のインピーダンスが無限大になるので，このダイポールは2つのアーム内で同じ電流を流します．したがって，アースに対して均衡します．広いバンド幅にわたって整合をとるためには，さらに複雑な整合回路が必要になります．

12.3　開口内の電磁場からの電磁放射

12.3.1　放射の源泉としての電磁場

　導線アンテナの場合には，アンテナ上の電流分布を仮定し，この電流素片が放射源と考えることはごく自然です．他のアンテナ，例えば電磁ホーン，スロット・アンテナ，パラボラ反射器のような場合には，その電磁場を波源として考えるのがより自然です．ホイヘンスの原理によれば，任意の波面は2次波動の波源となり，これを加算すれば遠方波面が形成されると考えることができます．したがって，開口内の電磁場分布がわかれば（仮定すれば），遠方電磁場がわかるはずです．ここでは，この一般的原理を定量的に述べます．いくつかの解法がありますが，この電磁場は

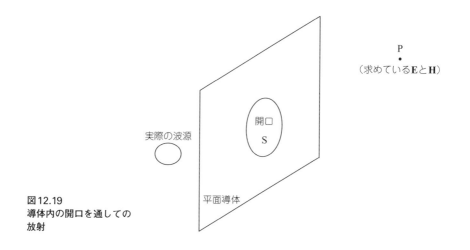

図 12.19
導体内の開口を通しての放射

　開口内の等価磁流シートから生じると考える解法から始めます．この解法から良い物理的イメージが得られ，これは本章ですでに述べた数式と直接関係しています．
　平面導体内の開口を考え，波源はこの左側にあり，求める電磁場はこの右側にあるとします（**図 12.19**）．今の目的に対しては，この平面は電波吸収性があると考えることができます．したがって，開口部以外に電磁場や電流はありません．この境界値問題は，ごく限られた場合にしか解くことができませんが，前にアンテナ内の電流を合理的に仮定したように，開口電磁場を合理的に仮定できる場合が多いのです．したがって，電磁場の水平方向成分 $E_t(x', y')$ と $H_t(x', y')$ は，この開口内で既知であると仮定します．この電磁場は左方の波源から生じますが，これは開口面にある等価的な波源から生じると考えます．特に，水平方向磁場と表面電流の関係は，

$$\mathbf{J}_s = \hat{\mathbf{n}} \times \mathbf{H} \quad\quad\quad\quad\quad\quad\quad\quad\quad\quad\quad\quad\quad\quad\quad (66)$$

となります．これと同様に，水平方向電場は表面磁流 $\mathbf{M}_s$ として解釈できる項と，次式で関係付けることができます．

$$\mathbf{M}_s = -\hat{\mathbf{n}} \times \mathbf{E} \quad\quad\quad\quad\quad\quad\quad\quad\quad\quad\quad\quad\quad\quad (67)$$

式(66)と式(67)はそれぞれ，この開口の左側の水平方向電磁場 H_t と E_t が 0 と仮定していることに注意する必要があります．$\mathbf{J}_s$ と $\mathbf{M}_s$ は共に，この仮定を満足する電磁場を作り，一方で，求めている右側の電磁場を作り出します．磁荷や磁流が自然界で見つかっても見つからなくても，このような等価波源の概念はこの例のようないろいろな場面で便利なものです．マックスウェルの方程式を磁荷密度 ρ_m と磁流密度 $\mathbf{M}$ を用いて書くと，次のようになります．

12.3　開口内の電磁場からの電磁放射

$$\left.\begin{aligned}\nabla \cdot \mathbf{D} &= \rho_e \\ \nabla \cdot \mathbf{B} &= \rho_m \\ \nabla \times \mathbf{E} &= -\mathbf{M} - \frac{\partial \mathbf{B}}{\partial t} \\ \nabla \times \mathbf{H} &= \mathbf{J} + \frac{\partial \mathbf{D}}{\partial t}\end{aligned}\right\} \quad \cdots\cdots (68)$$

遅延ポテンシャル$\mathbf{A}$が電気的波源に関係していたように，第2の遅延ポテンシャル$\mathbf{F}$をこの磁気的波源から定義することができます．媒質が均質かつ等方的な場合，表面磁流を用いたこれらの関係式は，

$$\mathbf{A} = \mu \int_{S'} \frac{\mathbf{J}_s e^{-jkr}}{4\pi r} dS' \qquad \mathbf{F} = \varepsilon \int_{S'} \frac{\mathbf{M}_s e^{-jkr}}{4\pi r} dS' \quad \cdots\cdots (69)$$

であり，これらのポテンシャルを用いた電磁場は次式で与えられます．

$$\mathbf{E} = -j\omega \mathbf{A} - \frac{j\omega}{k^2}\nabla(\nabla \cdot \mathbf{A}) - \frac{1}{\varepsilon}\nabla \times \mathbf{F} \quad \cdots\cdots (70)$$

$$\mathbf{H} = -j\omega \mathbf{F} - \frac{j\omega}{k^2}\nabla(\nabla \cdot \mathbf{F}) + \frac{1}{\mu}\nabla \times \mathbf{A} \quad \cdots\cdots (71)$$

右側領域の任意の点の電磁場を計算するには，左側領域の実際の波源を式(66)と式(67)で定義した開口内の等価波源で置き換え，式(69)から式(71)までの式を用いて電磁場を計算します．この平面が導電性であって電波吸収性でなければ，開口内の等価波源の他に，この平面の右側を流れる実際の電流を$\mathbf{A}$の計算に加えなければなりません．ただし，この修正量は無視できるほど小さい場合が多いです．

放射電磁場にだけ関心があれば，距離が大きい場合に適当な近似と12.2.2節の一般式を用いることができます．$\mathbf{N}$が$\mathbf{A}$と関係したように，磁気的放射ベクトル$\mathbf{L}$をベクトル・ポテンシャル$\mathbf{F}$と関係付けることができます．すなわち，

$$\mathbf{A} = \mu \frac{e^{-jkr}}{4\pi r}\mathbf{N} \qquad \mathbf{F} = \varepsilon \frac{e^{-jkr}}{4\pi r}\mathbf{L} \quad \cdots\cdots (72)$$

ここで，

$$\mathbf{N} = \int_{S'} \mathbf{J}_s e^{jkr'\cos\psi} dS' \qquad \mathbf{L} = \int_{S'} \mathbf{M}_s e^{jkr'\cos\psi} dS' \quad \cdots\cdots (73)$$

です．ここで，r'とψは12.2.2節で定義したとおりです．

遠距離領域での電場と磁場の各成分を，この2つのベクトル・ポテンシャルを用いて書けば，$1/r$より遅く低下しない成分は，

$$E_\theta = \eta H_\phi = -j\frac{e^{-jkr}}{2\lambda r}(\eta N_\theta + L_\phi) \quad \cdots\cdots (74)$$

$$E_\phi = -\eta H_\theta = j\frac{e^{-jkr}}{2\lambda r}\left(-\eta N_\phi + L_\theta\right) \quad \cdots\cdots\cdots\cdots\cdots\cdots\cdots\cdots\cdots\cdots\cdots\cdots\cdots\cdots (75)$$

だけです．したがって，放射強度すなわち単位立体角あたりの電力は，

$$K = \frac{\eta}{8\lambda^2}\left[\left|N_\theta + \frac{L_\phi}{\eta}\right|^2 + \left|N_\phi - \frac{L_\theta}{\eta}\right|^2\right] \quad \cdots\cdots\cdots\cdots\cdots\cdots\cdots\cdots\cdots (76)$$

となります．近距離領域の場合には，rに対するさらに良い近似式が必要になります．

12.3.2　平面状の波源

　一様平面波内の微小面素に対して，放射ベクトルと放射強度を計算することができます．微小電流素子が電流分布から放射量を計算する場合の放射源であったように，この平面素子は電磁場分布から放射量を計算する場合の素子状放射源と考えることができます．

　この平面波源，すなわち考えている領域にわたって互いに垂直であって，大きさの比がηである**E**と**H**を形成する波源は，その領域の等価的な電流シートと磁流シートで置き換えることができます(**図12.20**)．もし，

$$\mathbf{E} = \hat{\mathbf{x}}E_{x0} \qquad \mathbf{H} = \hat{\mathbf{y}}H_{y0} = \frac{\hat{\mathbf{y}}E_{x0}}{\eta} \quad \cdots\cdots\cdots\cdots\cdots\cdots\cdots\cdots\cdots\cdots\cdots\cdots (77)$$

であれば，これに等価な電流シートと磁流シートは，

$$J_x = -H_{y0} = -E_{x0}/\eta \qquad M_y = -E_{x0} \quad \cdots\cdots\cdots\cdots\cdots\cdots\cdots\cdots (78)$$

で表されます．これが無限に小さい面積dSをもつ波源であれば，この波源素子は座標の原点にあるので，式(73)で与えられる放射ベクトル**N**と**L**は次のようになります．

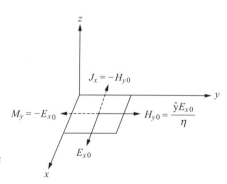

図12.20
微小平面波源とそれに等価な
電流シート

$$N_x = -\frac{E_{x0}dS}{\eta} \qquad L_y = -E_{x0}dS \quad \cdots\cdots\cdots\cdots\cdots\cdots\cdots (79)$$

球座標で表した放射ベクトルの各成分は，式(27)から次のようになります．

$$N_\theta = -\frac{E_{x0}dS}{\eta}\cos\phi\cos\theta, \qquad N_\phi = \frac{E_{x0}dS}{\eta}\sin\phi$$

$$L_\theta = -E_{x0}dS\sin\phi\cos\theta, \qquad L_\phi = -E_{x0}dS\cos\phi \quad \cdots\cdots (80)$$

これから，この場合の遠方電場は式(74)と式(75)から次式で与えられます．

$$E_\theta = \frac{jE_{x0}dSe^{-jkr}}{2\lambda r}(1+\cos\theta)\cos\phi \quad \cdots\cdots\cdots\cdots\cdots\cdots (81)$$

$$E_\phi = -j\frac{E_{x0}dSe^{-jkr}}{2\lambda r}(1+\cos\theta)\sin\phi \quad \cdots\cdots\cdots\cdots\cdots (82)$$

また，放射強度は式(76)から次式で与えられます．

$$K = \frac{E_{x0}^2(dS)^2}{8\eta\lambda^2}\left[(-\cos\phi\cos\theta-\cos\phi)^2+(\sin\phi+\sin\phi\cos\theta)^2\right]$$

$$K = \frac{E_{x0}^2(dS)^2}{2\eta\lambda^2}\cos^4\frac{\theta}{2} \quad \cdots\cdots\cdots\cdots\cdots\cdots\cdots\cdots\cdots\cdots (83)$$

(1) 開口が大きい場合の近軸近似

大きな開口やホーンからの放射を考えるとき，θ の値が小さい場合（近軸近似）に関心があることが多く，この場合，$\cos\theta$ を 1 に置き換えることができます．また，放射電場を次式のように直角座標成分に変換します．

$$E_x = E_\theta\cos\theta\cos\phi - E_\phi\sin\phi \approx E_\theta\cos\phi - E_\phi\sin\phi \quad \cdots\cdots (84)$$

$$E_y = E_\theta\cos\theta\sin\phi + E_\phi\cos\phi \approx E_\theta\sin\phi + E_\phi\cos\phi \quad \cdots\cdots (85)$$

これらの式に $\cos\theta=1$ とした式(81)と式(82)を代入すると，

$$E_x \approx j\frac{E_{x0}dSe^{-jkr}}{\lambda r} \qquad E_y \approx 0 \quad \cdots\cdots\cdots\cdots\cdots\cdots (86)$$

となります．したがって，近軸近似の場合には放射電場は波源電場の方向を向き，E に付けた添字をとることができます．この電場を図 12.21 に示す開口にわたって積分するため，はじめに開口内の任意の位置 x', y' にある素子に上の結果を適用します．このことは式(73)を用いて行うことができますが，ここでは直接的な解法がさらに便利です．近軸近似の範囲内で E_{x0} を $E(x', y')$ に置き換え，r を r'' に置き換えると，式(86)は x', y' にある素子が形成する電場を表します．そこで，これを与えられた開口分布にわたって積分すると，

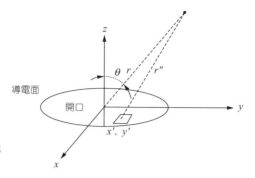

図12.21
z＝0にある平面開口の一部
としての平面波素子

$$E(x,y,z) = \frac{j}{\lambda} \int_{S'} \frac{E(x',y')e^{-jkr''}}{r''} dx'dy' \quad \cdots (87)$$

となります．ここで，r''はこの素子と電磁場計算点の間の距離であり，この点が遠方にある場合には，これを次のように近似することができます．

$$r'' = \left[(x-x')^2 + (y-y')^2 + z^2\right]^{1/2} \approx r - (xx'+yy')/r \quad \cdots (88)$$

また，他の放射問題の場合と同様に，rとr''の差は位相に対してのみ重要であり，振幅に対しては重要でありません．したがって，式(87)は次のようになります．

$$E(x,y,z) = \frac{je^{-jkr}}{\lambda r} \int E(x',y')e^{jk(xx'+yy')/r} dx'dy' \quad \cdots (89)$$

式(89)は，フーリエ積分（第7章7.3.3節）の2次元版と見ることができます．したがって，近軸近似の範囲内で，遠方電磁場は開口電磁場をフーリエ変換したものです．

12.3.3　平面波で励振される放射開口の例

ここで，前節で述べた諸式をいくつかの例に適用してみます．この場合，開口内の任意の点の**E**と**H**は平面波の**E**と**H**のように関係すること，開口外の誘起電流からの寄与分を無視すること，それに近軸近似が使用できるように軸付近の角度の範囲にのみ限定すること，などを仮定します．これらの仮定は，開口寸法が波長に比べて大きい場合に満足します．

(1) 矩形開口を一様に照射する場合

はじめに，図12.22に示すように矩形開口を考え，この開口にわたって照射電場は一様とします．この場合，式(89)は次のようになります．

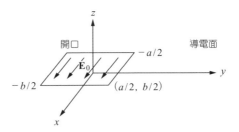

図12.22
一様に照射される矩形開口

$$E(x,y,z) = \frac{je^{-jkr}}{\lambda r} \int_{-a/2}^{a/2} \int_{-b/2}^{b/2} E_0 e^{jkxx'/r} e^{jkyy'/r} dx' dy' \qquad (90)$$

この積分は実行可能であり，次式が得られます．

$$E(x,y,z) = \frac{je^{-jkr}}{\lambda r} E_0 ab \left[\frac{\sin(kax/2r)}{kax/2r} \frac{\sin(kby/2r)}{kby/2r} \right] \qquad (91)$$

$y=0$ 面内の電場分布には，

$$(\theta)_{\text{null}} \approx \left(\frac{x}{r} \right)_{\text{null}} = \frac{m\lambda}{a} \qquad m=1,2,3,\cdots \qquad (92)$$

で電場のゼロ点があります．$x=0$ 面内の電場分布はこれと同じ形であり，x を y で置き換え，a を b で置き換えたものです．この場合，開口寸法が波長に比べて大きくなるにつれて，主放射ローブは狭くなります．

最大電場は $x=0$，$y=0$ における電場であり，この電場強度の等方性放射素子が放射する電力は，

$$(W)_{\text{isotropic}} = 4\pi r^2 \frac{|E_{\max}|^2}{2\eta} = \frac{2\pi E_0^2 a^2 b^2}{\lambda^2 \eta} \qquad (93)$$

ですから，この開口の指向度を容易に計算できます．実際の放射電力は，この開口を囲む面の中の電流を無視し，この開口内の電場から次式により計算することができます．

$$W = \frac{E_0^2}{2\eta} ab \qquad (94)$$

したがって，指向度は，

$$(g_d)_{\max} = \frac{W_{\text{isotropic}}}{W} = \frac{4\pi ab}{\lambda^2} = \frac{4\pi (\text{面積})}{\lambda^2} \qquad (95)$$

となり，この式は開口が大きい場合に正確です．この指向度と面積の関係は非常に重要であり，円形開口放射体の場合を次に求めます．

(2) 円形開口を一様に照射する場合

円形の開口を考える場合，はじめに座標系を球座標に変換します．すなわち，

$$x = r\sin\theta\cos\phi \quad y = r\sin\theta\sin\phi \quad x' = r'\cos\phi' \quad y' = r'\sin\phi' \quad \cdots\cdots(96)$$

とすれば，式(89)は次のようになります．

$$E(r,\theta,\phi) = \frac{je^{-jkr}}{\lambda r}\int_0^{2\pi}\int_0^a E(r',\phi')e^{jkr'\sin\theta\cos(\phi-\phi')}r'dr'd\phi' \quad \cdots\cdots(97)$$

$E(r',\phi')$がϕ'に独立であれば，$E(r,\theta,\phi)$はϕに独立です．したがって，$\phi=0$とすることができ，また，ϕ'積分に対して次の積分公式を使用します．

$$\int_0^{2\pi}e^{jq\cos\psi}d\psi = 2\pi J_0(q) \quad \cdots\cdots(98)$$

ここで，$J_0(q)$は0次のベッセル関数です．この場合，

$$E(r,\theta) = \frac{2\pi je^{-jkr}}{\lambda r}\int_0^a E(r')J_0(kr'\sin\theta)r'dr' \quad \cdots\cdots(99)$$

となります．$E(r')$が定数E_0であれば，第7章の式(140)を使用することができ，次式が得られます．

$$E(r,\theta) = \frac{2\pi je^{-jkr}}{\lambda r}E_0 a^2 \frac{J_1(ka\sin\theta)}{ka\sin\theta} \quad \cdots\cdots(100)$$

$E(r,\phi)$の中の最終項の大きさを$ka\sin\theta$の関数として，**図12.23**に示します．これは次の角度で最初のゼロ点になります．

$$\theta_0 = \sin^{-1}\left(\frac{3.83\lambda}{2\pi a}\right) \approx \frac{0.61\lambda}{a} \quad \cdots\cdots(101)$$

円形開口の指向度は，$\theta=0$での強度と同じ強度の等方性アンテナからの電力と，実際の開口を通る平面波電力との比をとって，次のように計算されます．

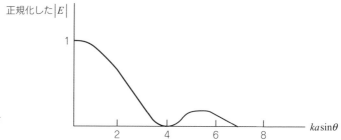

図12.23
円形開口の正規化電場分布
（照射が一様な場合）

$$(g_d)_{\max} = \frac{(4\pi r^2/2\eta)(2\pi E_0 a^2/2\lambda r)^2}{(\pi a^2 E_0^2/2\eta)} = \left(\frac{4\pi}{\lambda^2}\right)(\pi a^2) \quad \cdots\cdots\cdots\cdots (102)$$

したがって，この場合の指向度は，式(95)の矩形開口の場合と同じ式で開口面積に関係します．

(3) 実用的なパラボラ反射器

前節の例から，円形開口パラボラ反射器に関するいくつかの知識が得られます．もし，照射が一様であれば，式(100)を適用することができます．しかし，一般に照射は一様ではありません．この理由は，反射器をそのように作ることが難しいためと，端部の照射量が少ないときにサイド・ローブが小さくなるという好ましい効果があるためです．

この焦点のところにある小さなホーンやダイポール・アンテナのような主波源では，2つの直交面内の反射器の照射量に差があり，この結果として，これらの面の間で放射分布に差ができます．上述の実際の問題を考慮して，半径 a の放物面の場合，放射電力が半分になる角度，すなわちビーム角は概略次のように設計されています．

$$(2\theta_0) \approx (70°)(\lambda/2a) \quad \cdots\cdots\cdots\cdots\cdots\cdots\cdots\cdots\cdots\cdots\cdots\cdots\cdots (103)$$

12.3.4 電磁ホーン

12.1節で定性的に述べた電磁ホーンは，指向性アンテナとしても，反射器や指向性レンズへの給電系としても重要です．この電磁ホーンでは，導波管や伝送線路から，さらに大きな開口へとなだらかな広がりがあります．この大きな開口は指向性をもつ必要があり，また，空間との整合を良くして放射を効率的にすることが求められます．

通常，給電系内の電磁場とホーンの中にできるモードを調べ，開口電磁場をうまく近似的に表すことができます．次に，この電磁場を用いて，放射量を前節で述べた方法により近似計算します．しかし，一般にこの開口にわたって電磁場が変化するだけでなく，この開口内の電場と磁場の間には，平面波の関係とはいくぶん異なる関係もあり，この外部の表面や支持体に誘起される電流の効果もあります．

はじめに，**E** と **H** は平面波のように関係すると仮定し，外部の表面や支持体に流れる電流を無視して，この開口にわたって電磁場が変化する効果を調べます．矩形ホーンを矩形導波管の TE_{10} モードで励振する場合（**図 12.24**），開口電場として考えられる近似式は，

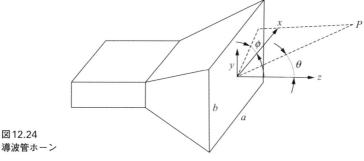

図12.24
導波管ホーン

$$E(x', y') = E_0 \sin\left(\frac{\pi x'}{a}\right) \quad\quad\quad\quad\quad\quad\quad\quad\quad\quad (104)$$

となります．放射電場に対して式(89)を用いると，次の積分式が得られます．

$$E(x, y, z) = \frac{je^{-jkr}}{\lambda r} \int_{-b/2}^{b/2} \int_{-a/2}^{a/2} E_0 \sin\left(\frac{\pi x'}{a}\right) e^{jk(xx'+yy')/r} dx' dy' \quad (105)$$

この積分は標準形であり，この計算結果は次のようになります．

$$E(x, y, z) = \frac{2E_0 ab}{\pi} \frac{e^{-jkr}}{\lambda r} \left[\frac{\cos(kax/2r)}{1-(kax/\pi r)^2}\right] \frac{\sin(kby/2r)}{kby/2r} \quad\quad (106)$$

(Eはyの関数ではないので)この電場のyに対する依存性は，電場分布が一様の場合の依存性と同じ形になりますが，xに対する依存性は式(91)の場合よりいくぶん広いことがわかります．この場合の指向度は，

$$(g_d)_{\max} = \frac{(4\pi r^2/2\eta)(2E_0 ab/\pi\lambda r)^2}{(E_0^2 ab/4\eta)} = \frac{4\pi}{\lambda^2}\left(\frac{8ab}{\pi^2}\right) \quad\quad\quad (107)$$

となります．この式を式(95)や式(103)と比較すると，$8ab/\pi^2$はホーンの等価面積と考えることができ，この値は実際の面積より少し小さくなります．

12.3.5 共振スロット・アンテナ

開口内の電磁場を用いる他のアンテナは，12.1節で述べたスロット・アンテナです．図12.25に示したように，平面導体の中にあるスロット・アンテナ(長さは，ほぼ半波長)を考えます．開口が導電性平面内にある場合，水平方向の**E**はこの導体上で0であり，無限遠点で消滅するので，この開口内の電場だけを考えて境界条件を決めれば十分です．

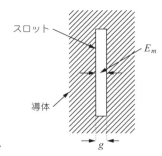

図12.25
共振半波スロット

　この開口内の電場はx方向に一様であり，z方向にはスロットの中心部で最大になる半正弦波分布をしているとします．式(78)を参照すると，これに等価な磁流シートはz方向を向きE_xに等しいことがわかります．すなわち，

$$M_z = E_x = E_m \cos kz \quad \cdots\cdots (108)$$

となります．E_zはM_zの後部で0と仮定しているので，このギャップは電気的導体で閉じていると考えることができます．この無限平面導体をM_zの鏡像で置き換えて計算すると便利です．M_zとその鏡像は同一方向ですから，自由空間の電磁場の式を使用する場合には式(108)の値を2倍にする必要があります．

　ギャップgが小さいとすれば，磁気的放射ベクトルを表す式(73)は次のようになります．

$$L_z = \int_{-\lambda/4}^{\lambda/4} 2gE_m \cos kz' e^{jkz'\cos\theta} dz' \quad \cdots\cdots (109)$$

この積分を行うと，次式が得られます．

$$L_z = \frac{4gE_m \cos\left[(\pi/2)\cos\theta\right]}{k \sin^2\theta} \quad \cdots\cdots (110)$$

したがって，式(75)を用いて電磁場は，

$$E_\phi = -\eta H_\theta = \frac{je^{-jkr}gE_m}{\pi r} \left\{\frac{\cos\left[(\pi/2)\cos\theta\right]}{\sin\theta}\right\} \quad \cdots\cdots (111)$$

となります．ここで，電場と磁場が入れ代わっていることを除けば，これは半波ダイポール・アンテナ(12.2.3節)の電磁場の式と同じ形であることがわかります．

　片側への放射だけを仮定すれば，式(111)に対応する放射電力は，次のようになります．

$$W = \frac{\pi(gE_m)^2}{2\pi^2\eta} \int_0^\pi \frac{\cos^2\left[(\pi/2)\cos\theta\right]}{\sin\theta} d\theta \quad \cdots\cdots (112)$$

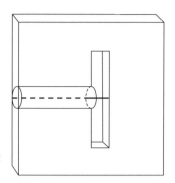

図12.26
共振スロット・アンテナと
その給電用同軸線路

これを，最大ギャップ電圧で定義した次の放射コンダクタンスを用いて表すことができます．

$$(G_r)_{\text{slot}} = \frac{2W}{(gE_m)^2} = \frac{1}{\pi\eta}\int_0^\pi \frac{\cos^2[(\pi/2)\cos\theta]}{\sin\theta}d\theta \quad\quad (113)$$

この式を半波ダイポールの放射抵抗の式である式(47)および式(48)と比較すると，

$$(G_r)_{\text{slot}} = \frac{2(R_r)_{\text{dipole}}}{\eta^2} \approx 0.00103 \quad [\text{S}] \quad\quad (114)$$

であることがわかります．スロットの両側から放射があれば，コンダクタンスは上の値の2倍になります．このモードを励振する方法を，図12.26に示します．

12.4　アレー・アンテナ

12.4.1　素子方向が同じアレー・アンテナの放射強度

　複数のアンテナが一緒に動作する場合，このアレー全体の電流あるいは電磁場を仮定し，領域内のポテンシャルや電磁場を計算することができます．しかし，各素子の放射分布がわかっていれば，この電磁場の方向，大きさ，位相に注意してこれらを重畳することで，計算労力を減らすことができます．実際問題として，個々のアンテナの電磁場を加え合わせて希望する放射分布を作りだすことは非常に重要な方法であり，アレー・アンテナを解析する効率的な方法が是非とも必要です．

　アレーの通常の問題は，電流あるいは電磁場分布が似ているアンテナが複数個存在するという問題です．アンテナが1つだけの場合の放射ベクトルは，$\mathbf{N}_0$および$\mathbf{L}_0$として計算することができます（電流素片だけからの寄与分を考えるならば，$\mathbf{N}_0$

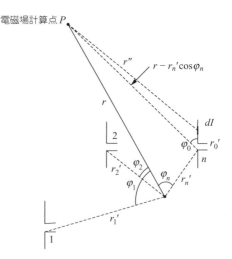

図12.27
同じアンテナが同一方向にある
アレー・アンテナ

だけでよい）．遠方電磁場に対して，個々のアンテナによる寄与分を加え合わせる場合，電磁場計算点から個々のアンテナまでの距離の差は，位相に対してのみ計算に入れるという通常の近似を行います．また，距離の違いに対する近似形は，電磁場計算点が遠くにあると仮定して計算することができます．放射ベクトルは，アレー・パラメータを用いて放射電流素子から電磁場計算点までの距離r''を計算して求めることができます．**図12.27**を用いると，n番目のアンテナ素子に対して，r''はこのアレー内の任意の基準点から電磁場計算点までの距離rを用いて次のように表すことができます．

$$r'' \approx r - r_n'\cos\psi_n - r_0'\cos\psi_0 \quad\quad\quad\quad\quad\quad (115)$$

ここで，r_n'とψ_nは基準点に対するn番目のアンテナ位置を示し，r_0'とψ_0はこのアレー上の基準点に対する微小素子の位置を示します．各アンテナが同じ方向を向いている場合，r_0'とψ_0をn個のアンテナに等しく適用することができます．式(115)を式(10)に代入すると，n番目のアンテナに対してP点での遠方ベクトル・ポテンシャルは次のようになります．

$$\begin{aligned}
\mathbf{A}_n &= \frac{\mu e^{-jkr}}{4\pi r}\left[e^{jkr_n'\cos\psi_n}\int_{V_n'}\mathbf{J}_n e^{jkr_0'\cos\psi_0}dV_n'\right] \\
&= \frac{\mu e^{-jkr}}{4\pi r}\left[C_n e^{jkr_n'\cos\psi_n}\mathbf{N}_0\right] \quad\quad\quad\quad\quad\quad (116)
\end{aligned}$$

ここで，C_n は複素定数であり，$\mathbf{N}_0$ はアレー・アンテナのうちの1つのアンテナの正規化放射ベクトルです．したがって，電流を流しているこのアンテナ系の放射ベクトルは，

$$\mathbf{N} = \mathbf{N}_0 \left(C_1 e^{jkr_1' \cos\psi_1} + C_2 e^{jkr_2' \cos\psi_2} + \cdots \right) \quad \cdots\cdots (117)$$

となります．同様に，磁流を流しているアンテナ系の場合には，

$$\mathbf{L} = \mathbf{L}_0 \left(C_1 e^{jkr_1' \cos\psi_1} + C_2 e^{jkr_2' \cos\psi_2} + \cdots \right) \quad \cdots\cdots (118)$$

となります．全放射強度は，1つのアンテナの放射強度 K_0 を用いて次のように書くことができます．

$$K = K_0 \left| C_1 e^{jkr_1' \cos\psi_1} + C_2 e^{jkr_2' \cos\psi_2} + \cdots \right|^2 \quad \cdots\cdots (119)$$

しかし，もし各素子の間に相互結合があれば，あるアレー素子が駆動源から受ける電流の量と位相がこの影響を受けるかもしれず，この励振問題は非常に難しくなります．

12.4.2 直線状のアレー・アンテナ

アレー・アンテナの中で特に重要なものは，図12.28に示すように，各素子が等間隔で1つの直線上に並んだものです．この直線を z 軸にとり，間隔を d とし，$z = 0$, d, $\cdots$, $(N-1)d$ における各素子内の相対的電流を表す係数を a_0, a_1, $\cdots$, a_{N-1} とします（この素子群の中の任意の素子を削除することができ，その場合にはその係数を0にする）．この各素子の放射ベクトルが $\mathbf{N}_0$ であれば，式(117)は次のようになります．

$$\mathbf{N} = \mathbf{N}_0 \left[a_0 + a_1 e^{jkd\cos\theta} + \cdots + a_{N-1} e^{j(N-1)kd\cos\theta} \right] = \mathbf{N}_0 S(\theta) \quad \cdots\cdots (120)$$

ここで，次式で定義する $S(\theta)$ をこのアレーの空間率(space factor)と言います．

$$S(\theta) = \sum_{n=0}^{N-1} a_n e^{jnkd\cos\theta} \quad \cdots\cdots (121)$$

この場合，式(119)から，このアレーの放射強度は次式で表されます．

$$K = K_0 |S|^2 \quad \cdots\cdots (122)$$

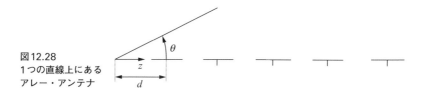

図12.28
1つの直線上にある
アレー・アンテナ

(1) 側面発射アレー

直線アレーの中の各電流の大きさと位相が等しければ，放射はこのアレーの軸に垂直な($\theta=\pi/2$)面内で位相的に加わることが明らかです．このため，このようなアレーを側面発射アレーと言います．さらに，全長 $\ell=(N-1)d$ が波長に比べて長ければ，各素子からの寄与分の位相は，角度が最大値から少し変わると急激に変化するため，この場合の最大値は急峻になります．このことを式(121)から確認するため，すべての $a_n=a_0$ とします．この場合，

$$S(\theta) = a_0 \sum_{n=0}^{N-1} e^{jnkd\cos\theta} = a_0 \frac{1-e^{jNkd\cos\theta}}{1-e^{jkd\cos\theta}} \quad \cdots\cdots (123)$$

$$|S| = a_0 \left| \frac{\sin\frac{1}{2}(Nkd\cos\theta)}{\sin\frac{1}{2}(kd\cos\theta)} \right| \quad \cdots\cdots (124)$$

となります．$N=10$ の場合の式(124)の関係を，$kd\cos\theta$ の関数として**図12.29**に示します．前に述べたように，主ローブのピークは $kd\cos\theta=0$ (すなわち $\theta=\pi/2$) のところで起こります．放射が0になる角度から，主ローブの幅を求めることができます．この角度を $\theta=\pi/2\pm\Delta/2$ とすれば，

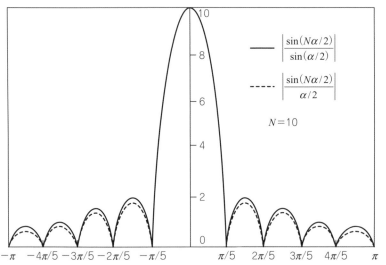

図12.29 直線アレー・アンテナの空間率の大きさとその10素子近似
側面発射アレーの場合 $\alpha = kd\cos\theta$，終端アレーの場合 $\alpha = kd(1-\cos\theta)$

$$Nkd\cos\left(\frac{\pi}{2}\pm\frac{\Delta}{2}\right) = \mp 2\pi \qquad \cdots\cdots\cdots\cdots\cdots\cdots\cdots\cdots\cdots\cdots\cdots\cdots\cdots\cdots\cdots \quad (125)$$

$$\Delta = 2\sin^{-1}\left(\frac{\lambda}{Nd}\right) \approx \frac{2\lambda}{\ell} \qquad \cdots\cdots\cdots\cdots\cdots\cdots\cdots\cdots\cdots\cdots\cdots\cdots\cdots\cdots \quad (126)$$

となります．この最後の近似式は，Nが大きい場合に成立します．この式から，前述のように，ℓ/λが大きくなるにつれてビームが狭くなることがわかります．

Nの値が大きい場合，式(124)の分母は主ローブ付近の数ローブにわたって小さいままです．この場合，分母の中のsinはその角度で近似できます．すなわち，

$$|S| \approx Na_0 \left| \frac{\sin\frac{1}{2}(Nkd\cos\theta)}{\frac{1}{2}Nkd\cos\theta} \right| \qquad \cdots\cdots\cdots\cdots\cdots\cdots\cdots\cdots\cdots\cdots\cdots\cdots \quad (127)$$

となります．**図12.29**において，$N=10$の場合にこの近似式を点線で表して正確な曲線と比較します．これらは，数個の最大点にわたってよく一致することがわかります．したがって，Nが大きい場合，この形を$\theta=\pi/2$付近で適用でき，2番目の極大値は最大値の約0.045倍であることがわかります．

通常，各素子は，等方的放射器と見てこのアレーの指向度を表します．もちろん，ある指向性をもつ実際の素子を用いれば，この指向度は変化しますが，高利得アレーの場合にはこの変化はわずかです（アレーの指向度として，単一素子の指向度を積算するのは正しくない）．このアレーの場合，指向度は，

$$(g_d)_{max} = \frac{4\pi|S_{max}|^2}{2\pi\int_0^\pi |S|^2 \sin\theta d\theta} \qquad \cdots\cdots\cdots\cdots\cdots\cdots\cdots\cdots\cdots\cdots\cdots\cdots \quad (128)$$

となります．高利得の側面発射アレーでは，分母の積分への大部分の寄与分が$\theta=\pi/2$付近で起こり，そこでは近似式(127)が適用できます．したがって，

$$\int_0^\pi |S|^2 \sin\theta d\theta = \frac{2N^2 a_0^2}{Nkd}\int_0^{Nkd}\frac{\sin^2\alpha/2}{(\alpha/2)^2}d\alpha \approx \frac{4N^2 a_0^2}{Nkd}\cdot\frac{\pi}{2} \qquad \cdots\cdots\cdots\cdots \quad (129)$$

となります．この場合，式(128)から次式が成立します．

$$(g_d)_{max} \approx \frac{2\ell}{\lambda} \qquad \left(\frac{\ell}{\lambda} 大\right) \qquad \cdots\cdots\cdots\cdots\cdots\cdots\cdots\cdots\cdots\cdots\cdots\cdots\cdots \quad (130)$$

(2) 終端発射アレー

このアレーの各素子の位相が，波の遅延を生じるに十分なだけ累積的に遅れると，アレーの各素子からの放射をアレー軸の方向に加え合わせることができます．このようなアレーを終端発射アレーと言います．これについて調べるため，

$$a_n = a_0 e^{-jnkd} \quad \cdots\cdots\cdots\cdots\cdots\cdots\cdots\cdots\cdots\cdots\cdots\cdots\cdots\cdots\cdots\cdots\cdots\cdots (131)$$

とします.この場合,式(121)は,

$$S = a_0 \sum_{n=0}^{N-1} e^{-jnkd(1-\cos\theta)} = a_0 \frac{1-e^{-jNkd(1-\cos\theta)}}{1-e^{-jkd(1-\cos\theta)}} \quad \cdots\cdots\cdots (132)$$

$$|S| = \frac{\sin\frac{1}{2}[Nkd(1-\cos\theta)]}{\sin\frac{1}{2}[kd(1-\cos\theta)]} a_0 \quad \cdots\cdots\cdots\cdots\cdots\cdots\cdots\cdots\cdots (133)$$

となります.これを式(124)と比較すると,側面発射アレー用に作成した**図12.29**は横軸を$kd(1-\cos\theta)$にすれば,終端発射アレーにも使用できることがわかります.θの関数としての放射分布は当然異なりますが,第1極大値と最大値の比は側面発射アレーの場合と同じです.指向度の式である式(130)は,ℓ/λが大きい終端発射アレーの場合にも適用できます.主ローブの角度幅を求めるため,Sが0になる角度を$\Delta/2$とすると,次式が得られます.

$$Nkd\left(1-\cos\frac{\Delta}{2}\right) = 2\pi \quad \cdots\cdots\cdots\cdots\cdots\cdots\cdots\cdots\cdots\cdots (134)$$

$$\Delta \approx 2\sqrt{\frac{2\lambda}{\ell}} \quad \cdots\cdots\cdots\cdots\cdots\cdots\cdots\cdots\cdots\cdots\cdots\cdots\cdots\cdots (135)$$

(3) アレーの位相走査

側面発射アレーと終端発射アレーの例を見ると,この2つの極端な場合の中間のどこかで各素子間の位相遅れにより,上の両極端の中間の最大ローブが生じることは明らかです.さらに,この位相遅れが何らかの方法で制御可能であれば,アンテナを物理的に動かさずに,このローブの方向を走査することができます.このことは,空港監視レーダのように,広い角度範囲を短時間で連続的に走査しなければならない大きな装置で非常に重要なことです.

定量的には,直線アレーの場合に,素子間の位相遅れが$\Delta\varphi$となるようにすれば,この走査ができます.この場合,終端発射アレーの場合には式(131)の代わりに,

$$a_n = a_0 e^{-jn\Delta\varphi} \quad \cdots\cdots\cdots\cdots\cdots\cdots\cdots\cdots\cdots\cdots\cdots\cdots\cdots\cdots (136)$$

となります.式(124)または式(133)を求めたときの手順により,この場合の空間率は,

$$|S| = \frac{\sin[(N/2)(kd\cos\theta - \Delta\varphi)]}{\sin\frac{1}{2}(kd\cos\theta - \Delta\varphi)} a_0 \quad \cdots\cdots\cdots\cdots\cdots (137)$$

となります.この場合,最大値の方向は次式で与えられます.

$$kd\cos\theta_m = \Delta\varphi \quad \cdots\cdots\cdots\cdots\cdots\cdots\cdots\cdots\cdots\cdots\cdots\cdots (138)$$

したがって,$\Delta\varphi$を変えれば,この方向を変化させることができます.

もちろん，この原理は直線アレーだけでなく，2次元アレーにも拡張することができます．しかし，この場合には制御する位相数が増加します．

(4) 等間隔でないアレー

上の諸式は，各素子が等間隔なアレーにのみ適用されますが，場合により各素子を等間隔にしなくても便利に使用することができます．実際，等間隔でないアレーを使用して，素子数が同数の等間隔アレーより大きな利得と低いサイド・ローブが得られてきました．等間隔でないアレーは，各素子の励振の強さをほぼ一定にすることができます．

12.4.3　八木-宇田アレー・アンテナ

アレー・アンテナを用いて指向度を上げる場合，1つの問題は給電線を各素子にうまく取りつける必要があることです．いわゆる八木-宇田アレー・アンテナでは，1つの素子だけに給電し，他の素子ははじめの素子によって誘起される電流で駆動することによって，この問題を回避しています．他の素子の寸法と位置を調整して，正確な位相合わせを行います．

1つの駆動素子と，これに平行な「寄生」素子がある図12.30の場合を考えます．マックスウェルの方程式は線形ですから，各アンテナの中心部の電圧を給電点の電流と関係づける一組の方程式を，次のように書くことができます．

$$V_1 = Z_{11}I_1 + Z_{12}I_2$$
$$V_2 = Z_{21}I_1 + Z_{22}I_2 \quad \cdots\cdots\cdots\cdots\cdots\cdots\cdots\cdots\cdots\cdots\cdots\cdots\cdots\cdots\cdots\cdots\cdots (139)$$

ここで，Z_{ij} は素子の長さ ℓ_1 と ℓ_2 および素子間隔 d によって決まる定数です．素子2の駆動点の電圧は0であることを用いて，電流 I_2 は電流 I_1 と式(139)の中の係数によって，次のように求められることが式(139)からわかります．

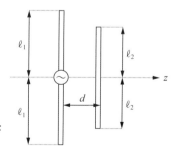

図12.30
駆動アンテナ素子とこれに平行な寄生素子

$$I_2 = -\frac{Z_{21}}{Z_{22}} I_1 \quad \cdots\cdots\cdots\cdots\cdots\cdots\cdots\cdots\cdots\cdots\cdots\cdots\cdots (140)$$

このアレーの場合,式(140)の空間率を次のように書くことができます.

$$S(\theta) = a_0 + a_1 e^{jkd\cos\theta} = I_1\left(1 + \frac{I_2}{I_1} e^{jkd\cos\theta}\right) \quad \cdots\cdots\cdots\cdots\cdots\cdots (141)$$

したがって,この放射分布は間隔dと係数Z_{12}およびZ_{22}に依存します.

長さ$2\ell_1$と$2\ell_2$が約$\lambda/2$である場合,相互インピーダンスZ_{21}はこの長さに敏感ではありません.したがって,式(140)により,電流I_2の位相は主に素子2の自己インピーダンスZ_{22}に依存します.放射が最大の方向は,もちろん,電流I_1とI_2の相対的位相に依存します.

この構成によって放射が$-z$方向に最大化されていれば,素子2を反射器と言います.間隔dが約0.16λのとき,最大指向度が得られます.駆動素子の長さが$2\ell_1 = \lambda/2$であれば,反射器の長さはこれより少し長い$0.51 < 2\ell_2/\lambda < 0.52$にします.

放射が$+z$方向に最大化されていれば,素子2を指向器と言います.この場合には,間隔を約0.11λにすると最大指向度が得られます.$2\ell_1 = \lambda/2$の場合には,指向器の長さは$0.38 < 2\ell_2/\lambda < 0.48$の範囲内,すなわち駆動素子より若干小さくします.

八木-宇田型と言うアレー・アンテナには,反射器と指向器の両方があります.この場合,3つの素子の相互作用があるため解析はさらに複雑になりますが,上と同じ結論がほぼ成立します.この反射器は駆動素子より大きく,指向器は駆動素子より小さくなります.このアレーの指向度は,指向器と反射器の駆動素子からの間

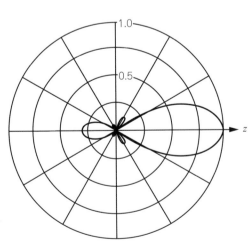

図12.31
4つの指向器と1つの反射器がある八木-宇田型テレビジョン受信アンテナの放射強度分布

隔に大きく依存しません．このアレーの入力インピーダンスは，次式で与えられます．

$$Z_{in} = Z_{22} + \left(\frac{I_1}{I_2}\right)Z_{21} + \left(\frac{I_3}{I_2}\right)Z_{23} \quad \cdots\cdots\cdots\cdots\cdots\cdots\cdots\cdots\cdots\cdots\cdots (142)$$

各電流の位相を調整するため，Z_{in} は低い傾向にあります．もしこの駆動素子を折り曲げてダイポール（12.2.9節）で作り，このダイポールの Z_{22} を単一ダイポールの Z_{22} の4倍にすれば，Z_{in} の値を高くすることができます．

第一の反射器の背面の電磁場は小さいので，別の反射器を追加しても効果はほとんどありませんが，別の指向器を追加して効果を高めることができます．テレビジョン受信用の代表的なアンテナには数個の指向器があり，この放射分布を図12.31に示すようなものになります．このアンテナの場合，指向器ダイポールの数によって指向度は10から100の間にあります．

12.4.4　周波数に無関係なアレー・アンテナ

無損失アンテナの放射分布を決める要因は，アンテナの寸法と波長の比です．あるアンテナを他の周波数で使用するためにスケーリングする場合，すべての寸法に2つの周波数の波長の比だけ乗じます．アンテナ寸法にこの波長の比を乗じても，アンテナの形が変わらなければ，このアンテナは2つの周波数で同じように動作するはずです．

この周波数に無関係なアレー・アンテナの1つの形を，図12.32に示します．ここで，平行な導線素子の位置と長さを，次式に示すように一定の比率 τ で次第に大

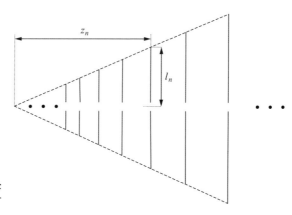

図12.32
周波数に無関係な
アレー・アンテナ

きくします．

$$z_n = \tau z_{n-1}$$
$$\ell_n = \tau \ell_{n-1} \quad \cdots\cdots\cdots\cdots\cdots\cdots\cdots\cdots\cdots\cdots\cdots\cdots\cdots\cdots\cdots\cdots\cdots (143)$$

もし，波長をτ倍すれば，すべてのアームの長さと位置はτ倍になります．したがって，波長に対する長さの比は，どこでも同じになります．この結果は，元の構造と同じ構造になります．したがって，1つの構造が波長λ_1，$\tau\lambda_1$，$\tau^2\lambda_1$などで同じになります．この関係を波長を用いて表すと，

$$\log \lambda_n = \log \lambda_1 + (n-1)\log \tau \quad \cdots\cdots\cdots\cdots\cdots\cdots\cdots\cdots\cdots\cdots (144)$$

となり，周波数で表すと，

$$\log f_n = \log f_1 - (n-1)\log \tau \quad \cdots\cdots\cdots\cdots\cdots\cdots\cdots\cdots\cdots\cdots (145)$$

となります．この構造を対数的に周期的な構造と言います．

この構造の放射特性は，このアンテナの隣接している3つの素子の間の定性的関係と前節で述べた3素子八木-宇田アレー・アンテナを考慮すると理解できます．詳細に計算すると，このアレー・アンテナに沿う放射の最大値は，素子が約$\lambda/2$の長さの場合に生じることがわかります．このことは，ある与えられた駆動電圧に対して，この素子の電流が共振時に最大になるということから予想することができます．この共振素子と，これに隣接する2つの素子を考えます．大きい素子は反射器のように，小さい素子は指向器のように動作します．したがって，放射はこのアレーの小さい素子側の終端に向かうことが，八木-宇田アレー・アンテナの解析結果から明らかです．

実際のどのようなアンテナも長さが有限であり，小さい素子の終端で実際的な最小寸法があるので，電場分布や入力インピーダンスが一定の周波数範囲は限られています．大雑把に言うと，この動作範囲はアレーの終端におけるダイポール長の2倍に等しい波長によって制限を受けます．事実，強い放射領域の中にいくつかのダイポールがあるので，このバンド幅はこれよりいくぶん狭くなります．

12.4.5　集積アンテナ

金属パッチでできたアンテナは，マイクロストリップ線路や共面伝送線路で給電され，小形軽量であり，製作が容易です．これはマイクロ波集積回路で使用するのに適しており，したがって，これを集積アンテナと言います．これはパッチ・アンテナとしても知られており，マイクロストリップ形のアンテナをマイクロストリップ・アンテナと言います．ここでは，このアンテナの特徴を簡単な例で説明します．

導電性アース面上の誘電体の上に置いた矩形パッチを，特性インピーダンスがこ

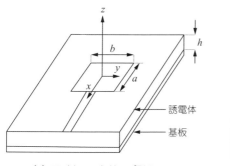
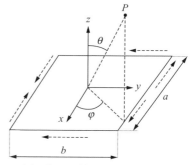

(a) マイクロストリップ形の
矩形パッチ・アンテナ

(b) パッチの拡大図
（点線矢印は磁流の方向を示す）

図12.33 矩形パッチ・アンテナ

れより高いマイクロストリップ線路で励振した構造を，図12.33(a)に示します．これは，第10章10.1.4節で共振器として解析した構造と同じです．その節で，このパッチの各端部で回路が開放しているという境界条件を用いて，このパッチの共振周波数を近似的に求めました．この場合，電場は端部で最大ですから，ここが放射源になります．共振器として使用する場合には，この放射量を少なくすることが重要ですが，アンテナとして使用する場合には放射量は多いほど望ましくなります．この放射量を計算するため，12.3.1節で説明したように，パッチ端における電場を磁流シートで表します．

　z方向あるいはy方向に変化がなく，x方向に半正弦波変化があるもっとも簡単なモードを考えます．これは実質的に，このパッチで形成されるマイクロストリップ線路が，$x=-a/2$および$x=a/2$の開放端で反射がある場合の共振定在波です．パッチ端での漏洩効果を無視すると，このパッチ領域の誘電体内の電磁場を次のように書くことができます．

$$E_z = E_0 \sin \frac{\pi x}{a} \qquad (146)$$

$$H_y = \frac{-jE_0\pi}{\omega\mu a}\cos\frac{\pi x}{a} \qquad (147)$$

式(67)から，パッチ端における電場を表面密度$\mathbf{M}_s = -\mathbf{n}\times\mathbf{E}$の磁流シートで置き換えます．ここで，$\mathbf{n}$はこの表面に外向き垂直な単位ベクトルです．この場合には，$x=-a/2$で$\mathbf{n}=-\hat{\mathbf{x}}$，$x=a/2$で$\mathbf{n}=\hat{\mathbf{x}}$，$y=-b/2$で$\mathbf{n}=-\hat{\mathbf{y}}$，$y=b/2$で$\mathbf{n}=\hat{\mathbf{y}}$です．したがって，表面磁流は次のようになります．

$$\left.\begin{array}{ll} x = \pm a/2 \text{ で} & M_{sy} = -E_0 \\ y = -b/2 \text{ で} & M_{sx} = -E_0 \sin\dfrac{\pi x}{a} \\ y = b/2 \text{ で} & M_{sx} = E_0 \sin\dfrac{\pi x}{a} \end{array}\right\} \quad \cdots\cdots (148)$$

アース面があるため，放射は上半分の空間 $0 \leq \theta \leq \pi/2$ でのみ生じます．このアース面は鏡像を用いて計算に入れることができ，磁流が平行な場合には磁流は2倍になります．図12.33(b)に示すように，x方向の磁流はパッチの各辺に沿って等量反対方向ですから，放射はほとんどありません．しかし，M_{sy}はy方向の各辺に沿って同じ方向ですから，これによっておもな放射が作り出されます．この中心に対する各辺の磁気放射ベクトル$\mathbf{L}$は，式(73)から$r'=y'$, $\theta'=\pi/2$, $\phi'=\pi/2$を用いて次のようになります．

$$\mathbf{L}_{y0} = h\int_{-b/2}^{b/2} \left(-2E_0 e^{jky'\sin\theta\sin\phi}\right) dy' = 4hE_0 \left[\frac{\sin\left(\dfrac{kb}{2}\sin\theta\sin\phi\right)}{k\sin\theta\sin\phi}\right] \quad \cdots\cdots (149)$$

ここで，この二辺が$x=\pm a/2$にあり，$\theta'=\pi/2$, $\phi'=0$としたアレーの公式(12.4.2節)による各辺からの寄与分を加え合わせると，放射ベクトルは，

$$L_y = L_{y0}\left[e^{-jka/2\sin\theta\cos\phi} + e^{jka/2\sin\theta\cos\phi}\right] = 2L_{y0}\cos\left(\frac{ka}{2}\sin\theta\cos\phi\right) \quad \cdots\cdots (150)$$

となります．放射領域内の電場は式(74)と式(75)を用いて，次のように求めることができます．

$$0 \leq \theta \leq \pi/2 \text{ に対して} \quad \begin{aligned} E_\theta &= -\frac{je^{-jkr}}{2\lambda r}L_\phi = -\frac{je^{-jkr}}{2\lambda r}L_y\cos\phi \\ E_\phi &= \frac{je^{-jkr}}{2\lambda r}L_\theta = \frac{je^{-jkr}}{2\lambda r}L_y\sin\phi\cos\theta \end{aligned} \quad \cdots\cdots (151)$$

上の式を見ると，各寄与分が$\theta=0$の方向に同相で加わるため，電場は$\theta=0$(パッチ面に垂直)で最大になることがわかります．

このパッチ・アンテナは効率的なアンテナでなく，このことはこの共振モードのQが高く，バンド幅が狭いことを意味しています．電場強度の式(151)は誘電体の厚さhに比例するので，誘電体内のモードが維持される範囲まで誘電体を厚くして放射を強くすることができます．

12.5 アンテナの電磁場解析

12.5.1 境界値問題としてのアンテナ

アンテナを解析する場合に，これまでは導体に沿う電流や開口内の電磁場を仮定してきました．この方法は，特に放射分布，指向度，それに遠距離での電磁場を計算する場合に便利でした．しかし，この仮定した電流分布や電磁場分布が正しいことを確認する必要がありますし，近距離電磁場についてのさらに正確な知識も必要になります．これは，アンテナ・インピーダンスや付近にある放射素子との結合量を計算する場合に重要になります．原理的には，導波系や空胴共振器に対して行ったように，境界条件を満足するようにマックスウェルの方程式を解くだけです．しかし，この解を解析的に求めることができるのは，限られた場合だけです．それでも，理想的な形状に対する解から重要な物理的イメージが得られるので，この中の2つのアンテナに対して境界値解法を述べます．

(1) 球アンテナ

1つの解法として，静的問題や導波系のところで述べたように，境界条件を満足するように波動解を総和の形で書く方法があります．この手順を示すための簡単な形状は，**図 12.34** に示す球アンテナです．球座標を用いた電磁場解については，第10章10.1.3節で述べました．図に示したアンテナは，赤道のところで方位角方向に対称な E_θ によって励振されるので，E_θ，E_r，H_ϕ 成分を持つ対称TMモードの組が適当です．この最低次モードは，無限小ダイポールからの放射を表すことを12.2.1節で述べましたが，ここではこれらの級数を作ります．無限遠まで広がる領域に対して，ベッセル関数として第2種ハンケル関数を用いると，第10章の式(63)

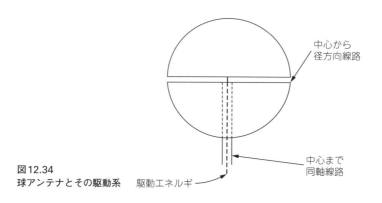

図 12.34
球アンテナとその駆動系　　駆動エネルギ

から次式が得られます．

$$H_\phi(r,\theta) = \sum_{n=1}^{\infty} A_n r^{-1/2} P_n^1(\cos\theta) H_{n+1/2}^{(2)}(kr) \quad \cdots\cdots\cdots\cdots (152)$$

$$E_\theta(r,\theta) = \sum_{n=1}^{\infty} \frac{jA_n}{\omega\varepsilon} r^{-3/2} P_n^1(\cos\theta)\left[krH_{n-1/2}^{(2)}(kr) - nH_{n+1/2}^{(2)}(kr)\right] \quad \cdots\cdots (153)$$

ギャップ内の正確な励振電場がわかっていれば，係数A_nはルジャンドル陪関数の直交関係式である第10章の式(56)および式(57)から求めることができます．この場合，$r=a$における境界値は，

$$E_\theta(a,\theta) = \sum_{n=1}^{\infty} b_n P_n^1(\cos\theta) \quad \cdots\cdots\cdots\cdots (154)$$

であり，ここで，

$$b_n = \frac{2n+1}{2n(n+1)} \int_0^\pi E_\theta(a,\theta) P_n^1(\cos\theta) \sin\theta d\theta \quad \cdots\cdots\cdots\cdots (155)$$

です．このアンテナが良導体であれば，E_θはギャップ以外のどこでも0にすることができますが，通常，そこでの電場は正確にわかりません．（例えば，有限のギャップにわたって電場が一様という）仮定を立てることはできますが，今の目的に対してはこのギャップを無限小とし，電場を積分したものが印加電圧に等しいことだけが与えられているとします．このことは，このギャップ内でインパルスあるいはデルタ関数$V_0\delta(\cos\theta)$を仮定することと等価です．この場合，式(155)のb_nは次のように求められます．

$$b_n = \frac{(2n+1)P_n^1(0)V_0}{2n(n+1)a} \quad \cdots\cdots\cdots\cdots (156)$$

これを$r=a$とした式(153)と比較すると，

$$A_n = \frac{\omega\varepsilon a^{3/2} b_n}{j\left[kaH_{n-1/2}^{(2)}(ka) - nH_{n+1/2}^{(2)}(ka)\right]} \quad \cdots\cdots\cdots\cdots (157)$$

となります．

式(157)を式(152)と式(153)に代入すると，この球のまわりの電磁場が求められます．入力アドミッタンスを求めるには，はじめにθ方向の表面電流$J_{s\theta}$からギャップにおける電流を次のように計算します．

$$I = -2\pi a J_{s\theta}(\pi/2) = 2\pi a H_\phi(a,\pi/2) \quad \cdots\cdots\cdots\cdots (158)$$

入力アドミッタンスは，

$$Y = I/V_0 = \sum_{n=1}^{\infty} Y_n \quad \cdots\cdots\cdots\cdots (159)$$

であり，式(152)，式(156)，式(157)を用いると，

$$Y_n = \frac{j\pi(2n+1)\left[P_n^1(0)\right]^2}{n(n+1)\eta} \left[\frac{n}{ka} - \frac{H_{n-1/2}^{(2)}(ka)}{H_{n+1/2}^{(2)}(ka)}\right]^{-1} \quad \cdots\cdots\cdots\cdots\cdots\cdots (160)$$

となります．このコンダクタンス部すなわち実数部は収束するので，これからこのアンテナのいろいろな値を求めることができます．しかし，ギャップが無限小の場合には容量が無限大となるため，この虚数部あるいはサセプタンス部は収束しません．ギャップ寸法が有限の場合に，この有限個の項を評価することはできますが，実際の場合には給電線への接続方法が実際の入力容量と深く関係してきます．正確な電磁場解を求める原理と難しさが，この例で示されています．

(2) 2円錐アンテナ

境界値問題を球波動解の級数として求めることができる他の形状は，2円錐アンテナです．これは，アンテナを入力伝送系内の波と空間内の波の変換器として見るという点で特に重要です．**図12.5**を参照すると，外部領域 $r > \ell$ の電磁場は，式(152)および式(153)と同じ形です．内部領域 $r < \ell$ に対してはベッセル関数 $J_{n+1/2}(kr)$ を選択し，$\theta = \psi$ および $\pi - \psi$ で $E_r = 0$ という2つの境界条件を満足するため，陪ルジャンドル関数の2番目の解が必要になります〔この2番目の解をよく $Q_n^1(\cos\theta)$ と表すが，角度 ψ が一般的な場合には n は整数ではなく，$P_\nu^1(-\cos\theta)$ が線形独立な第2の解となる〕．

$r = \ell$ における連続の条件から，E_θ と H_ϕ は $\psi \leq \theta \leq \pi - \psi$ に対して連続しており，E_θ は導電性キャップ $0 < \theta < \psi$ および $\pi - \psi < \theta < \pi$ にわたって0である必要があります．シェルクノフは，円錐角が小さい場合の近似的な整合計算を行っています．彼の方法は，円錐に沿う正弦波状の電流分布から計算される遠方電磁場を，外部領域の球TMモードに展開するものです．この場合，これらは内部領域の各モードに項ごとにほぼ等しいことが示されています．

この伝送線路で表した特性インピーダンスと負荷アドミッタンスは，

$$Z_0 = \left(\frac{\eta}{\pi}\right)\ln\cot\left(\frac{\psi}{2}\right) \quad \cdots\cdots\cdots\cdots\cdots\cdots (161)$$

$$Y_L = \frac{1}{Z_0^2}\sum_{m=0}^{\infty} b_m J_{2m+3/2}(k\ell) H_{2m+3/2}^{(2)}(k\ell) \quad \cdots\cdots\cdots\cdots (162)$$

であり，ここで，

$$b_m = \frac{30\pi k\ell(4m+3)}{(m+1)(2m+1)} \quad \cdots\cdots\cdots\cdots\cdots\cdots (163)$$

です.

　この2円錐モデルは，ダイポール・アンテナに沿う電流分布を示すためにも使用されます．無損失2円錐線路の主要TEM波内の電流は，正確に正弦波状ですから，この電流分布が正弦波状でなくなる原因は，損失，アンテナ終端部付近の高次モード，あるいはもしこの形状が2円錐以外の形状であれば，一様でない線路効果から生じる擾乱のいずれかによるものです．アンテナが低損失で長くて細い場合はこれらの効果はわずかであり，したがって電流分布を正弦波状とする前述の仮定は合理的なものと言えます．

12.6　受信アンテナと相互性

12.6.1　送受信系

　前節までは，アンテナを送信のために使用し，高周波エネルギー源から波動を空中に送り出すことを考えていました．送信に使用するアンテナは受信にも使用でき，すでに計算した諸量(例えば，放射分布や指向度)は，受信アンテナを設計する場合にも便利なパラメータになります．

　一般に，送信アンテナでは，信号源はアンテナの端部に印加され，これは近似的に球面波として空中に出ていく波を作り出します．受信アンテナでは，遠方の送信機から来る波は一様平面波の一部と近似され，これは送信の場合の信号源に付随する電場とはまったく異なる電場を受信アンテナ系のところに作り出します．この結果，電場がアンテナの境界条件を満足しなければならないため，誘起電磁場は異なり，同じアンテナでもその電流分布は送信と受信で一般に異なります．平面波によって受信アンテナ系に形成される電流は，負荷に電力を伝達しますが，再放射すなわち受信エネルギーの一部を空中に放射します．この放射は，送信アンテナからの放射として前節までに述べたものと同じですが，アンテナの電流分布が異なるためにその形は異なります．

　したがって，送信する場合と受信する場合の電磁放射機構はいくぶん異なります．第11章11.1.2節で述べた相互性の定理により，この2つの現象に対して次のような連結点が出てきます．

(1) アンテナの放射分布は，受信用でも送信用でも同じである．
(2) 送信アンテナの入力インピーダンスは，受信系を表す等価信号源の内部インピーダンスである．

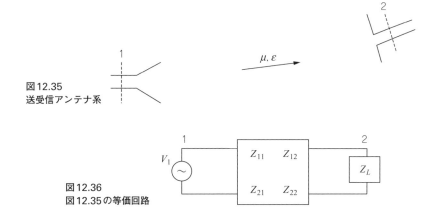

図12.35
送受信アンテナ系

図12.36
図12.35の等価回路

(3) 受信アンテナの有効面積を定義でき，これは相互性によって，前に定義した指向度（12.2.4節）と関係する．

送信アンテナと受信アンテナの間に空間が存在する系（図12.35）をエネルギー伝達系と見て話を進めます．電圧と電流を，第11章11.1.1節で述べた方法で定義できる給電導波系の中に端子を選び，同様に，受信アンテナからの導波系の中に基準点を選びます．図12.36に示すように，両方のアンテナを含めてこの空間と任意の中間導体および中間誘電体との間の領域は，2端子回路網として扱うことができます．すなわち，次式が成立します．

$$V_1 = Z_{11}I_1 + Z_{12}I_2 \quad\quad\quad (164)$$
$$V_2 = Z_{21}I_1 + Z_{22}I_2 \quad\quad\quad (165)$$

送受信間距離が長ければ，いま考えている系は式(164)内の結合インピーダンスZ_{12}が非常に小さいという点で，特殊化することができます．この場合，これを式(164)の中で無視することができ，インピーダンス係数Z_{11}は送信アンテナ単独で計算した送信アンテナの入力インピーダンスに等しくなります．すなわち，

$$V_1 \approx Z_{11}I_1 \approx Z_A I_1 \quad\quad\quad (166)$$

となります．式(165)の中の結合項は，無視することができません．なぜなら，この結合はいま考察している効果だからです．しかし，式(165)は通常のテブナンの定理の等価回路で表すことができ，この場合，電圧$I_1 Z_{21}$の等価電圧発生器が，アンテナ・インピーダンスZ_{22}（アンテナを送信機として駆動していれば，これはアンテナの入力インピーダンスに本質的に等しい）を通して負荷インピーダンスZ_Lに連結されています．この場合，結合が小さいために受信アンテナの送信アンテナに対

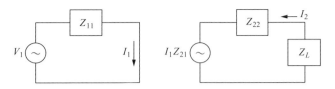

図12.37
受信機から送信系への反作用を
無視した近似等価回路

する反作用を無視することができ，この等価回路を図12.37に示すように分離することができます．

この等価回路については，後でもう一度述べます．ここでは，別の観点からこの系の中の電力伝送について述べます．このため，受信アンテナの実効面積を定義し，受信アンテナによって運び去られる有効電力は，この面積と到来波の平均ポインティング・ベクトル（電力密度）の積として次式で与えられるとします．

$$W_r = A_{er} P_{av} \quad \cdots\cdots\cdots (167)$$

前に定義した指向性利得のように，A_{er}は一般にアンテナの方向と導波系の中の整合条件によって決まります．特に規定しない限り，これは負荷が整合している場合の値とします．受信機での電力密度は，等方性アンテナの電力密度（$W_t/4\pi r^2$）と与えられた方向における送信アンテナの指向性利得の積です．したがって，式(167)から，

$$W_r = W_t \frac{A_{er}}{4\pi r^2} g_{dt} \quad \cdots\cdots\cdots (168)$$

となります．ここで，W_tは送信電力，rは送受信機間の距離，g_{dt}は送信アンテナの指向性利得，A_{er}は受信アンテナの実効面積です．実効面積は指向性利得に比例し，特定のアンテナと方向に対してこの比例定数を求めることができます．開口面積Aが，この開口を囲む面上の源泉電流を無視できるほど大きい場合には，

$$(g_d)_{\max} = \frac{4\pi}{\lambda^2} A \quad \cdots\cdots\cdots (169)$$

が成立することを12.3.3節で述べました．式(169)の最終項は，**P**に垂直に向いた大開口を通して受信する電力W_rは$P_{av}A$であることから成立します．上述のように，この定数$4\pi/\lambda^2$を一般に適用できることを用いて，式(168)は次の形でも表すことができます．添字rとtは，それぞれ受信アンテナと送信アンテナを表します．

$$\frac{W_r}{W_t} = \frac{\lambda^2 g_{dr} g_{dt}}{(4\pi r)^2} = \frac{A_{er} A_{et}}{\lambda^2 r^2} \quad \cdots\cdots\cdots (170)$$

12.6.2 相互関係

受信アンテナに供給される電力の別の形を，図 12.37 の等価回路から求めることができます．このため，受信アンテナは次の共役整合状態にあると仮定します．

$$Z_L = Z_{22}^* = R_{r2} - jX_{r2} \quad \cdots\cdots\cdots\cdots\cdots\cdots\cdots\cdots\cdots\cdots\cdots\cdots (171)$$

これは，等価電圧発生器から負荷へ伝送される電力が最大になる条件として知られています．この条件の元で負荷に供給される電力は，

$$W_r = \frac{|I_1 Z_{21}|^2}{8R_{r2}} \quad \cdots\cdots\cdots\cdots\cdots\cdots\cdots\cdots\cdots\cdots\cdots\cdots\cdots\cdots (172)$$

となります．送信アンテナの入力抵抗が R_{r1} であれば，送信電力は，

$$W_t = \frac{1}{2}|I_1|^2 R_{r1} \quad \cdots\cdots\cdots\cdots\cdots\cdots\cdots\cdots\cdots\cdots\cdots\cdots\cdots\cdots (173)$$

であり，したがって，

$$\frac{W_r}{W_t} = \frac{|Z_{21}|^2}{4R_{r1}R_{r2}} \quad \cdots\cdots\cdots\cdots\cdots\cdots\cdots\cdots\cdots\cdots\cdots\cdots\cdots (174)$$

となります．式 (174) を式 (168) と比較すると，

$$|Z_{21}|^2 = \frac{R_{r1}R_{r2}g_{d1}A_{e2}}{\pi r^2} \quad \cdots\cdots\cdots\cdots\cdots\cdots\cdots\cdots\cdots\cdots (175)$$

であることがわかります．ここで，送信アンテナと受信アンテナの役割を逆にすると，逆方向の伝達インピーダンスが次式により求められます．

$$|Z_{12}|^2 = \frac{R_{r2}R_{r1}g_{d2}A_{e1}}{\pi r^2} \quad \cdots\cdots\cdots\cdots\cdots\cdots\cdots\cdots\cdots\cdots (176)$$

(無限遠まで広がる領域に適用するように修正した) 第 11 章 11.1.2 節の相互性により，Z_{12} と Z_{21} は等しくなります．したがって，次の結論が得られます．

$$\frac{A_{e1}}{g_{d1}} = \frac{A_{e2}}{g_{d2}} \quad \cdots\cdots\cdots\cdots\cdots\cdots\cdots\cdots\cdots\cdots\cdots\cdots\cdots\cdots (177)$$

上の導出過程においてアンテナの形状は任意でしたから，式 (177) から任意のアンテナの実効面積と指向性利得の比は同じ値になります．12.6.1 節で述べたように，この比例定数は大開口理論から，$\lambda^2/4\pi$ であることが知られています．

大開口の場合には実効面積は実際の面積に等しくなりますが，アンテナが小さい場合にはこのことは正しくありません．事実，ヘルツ型ダイポール・アンテナの場合には，指向度が 1.5 でしたから，最大実効面積は，

$$(A_e)_{\max} = \frac{\lambda^2}{4\pi}(g_d)_{\max} = \frac{3}{8\pi}\lambda^2 \quad (\text{ダイポール・アンテナの場合}) \quad \cdots (178)$$

となり，これはアンテナ寸法が無限小でも有限な量になります．

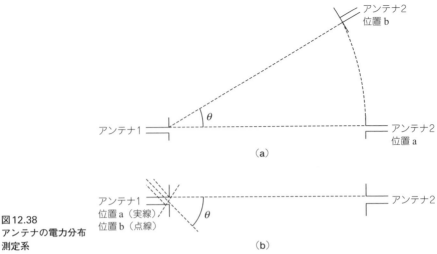

図12.38
アンテナの電力分布測定系

　相互性から得られる他の関係は，アンテナの電力分布が送信の場合と受信の場合で同じということです．このことが便利な理由は，アンテナの電力分布をもっとも容易な方法で計算あるいは測定することができ，さらにこれを送信設計にも受信設計にも使用できるからです．このことを示すため，**図12.38**(a)に示すように，アンテナ2をアンテナ1の円周に沿って移動させてアンテナ1の電力分布を測定するとします．$\theta=0$を応答最大（位置a）の角度とし，角度θを一般的な角度とします．この場合，1が送信系で2が受信系であれば，位置bで受信する電力は位置aで受信する電力に比べて，式(174)により，

$$\frac{W_{2b}}{W_{2a}} = \frac{|Z_{21}|_b^2}{|Z_{21}|_a^2} \quad \cdots\cdots (179)$$

となります．2が送信系で1が受信系であれば，2つの位置における受信電力は次式の関係になります．

$$\frac{W_{1b}}{W_{1a}} = \frac{|Z_{12}|_b^2}{|Z_{12}|_a^2} \quad \cdots\cdots (180)$$

相互性によって$|Z_{12}|_a = |Z_{21}|_a$であり，この関係はbについても同様に成立します．したがって，式(179)と式(180)の比の値は同じになります．このように，同じ電力分布が送信もしくは受信をしているアンテナ1で測定されます．これと同じ結果を

図12.38(b)の配置からも示すことができます．

　もし，伝送通路の中に，厳密な双方向性がない電離層のような媒質が存在すれば，この相互関係は影響を受けることになります．また，受信機と送信機を交換する場合に，周波数を一定に保つ必要があることは明らかです．

12.6.3　受信アンテナの等価回路

　アンテナを受信機に整合させる回路問題を調べるためには，図12.37の等価回路の2番目の図が便利であり，これを図12.39(a)に再掲します．この中で，電圧発生器の内部インピーダンスZ_{22}は，同じアンテナが同一の端子位置で駆動されていれば，本質的にこのアンテナの入力インピーダンスに等しくなります．すなわち，

$$Z_{22} \approx Z_{i2} \tag{181}$$

となります．これは12.6.1節でアンテナ1に対して示したのと同じ理由によるものであり，Z_{21}を通しての応答は「そのアンテナを駆動しているとき」無視できるほど小さいことを意味しています．

　図12.39(a)における電圧発生器の電圧は，式(165)から$I_1 Z_{21}$で表されますが，送信機電流や伝達インピーダンスは大抵の場合に便利なパラメータではないので，到来波の電力密度で表した別の形が好ましくなります．式(167)および式(172)を代入すると，この電圧は平均ポインティング・ベクトルあるいは到来波の電力密度P_{av}，受信アンテナの放射抵抗R_{r2}，その実効面積A_{e2}を用いて次式により求めることができます．

$$|V_a| = |I_1 Z_{21}| = (8 R_{r2} A_{e2} P_{av})^{1/2} \tag{182}$$

　この等価回路は，例えば，不連続点，整合部，あるいはフィルタ素子が存在する伝送線路を通して，アンテナから負荷に対する伝達電力を計算する場合に使用できます．前章で説明したように，これらのすべてを変換器としてまとめることができ〔図12.39(b)〕，これ以降は通常の回路計算を行います．

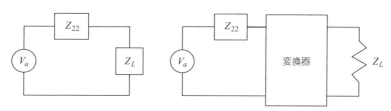

（a）受信アンテナの等価回路　　（b）変換器を通した受信アンテナの等価回路

図12.39　変換器を通した受信アンテナとその等価回路

第12章　問題

問題 12.1　長さ $\ell = \lambda/4$ の直線状アンテナが，中央部で給電されて自由空間内にある．このアンテナによって生じる電場強度と放射強度を求めよ．

答　本文の図12.6を参照し，η として自由空間の値を用いると，この半波ダイポールの電場強度と放射強度は，それぞれ本文の式(33)と式(34)から次のようになります[注1]．

$$|E_\theta| = \frac{60 I_m}{r} \left| \frac{\cos[(\pi/2)\cos\theta]}{\sin\theta} \right| \quad [\text{V/m}] \quad \cdots\cdots\cdots\cdots (\text{A.1})$$

$$K = \frac{15 I_m^2}{\pi} \left\{ \frac{\cos[(\pi/2)\cos\theta]}{\sin\theta} \right\}^2 \quad [\text{W/ステラジアン}] \quad \cdots\cdots (\text{A.2})$$

注1：この半波アンテナはほぼ共振構造であり，電流最大点が駆動点付近にあります．導線アンテナを先端開放伝送線路として扱うことは近似にすぎないので，このアンテナは導線半径がいくつであっても正確に共振していません．

問題 12.2　図A.1に示すように，2つの半波ダイポールが1/4波長離れて平行にあり，それぞれの電流は大きさが等しく，時間位相が90度ずれている．このアレー・アンテナの水平方向の放射強度分布を求め，これを図示せよ．

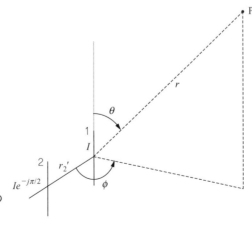

図A.1
2つの半波ダイポールの
アレー・アンテナ

答 1つのダイポールに対して，問題12.1から次式が得られます．

$$K_0 = \frac{15}{\pi} I_m^2 \frac{\cos^2[(\pi/2)\cos\theta]}{\sin^2\theta} \quad \cdots\cdots\cdots\cdots\cdots\cdots\cdots\cdots \text{(A.3)}$$

2つのダイポールの原点が図A.1に示す位置にある場合には，

$$r_1' = 0 \quad r_2' = \frac{\lambda}{4} \quad \theta_2' = \frac{\pi}{2} \quad \phi_2' = 0 \quad \cdots\cdots\cdots\cdots\cdots\cdots \text{(A.4)}$$

であり，本文の式(28)を用いると，

$$\cos\psi_2 = \sin\theta\cos\phi \quad \cdots\cdots\cdots\cdots\cdots\cdots\cdots\cdots\cdots\cdots \text{(A.5)}$$

となります．ここで，

$$I_2 = I_1 e^{-j(\pi/2)} \quad \cdots\cdots\cdots\cdots\cdots\cdots\cdots\cdots\cdots\cdots\cdots \text{(A.6)}$$

ならば，本文の式(119)から次式が得られます．

$$K = K_0 \left| 1 + e^{-j(\pi/2)} e^{j(\pi/2)(\sin\theta\cos\phi)} \right|^2$$

$$= 4K_0 \cos^2\left[\frac{\pi}{4}(\sin\theta\cos\phi - 1)\right] \quad \cdots\cdots\cdots\cdots\cdots \text{(A.7)}$$

このアレー・アンテナの水平方向の放射強度分布を，図A.2に示します．

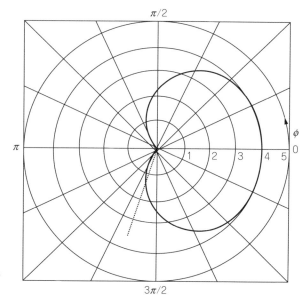

図A.2
図A.1のアレー・アンテナの
$\theta = \pi/2$面内の0放射強度分布

◆ 参考文献 ◆

(1) J.R.Pierce; Traveling-Wave Tubes, Van Nostrand, Princeton, NJ, 1950.
(2) 藤沢和男; マイクロ波回路, コロナ社, 1960.
(3) 小山次郎; 進行波管, 通研叢書2, 丸善株式会社, 1964.
(4) J.Frey(Ed.); Microwave Integrated Circuits, Artech House, Norwood, MA, 1975.
(5) H.A.Wheeler; IEEE Trans. Microwave Theory Tech. MTT-25, 631, 1977.
(6) G.Hasnian, A.Dienes, and J.R.Whinnery; IEEE Trans. Microwave Theory Tech. MTT-34, 738, 1986.
(7) R.K.Hoffmann; Handbook of Microwave Integrated Circuits, Artech House, Norwood, MA, 1987.
(8) T.Itoh(Ed.); Planar Transmission Line Structures, IEEE Press, Piscataway, NJ, 1987.
(9) J.D.Kraus; Antennas, 2nd ed., McGraw-Hill, New York, 1988.
(10) W.R.Smythe; Static and Dynamic Electricity, 3rd ed., Hemisphere Publishing Co., Washington DC, 1989.
(11) R.E.Collin; Foundations of Microwave Engineering, 2nd ed., McGraw-Hill, New York, 1991.
(12) R.E.Collin; Field Theory of Guided Waves, 2nd ed., IEEE Press, Piscatway, NJ, 1991.
(13) 徳丸 仁; 基礎電磁波, 森北出版, 1992.
(14) S.Ramo, J.R.Whinnery, T.Van Duzer; Fields And Waves in Communication Electronics (Third Edition) John Wiley & Sons,Inc., 1993.
(15) R.S.Elliott; An Introduction to Guided Waves and Microwave Circuits, Prentice Hall, Englewood Cliffs, NJ, 1993.
(16) 羽根 操, 平沢一紘, 鈴木康夫; 小形平面アンテナ, 電子情報通信学会, 1996.

〈著者略歴〉

　　佐藤　久明（さとう・ひさあき）

　昭和 41 年，慶応義塾大学大学院 電子工学研究科卒，日本電気(株)入社．大電力クライストロンおよび進行波管の研究開発，および同社マイクロ波管事業部技術部長，副技師長として大電力マイクロ波管の開発指導に従事．

　昭和 60 年，電気学会から進歩賞受賞．

　平成 9 年，半導体製造装置メーカー・アネルバ(株)に移籍．同社技師長として高周波プラズマ応用装置の開発指導に従事．

　平成 14 年退職，現在執筆活動中．

著作物

プラズマ / プロセスの原理，ED リサーチ社，2001 年 11 月．

電磁波の解法，日刊工業新聞社，2008 年 5 月．

プラズマ / プロセスの原理(第 2 版)，丸善株式会社，2010 年 1 月．

索引

【数字・アルファベット・記号】

2円錐アンテナ —— 402, 441

2円錐導波系 —— 298

2端子回路網 —— 354

$ABCD$ 係数 —— 362

N 端子回路網 —— 365

SI 単位 —— 012

TEM 波 —— 246

TE 波 —— 246

TM 波 —— 246

T 形等価回路 —— 355

V 形アンテナ —— 410

π 形等価回路 —— 355

ω-β 図 —— 156, 308

【あ・ア行】

アドミッタンス係数 —— 353

アドミッタンス行列式 —— 353

アドミッタンス変換 —— 141

アレー・アンテナ —— 394, 427

アンテナ —— 391

アンテナ利得 —— 404

アンテナの放射効率 —— 406

アンペアの周回則 —— 042

アンペアの法則 —— 041

移項行列式 —— 367

位相定数 —— 142

位相速度 —— 250, 264

一様でない伝送線路 —— 164

インピーダンス行列式 —— 353

インピーダンス係数 —— 353

インピーダンス変換 —— 141

エネルギ速度 —— 161

円形導波管 —— 266

円形パッチ共振器 —— 331

円錐線路共振器 —— 343

円筒共振器 —— 319

円偏波 —— 180

扇形ホーン —— 295

オームの法則 —— 073, 088

【か・カ行】

開口アンテナ —— 392

回転 —— 043

外部インダクタンス —— 042

回路からの電磁放射 —— 127

ガウスの法則 —— 014

管内波長 —— 264

ガンマ関数 —— 216

球アンテナ —— 439

球共振器 —— 323

境界条件 —— 025, 085

境界値問題 —— 195, 222
狭間隙共振器 —— 333
共振器の摂動 —— 338
共振スロット・アンテナ —— 425
共振伝送線路 —— 157
共面ストリップ導波系 —— 258
共面導波系 —— 256
キルヒホフの法則 —— 105
空間高調波 —— 308
空胴共振器 —— 313
クーロンの法則 —— 012
矩形導波管 —— 258
矩形導波管内ダイアフラム —— 382
矩形パッチ共振器 —— 331
クロス積 —— 040
群速度 —— 161, 250, 264
群分散 —— 163
傾斜平板導波系 —— 296
径方向線路共振器 —— 341
径方向伝送線路 —— 291
結合度 —— 370
減衰定数 —— 151
コイルのインダクタンス —— 108
コーシー・リーマンの方程式 —— 199
後進波 —— 164
勾配 —— 021
国際単位 —— 012

【さ・サ行】

最適結合条件 —— 337
散乱係数 —— 356

散乱行列式 —— 357, 369
磁気スカラ・ポテンシャル —— 048
磁気ベクトル・ポテンシャル —— 046
指向性利得 —— 405
指向度 —— 405
指数関数形線路 —— 166
磁束密度 —— 040
実効誘電率 —— 255
磁気ダイポール・アンテナ —— 398
磁場内のエネルギ —— 050
遮断周波数 —— 249
周期構造 —— 305
集積回路アンテナ —— 394, 436
縮退モード —— 263
受信アンテナ —— 442
シュワルツ変換 —— 202
進行波アンテナ —— 392, 409
進行波管 —— 304
スカラ・アナライザ —— 360
スカラ積 —— 016
ストークスの定理 —— 045
ストリップ共振器 —— 329
ストリップ線路 —— 253
スミス・チャート —— 146
スロット線路導波系 —— 258
スロット・アンテナ —— 392
スロット・ライン —— 359
静電場内のエネルギ —— 027
静電ポテンシャル —— 018
前後比 —— 370
送信アンテナ —— 442

疎結合 —— 337
損失がある伝送線路 —— 150

【た・タ行】

ダイポール・アンテナ —— 392
第1フォスター形 —— 373
第2種ハンケル関数 —— 326
第2フォスター形 —— 375
対流電流 —— 073
楕円偏波 —— 181
単位行列式 —— 367
遅延ポテンシャル —— 094
力の法則 —— 073
遅波回路 —— 302
直線偏波 —— 179
直方体共振器 —— 314
定在波比 —— 144
低損失線路 —— 153
電気感受率 —— 016
電気ダイポール・アンテナ —— 394
電磁場インピーダンス —— 185
伝送線路 —— 135
伝送線路方程式 —— 137
電束密度 —— 014
電磁ホーン —— 424
伝達係数 —— 356, 358
伝達度 —— 370
電場 —— 013
等角写像 —— 201
等角変換法 —— 198
透過係数 —— 141

同軸線路共振器 —— 341
同軸線路内の不連続部 —— 381
特性インピーダンス —— 138
ドット積 —— 016

【な・ナ行】

内部インダクタンス —— 051
ネットワーク・アナライザ —— 359

【は・ハ行】

ハイブリッド回路網 —— 370
波数 —— 079
波長 —— 142, 179
発散 —— 023
波動インピーダンス —— 185
波動方程式 —— 078
ハンケル関数 —— 217
反射係数 —— 141
反射板 —— 393
半波ダイポール・アンテナ —— 402
ピアス型電子銃 —— 228
ひし形アンテナ —— 392, 410
比誘電率 —— 012
ファラデーの法則 —— 067
フィルタ型の分布回路 —— 155
フーリエ級数 —— 209
フーリエ積分 —— 211
ブリッジ —— 371
フェーザー —— 075
表皮深さ —— 091
表面抵抗 —— 092

表面電流密度 —— 088
表面導波系 —— 304
負荷Q —— 337
複素関数論 —— 198
平行平板線路内のステップ —— 378
平行平板線路内のベンド —— 379
平行平板導波系 —— 247
平行2線 —— 135
平面ダイオード —— 227
平面状の伝送路 —— 252
平面波 —— 076, 175
平面偏波 —— 179
ベクトル・アナライザ —— 360
ベクトル積 —— 040
ベクトル・フェーザー —— 075
ベッセル関数 —— 216
ベッセル方程式 —— 214
ヘリカル・シート —— 303
ヘリックス —— 302
ヘルムホルツ方程式 —— 082, 196
変位電流 —— 070
変形ベッセル関数 —— 219
変数分離法 —— 205
偏波 —— 179
ポアソンの方程式 —— 023
放射強度 —— 401
放射抵抗 —— 406
放射分布 —— 404
放射ベクトル —— 400
ポインテイング・ベクトル —— 083
ポインテイングの定理 —— 082

方向性結合器 —— 368

【ま・マ行】
マイクロストリップ共振器 —— 329
マイクロストリップ線路 —— 254
マイクロ波回路網 —— 349
マイクロ波フィルタ —— 363
マジック・テイ —— 370
マックスウェルの方程式 —— 067
丸線内の電流分布 —— 110
丸線の内部インピーダンス —— 113
密結合 —— 337
無損失伝送線路 —— 136
無負荷Q —— 337

【や・ヤ行】
八木・宇田アレー・アンテナ —— 433
誘電体共振器 —— 338
誘電体導波系 —— 290
容量 —— 020

【ら・ラ行】
ラット・レース構造 —— 371
ラプラシャン —— 023
ラプラスの方程式 —— 023
離調時短絡位置 —— 336
リッジ導波管 —— 300
ループ・アンテナ —— 392
ルジャンドル陪関数 —— 324
ローレンツの相互性の定理 —— 353

- ●**本書記載の社名，製品名について** ── 本書に記載されている社名および製品名は，一般に開発メーカーの登録商標または商標です．なお，本文中では ™，®，© の各表示を明記していません．
- ●**本書掲載記事の利用についてのご注意** ── 本書掲載記事は著作権法により保護され，また産業財産権が確立されている場合があります．したがって，記事として掲載された技術情報をもとに製品化をするには，著作権者および産業財産権者の許可が必要です．また，掲載された技術情報を利用することにより発生した損害などに関して，CQ出版社および著作権者ならびに産業財産権者は責任を負いかねますのでご了承ください．
- ●**本書に関するご質問について** ── 文章，数式などの記述上の不明点についてのご質問は，必ず往復はがきか返信用封筒を同封した封書でお願いいたします．ご質問は著者に回送し直接回答していただきますので，多少時間がかかります．また，本書の記載範囲を越えるご質問には応じられませんので，ご了承ください．
- ●**本書の複製等について** ── 本書のコピー，スキャン，ディジタル化等の無断複製は著作権法上での例外を除き禁じられています．本書を代行業者等の第三者に依頼してスキャンやディジタル化することは，たとえ個人や家庭内の利用でも認められておりません．

JCOPY 〈(社)出版者著作権管理機構委託出版物〉
本書の全部または一部を無断で複写複製(コピー)することは，著作権法上での例外を除き，禁じられています．本書からの複製を希望される場合は，(社)出版者著作権管理機構(TEL：03-3513-6969)にご連絡ください．

RFデザイン・シリーズ
マクスウェルの基本則から数式を用いて解き明かす
ギガヘルツ時代の電波解析教科書
2019年5月10日　初版発行　　　　　　　　　　　　　　　　　　　　　© 佐藤 久明 2019

著　者　佐藤　久明
発行人　寺前　裕司
発行所　CQ出版株式会社
　　　　東京都文京区千石4-29-14(〒112-8619)
電話　出版部　03-5395-2147
　　　　営業部　03-5395-2141
　　　　振替　00100-7-10665

編集担当者　今　一義
カバー・表紙　千村　勝紀
DTP　西澤　賢一郎
印刷・製本　三晃印刷株式会社
乱丁・落丁本はご面倒でも小社宛お送りください．送料小社負担にてお取り替えいたします．
定価はカバーに表示してあります．
ISBN978-4-7898-4632-5
Printed in Japan